计算机科学先进技术译丛

Linux实战宝典

[日]大竹龍史　山本道子　著
廖解放　薛　强　邓雪姣　译

机 械 工 业 出 版 社

本书包括10章内容，分别讲解了Linux的概述和介绍、Linux的启动和关机、操作文件、管理用户、运行脚本和任务、管理系统和应用程序、添加和使用磁盘、网络管理、系统维护、安全措施。此外，本书的附录（请扫描封底二维码获得）中介绍了如何在Microsoft Windows 中安装VirtualBox虚拟环境，在Linux中安装KVM虚拟环境，读者可以在计算机上构建这些虚拟环境，以验证本书的内容。

本书的特点在于，同步讲解CentOS和Ubuntu，从安装到基本操作，尽可能多地展示操作实例，以图文并茂的形式进行说明。

本书适合作为零基础读者的入门指南，也适合有一定Linux基础的读者作为参考书。

图书在版编目（CIP）数据

Linux实战宝典 /（日）大竹龍史，（日）山本道子著；廖解放，薛强，邓雪姣译.
—北京：机械工业出版社，2021.3
（计算机科学先进技术译丛）
ISBN 978-7-111-67711-6

Ⅰ. ①L… Ⅱ. ①大… ②山… ③廖… ④薛… ⑤邓… Ⅲ. ①Linux操作系统
Ⅳ. ①TP316.85

中国版本图书馆CIP数据核字（2021）第041706号

机械工业出版社（北京市百万庄大街22号 邮政编码：100037）
策划编辑：杨 源 责任编辑：杨 源 陈崇昱
责任校对：徐红语 责任印制：李 昂
北京机工印刷厂印刷
2021年5月第1版第1次印刷
184mm × 260mm · 28.75印张 · 714千字
0001—1500册
标准书号：ISBN 978-7-111-67711-6
定价：198.00元

电话服务	网络服务
客服电话：010-88361066	机 工 官 网：www.cmpbook.com
010-88379833	机 工 官 博：weibo.com/cmp1952
010-68326294	金 书 网：www.golden-book.com
封底无防伪标均为盗版	机工教育服务网：www.cmpedu.com

前 言

Linux诞生于1991年，是一种开源操作系统，目前已广泛应用于服务器、台式机、移动设备、嵌入式系统、云基础架构和云实例等众多领域。

作为开源操作系统，目前市面上拥有数百种Linux发行版，但本书主要介绍在服务器和开发平台上占很大份额的发行版：CentOS和Ubuntu。

本书在策划阶段就对内容进行了反复推敲。

最终，出版商和编者达成共识，除了想把本书打造成“零基础用户的入门书”，更希望使其成为“不同水平用户的学习教材，即使是对具有一定基础的Linux用户也有参考价值”。

因此，本书的前半部分，从Linux安装到基本操作，尽可能多地介绍操作实例，以图文并茂的形式进行说明。同时，在后半部分，着重介绍故障排除以及较为深入的安全知识。

作为入门书来说，本书内容稍多，但对于将来想从事Linux运营和管理的人来说，这是一本不可或缺的技术指南。

本书特点在于，同步讲解CentOS和Ubuntu，因此如果读者会使用其中一种，很快便能掌握另外一种。如果平时使用的是Ubuntu，而在今后的工作中却要使用CentOS或RedHat Enterprise Linux（RHEL），通过本书便可以快速找到同样的软件包管理工具或网络设置。

此外，本书的一大亮点是，附录部分介绍了如何在Microsoft Windows中安装VirtualBox虚拟环境，在Linux中安装KVM虚拟环境，并在此虚拟环境中创建两个网络接口的过程，其中每个网络接口均由一台路由器和两台主机组成。

读者可以试着在自己的PC上构建此虚拟环境，以验证本书的内容。如果有读者还在为创建多网络接口多主机虚拟环境而感到困惑，相信本书将对您有所裨益。

非常感谢电气通信大学的大四学生中川真步，他在本书的绘图和校对上给予了巨大帮助。最后，还要感谢出版商给我们提供的写作机会。

大竹龍史　山本道子

目　录

前　言

第1章　Linux的概述和介绍

第2章　Linux的启动和关机

第3章 操作文件

第4章　管理用户

第5章　运行脚本和任务

第6章 管理系统和应用程序

第7章 添加和使用磁盘

第8章　网络管理

第9章　系统维护

第10章　安全措施

第1章

Linux的概述和介绍

专 栏

1-1

了解Linux发行版

什么是操作系统

当前，在我们日常生活中，不同的目的催生了各种各样的软件。比如电子邮件和Web网络的使用，日程表的管理，视频、音频的编辑和创建等。

这些软件无一例外都需要硬件（构成计算机的设备），其本身拥有非常复杂的机制。而且这些硬件有很多来源，功能和性能也不尽相同。

操作系统（以下称为OS）作为一种提供基础功能的软件，其开发目的在于更有效地利用硬件功能，使广大开发者更易于开发目标程序，使广大用户更易于操作计算机。

良好的OS可以提升开发者的工作效率，也可以让用户轻松地获得所需的功能。典型的操作系统有Linux、Microsoft Windows和macOS等。

图1-1-1 OS的作用

◇ OS的作用

操作系统是由不同功能的程序群组成的。**内核**提供了操作系统的最基础功能。它可以管理与硬件有关的所有内容，例如CPU的使用，内存管理，周边设备管理，文件系统管理和硬件分割。程序员和用户能够通过使用内核提供的服务来分配硬件资源。

◇ 应用程序的作用

应用程序是一种针对用户的特定目的而创建的专用软件。通过OS的功能进行操作。一般来说，可以通过操作系统中自带的软件包，程序供应商出售的软件包，合同开发或者公司内部开发等方式获取应用程序。

Linux操作系统的构成

Linux操作系统由Linux内核、库和用户层(Userland)程序等构成。

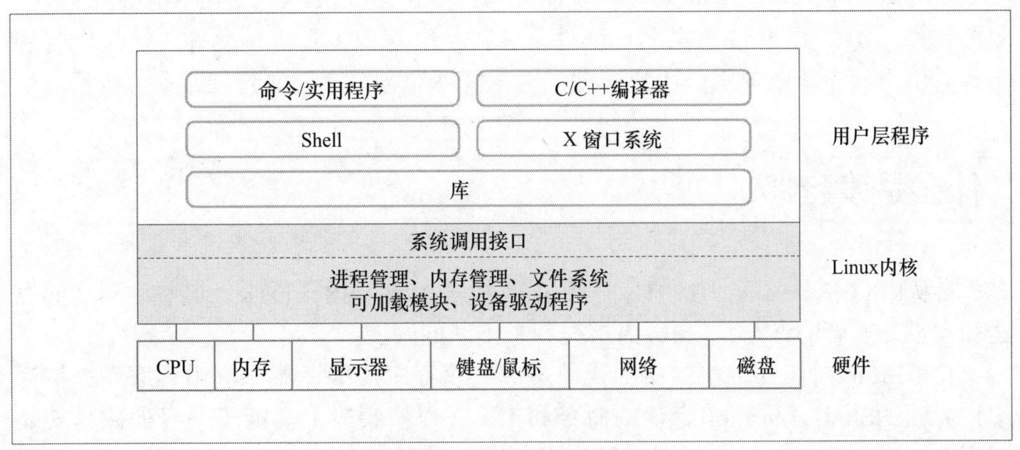

图1-1-2 Linux操作系统的构成

◇ Linux内核

一种Linux系统的核心、提供操作系统最基本功能的程序。负责管理CPU、内存和进程等。当Linux内核加载到计算机系统中时，操作系统便开始工作。

◇ 可加载模块

一种在操作系统启动后,能够根据需要从磁盘加载到内核地址空间的内核模块。目前，各大制造商推出的用于各种网络硬件的驱动程序(控制硬件的程序)等都是可加载模块。

◇ 库

软件开发时所需的函数或程序的集合。Linux提供了由GNU开发的库以及由X.Org开发的X库等。

◇ X窗口系统(Window System)

由X.Org开发的X窗口系统软件，该软件由X服务器和X客户端组成。在X窗口系统上运行的桌面环境，以统一的设计和操作性能提供菜单、图标、背景图像等。

◇ 程序开发环境

在解释器方面，提供了bash、Python、Perl等；在编译器方面，提供了C、C ++、Java等开发环境。

◇ 服务程序

作为常用程序为Linux提供各种服务。例如，负责ssh通信交换的程序，提供打印机服务的程序等。

◇ 命令/实用程序

在桌面环境中，提供了文字处理器和电子表格等办公工具（LibreOffice），高级图形软件（GIMP），Web浏览器，邮件工具，系统管理工具等。此外，还提供了用于普通用户的命令以及用于用户管理、网络管理和磁盘管理的管理命令。

什么是发行版

自从Linus Torvalds于1991年在线发布第一个Linux内核以来，得益于网络的发达和大量开发者的参与，Linux内核得到了不断的发展。

除了Linux内核外，包括由源代码生成应用程序的编译器、应用程序库，作为用户界面的Shell，从Shell启动的命令和工具，以及集以上功能于一身的磁盘安装程序等，这些都是Linux作为完整运行的操作系统所必不可少的软件支撑。

预先整合Linux操作系统所需的各种软件于一体的分发（distribute）软件，我们称之为**发行版**（Distribution或Distro）。

Linux操作系统包含自由软件和开源软件。

◇ 自由软件

基于GNU项目主管Richard Stallman定义的GPL（即GNU通用公共许可证）分发的软件称之为“自由软件”。以下是GPL的主要内容。

· 分发二进制文件（可执行程序，用于编译和生成源代码）时，必须将源代码公开。

· 可自由开发、修改、分发、使用。

· 基于GPL分发的软件经过开发和修改后必须再次基于GPL分发。

GPL的这一独特规定，形成了通过分发来共享和开发软件的良性循环机制。大多数构成Linux的主要软件都是基于GPL分发的自由软件。

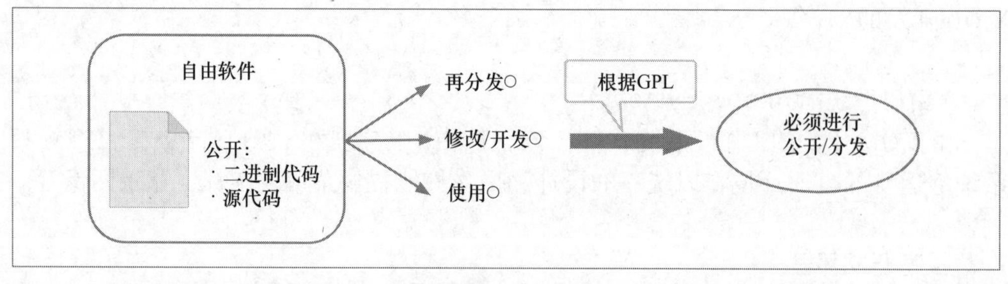

图1-1-3 自由软件

◇ **开源软件**

源代码是公开的，并且可以自由分发的软件通常称为开源软件。在开源倡议（Open Source Initiative，OSI）中，根据开源定义（The Open Source Definition，OSD），对开源做了以下阐述。

· 可以自由分发。

· 源代码与编辑过的程序共同公开。

· 允许使用修改前的许可证对修改后的软件进行分发。

因此，在开源软件中，不会有诸如GPL所规定的"基于GPL分发的软件进行改进和修改的软件必须重新根据GPL分发"的这类要求。

如果修改了基于开源许可证分发的软件，可以使用其他许可证进行分发，因此在某些情况下，对于想要隐藏源代码的公司而言，开源许可证非常好用。

正如X.Org开发的X Window System软件采用的是"MIT许可证"，Mozilla项目开发的Web浏览器Firefox采用的是"MPL（Mozilla公共许可证）"一样，构成Linux的部分软件，是根据开源许可证进行分发的。

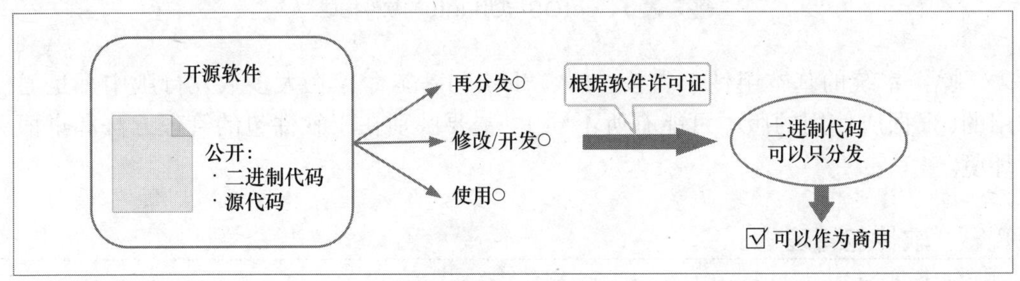

图1-1-4 开源软件

◇ **专有软件**

未经发行者允许，禁止修改或复制此类软件。此类软件仅提供二进制代码，未公开源代码。通常，获得专有软件需要付费。Microsoft Windows及其运行的付费软件就属于专有软件。

部分Linux发行版可能会包含专有软件。请注意，未经许可擅自复制专有软件可能会侵犯版权。

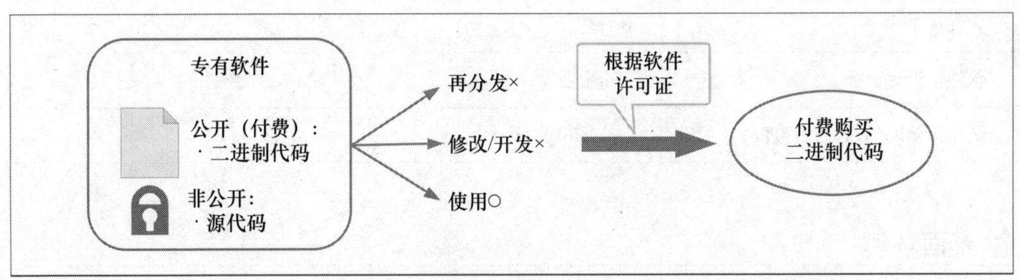

图1-1-5 专有软件

Linux软件通过自由软件或开源软件的许可证进行分发，这表示持有者可以随意分发和修改。因此，当前有数百个发行版，包括RedHat Enterprise Linux(RHEL)，CentOS(RHEL的克隆版本)，Ubuntu和Debian / GNU Linux。

用户可以根据自身的兴趣和使用目的选择合适的版本。这也是当前Linux流行的原因之一。

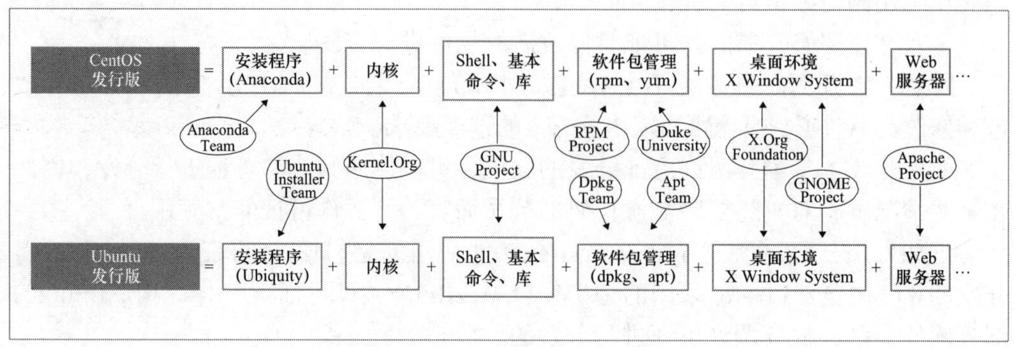

图1-1-6 CentOS与Ubuntu的软件构成

操作系统的基本组件，内核、库、Shell和基本命令在大多数发行版中都是通用的(根据所使用的版本可能有所不同)。主要区别在于软件包的管理方法和桌面环境。

软件包管理

软件包管理方法包括RedHat 中的rpm命令管理，Ubuntu / Debian中的 dpkg命令管理以及其他方法，软件包格式也各有差异。

另外，对于网络存储库安装/更新软件包的方法，包括基于RedHat的yum(以及后继的dnf)命令，基于Ubuntu / Debian的apt命令等方法。

存储库(Repository或Repo)是软件包所在的存储位置。通常使用网络存储库，但是本地DVD / CD-ROM或ISO映像也可以用作存储库。

表1-1-1 主要软件包的格式以及管理命令

	RedHat系列	Ubuntu/Debian系列
软件包格式	rpm格式	deb格式
软件包管理命令	rpm命令	dpkg命令
使用存储库的软件包管理命令	yum(dnf)命令	apt命令

桌面环境

桌面环境可根据统一的设计和操作性能提供菜单、文件管理工具、Web浏览器、邮件工具、编辑器等应用程序以及系统管理工具。

当前使用最广泛的桌面环境是GNOME，同时还有其他几种具有独特功能的桌面环境。

外观、操作性能和资源消耗量取决于发行版所使用的桌面环境。另外，对于网络和服务器设置，由于发行版的差异，可能导致相同软件的配置文件路径和文件名的不同。

根据用途Linux发行版可以大致分为：服务器、桌面、面向企业和面向个人。

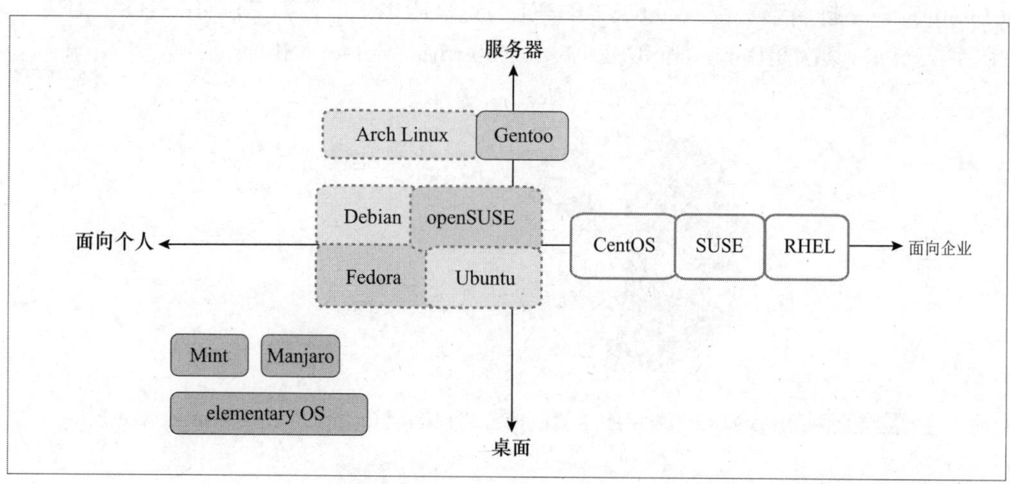

图1-1-7 Linux发行版的用途分类

发行版的份额

本节以Web服务器的份额、开发平台的份额和云实例的份额为例，介绍各种发行版的使用情况。

Web服务器的份额

根据Q-Success公司的W3Techs.com的调查，在Web服务器的Linux发行版中，Ubuntu所占份额最高，Debian排名第二，CentOS（RHEL的克隆版本）排名第三，其次是RedHat（RedHat Enterprise Linux，RHEL）和Gentoo。

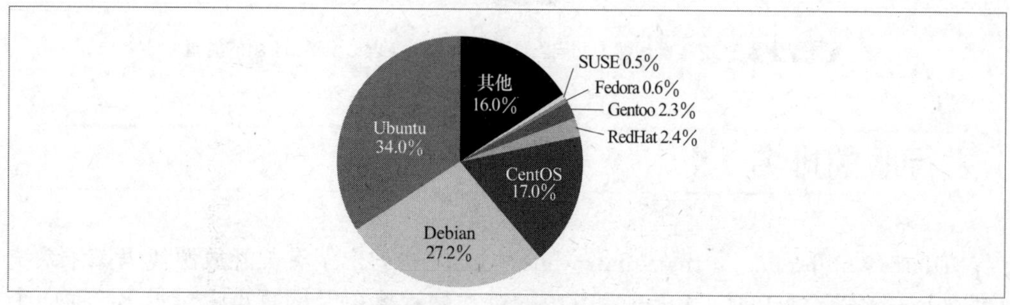

图1-1-8 Web服务器的份额（摘自2018年4月W3Techs.com调查）

W3Techs.com的调查结果基于亚马逊子公司Alexa Internet的网络流量统计数据。

开发平台的份额

RedHat、SUSE、NEC、IBM、Fujitsu和NTT等100多家公司参与了开源云软件OpenStack的开发，另外有500多家公司提供项目支持。OpenStack开发平台的份额中，Ubuntu Server 排名第一位，CentOS（RHEL的克隆版本）排名第二位，RedHat（RHEL）排名第三位，其次是Debian和SUSE Linux Enterprise Server（SLES）。

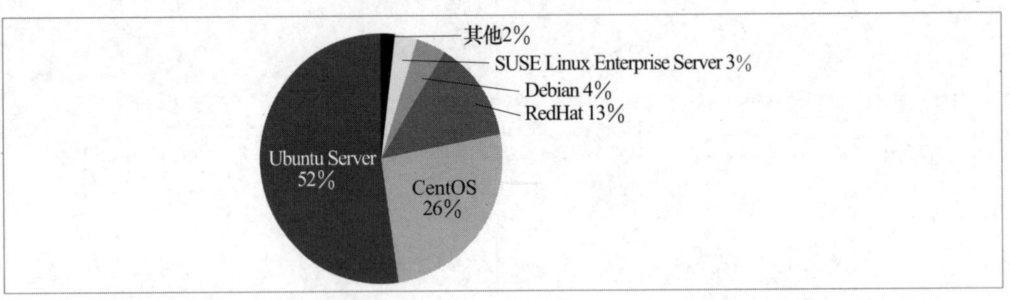

图1-1-9 OpenStack开发平台的份额（摘自2017年4月OpenStack User Survey）

云实例的份额：

根据Amazon 弹性云计算（Elastic Compute Cloud，EC2）实例映像（在云上运行的虚拟OS）的供应商The Cloud Market（https://thecloudmarket.com）的统计数据，EC2实例按操作系统类型来分类，Ubuntu排名第一，Amazon Linux排名第二，Microsoft Windows排名第三，接下来是RedHat（RHEL）和CentOS（RHEL的克隆版本）。

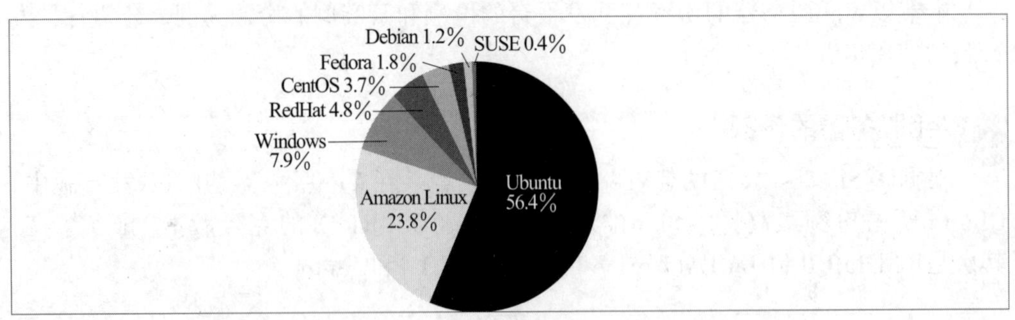

图1-1-10 EC2实例份额（摘自2018年6月The Cloud Market的调查）

发行版的排名

DistroWatch.com（https://distrowatch.com）中列出了有关开放源代码操作系统（例如Linux发行版）的信息、该发行版的受欢迎程度以及网页点击量排名，面向个人的Linux Mint系统、elementary OS、Manjaro Linux系统等始终处于最高排名。

发行版的排名

发行版	访问数
Manjaro Linux	3 638
Linux Mint	2 784
Ubuntu	1 954
Debian	1 452
elementary OS	1 383

图1-1-11 截至2018年5月，过去三个月的排名（摘自DistroWatch.com）

针对同一个IP地址对每个发行版简介网页的访问，DistroWatch.com每天只统计一次。

发行版的种类

针对目前主要的发行版，下面将按照面向企业的发行版、面向普通用户（RedHat系列）的发行版，面向普通用户（Ubuntu / Debian系列）的发行版和面向普通用户（专有软件包管理系列）的发行版来分别进行介绍。

面向企业的发行版

典型的企业发行版包括RedHat Enterprise Linux（RHEL）和SUSE Linux Enterprise Server（SLES）。

企业发行版有以下特点。

- 付费订阅期间（一年或三年），提供诸如二进制（可运行）分发、更新、支持和技术信息之类的服务。对于RHEL，没有订阅合同就无法使用二进制文件。对于SLES，注册一个账户（免费）就可以获得试用版。
- 由于支持范围有限，软件包的数量少于普通用户系列。
- 完整的管理系统技术指南。
- 面向企业的版本要求采用大容量、高速、高性能的文件系统。
- 面向企业的高性能计算集群、存储器、集成身份验证、云服务等产品可以在自己的发行版上运行。

表1-1-2 面向企业的发行版（截至2019年3月的最新版本）

发行版	最新版本	最新版本发布日期	软件包管理	标准的文件系统	标准桌面环境	特　点
RedHat Enterprise Linux	7.6	2018年10月	rpm	xfs	GNOME3	开发者：RedHat公司 ·Inc. KDE和Xfce可用于桌面环境 ·yum命令用于使用存储库进行更新 ·软件包管理软件rpm（RPM Package Manager）是RedHat Linux在1995年的前身，并以“RedHat Package Manager”的名义发布
SUSE Linux Enterprise Server	15	2018年7月	rpm	Btrfs	GNOME3	开发者：EQT公司 ·除了此服务器版本外，ISO映像中还有SUSE Linux Enterprise Desktop版本 ·可以使用SUSE自己的GUI管理工具YaST ·使用存储库进行更新时，使用SUSE自己的zypper命令，而不是yum命令

面向普通用户（RedHat系列）的发行版

在面向普通用户的发行版中，采用rpm进行软件包管理的发行版（大致为RedHat系列）大致可分为下列几类。

表1-1-3 面向普通用户（RedHat系列）的发行版（最新版本截至2019年3月）

发行版	最新版本	最新版本发布日期	标准的文件系统	标准桌面环境	特　点
CentOS	7.6	2018年12月	xfs	GNOME3	开发者：CentOS项目 ・RedHat Enterprise Linux（RHEL）的克隆版本 ・在RedHat的支持下，CentOS项目基于不带RedHat徽标的RHEL源代码进行开发
Scientific Linux	7.6	2018年12月	xfs	GNOME3	开发者：CERN、Fermilab公司 ・RedHat Enterprise Linux（RHEL）的克隆版本 ・由CERN和Fermilab基于不带RedHat徽标的RHEL源代码进行开发
Fedora	29	2018年10月	ext4	GNOME3	开发者：Fedora项目 ・RHEL的开发版本 ・桌面环境还可以使用KDE、Xfce、MATE、Cinnamon、LXQt、LXDE、SOAS等
openSUSE	leap 15.0	2018年5月	Btrfs	在安装过程中选择	开发者：openSUSE项目 ・openSUSE项目自2015年以来已经发布了两个发行版，Leap和Tumbleweed ・Tumblewee是滚动版本，将被定位为SLES的开发版本，而Leap将基于SLES发行

面向普通用户（Ubuntu/Debian系列）的发行版

在面向普通用户的发行版中，采用dpkg进行软件包管理的发行版（Ubuntu/Debian系列）大致可分为下列几类。

表1-1-4 面向普通用户（Ubuntu/Debian系列）的发布版本（最新版本截至2019年3月）

发行版	最新版本	最新版本发布日期	标准的文件系统	标准桌面环境	特　点
Ubuntu	18.10	2018年10月	ext4	GNOME3	开发者：Ubuntu项目 ・Canonical公司支持下的Ubuntu项目基于Debian GNU / Linux进行开发 ・通常是每6个月发布一次，维护期为9个月，LTS（长期维护）是每两年发布一次，维护期为5年 ・桌面环境还可以使用KDE、Xfce、LXDE、MATE、Unity
Debian GNU/ Linux	9.8	2019年2月	ext4	安装时选择	开发者：Debian项目 ・100%免费发布的版本，Debian项目已在其“Debian社群契约”中声明Debian将保持100%免费 ・为了尊重GNU项目的精神，积极采用GNU开发的软件 ・称不是“Linux”，而是“GNU / Linux”，发行版本名称是“Debian GNU / Linux” ・件包管理软件dpkg（Debian软件包）是由Debian项目的成员于1994年开发和发布的 ・安装过程中，可以从GNOME、Xfce、KDE、Cinnamon、MATE、LXDE中选择桌面环境

（续）

发行版	最新版本	最新版本发布日期	标准的文件系统	标准桌面环境	特　点
Linux Mint	19.1	2018年12月	ext4	从ISO映像中选择	开发者：Linux Mint项目 ・功能是基于Ubuntu的发行版本 ・此系统旨在成为最新、优雅、舒适的操作系统，并提供全面的多媒体支持，其中包括专有库libdvdcss等，无须添加其他特殊软件便可播放DVD。 ・对于桌面环境，此系统准备了Cinnamon、MATE、Xfce和KDE的ISO映像 ・还发布了基于Debian的更轻量级的LMDE（Linux Mint Debian Edition）
elementary OS	5.0	2018年10月	ext4	Pantheon	开发者：elementary公司 ・基于Ubuntu LTS的发行版本，该发行版因桌面环境的美观性而享有很高的声誉 ・简单易操作（精简），尽一切可能避免不需要的设置（避免配置），并且可以与最少的文档一起使用（最小文档），用户界面必须以这样的设计方式进行设计 ・在操作系统安装期间，未安装任何中文输入法。以后，你需要另外安装fcitx-sunpinyin或libpinyin

面向普通用户（专有软件包管理系列）的发行版

除了上述的RedHat系列和Ubuntu / Debian系列外，这里还对专有软件包管理的发行版进行了分类。

表1-1-5 面向普通用户（专有软件包管理系列）的发行版（截至2019年3月的最新版本）

发行版	最新版本	最新版本发布日期	软件包管理	特　点
Gentoo Linux	—	滚动发布	Portage	开发者：Gentoo Foundation ・不属于RedHat或Debian / Ubuntu系列的独特发行版本 ・不是二进制文件，而是编译并安装源代码 ・程序包管理系统Portage使用脚本源程序包 ・在面向编译，安装时，可以针对各种目的进行定制
Arch Linux	—	滚动发布	pacman	开发者：Aaron Griffin等 ・不属于RedHat或Debian / Ubuntu系列的独特发行版 ・简单轻巧 ・通过从安装ISO映像引导并手动运行分区，初始化和安装文件系统，安装软件包以及编辑配置文件来完成安装 ・软件包管理是Arch Linux自己的pacman ・默认用户界面是命令行界面（CLI） ・可以从存储库中添加桌面环境
Manjaro Linux	—	滚动发布	pacman	开发者：Manjaro团队 ・基于Arch Linux，对普通用户而言易于使用且方便的发布版本 ・此系统中有Arch Linux中没有的GUI软件包管理工具和GUI安装程序 ・各种桌面环境（Xfce、KDE、GNOME、Cinnamon、MATE、LXQt、E17等） ・英国的Station X公司发布了预装了Manjaro的笔记本计算机
Google Chrome OS	—	滚动发布	Portage	开发者：Google公司 ・由Google 公司基于Gentoo Linux开发 ・Web应用程序以Web浏览器Chrome作为UI（用户界面）来运行 ・笔记本计算机装有Chrome OS，已预先从多家供应商（如ASUS和Acer）安装，并以“Chromebook”的商标名出售 ・此外，Chromium OS已针对开发者发布（https://www.chromium.org/） ・为了使用命令行进行操作，必须重新启动，然后切换到开发者模式以启动它并开始bash。或者，从Chrome网上应用商店下载并安装终端模拟器

（续）

发行版	最新版本	最新版本发布日期	软件包管理	特　点
Android	9.0	2018年10月	Package Manager	开发者：Google公司 ·Google开发的移动操作系统。它已被安装在智能手机和平板计算机上 ·Java应用程序在基于Linux内核和标准库的Google自己的虚拟机（Dalvik）上运行 ·终端仿真器中，只能在有限的Linux命令下，并在有限的选项中运行 ·系统区域为只读，无法写入

滚动发布时没有类似于发行版的版本号，而是对每个单独的软件包进行版本管理，软件包会随时更新。发行版都会定期更新ISO安装映像，可以直接从网站下载。

主要的桌面环境

各发行版之间的主要差异在于采用的桌面环境之间的差异。这也导致了外观和操作性能的差异。此外，每个桌面环境都提供了独自的终端仿真器，用户可以通过运行Linux命令来操作和管理OS。

以下是当前主要发行版中使用的桌面环境（括号内表示桌面环境）。

CentOS 7.5（GNOME）

Ubuntu 18.04（GNOME）

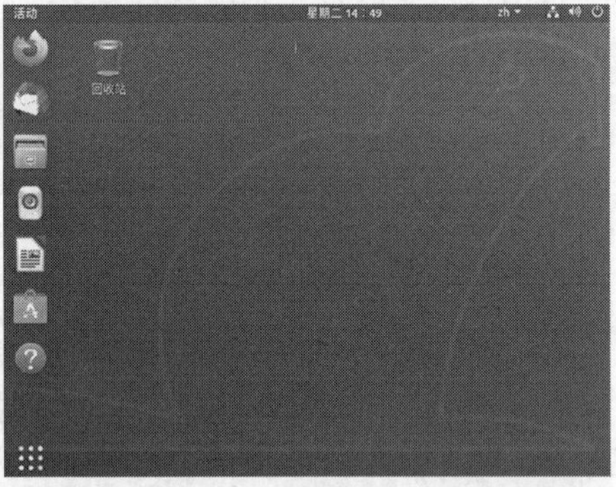

Linux Mint 18.3（Cinnamon）

elementary OS 0.4.1（Pantheon）

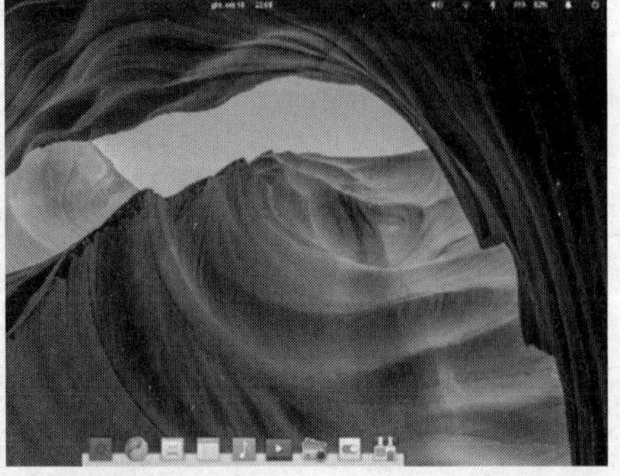

图1-1-12 主要的桌面环境

表1-1-6 桌面环境

桌面环境	终端仿真器	支持使用的发行版本	特　点
GNOME	gnome-terminal	CentOS、Ubuntu等大多数的发行版本	开发者：GNOME项目 ·GNOME的最新版本是GNOME3 ·在GNOME3中，GNOME-Shell用图形用户界面代替了GNOME2提供的GNOME面板，并且可操作性和设计方面已发生了很大变化。使用画面左上方的"活动"按钮可以显示/隐藏菜单和窗口以及整个桌面 ·GNOME-Shell被设计为既适用于使用鼠标和键盘操作的大画面台式PC，也适用于使用键盘、触摸板和触摸屏操作的小画面移动PC ·相比较GNOME3的GNOME Shell而言，许多用户更喜欢GNOME2的GNOME面板（图标放置在画面顶部和底部的条形面板中） ·在GNOME3中，用户登录时可以在"GNOME"会话或"GNOME Classic"会话之间进行选择，这与GNOME2具有几乎相同的设计和可操作性
KDE	konsole	openSUSE、Ubuntu、CentOS等多数的发行版本	开发者：KDE社区 ·正式名称为K Desktop Environment。 ·使用工具包Qt的桌面环境 ·与GNOME一样，可以在许多发行版中使用
Xfce	xfce4-terminal	Ubuntu、CentOS等多数的发行版本	开发者：Xfce 项目 ·桌面环境专为高速和轻量而设计
LXDE	lxterminal	Ubuntu、Debian、fedora等发行版本	开发者：LXDE团队 ·轻量级X11桌面环境 ·旨在以低资源运行的轻量级桌面环境 ·适用于老式PC和移动设备等硬件资源有限的PC，使用工具包GTK +
LXQt	qterminal	openSUSE、Fedora等	开发者：LXQt团队 ·此开发桌面环境使用与LXDE相同的设计目标开发的工具包Qt
Cinnamon	gnome-terminal	Mint、CentOS、Ubuntu等多数的发行版本	开发者：Linux Mint团队 ·由GNOME3派生出来的GNOME-Shell的桌面环境 ·这是作为Linux Mint的桌面环境而开发的，但现已在许多发行版中提供 ·外观和操作性都类似于GNOME2
MATE	mate-terminal	CentOS、Ubuntu等多数的发行版本	开发者：MATE团队 ·MATE继承了GNOME2的桌面环境 ·随着GNOME项目中止了对GNOME2的开发，现在由支持GNOME2的用户继续开发 ·该名称源自南美洲的马黛茶
Pantheon	pantheon-terminal	Elementary操作系统	开发者：elementary公司 ·elementary操作系统的桌面环境 ·精美的设计和简明的操作 ·基于GNOME的软件组件构建而成

GUI操作和CUI操作

操作系统有两种操作方法，一种是GUI方法，另一种是CUI方法。

◇ **GUI（图形用户界面）：**

借助鼠标操作桌面环境上图形化的菜单和图标。

◇ **CUI（角色用户界面）：**

通过键盘上的字符输入控制操作系统，显示器上仅显示字符。

桌面环境提供了独自的GUI工具，借助鼠标可以操作这些工具。至于CUI，每种桌面环境都提供独自的终端仿真器，在此终端仿真器中，可以通过键盘输入并运行Linux命令。很多时候，Linux命令可以执行GUI工具无法执行的精细操作。

GUI工具因桌面环境而异，但命令在大多数发行版中是通用的（根据使用的版本可能略有不同）。

以下分别是使用桌面环境GNOME下的工具进行操作的示例（GUI），以及使用终端仿真器gnome-terminal上的命令执行相同操作的示例（CUI）。

用户管理工具
"gnome-control-center user-accounts"

使用grep命令显示用户账户

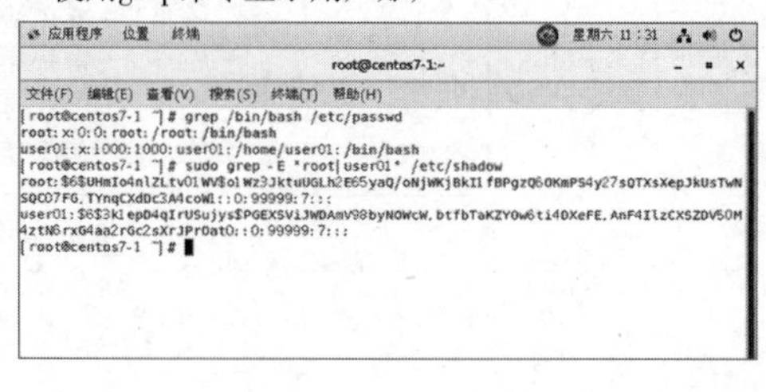

网络管理工具
"gnome-control-center network"

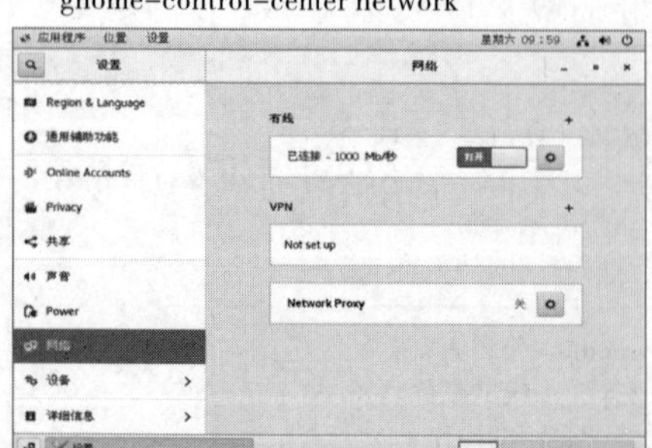

使用ip命令显示IP地址和默认路由器

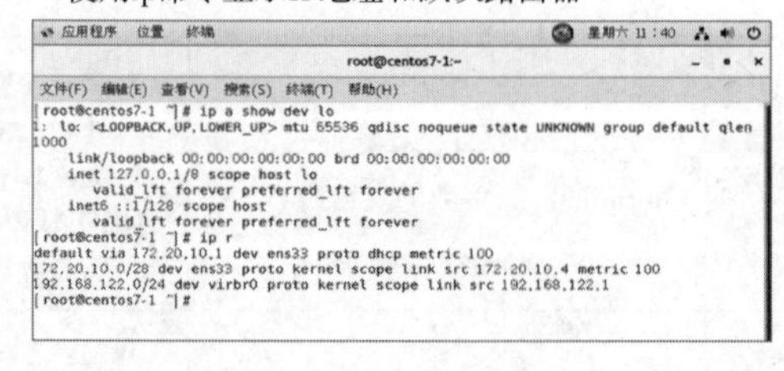

图1-1-13 OS的操作

磁盘管理工具
“gnome-disks”

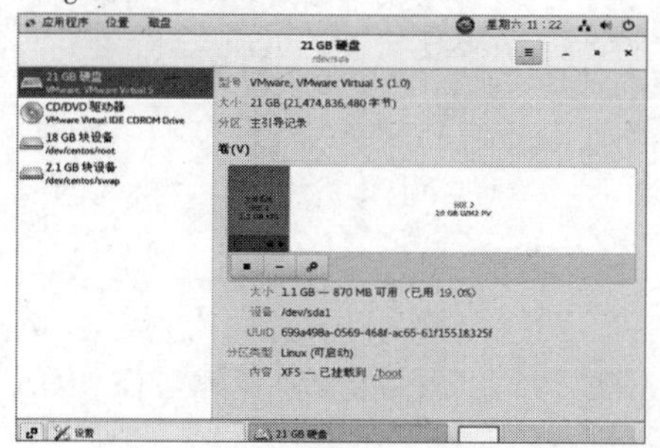

使用fdisk命令显示磁盘分区

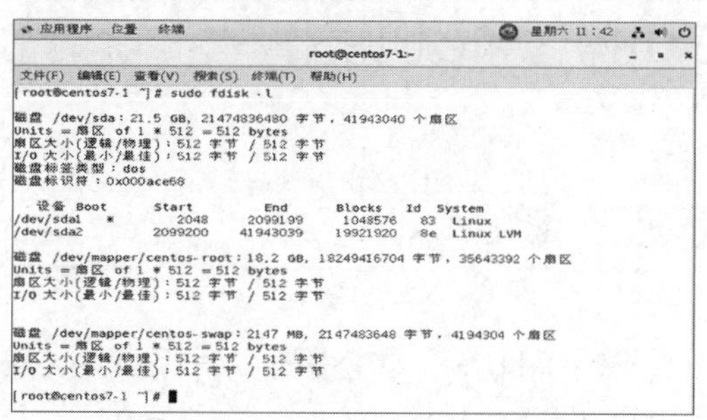

图1-1-13 OS的操作（续）

对于DNS、Web和邮件之类的服务器，通常不需要安装桌面环境，或者说即使是安装桌面环境通常也不会使用。因为通过网络进行管理时，使用桌面环境会导致网络流量增加、影响性能，此外，不使用桌面环境还能够避免运行不必要的进程从而节省服务器内存。

在终端仿真器中运行ssh命令
（登录到Web服务器并使用该命令进行管理）

```
user01@localhost:~
文件(F)  编辑(E)  查看(V)  搜索(S)  终端(T)  帮助(H)
[user01@localhost ~]$ ssh -i ~/.ssh/id_rsa www.mylpic.com.
Warning: Identity file /home/user01/.ssh/id_rsa not accessible:
No such file or directory.
ssh: connect to host www.mylpic.com. port 22: Connection refused
[user01@localhost ~]$ sudo systemctl status httpd
[sudo] user01 的密码：
user01 不在 sudoers 文件中。此事将被报告。
[user01@localhost ~]$
```

没有桌面环境
（从控制台登录）

图1-1-14 服务器环境的操作

1-2

安装CentOS

获取安装媒体

要安装CentOS，请登录官方网站，从链接的镜像站点下载安装媒体。CentOS的官方网站请参照以下URL。

> CentOS的官方网站
> https://www.centos.org

图1-2-1 CentOS的官方网站

单击页面中的“Get CentOS Now”按钮。

图1-2-2 ISO映像的种类

对于CentOS操作系统来说，要下载的媒体取决于用户的使用目的。另外，根据媒体的不同，最初安装的软件包也会有所不同。由于可以在安装后添加或删除软件包，因此无论使用哪种媒体，都可以建立相同的桌面环境。

表1-2-1 ISO映像的种类

种 类	使用目的	补 充
DVD ISO	需要使用标准配置进行安装	标准安装程序，可以根据用途进行各种类型的配置
Minimal ISO	需要使用最小配置进行安装	只能安装最低配置，而不能进行其他任何选择

本书使用“DVD ISO”。单击“DVD ISO”按钮，以显示带有镜像站点URL的页面。下面，本书将使用“CentOS-7-x86_64-DVD-1804.iso”来介绍CentOS的安装过程。

ISO映像版本号码会随时更新（本书使用“1804”）。另外，使用CentOS 7（1804）至少需要1024MB的内存。有关其他的硬件配置要求，请参照以下URL。
https://wiki.centos.org/Manuals/ReleaseNotes/CentOS7

安装步骤

在本书中，将按照安装程序提供的默认安装方式进行安装。如果在每章的内容中，有需要的其他软件包或设置，本书会把它们刊登在各自的章节中。

要使用KVM或VirtualBox在虚拟环境中安装CentOS，请参照附录A-2和附录A-3。

①启动安装程序

从下载的ISO映像中启动安装程序。启动时，选择“Test this media & install CentOS 7”选项。

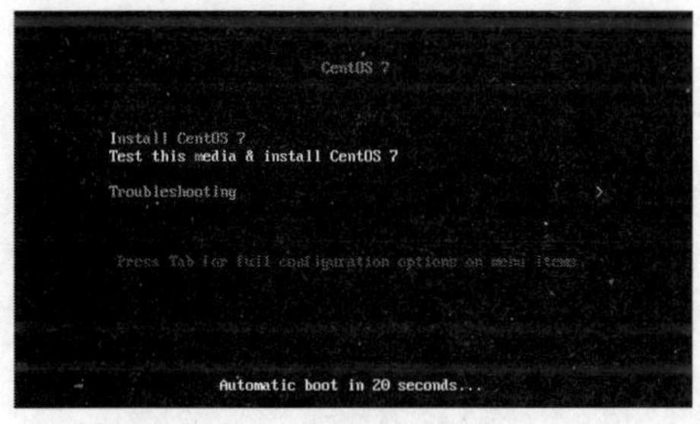

图1-2-3 启动安装程序时的画面

表1-2-2 安装程序的选择

选 项	概 述
安装CentOS 7 “Install CentOS 7”	安装程序将在不检查媒体的情况下启动 请选择是否已预先完成媒体检查，启动时间将会减少
测试此媒体并安装CentOS 7 “Test this media & install CentOS 7”	默认选项，在安装程序启动时运行媒体检查，可以使用<Esc>键终止检查
故障排除 “Troubleshooting”	用于故障排除，如果已安装的磁盘发生错误，请使用“救援CentOS 7系统”或检查内存

②语言的选择

选择安装程序要显示的语言。这里，选择“中文”，然后，单击“继续”按钮。

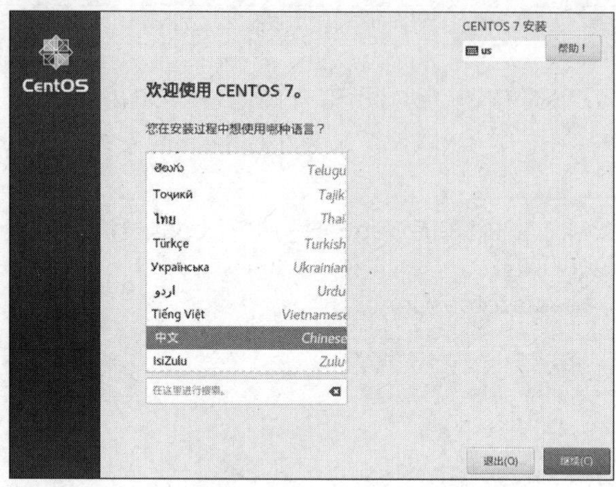

图1-2-4 语言的选择

③安装信息摘要

在“安装信息摘要”中，可以进行各种设置。可以从任何选项开始设置。在本书中，将对3个选项进行设置："安装位置”“网络和主机名”和“软件选择”。

图1-2-5 安装信息摘要

④安装位置的选择

在“安装信息摘要”的界面中，选择“安装位置”。在这一步骤中，需要检查安装位置的设备和文件系统。

在“设备选择”中，确保已选中要安装的设备。另外，请确保在“其他存储选项”的“分区”中选择了“自动配置分区”，然后单击界面左上方的“完成”按钮。

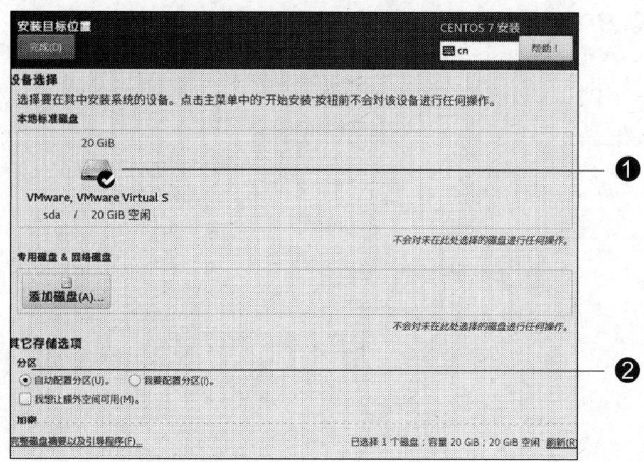

图1-2-6 安装位置的选择

> 版本号的详细介绍请参照第7章7-1节中的内容。

⑤启用网络并设置主机名

在"安装信息摘要"的界面中，选择"网络和主机名"。安装后用户可以随时更改这个名字，这里将启用DHCP网络并设置主机名。在本书中，将主机名设置为"centos7-1.localdomain"。然后，"打开"以太网。完成设置后，单击界面左上方的"完成"按钮。

图1-2-7 网络和主机名

⑥选择安装的软件

在"安装信息摘要"的界面中，选择"软件选择"。默认选择为"最小安装"，安装后将以CUI方式启动。本书需要在GUI环境中操作，此处将进行修改。

在"基本环境"中选择"带GUI的服务器"，然后单击界面左上方的"完成"按钮。这将为GUI环境安装必要的软件。

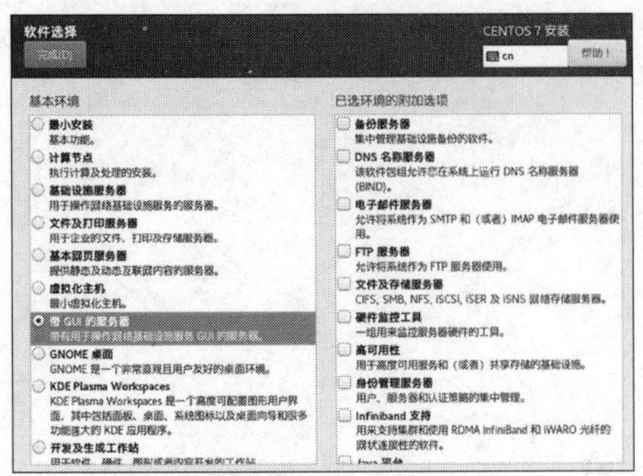

图1-2-8 软件选择

⑦开始安装

设置完成以后，单击“安装信息摘要”界面右下方的“开始安装”按钮。

图1-2-9 开始安装

⑧root的密码以及普通用户的注册

安装过程中，可以根据需要在安装界面中设置root的密码以及普通用户的注册。

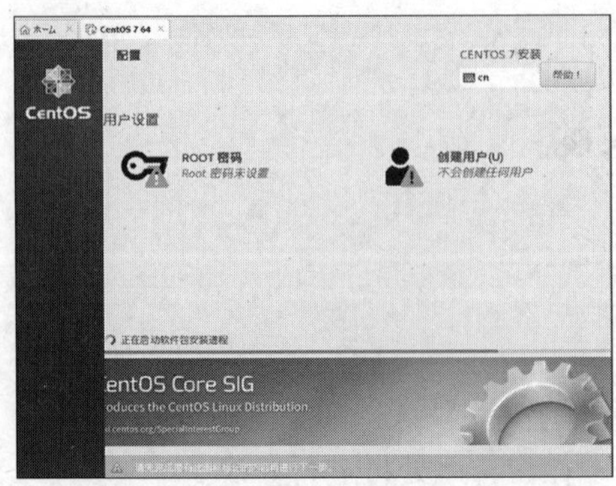

图1-2-10 root的密码以及普通用户的注册

○ root密码的设置

在安装界面中选择“ROOT密码”，进入设置界面。然后输入两次密码。密码设置没有限制，但是在输入密码时系统会检查其强弱。完成后，单击画面左上方的“完成”按钮。对于“弱(红色)”的情况，需要单击“完成”按钮两次。在本书中，root的密码为“linuxbasic2018”。

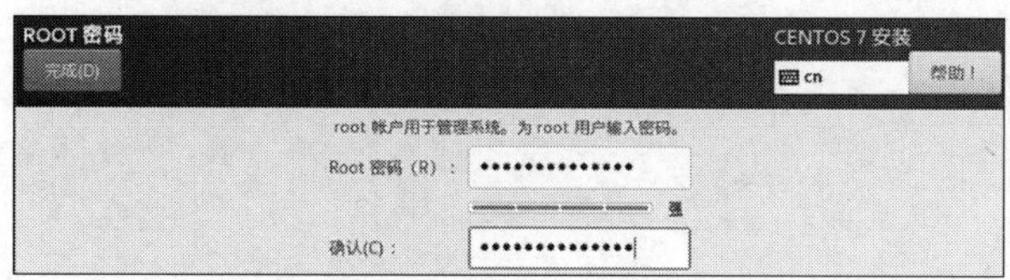

图1-2-11 设置root密码

○ 普通用户的设定

在安装界面中，选择“创建用户”，然后进入设置界面。

在本书中，使用的普通用户的用户名是“user01”，密码是“user01”。输入完成以后，单击界面左上方的“完成”按钮。

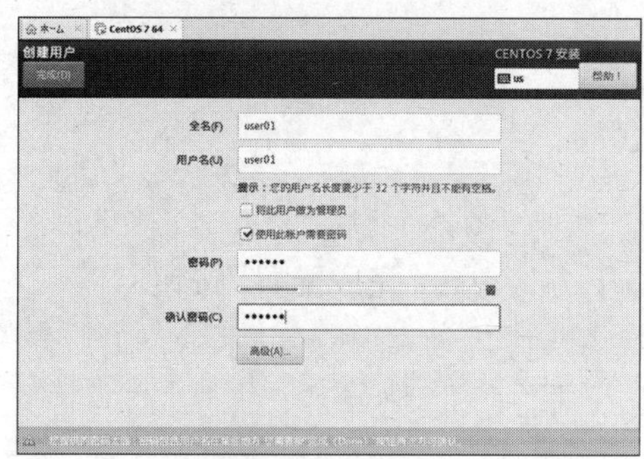

图1-2-12 创建用户

⑨安装完成后的设置

安装完成以后，界面右下方将会出现“重启”按钮，单击这个按钮进行重启。

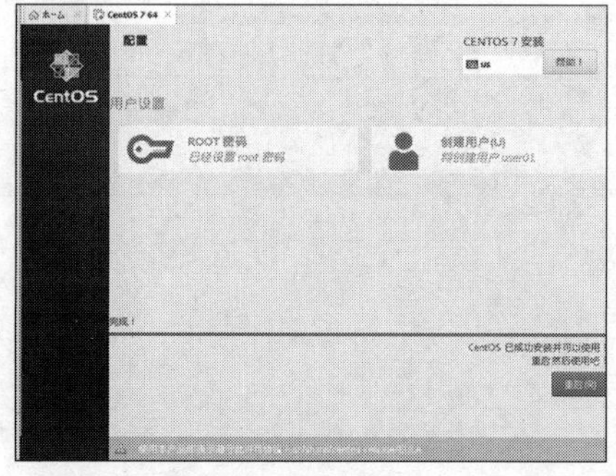

图1-2-13 安装完成后的设置

○ 安装完成后检查许可信息

重新启动时，系统将要求检查许可证，此时请选择“LICENSING”。

图1-2-14 安装完成后检查许可信息

选中界面左下方的“我同意许可协议”，然后单击画面左上方的“完成”按钮。

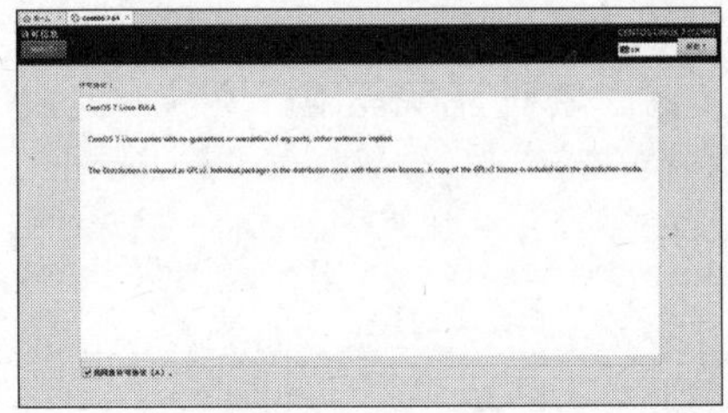

图1-2-15 同意许可协议

至此设置告一段落。在“初始设置”界面右下方，单击“完成配置”按钮。

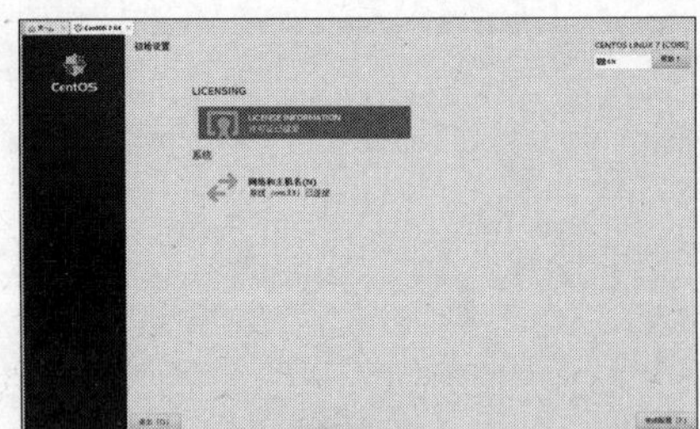

图1-2-16 设置完成

登录

以root身份登录以便检查和更改系统信息。

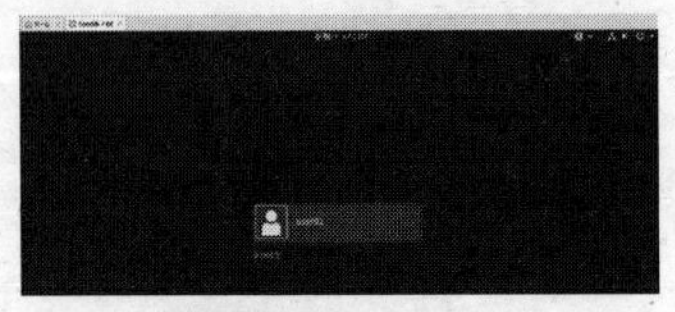

图1-2-17 登录界面

要以root身份登录，请在登录界面中选择“未列出？”，然后输入用户名和密码。在本书中，输入root用户的密码“linuxbasic2018”，然后单击“登录”按钮。

用户名：root
密码：linuxbasic2018

图1-2-18 输入用户名和密码

登录后，将显示初始设置界面。可以在这里进行初始设置，例如选择输入方式等。

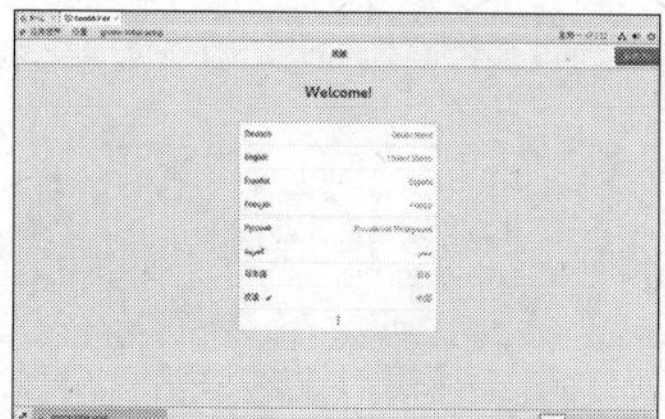

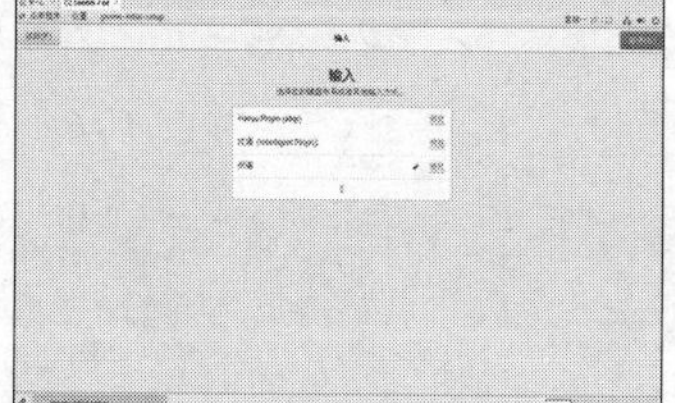

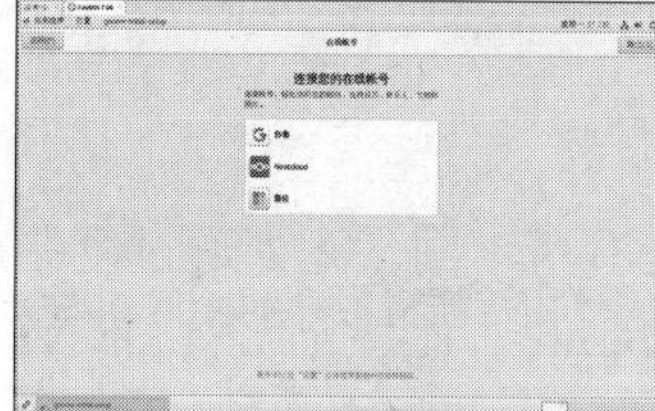

图1-2-19 语言、其他设置

出现“Getting Started（开始）”界面后，单击界面右上方的关闭按钮。当显示桌面时，表示安装已经完成。

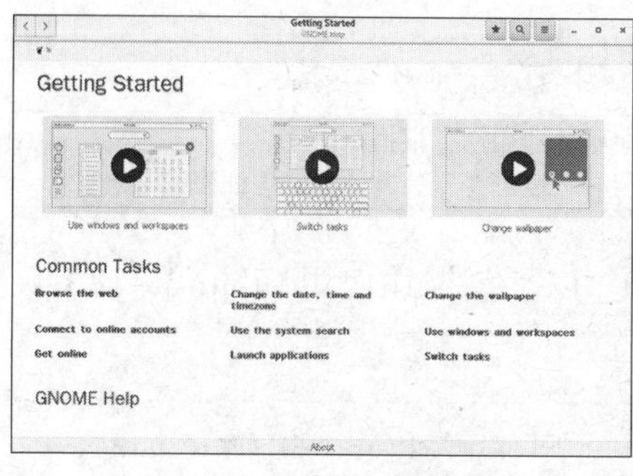

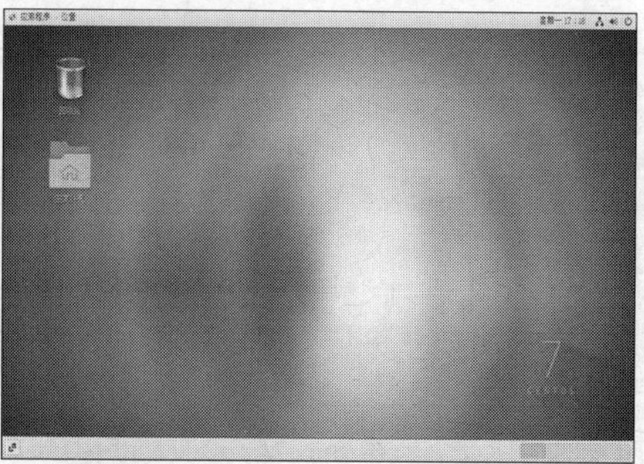

图1-2-20 Getting Started（开始）

1-3

安装Ubuntu

获取安装媒体

要安装Ubuntu，请登录官方网站，从链接的镜像站点下载安装媒体。Ubuntu的官方网站请参照以下URL。

Ubuntu的官方网站
https://www.ubuntu.com

图1-3-1 Ubuntu的官方网站

与使用RedHat Linux软件包(例如CentOS)进行安装有所不同，此处通过复制SquashFS文件的内容(即压缩的只读文件系统)来安装Ubuntu。此外，无须在安装过程中选择使用目的，可通过官方网站的“Download(下载)”菜单进入各种ISO映像的链接，根据使用目的选择并下载(服务器或桌面)。

表1-3-1 ISO映像的种类

种类	使用目的	补充
桌面“Desktop”	想要以标准配置进行安装	面向普通用户，根据GUI安装 GNOME将作为桌面环境安装
服务器“Server”	想要以最小配置进行安装	面向服务器用途，根据CUI安装 安装时可以选择安装服务器软件程序

在本书中，使用“桌面”(Ubuntu Desktop)。以下，描述使用“ubuntu-18.04-desktop-amd64.iso”的安装过程。

Ubuntu版本每六个月更新一次(本文档使用“18.04”)。要使用“ubuntu-18.04-desktop”，至少需要2GB的内存。关于其他硬件要求，请参照以下URL。
https://www.ubuntu.com/download/desktop

安装步骤

在本书中，将运行安装程序提供的默认安装。如果各章需要安装其他软件包或进行其他设置，将在该章中进行说明。

> 如果是通过KVM或VirtualBox在虚拟环境中安装Ubuntu，请参照附录A-2和附录A-3。

①启动安装程序

从下载的ISO映像文件启动安装程序。首先，选择安装程序的显示语言。此处，从画面左侧的列表中选择“中文(简体)”。

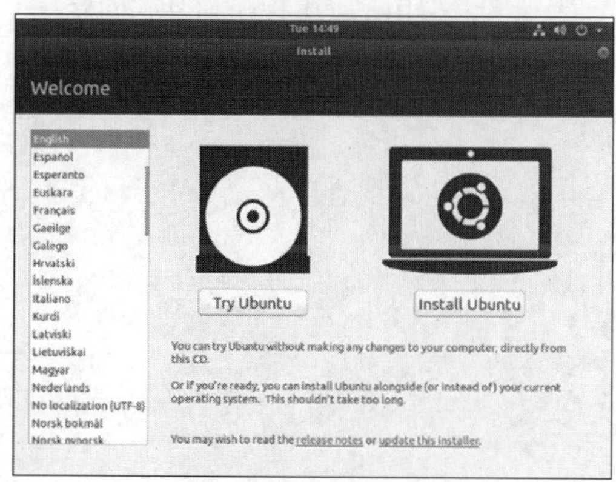

图1-3-2 选择语言

当显示内容为中文时，单击“安装Ubuntu”按钮。

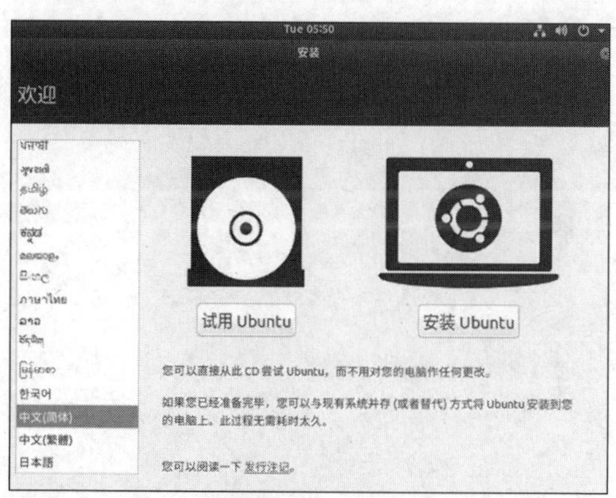

图1-3-3 选择安装

②选择键盘

在“键盘布局”的界面中，选择用于输入的键盘。在这里选择“汉语”。

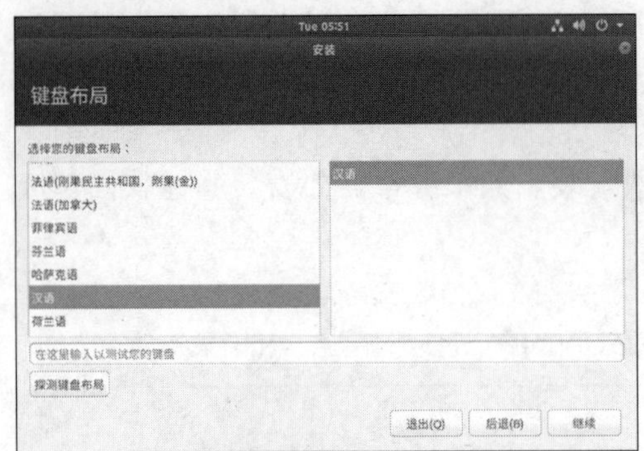

图1-3-4 键盘布局

③选择安装程序

在“更新和其他软件”界面中,选择“正常安装”。安装Office应用程序和有用的软件。

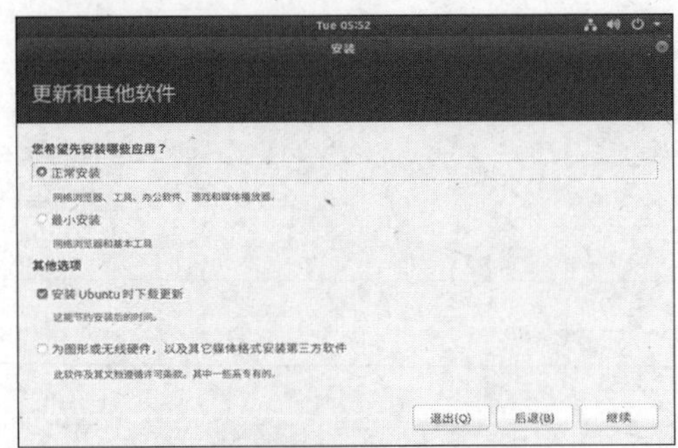

图1-3-5 更新和其他软件

④安装方法的选择

在“安装类型”界面中，选择“清除整个磁盘并安装Ubuntu”，然后单击界面右下方的“现在安装”按钮。

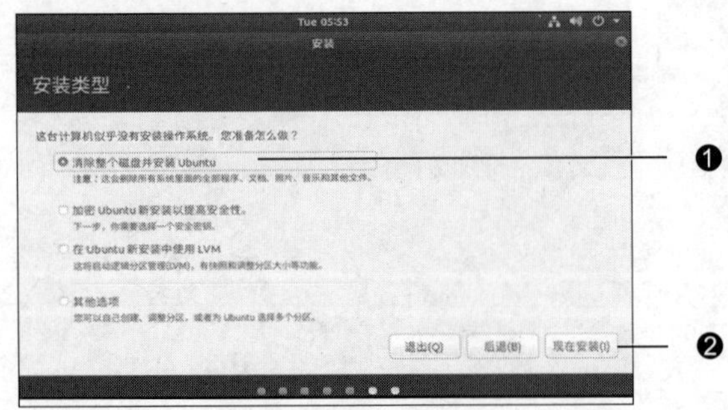

图1-3-6 安装类型

由此，可以自动生成分区。

> 分区的详细介绍请参照第7章7-1节。

出现“将改动写入磁盘吗？”的画面以后，单击“继续”按钮。

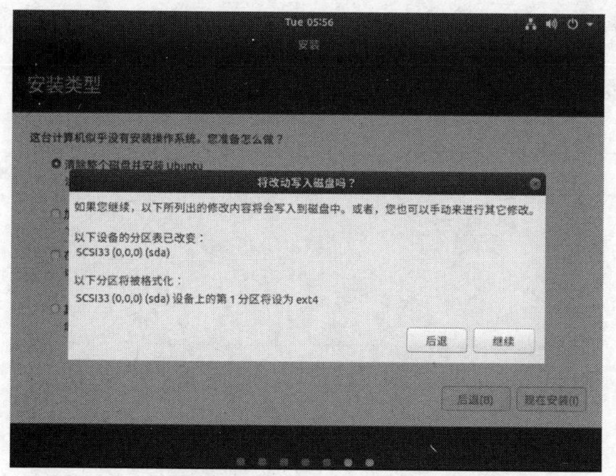

图1-3-7 确认画面

⑤选择地区

“您在什么地方？”的画面显示以后，输入地区，然后单击“继续”按钮。在这里，地区选择“Shanghai”。

⑥普通用户的设置

创建普通用户。在Ubuntu操作系统中，root用户的登录是被禁止的，因此安装完成后需要创建登录用的普通用户。

在本书中，用户“user01”是作为普通用户而创建的，设置的详细信息请参照以下表格。输入完成后，单击“继续”按钮。

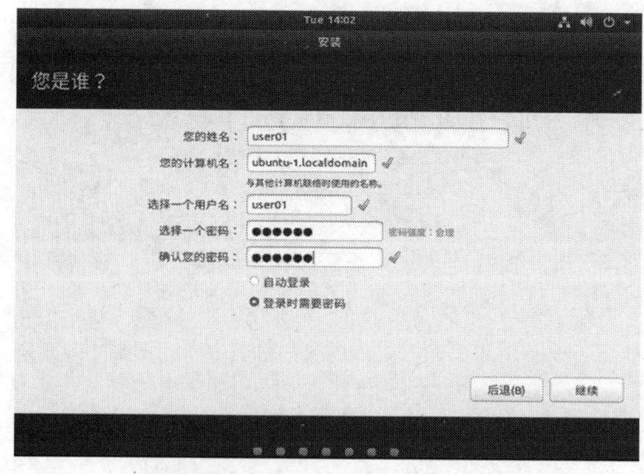

图1-3-8 普通用户的设置

表1-3-2 普通用户的登录信息

设置项目	值
您的姓名	user01
您的计算机名	ubuntu-1.localdomain
选择一个用户名	user01
选择一个密码	user01
确认您的密码	user01

⑦安装完成

当出现“安装完成”的对话框时，对话框右下方将会显示“现在重启”的按钮，单击这个按钮进行重启。

图1-3-9 安装完成

登录

为了进行系统信息的确认和变更，将使用普通用户“user01”进行登录。

图1-3-10 使用user01进行登录

使用user01登录时，请选择“user01”并输入密码。在本书中，输入user01的密码“user01”。输入后，单击“登录”按钮。

用户名：user01

密　码：user01

登录时，将显示初始设置界面。这里不进行其他设置，直接单击“前进”或“完成”按钮进入下一个界面。

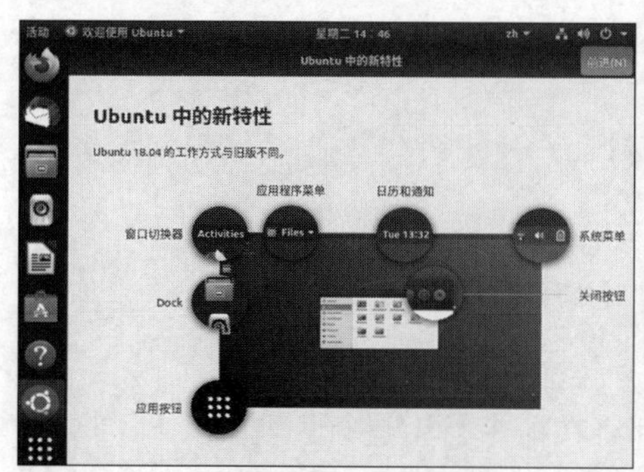

图1-3-11 初始设置界面

随后将显示“软件更新器”的界面。想要马上进行更新的话，单击“立即安装”按钮。这里，单击“稍后提醒”按钮。

出现桌面界面时，表示Ubuntu操作系统的安装已经完成。

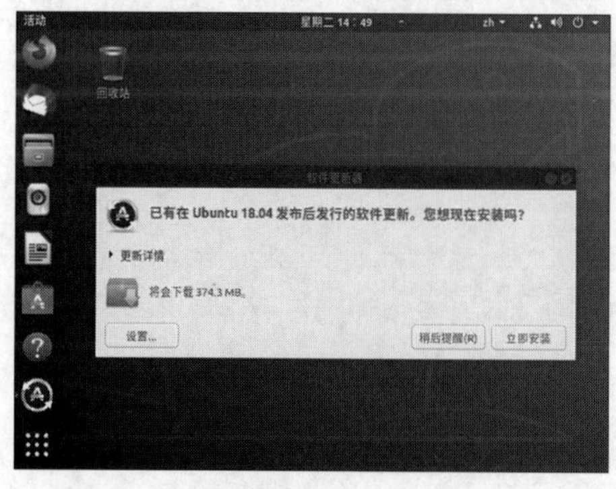

图1-3-12 软件更新器

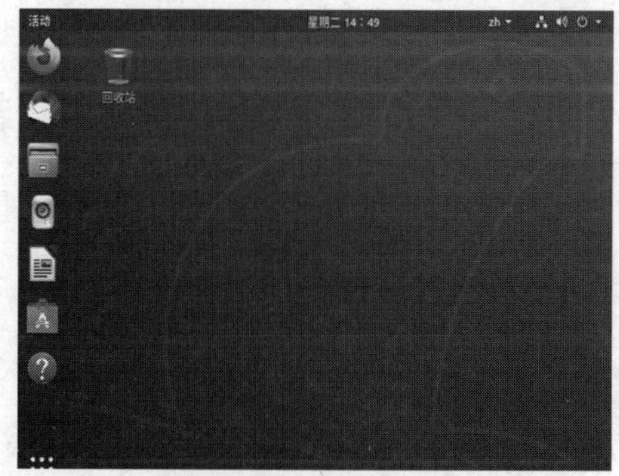

图1-3-13 桌面界面

1-4

系统的初始设置

CentOS的初始设置

以下是使用CentOS之前需要完成的一些操作。

· 确认安装时的软件包信息。

· 软件更新。

· 检查SELinux的状态并禁用。

· 检查防火墙的状态并关闭。

此外，请启动**终端仿真器**，此后的操作都将在命令行上进行说明。

在CentOS主菜单中，依次单击“应用程序”→“系统工具”→“终端”，启动终端仿真器。

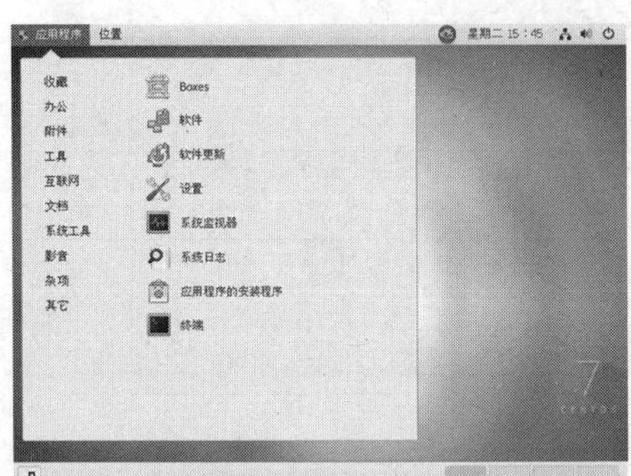

图1-4-1 启动终端仿真器

确认安装时的软件包信息

前面在介绍安装CentOS时，是以“带GUI的服务器”作为软件的选择(见1-2节)。这是一种根据使用目的来叠加配套功能的软件包。

> 有关软件包的详细介绍请参照第6章6-1节中的内容。

要列出所有软件包组，可运行yum group list命令。

列出所有软件包组

```
# yum group list
...（中间省略）...
Available Environment Groups:
最小安装
基础结构服务器
```

```
计算节点
文件和打印服务器
基本Web服务器
虚拟主机
带GUI的服务器
...（以下省略）...
```

要查看每个软件包组中包含哪些软件包，可在yum groups info命令中指定软件包组名称。

"带GUI的服务器"软件包组搜索结果

```
# yum groups info "带GUI的服务器"
...（中间省略）...
 Environment Group: 带GUI的服务器
 Environment Id: graphical-server-environment
 描述：使用GUI运行网络基础结构服务的服务器。
 Mandatory Groups:
   +base
   +core
   +desktop-debugging
   +dial-up
   +fonts
   +gnome-desktop
...（中间省略）...
 Optional Groups:
   +backup-server
   +directory-server
   +dns-server
   +file-server
   +ftp-server
...（以下省略）...
```

软件更新

CentOS会通过官方的存储库提供漏洞修复和系统升级的功能。使用存储库进行更新时，请运行yum update命令。将已注册的存储库信息与当前信息进行比较，下载并安装所需的软件包。

有关存储库的详细信息，请参照第6章

运行"yum update"后，将询问是否要安装，可输入"y"进行安装。完成所需软件包的安装后，显示"已完成！"的消息，更新到此结束。

CentOS的更新

```
# yum update
...（中间省略）...
解决依赖关系
...（中间省略）...
信息变更摘要
==========================================================================================
安装              5 个软件包（+22 个依赖关系的软件包）
更新            537 个软件包
```

```
总容量: 594 M
Is this ok [y/d/N]: y ←输入“y”...
...（中间省略）...
已完成!
```

检查SELinux状态并禁用

SELinux具有安全管理员以外的普通用户无法修改的强制性访问控制方式，还具有对文件和其他资源的每一次访问施加限制的类型环境，同时也具有对所有用户（包括root用户）的作用功能施加限制的基于角色的访问控制功能。

尽管在Internet上运行服务器有很多优点，但为了增强系统的安全性，在值得信赖的内部网络上使用时，作为开发环境或测试环境使用时，需要考虑将其禁用。这里将介绍禁用SELinux的方法。

SELinux具有以下这几种状态。

表1-4-1 SELinux的状态

SELinux的状态	说　明
enforcing	启动状态
permissive	暂时禁用状态，记录于SELinux的日志中
disabled	禁用状态

要检查SELinux的当前状态，可运行getenforce命令。运行sestatus命令可以查看更为详细的信息。

确认当前SELinux的状态

```
# getenforce  ←现状确认
Enforcing  ←启动状态
# sestatus  ←更为详细的确认
SELinux status:                 enabled
SELinuxfs mount:                /sys/fs/selinux
SELinux root directory:         /etc/selinux
Loaded policy name:             targeted
Current mode:                   enforcing
Mode from config file:          enforcing
Policy MLS status:              enabled
Policy deny_unknown status:     allowed
Max kernel policy version:      28
```

要禁用SELinux，需要进行以下的设置。

○ 暂时禁用的情况

需要暂时（到系统重启为止）禁用时，在setenforce命令中指定“0”。

SELinux的暂时禁用

```
# getenforce ←现状确认
Enforcing  ←启动状态
```

```
# setenforce 0  ←暂时禁用
# getenforce   ←现状确认
Permissive   ←暂时禁用状态
```

○ 永久禁用的情况

需要永久禁用时，可将/ etc / selinux / config文件中的“SELINUX”行更改为“permissive”或“disabled”，然后重启。在下面的示例中，将“SELINUX”行更改为“disabled”，然后使用reboot命令重启。

此外，在这个示例中，将通过vi命令打开编辑器并编辑文件。

> 有关vi命令的详细信息，请参照第3章3-4节中的相关内容。

SELinux的永久禁用

```
# vi  /etc/selinux/config
...（以下通过vi编辑）...
# This file controls the state of SELinux on the system.
# SELINUX= can take one of these three values:
#     enforcing - SELinux security policy is enforced.
#     permissive - SELinux prints warnings instead of enforcing.
#     disabled - No SELinux policy is loaded.
#SELINUX=enforcing  ←注释掉当前设置（在句首添加#）
SELINUX=disabled  ←添加此行代码
# SELINUXTYPE= can take one of three two values:
#     targeted - Targeted processes are protected,
#     minimum - Modification of targeted policy. Only selected processes are protected.
#     mls - Multi Level Security protection.
SELINUXTYPE=targeted
...（编辑完成）...

# reboot
```

检查防火墙的状态并关闭

防火墙是一种防止未经授权访问网络的机制。在安装时，设置了仅允许特定端口号的访问。

尽管在Internet上运行服务器时此功能必不可少，但是同SELinux一样，在值得信赖的内部网络上使用时，作为开发环境或测试环境使用时，需要考虑将其关闭。此处将介绍关闭防火墙的方法。

Linux的防火墙功能由内核模块Netfilter提供。到CentOS 6为止均采用iptables作为配置实用程序，但是从CentOS 7开始，新推出的内置iptables的firewalld，正在取代iptables成为默认的实用程序。

> firewalld提供了“区域”这一概念，它定义了多个不同安全强度的模板，只需通过选择与自己所连接网络的可靠性相匹配的区域，就能轻松完成配置。有关firewalld的详细信息，请参照第10章10-4节中的相关内容。

运行firewall命令检查当前的防火墙状态。默认情况下，仅允许ssh和DHCPv6

客户端使用。

检查防火墙的状态

```
# firewall-cmd --list-service --zone=public
ssh dhcpv6-client
```

防火墙的关闭需要运行systemctl命令。

关闭防火墙

```
# systemctl stop firewalld.service
#
# firewall-cmd --list-service --zone=public  ←检查防火墙的状态
FirewallD is not running  ←已关闭
```

通过以上设置，可以关闭防火墙，但是当系统重启时，firewalld又将自动启动。需要永久关闭firewalld时，请进行以下设置。

关闭防火墙

```
# systemctl disable firewalld.service
Removed symlink /etc/systemd/system/dbus-org.fedoraproject.FirewallD1.service.
Removed symlink /etc/systemd/system/basic.target.wants/firewalld.service.
```

Ubuntu的初始设置

使用Ubuntu之前需要完成以下操作。

· 确认安装时的软件包信息。

· 软件更新。

· 检查App Armor的状态。

· 检查防火墙的状态。

此外，请启动终端仿真器，此后的操作都将在命令行上进行说明。在Ubuntu桌面上，单击左下方的“显示应用程序”图标，滑动显示的图标列表，然后选择“终端”。

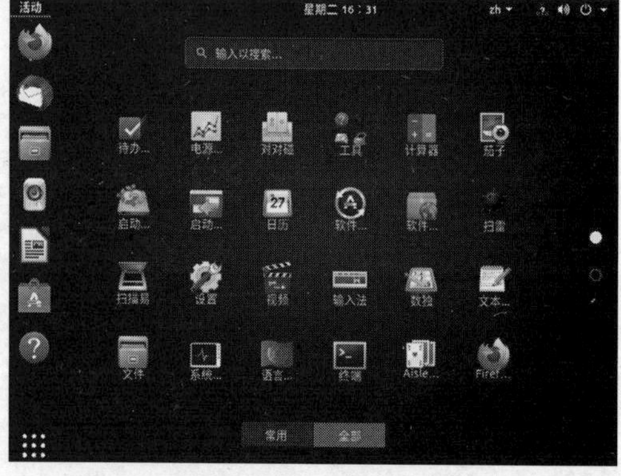

图1-4-2 启动终端仿真器

确认安装时的软件包信息

运行dpkg命令列出系统上安装的所有软件包。

有关软件包的详细信息，请参照第6章6-1节中的相关内容。

列出所有软件包组

```
$ dpkg -l | more
...（中间省略）...
||/   名称              版本              体系结构    描述
+++-==========-=====================-========-==========================================
ii accountsservice   0.6.45-1ubuntu1   amd64    query and manipulate user account information
ii acl               2.2.52-3build1    amd64    Access control list utilities
ii acpi-support      0.142             amd64    scripts for handling many ACPI events
...（以下省略）...
```

软件更新

Ubuntu通过存储库提供漏洞修复和系统更新功能。首先，更新本地管理的软件包索引，然后再更新系统。

有关存储库的详细信息，请参照第6章6-1节中的有关内容。

运行sudo apt update命令更新本地软件包索引。运行时，将显示可以更新的软件包数量。

更新索引

```
$ sudo apt update
[sudo] user01 的密码: **** ←输入密码
命中: 1 http://jp.archive.ubuntu.com/ubuntu bionic InRelease
获取: 2 http://jp.archive.ubuntu.com/ubuntu bionic-updates InRelease [83.2 kB]
命中: 3 http://jp.archive.ubuntu.com/ubuntu bionic-backports InRelease
...（中间省略）...
正在读取状态信息...完成
有10个软件包可以升级。运行'apt list --upgradable'命令列出所有软件包。
```

接下来，运行sudo apt upgrade命令。显示安装提示信息，输入“y”进行安装。更新到此结束。

更新Ubuntu

```
$ sudo apt upgrade
...（中间省略）...
  update-notifier update-notifier-common
升级了 10 个软件包，新安装了 0 个软件包，要卸载 0 个软件包，有 0 个软件包未被升级。
13.2 MB中需要下载0 B的软件包。
解压缩后会消耗22.5 kB的额外空间。
您希望继续执行吗? [Y/n] y ←输入“y”
...（以下省略）...
```

检查AppArmor的状态

Ubuntu使用AppArmor(比SELinux易于配置)来增强系统安全性。可以对每个程序进行强制访问控制。

要检查AppArmor的当前状态，请运行systemctl命令。以下运行结果表明它正在启动中(Active)。在本书中，AppArmor将保持启动状态。

检查AppArmor的状态

```
$ systemctl status apparmor.service
● apparmor.service - AppArmor initialization
   Loaded:    loaded (/lib/systemd/system/apparmor.service; enabled; vendor preset: enabled)
    Active: active (exited) since Thu 2018-05-17 17:59:53 JST; 1h 13min ago
      Docs: man:apparmor(7)
            http://wiki.apparmor.net/
  Main PID: 256 (code=exited, status=0/SUCCESS)
     Tasks: 0 (limit: 2323)
    CGroup: /system.slice/apparmor.service
...(以下省略)...
```

检查防火墙的状态

在安装Ubuntu系统时firewalld并不包含在内，如果需要使用它，请运行apt install firewalld命令进行安装。另外，默认情况下提供iptables命令的前端“ufw”(不复杂的防火墙)命令。

要检查防火墙的当前状态，请运行sudo ufw status命令。以下运行结果表明它处于非启动状态(已停用)。在本书中，防火墙将保持关闭状态。

检查防火墙的状态

```
$ sudo ufw status
[sudo] user01的密码: **** ←输入密码
状态: 已关闭
```

有关ufw命令的详细信息，请参照第10章10-4节中的相关内容。

1-5 使用ssh进行远程登录

什么是远程登录

从本地主机(用户直接登录的主机)登录到网络上的另一台主机(远程主机)称为**远程登录**。

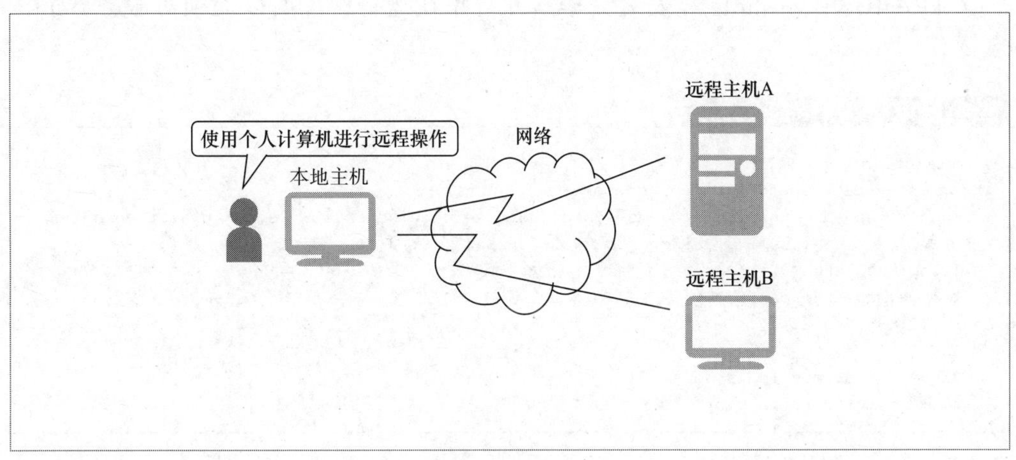

图1-5-1 远程登录

有多种用于远程登录的命令。

◇ telnet

当远程主机上运行telnet服务时，可以使用telnet命令。访问远程主机时，与登录本地主机一样需要进行身份验证。此时，需要在远程主机上输入设置的用户名和密码。另外，由于通信内容是纯文本，因此，如果通信路径被窃听，很容易泄露账户和密码。

◇ ssh

与telnet命令一样，ssh命令也是用于登录远程主机的命令。访问远程主机时，与登录本地主机一样需要进行身份验证。但是，与telnet命令不同，所有通信(包括密码)都采用公钥加密。

有关公钥加密的详细信息，请参照第10章10-2节中的相关内容。

ssh命令是自由软件OpenSSH的客户端命令，服务器为sshd。OpenSSH由OpenBSD项目进行开发。

检查sshd的启动

本书将介绍如何使用ssh进行远程登录。此外，远程登录的前提是sshd在远程主机(服务器)上处于启动状态，所以需要检查sshd是否正在CentOS和Ubuntu上运行。

CentOS中的sshd

在CentOS中，sshd已经安装完毕，并且正在运行中。所以无须对服务器进行设置。

检查CentOS中sshd的运行状态

```
# systemctl status sshd
● sshd.service - OpenSSH server daemon
  Loaded: loaded (/usr/lib/systemd/system/sshd.service; enabled; vendor preset: enabled)
  Active: active (running) since Mon 2018-05-21 17:19:23 JST; 33min ago
    Docs: man:sshd(8)
          man:sshd_config(5)
Main PID: 959 (sshd)
   Tasks: 1
  CGroup: /system.slice/sshd.service
           mq959 /usr/sbin/sshd -D
```

检查CentOS中sshd的运行状态

```
# netstat -ltnp
Active Internet connections (only servers)
Proto Recv-Q Send-Q Local Address      Foreign Address     State      PID/Program name
tcp        0      0 92.168.122.1:53    0.0.0.0:*           LISTEN     1325/dnsmasq
tcp        0      0 0.0.0.0:22         0.0.0.0:*           LISTEN     959/sshd
tcp        0      0 127.0.0.1:631      0.0.0.0:*           LISTEN     963/cupsd
tcp        0      0 127.0.0.1:25       0.0.0.0:*           LISTEN     1295/master
tcp6       0      0 :::22              :::*                LISTEN     959/sshd
tcp6       0      0 ::1:631            :::*                LISTEN     963/cupsd
tcp6       0      0 ::1:25             :::*                LISTEN     1295/master
```

另外，在初始设置中sshd使用22号端口。远程登录时，除了远程主机名之外，此端口号也是进行访问时的必要信息。

Ubuntu中的sshd

在Ubuntu中，由于没有安装sshd，需要运行以下命令进行安装。

> sshd以openssh-server软件包形式提供下载。有关软件包的详细信息，请参照第6章6-1节中的相关内容。

在Ubuntu中安装sshd

```
$ dpkg -l | grep openssh-server
$                                        ←确认当前未安装
$ sudo apt install openssh-server  ←安装
[sudo] user01 的密码: **** ←输入user01的密码
正在读取软件包列表... 完成
正在分析软件包的依赖关系树
正在读取状态信息... 完成
将会安装下列额外的软件包:
  ncurses-term openssh-sftp-server ssh-import-id
建议安装的软件包:
  molly-guard monkeysphere rssh ssh-askpass
下列新软件包将被安装:
  ncurses-term openssh-server openssh-sftp-server ssh-import-id
升级了0个软件包，新安装了4个软件包，要卸载0个软件包，有10个软件包未被升级。
需要下载637kB的软件包。
解压缩后会消耗 5321 kB 的额外空间。
您希望继续执行吗? [Y/n] y ←输入"y"
```

安装完成后，请检查sshd的运行状态。以下运行结果表明sshd正在启动中（Active）。

检查Ubuntu中sshd的运行状态

```
$ systemctl status sshd
● ssh.service - OpenBSD Secure Shell server
   Loaded: loaded (/lib/systemd/system/ssh.service; enabled; vendor preset: enabled)
   Active: active (running) since Fri 2018-05-18 12:53:04 JST; 1h 47min ago
  Process: 587 ExecReload=/bin/kill -HUP $MAINPID (code=exited, status=0/SUCCESS)
  Process: 582 ExecReload=/usr/sbin/sshd -t (code=exited, status=0/SUCCESS)
  Process: 2655 ExecStartPre=/usr/sbin/sshd -t (code=exited, status=0/SUCCESS)
 Main PID: 2656 (sshd)
    Tasks: 1 (limit: 2323)
   CGroup: /system.slice/ssh.service
           mq2656 /usr/sbin/sshd -D
...（以下省略）...
```

通过ssh进行远程登录

现在，从本地主机（客户端）运行远程登录。由于CentOS和Ubuntu的操作方法相同，因此这里只介绍CentOS的运行结果。

ssh命令的运行示例

如果本地主机（客户端）是Linux，请使用ssh命令。运行示例之前，首先进行以下操作。

· 客户端的主机名为"centos7-2.localdomain"，服务器主机名"centos7-1.localdomain"。

· 客户端的IP地址为"10.0.2.16"，服务器的IP地址为"10.0.2.15"。

· 在客户端主机上以"user01"的身份登录。

· 在服务器主机上以“user01”的身份进行远程登录。

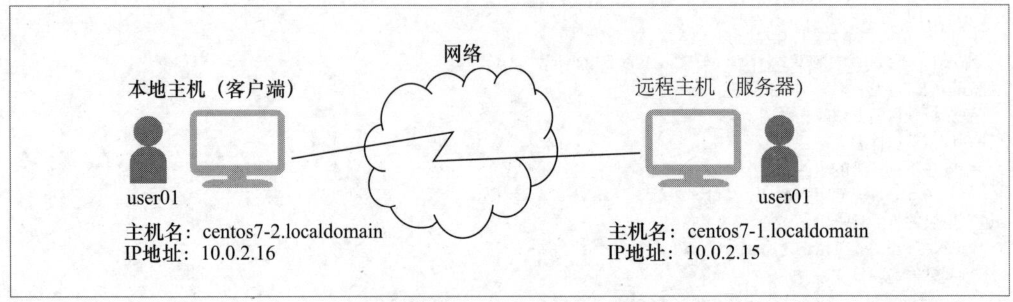

图1-5-2 ssh命令的运行示例

首先，请看示例1。在ssh命令后指定主机名。因为省略了用户名，所以将使用客户端的当前用户名(此处为user01)。此外，第一次连接主机时，OpenSSH将显示警告消息，此时请输入“yes”。

ssh命令的运行示例1

```
[user01@centos7-2 ~]$ hostname
centos7-2.localdomain   ←当前登录的主机为centos7-2.localdomain
[user01@centos7-2 ~]$ ssh centos7-1.localdomain
                          ↑远程登录到centos7-1.localdomain
The authenticity of host 'centos7-1.localdomain (::1%1)' can't be established.
ECDSA key fingerprint is SHA256:FnGLFMkWaHhPonbIieO6Wwt7rKg2LkGV5x1M1bPzAxg.
ECDSA key fingerprint is MD5:cf:9e:90:70:59:0e:9a:ed:68:d1:d8:13:f7:17:c7:87.
Are you sure you want to continue connecting (yes/no)? yes  ←输入“yes”
Warning: Permanently added 'centos7-1.localdomain' (ECDSA) to the list of known hosts.
user01@centos7-1.localdomain's password: **** ←输入user01的密码
Last login: Fri May 18 17:13:20 2018 from 10.0.2.16
[user01@centos7-1 ~]$  ←登录成功
[user01@centos7-1 ~]$ hostname
centos7-1.localdomain  ←当前登录的主机为centos7-1.localdomain
[user01@centos7-1 ~]$ exit  ←注销
[user01@centos7-2 ~]$
```

在以上示例中，成功登录并在操作结束后注销。注销时，运行exit命令。

接下来，请看示例2。除了主机名外还可以指定IP地址。另外，指定登录用户名时，请指定为“-l用户名”。

ssh命令的运行示例2

```
[user01@centos7-2 ~]$ ssh -l user01 10.0.2.15
...(以下省略)...
```

运行示例中的“user01 @ centos7-2~”表示普通用户“user01”已经登录到主机“centos7-2”。此外，“ # ”表示当前用户为root用户，“$”则表示普通用户。详细信息请参照第3章3-1节中的相关内容。

从Windows进行Linux的远程登录

Microsoft 的Windows系统中不包含SSH客户端（取决于您使用的版本），目前针对Windows推出了多个版本的免费或商业SSH客户端。安装之后，就可以通过SSH从Windows远程操作Linux计算机。本书将介绍Windows中常用的SSH客户端之一Tera Term。

> Tera Term是基于BSD许可协议的开源软件。有关安装或更多详细信息，请参照以下URL。
> https://ttssh2.osdn.jp/index.html.en

○ 启动Tera Term

双击桌面上的“Tera Term”快捷方式。如果桌面上没有快捷方式，请从开始菜单等启动。

图1-5-3 启动Tera Term

○ 指定连接对象

出现“新建连接”对话框。将连接对象主机名设置为“centos7-1.localdomain”，确认TCP端口为22，然后单击“确定”按钮。

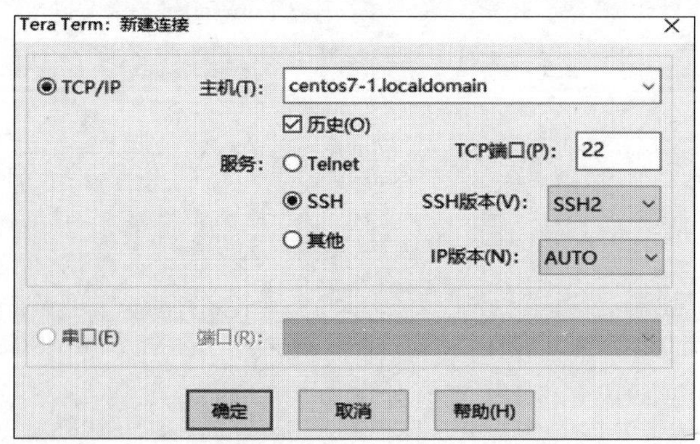

图1-5-4 指定连接对象

○ 输入用户名、密码

输入用户名和密码以后，单击“确定”按钮。

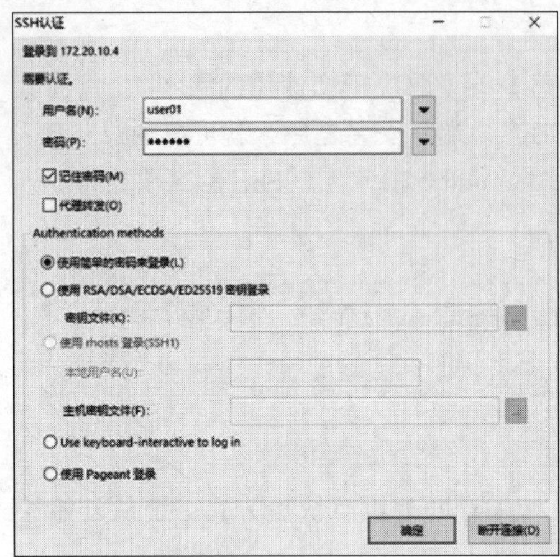

图1-5-5 输入用户名、密码

○ 登录完成

检查是否登录成功。

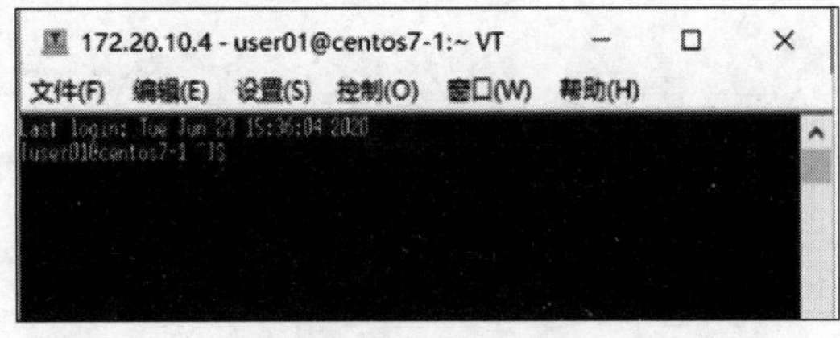

图1-5-6 登录完成

专 栏

显示管理器和桌面环境的轻量化

即使是没有Linux知识的初学者，借助鼠标仍可以较快地运用GUI工具，但却很难掌握CUI命令及其选项。不过，随着经验的积累，当你掌握Linux命令后就会发现，CUI不仅运行速度远超GUI工具，通过熟练使用具有各种功能的命令还可以运行GUI无法完成的精细管理。

但是，即便要运行命令，也极少出现从控制台登录且不使用桌面环境来进行操作的情况。大多数情况都是GUI和CUI的合理分工，例如在桌面环境的终端仿真器中运行命令。

虽然是常用的操作环境，但在不同的软件中，GUI的登录界面或桌面环境的CPU处理量和内存使用量却截然不同。通常来说，多功能的桌面环境很烦琐，简单的环境则更加轻盈。在本章专栏中，我们将介绍如何根据工作目的和PC规格来处理桌面环境的轻量化。

登录桌面环境之前的操作顺序

从系统启动到用户可以登录并访问桌面环境，需要进行以下操作。

登录桌面环境之前的操作顺序

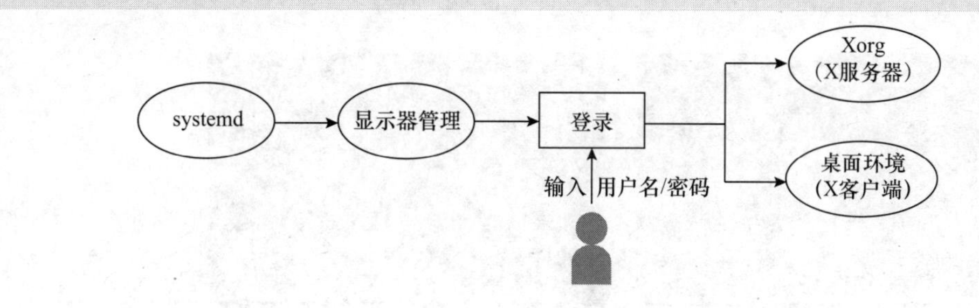

❶systemd启动显示管理器。
❷显示管理器弹出登录界面。
❸在登录界面中输入用户名和密码。
❹当用户通过显示管理器的验证时，启动X服务器（/usr/bin/Xorg）和桌面环境。
❺显示桌面环境，用户可以进行访问。

每个发行版都带有标准的显示管理器和标准的桌面环境，用户可以根据自己的用途和喜好对其做出更改。

更改显示管理器和桌面环境

显示管理器的种类如下所示。

显示管理器	支持使用的发行版	特　点
gdm	可以在CentOS、Ubuntu等大多数发行版上使用	开发者：GNOME项目组 · GNOME 显示管理器 · GNOME标准的显示管理器
sddm	openSUSE、Debian等	开发者：Abdurrahman Avci等 · Simple Desktop Manager · KDE Plasma标准的显示管理器

（续）

显示管理器	支持使用的发行版	特　点
lightdm	可以在CentOS、Ubuntu等大多数发行版上使用	开发者：Robert Ancell等 ・Light Display Manager ・轻量、高速的显示管理器
lxdm	Ubuntu、Debian、Fedora等	开发者：LXDE团队 ・Lightweight Display X11显示管理器 ・LXDE标准显示管理器

有关桌面环境类型的详细信息，请参照本章的“主要的桌面环境”（见表1-1-6）。

以下是桌面轻量化的示例。请参照下一页及之后的步骤进行设置。

桌面环境轻量化的示例

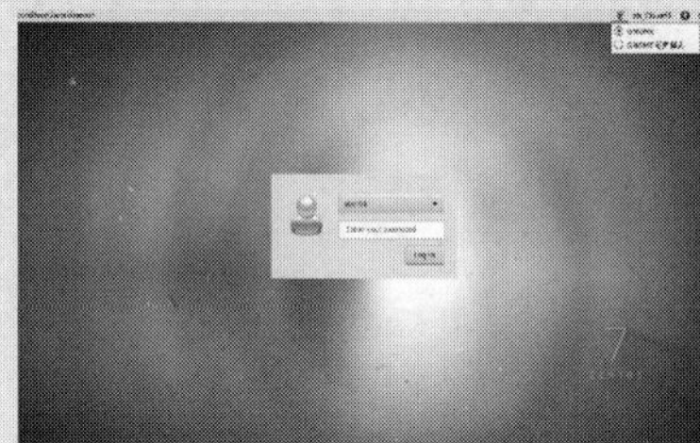

更改为lightdm（CentOS）

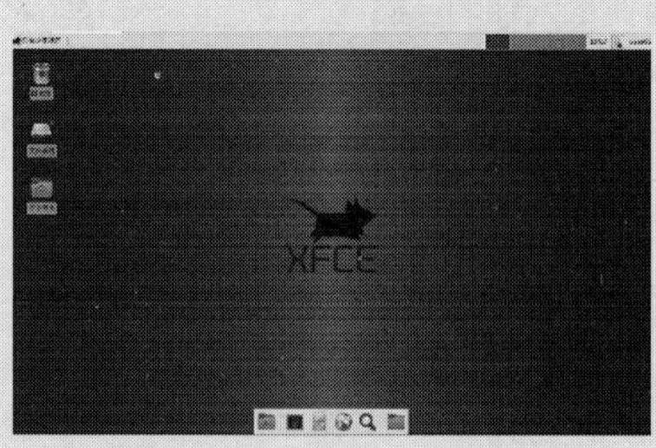

更改为xfce（CentOS）

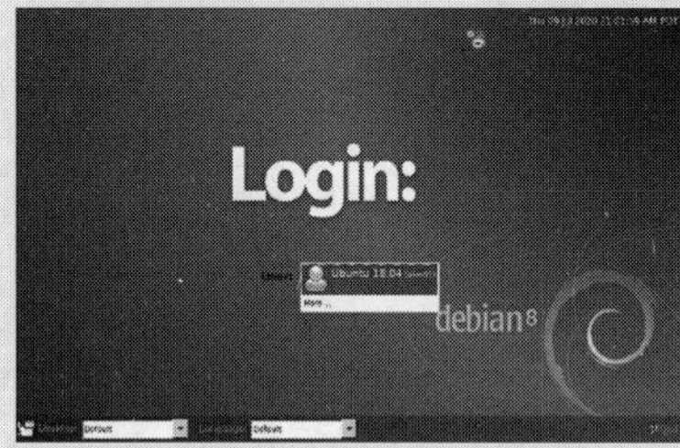

更改为lxdm（Ubuntu）

更改为LXDE（Ubuntu）

显示管理器和桌面环境的轻量化（CentOS）

如果要使用硬件资源有限的老式或移动PC，或者想减小内存消耗以运行大型应用程序，则可以考虑使用轻量级的显示管理器和轻量级的桌面环境来代替默认版本。

在这里，我们使用支持CentOS的轻量级的显示管理器lightdm和轻量级的桌面环境Xfce。

○ 将显示管理器更改为lightdm（CentOS）

安装显示管理器lightdm并运行systemctl命令从默认的gdm切换到lightdm。可以试着切换登录界面的壁纸。

下面以root权限执行此操作。

将显示管理器更改为lightdm

```
# yum install epel-release.noarch
# yum install lightdm
# systemctl disable gdm
# systemctl enable lightdm
# systemctl reboot
```

下面的示例将介绍如何在vi编辑器中通过编辑lightdm配置文件的[greeter]部分以切换登录界面壁纸。壁纸使用“xfdesktop”包中的“/usr/share/backgrounds/xfce/xfce-teal.jpg”。

切换登录界面的壁纸

```
# yum install xfdesktop
# vi /etc/lightdm/lightdm-gtk-greeter.conf
…
[greeter]
#background=/usr/share/backgrounds/day.jpg  ←注释掉原始命令行
background=/usr/share/backgrounds/xfce/xfce-teal.jpg  ←添加此命令行
…
# systemctl reboot  ←系统重启
```

有关vi编辑器的详细信息，请参照第3章3-4节中的相关内容。

○ 将桌面环境更改为Xfce(CentOS)

要安装Xfce桌面环境，请以root权限执行此操作。

安装Xfce

```
# yum groupinstall Xfce
```

安装完成后，从登录界面的菜单中选择桌面环境Xfce，然后以任意用户身份登录(例如：user01)。

登录后，请尝试切换桌面环境的壁纸。要切换壁纸，请从桌面环境菜单开始，依次选择“应用程序”→“设置”→“桌面”。

在前面展示的“桌面环境轻量化的示例”中，使用了从网上下载的Xfce壁纸包“xfce_laser_set6.tar.gz”中的“xfce_laser_purple.png”。

(https://www.xfce-look.org/p/1169678/)。

显示管理器和桌面环境轻量化(Ubuntu)

在这里，我们使用Ubuntu上可用的轻量级显示管理器lxdm(Lightweight X11显示管理器)和轻量级桌面环境LXDE(Lightweight X11桌面环境)。

lxdm是LXDE的默认显示管理器。在桌面环境中使用LXDE的Ubuntu称为“Lubuntu”。目前，由Lubuntu社区开发的发行版Lubuntu也已发布。

○ 将显示管理器更改为lxdm(Ubuntu)

安装显示管理器lxdm，然后从默认的gdm切换到lxdm。尝试在登录界面上切换壁纸。

以root权限运行此操作。

lxdm的安装和切换

```
$ sudo apt install lxdm
```

运行上述命令后，途中将运行“dpkg-reconfigure lxdm”命令，并出现显示管理器选择菜单。此时选择ixdm。

安装后要切换到其他显示管理器时也请运行dpkg-reconfigure命令。以下是将显示管理器切换回gdm的示例。

切换回gdm

```
$ sudo dpkg-reconfigure gdm
```

下面的示例将介绍如何从登录界面的壁纸切换到“/ usr / share / lubuntu / Wallpapers /”中下载的Lubuntu壁纸(https://www.gnome-look.org/browse/cat/400/page/1/ord/download)。

在vi编辑器或者GOME应用程序编辑器gedit中编辑lxdm配置文件**/etc/lxdm/default.conf**的[display]部分以切换登录界面壁纸。

切换登录界面的壁纸

```
$ sudo vi /etc/lxdm/default.conf
...
[display]
## gtk theme used by greeter
gtk_theme=Clearlooks

## background of the greeter
# bg=/usr/share/lubuntu/wallpapers/lubuntu-default-wallpaper.png
↑注释掉原始行
bg=/usr/share/lubuntu/wallpapers/118822-fastlubuntu.jpg  ←添加新壁纸文件
…
$ sudo systemctl reboot ←重启
```

有关vi编辑器的详细信息，请参照第3章3-4节中的相关内容。

○ 将桌面环境更改为LXDE(Ubuntu)

安装桌面环境LXDE。要安装的软件包为lubuntu- destop。

安装LXDE

```
$ sudo apt install lubuntu-desktop
```

安装完成后，从登录界面的菜单中选择桌面环境Lubuntu，然后以任意用户身份登录(例如：user01)。

登录后，尝试切换桌面环境的壁纸。更改壁纸时，请单击桌面环境左下角的LXDE图标，然后从出现的菜单中依次选择“菜单”→“设置”→“桌面设置”。

前面“桌面环境轻量化的示例”中的插图使用了与lxdm相同的墙纸“/ usr / share / lubuntu / wallpapers / 118822-fastlubuntu.jpg”。

第2章

Linux的启动和关机

2-1　了解启动顺序

2-2　理解Shell的使用方法

2-3　使用systemctl命令管理服务

2-4　重启系统和关闭系统

专　栏

启动出错的原因及对策

2-1

了解启动顺序

启动顺序概要

启动系统的过程称之为**启动**(boot)。

启动顺序，是指在打开电源后未显示登录界面或者登录提示之前，包括内核的初始设置、文件系统的挂载、各种系统管理程序(安全程序)的启动、网络设置等一系列在启动操作系统时所需要的设置流程。

因此，了解启动顺序就是了解操作系统，出现问题时才能够及时找出原因并进行处理。

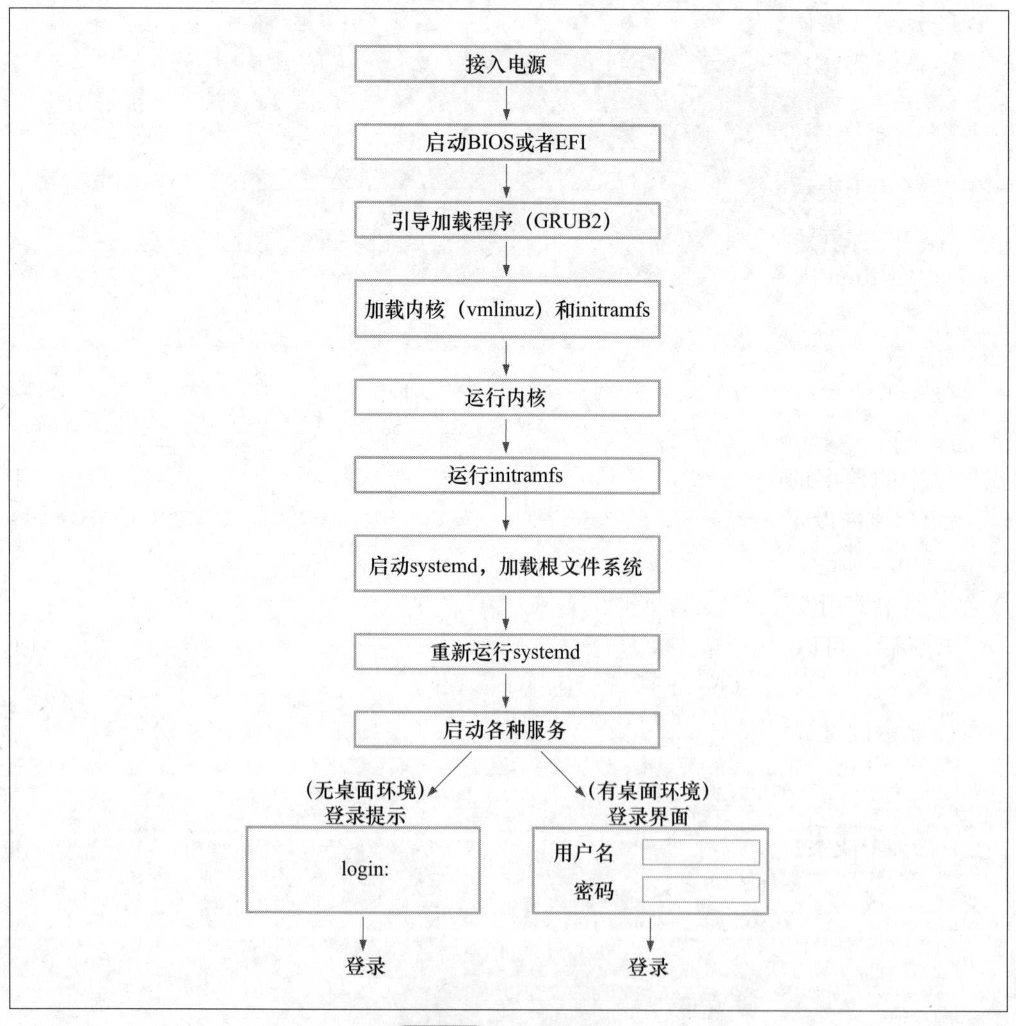

图2-1-1 启动顺序概要

BIOS/UEFI

PC接入电源后，BIOS或UEFI会在读取Linux引导加载程序GRUB2之后启动。

目前，新型的PC型号大多数都使用UEFI。引导GRUB2之后的处理顺序，在BIOS和UEFI上会有所不同。

◇ BIOS

BIOS（基本输入/输出系统）作为固件存储在PC硬件的内置非易失性存储器（Non-Volatile RAM，NVRAM）中。打开PC时，BIOS根据设置的设备优先级在磁盘第一块的主引导记录（MBR）中搜索引导加载程序,并启动检测到的第一台设备的加载程序。

◇ UEFI

EFI（可扩展固件接口）是代替BIOS的固件标准规格，它具有扩展功能，例如支持大容量磁盘（GUID分区表）、增强的安全性（安全启动）和通过网络进行远程诊断。它由英特尔（Intel）公司开发，目前统一由EFI论坛（Unified Extensible Firmware Interface，UEFI）管理。名称虽已更改为UEFI（统一可扩展固件接口），但是EFI和UEFI通常用于表示同一意思。

从UEFI引导OS时，将根据NVRAM中设置的优先级启动存储在磁盘EFI分区（EFI System Partition）中的引导加载程序。这一点与在MBR中启动引导加载程序的BIOS的情况不同。

◇ 安全启动

安全启动（Secure Boot）是一种机制，可通过使用UEFI内置的公钥验证启动加载程序中的数字证书来防止未经授权的程序（启动加载程序）启动。要使用安全启动，请在UEFI设置界面中启用安全启动设置。Linux的引导加载程序GRUB2中包含数字证书，因此它支持安全引导，但是如果用户使用的是一般的Linux，则在UEFI设置界面中禁用安全引导也没有问题。

开机后，可以在BIOS或UEFI设置界面中设置BIOS中启动设备的优先级或UEFI中设备/启动加载器的优先级。对于大多数机型的PC，在打开电源后按功能键<F2>就可以显示设置界面。

引导加载程序

引导加载程序负责将内核（vmlinuz）和initramfs从磁盘加载到内存中并引导内核。

最新的Linux发行版本使用GRUB2作为其引导加载程序。GRUB2支持BIOS和EFI环境。

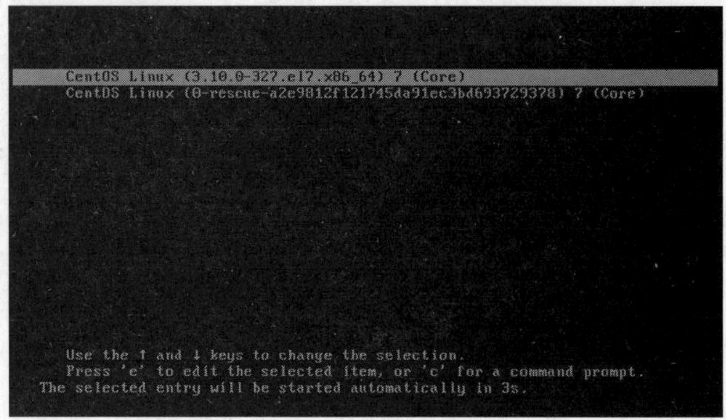

图2-1-2 GRUB2的启动画面(CentOS)

正如上图启动画面底部的消息所示，输入“e”可编辑内存中的grub.cfg文件，输入“c”将运行GRUB命令。

以下是在BIOS环境下对CentOS内存中的grub.cfg菜单进行编辑，并在没有桌面环境(muti-user目标)的情况下启动的示例(对于EFI环境，该行开头的命令“linux16”应改为“linuxefi”)。

输入“e”后编辑内核启动项(CentOS)

```
linux16  / vmlinuz-3.10.0-862.3.2.el7.x86_64 ...(中间省略)...
quiet LANG=ja_JP.UTF-8  3
↑在该行的末尾添加“3”以指定muti-user目标
( 之后，输入<Ctrl +x>启动操作系统 )
```

以下是在BIOS环境或EFI环境下对Ubuntu内存中的grub.cfg菜单进行编辑，并在没有桌面环境(muti-user目标)的情况下启动的示例。

输入“e”后编辑内核启动项(Ubuntu)

```
linux   /boot/vmlinuz-4.15.0-33-generic ...(中间省略)...
quiet splash $vt_handoff  3
↑ 在该行的末尾添加“3”以指定多个用户目标
( 之后，输入<Ctrl +x>启动操作系统 )
```

有关如何显示Ubuntu的GRUB2启动画面，请参见本章专栏的相关内容。

在桌面环境(图形目标)下启动还是在没有桌面的环境(muti-user目标)下启动，是通过设置systemd的默认目标来完成的，但是如果在上述GRUB2引导菜单中指定的话，则优先运行指定的设置。

BIOS启动的情况

GRUB2由boot.img文件和core.img文件以及几个动态加载的模块组成。安装GRUB2后，boot.img将被写入磁盘第一块中的512B区域(MBR)。同样，将生成包含GRUB2基本代码和/ boot目录中的文件系统模块(例如xfs.mod)的core.img，并将core.img立即写入MBR之后的区域。

从BIOS读取的boot.img将读取core.img，core.img将读取/ boot / grub2 /目录下的模块(xx.mod)作为系统文件并加载或链接它们。

EFI启动的情况

GRUB2存储在EFI / centos /目录下的shim.efi和grubx64.efi文件中，该文件位于FAT32或vfat格式的EFI分区中。

这两个文件是可移植的可运行文件(PE)，是Microsoft Windows的可运行文件，而不是Linux 的可运行文件ELF。

◇ shim.efi

EFI是一种参考引导项调用的第一阶段引导加载程序。它嵌入了由Microsoft UEFI签名服务机构签名的数字证书，并支持安全启动。

调用第二阶段的启动加载程序grubx64.efi文件。

◇ grubx64.efi

第二阶段引导的加载程序从第一阶段的引导加载程序shim.efi中调用。加载grub.cfg文件并显示GRUB2启动画面。根据grub.cfg中的设置将内核和initramfs加载到内存中，然后启动内核。如果计算机不支持安全启动，则可以直接从UEFI调用grubx64.efi。

配置文件和目录

GRUB2的主目录和配置文件如下。在CentOS和Ubuntu中，/boot目录下的GRUB2目录有所不同。

· CentOS：/boot/grub2
· Ubuntu ：/boot/grub

下表是CentOS系统的示例，以“/ boot / grub2”的方式表示。

表2-1-1 grub2中主要的目录和配置文件

目录和配置文件	BIOS	UEFI	说　明
/boot/grub2/	○	○	配置文件和模块所在的目录
/boot/grub2/grub.cfg	○	○	配置文件。grub2-install生成的文件/boot/efi/EFI/centos/grubx64.efi也可以参见这个文件
/boot/grub2/i386-pc/	○	—	静态或动态链接到core.img的模块所在的目录，这里也生成core.img
/usr/lib/grub/i386-pc/	○	—	模块所在的目录。运行grub2-install命令时，将下面的模块复制到/ boot / grub2 / i386-pc /下
/boot/grub2/x86_64-efi/	—	○	静态或动态链接到grubx64.efi的模块所在的目录。在这里生成core.efi并将其复制到/boot/efi/EFI/centos/grubx64.efi

（续）

目录和配置文件	BIOS	UEFI	说　明
/usr/lib/grub/x86_64-efi/	—	○	模块所在的目录。运行grub2-install时，将其下面的模块复制到/ boot / grub2 / x86_64-efi /下
/boot/efi/EFI/centos/	—	○	配置文件和引导加载程序所在的目录
/boot/efi/EFI/centos/grub.cfg	—	○	配置文件。从grub2-efi软件包安装的/boot/efi/EFI/centos/grubx64.efi引用了其他文件
/etc/grub.d/	○	○	生成配置文件grub.cfg时要运行的脚本所在的目录。下面的Shell脚本通过引用/ etc / default / grub文件的变量定义来生成grub.cfg各个部分的描述行
/etc/default/grub	○	○	在生成配置文件grub.cfg时，在/etc/grub.d/下设置从脚本引用的变量的值

grub.cfg的设置由GRUB2命令描述。下表显示了主要的GRUB2命令。

表2-1-2 主要的GRUB2命令

Grub2命令（Centos）	Grub2命令（Ubuntu）	BIOS	UEFI	说　明
insmod	insmod	○	○	动态加载模块
set	set	○	○	设置变量
linux16	—	○	—	以16位真实模式启动Intel体系结构内核，然后内核进入保护模式
initrd16	—	○	—	使用linux16命令引导内核时，指定内核使用的initramfs
linuxefi	—	—	○	将UEFI引导参数传递到内核并启动内核
initrdefi	—	—	○	使用linuxefi命令引导内核时，指定使用内核的initramfs
—	linux	○	○	启动内核
—	initrd	○	○	指定使用内核的initramfs

以下是在BIOS环境下CentOS操作系统的grub.cfg文件的示例。

BIOS环境中的grub.cfg（节选）

```
### BEGIN /etc/grub.d/10_linux ###
menuentry 'CentOS Linux (3.10.0-862.3.2.el7.x86_64) 7 (Core)' ...(中间省略)...
{
        insmod part_msdos
        insmod xfs
        set root='hd0,msdos1'
        linux16 /vmlinuz-3.10.0-862.3.2.el7.x86_64 root=/dev/mapper/
centos-root ro crashkernel=auto rd.lvm.lv=centos/root rd.lvm.lv=centos/
swap rhgb quiet LANG=ja_JP.UTF-8
        initrd16 /initramfs-3.10.0-862.3.2.el7.x86_64.img
}
```

以下是在EFI环境下CentOS操作系统的grub.cfg文件的示例。

EFI 环境中的grub.cfg（节选）

```
### BEGIN /etc/grub.d/10_linux ###
menuentry 'CentOS Linux (3.10.0-862.3.2.el7.x86_64) 7 (Core)' ...(中间省略)...
{
        insmod part_gpt
        insmod xfs
        set root='hd0,gpt9'
        linuxefi /vmlinuz-3.10.0-862.3.2.el7.x86_64 root=/dev/mapper/
centos-root ro crashkernel=auto rd.lvm.lv=centos/root rd.lvm.lv=centos/
swap rhgb quiet LANG=ja_JP.UTF-8
        initrd16 /initramfs-3.10.0-862.3.2.el7.x86_64.img
}
```

以下是在BIOS环境和EFI环境下Ubuntu操作系统的grub.cfg文件的示例。

BIOS环境和EFI环境中的grub.cfg文件（节选）

```
menuentry 'Ubuntu'  ...(中间省略)... {
        insmod part_gpt
        insmod ext2
        linux   /boot/vmlinuz-4.15.0-33-generic root=UUID=9f5ec4d9-3878-
49d7-849b-33e464ca654e ro  quiet splash $vt_handoff
        initrd  /boot/initrd.img-4.15.0-33-generic
}
```

grub2-mkconfig / grub-mkconfig命令

grub2-mkconfig是生成CentOS配置文件grub.cfg的命令，而grub-mkconfig是生成Ubuntu配置文件grub.cfg的命令。不带任何参数运行grub2-mkconfig或grub-mkconfig命令会将配置文件的内容显示到画面中（标准输出）。要创建grub.cfg，请使用“>”将显示的输出重定向到文件。

· CentOS：grub2-mkconfig > grub.cfg
· Ubuntu ：grub-mkconfig > grub.cfg

创建一个grub.cfg文件（CentOS）

```
# cd /boot/grub2
# cp grub.cfg grub.cfg.back ←保留当前文件的备份，以防万一
# grub2-mkconfig > grub.cfg
```

创建一个grub.cfg文件（Ubuntu）

```
$ cd /boot/grub
$ sudo cp grub.cfg grub.cfg.back ←保留当前文件的备份，以防万一
$ sudo grub-mkconfig > grub.cfg
```

或者，也可以使用“-o”选项指定的输出文件来运行它。

· CentOS：grub2-mkconfig -o grub.cfg
· Ubuntu ：grub-mkconfig -o grub.cfg

请注意，在生成的grub.cfg中，设备编号以“0”开头，分区编号以“1”而不是“0”开头。

如果grub.cfg文件由于某种故障而丢失，从而导致Linux无法启动，在这种情况下，可以通过应急模式从DVD引导并运行命令。

grub2-mkconfig和grub-mkconfig命令将在/etc/grub.d/目录下运行Shell脚本。每个Shell脚本都会引用/ etc / default / grub文件，并为grub.cfg的每个部分生成一个描述行。

以下是位于CentOS的 /etc/grub.d/目录下的Shell脚本，在Ubuntu上几乎一样。

“10_linux”命令可以生成当前内核的启动行和initramfs的指定行。

“30_os-prober”命令用来搜索磁盘并为其他已安装的操作系统生成条目。

在“etc / grub.d /”目录下放置的 Shell脚本

```
$ ls -F /etc/grub.d
00_header*  01_users*   20_linux_xen*       30_os-prober*    41_custom*
00_tuned*   10_linux*   20_ppc_terminfo*    40_custom*       README
```

在后面的章节中，将逐一说明运行示例中使用的Linux命令，例如“cd”“cp”和“ls”。有关每个命令的详细信息，请参见相应的章节。另外，在本书中，对于CentOS和Ubuntu都通用的示例，原则上只介绍CentOS的示例。

内核

内核在系统启动时被加载到内存中，然后驻留在内存中，以便管理系统资源（例如CPU和内存）、控制设备以及调度进程。内核实际上是操作系统的核心，它是决定操作系统功能、性能和安全性的基础，并为Linux系统增添了各种特征。

内核的配置如下。

· 用于进程管理、用户管理、时间管理、内存管理等的主要部分

· 在编译时静态链接到主体的内核模块

· 在编译时不链接到主体的内核模块，在系统启动时或者启动后，动态写入内存并链接到主机

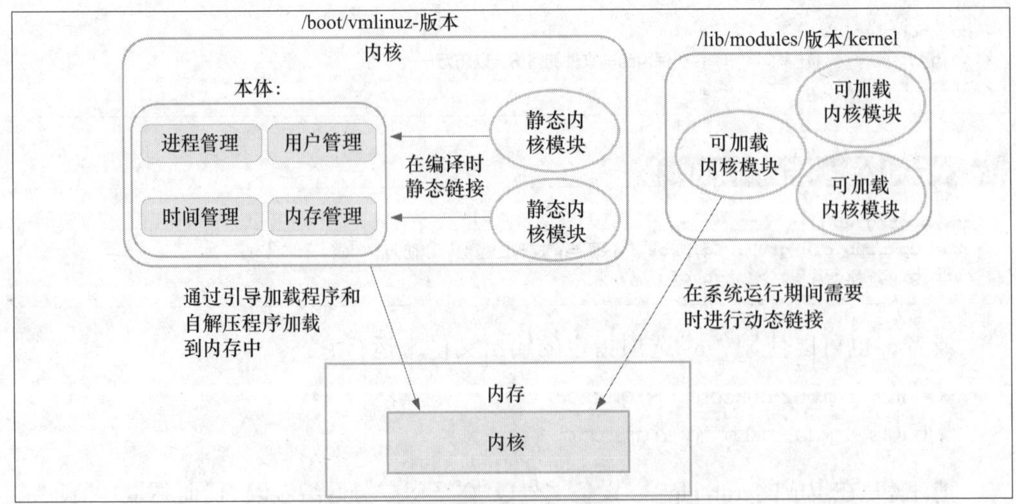

图2-1-3 内核的构成

可加载内核模块(Loadable Kernel Module)的名称源于这种模块是可动态加载的。通常简称为LKM，而内核可加载模块，则通常简称为KLM，或者仅称为内核模块。

内核位于/ boot目录下，文件名为“vmlinuz-version”。这是利用gzip压缩的文件类型。

可加载的内核模块位于/ lib / modules / version / kernel目录下，并根据类型配置到不同的子目录。

在启动过程中有关内核的处理

引导加载程序GRUB2加载到内存中的内核后会自解压，然后在内核中初始化，解压缩/展开并运行加载到内存中的initramfs，然后重新运行systemd。

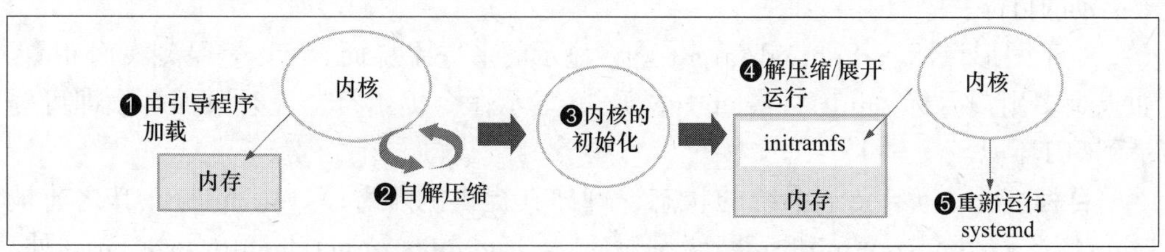

图2-1-4 在启动过程中有关内核的处理

○ 内核中的初始化处理

内核在启动时进行以下的初始化处理。

· 分页机制初始化
· 调度程序初始化
· 中断向量表初始化
· 定时器初始化

○ 运行initramfs

initramfs(Initial RAM FS)是一个小的根文件系统，在启动时会加载到内存中，从而将根文件系统挂载在根目录(/)的磁盘上。

Initramfs是由gzip压缩的cpio文档，以目录结构为基础来创建。包含了磁盘设备驱动程序和文件系统模块，用于访问磁盘中的内置根文件系统。在一些发行版或版本，也称为initrd(Initial RAM Disk)。

initramfs位于/boot目录下，名称为“initramfs-version”（CentOS）或“initrd.img-version”（Ubuntu）。

内核利用initramfs进行以下操作。

❶将在内存中展开的initramfs作为临时根文件系统挂载。

❷在initramfs中启动init(systemd)程序，并通过每个服务将根文件系统挂载在磁盘上。

❸从initramfs到磁盘的根文件系统，然后到根文件系统中。

有关cpio和gzip的详细信息，请参见第6章6-4节中的相关内容。

○ 重新运行systemd

内核在磁盘的根文件系统中重新运行/ sbin / init程序。由于/ sbin / init是/ lib / systemd / systemd程序的符号链接，因此将重新运行systemd，并且systemd将参照配置文件来开始启动顺序。

systemd

systemd是内核创建的第一个用户进程。进程号为“1”。

systemd按照配置文件，通过以下启动顺序使系统进入到**图形目标**(graphical.target)或**多用户目标**(multi-user.target)。用户也可以通过设置**默认目标**(default.target)来指定要启动的目标。

对于图形目标(graphical.target)，将显示图形登录界面，可以登录到桌面环境。如果是多用户目标(multi-user.target)，将显示命令提示符，无须桌面环境即可登录到CUI环境。

目标(target)定义了系统的状态，例如其提供的服务。systemd与在其之前被Linux广泛采用的SysV init的运行级别对应。除了graphic.target和multi-user.target外，还有许多其他目标，例如，用于系统维护的救援目标(rescue.target)，也有系统停止和重新启动的目标，稍后将讨论这些内容。

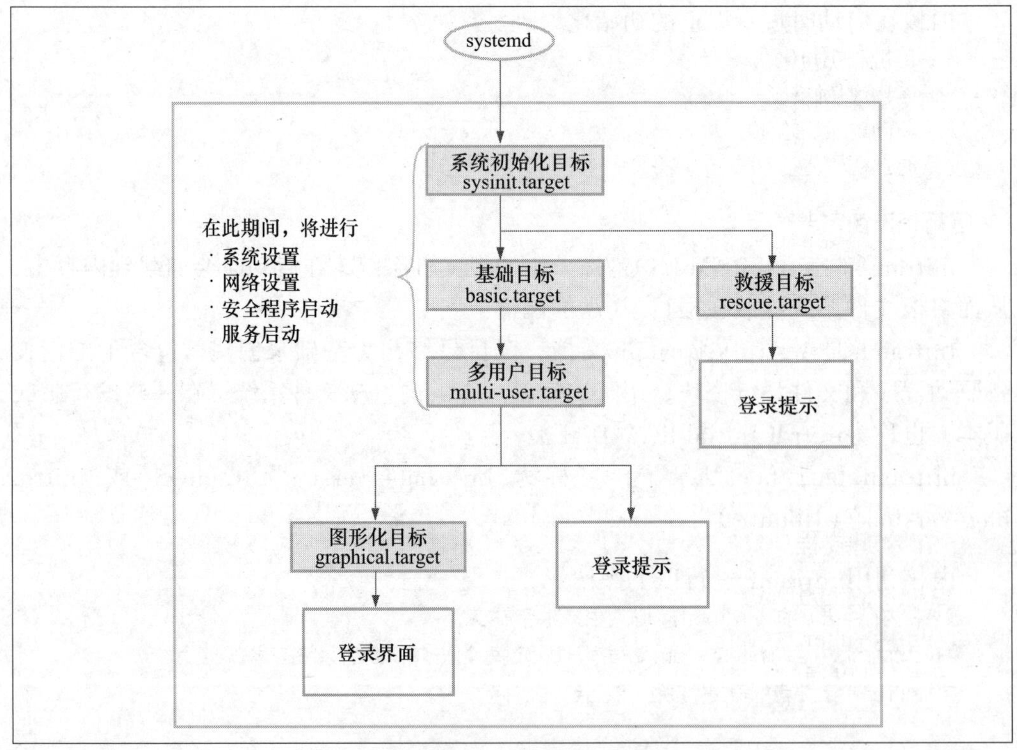

图2-1-5 systemd的启动顺序

表2-1-3 主要的目标

目 标	说 明	SysV运行级别
default.target	系统启动时的默认目标。系统将完成这个目标。通常是默认链接到multi-user.target或graphical.target	—
sysinit.target	系统启动阶段，进行初始化设置的目标	—
rescue.target	发生故障或维护时管理员使用的目标。管理员输入root密码并登录以运行维护工作	1
basic.target	在系统启动时进行基本设置的目标	—
multi-user.target	进行基于文本的多用户设置的目标	3
graphical.target	进行图形方式登录设置的目标	5

系统启动完成后，将创建许多进程，而systemd成为进程层次结构的根进程。

运行级别是一个，用来定义系统运行(run)时所提供服务的状态(级别：level)的术语，用在SysV init中。与systemd目标相同，例如，系统在运行级别为0时停止，在运行级别为3的控制台登录(muti-user目标)，在运行级别为5的GUI登录(图形目标)。

查看和设置默认目标

显示将default. target设置为哪个目标，或通过systemctl命令更改default.target的设置。

以下是使用systemctl子命令get-default显示默认目标，并使用set-default对其进行更改的示例。

查看和设置默认目标

```
# systemctl get-default  ←显示默认目标
graphical.target

# systemctl set-default multi-user.target  ←将默认目标更改为multi-user
rm '/etc/systemd/system/default.target'
ln -s '/usr/lib/systemd/system/multi-user.target'  '/etc/systemd/system/
default.target'

# systemctl get-default  ←显示默认目标
multi-user.target
```

在引导加载程序GRUB2画面上指定目标

也可以通过引导加载程序内核命令行的选项systemd.unit来指定类似“systemd.unit = multi-user.target”的名称。

或者，可以通过在内核命令行的末尾添加“3”来指定运行级别3。在这种情况下，它会优先于default.target中的符号链接而运行。

运行状态下的目标迁移

要将当前正在运行的目标移至另一个目标，可以运行systemctl命令或init命令的子命令isolate。

表2-1-4 目标转移

目标转移	systemctl isolate命令	Init命令
转移至graphical.target	systemctl isolate graphical.target	init 5
转移至multi-user.target	systemctl isolate multi-user.target	init 3
转移至rescue.target	systemctl isolate rescue.target	init 1

登录

系统按顺序启动完成后，将显示登录界面或登录提示。现在可以输入用户名和密码进行登录。

下面将介绍与救援目标、多用户目标和图形目标一起启动时每个界面显示的示例。

以下是CentOS上救援目标的登录界面。

CentOS救援目标(rescue.target)

```
Welcome to rescue mode! Type "systemctl default" or ^D to enter default mode.
The "journalctl -xb" to view system logs. Type "systemctl reboot" to reboot.
Give root password for maintenance
(or type Control-D to continue): ←在这里输入root的密码
```

以下是Ubuntu上救援目标的登录界面。

Ubuntu救援目标(rescue.target)

```
You are in rescue mode. After logging in, type "journalctl -xb" to view system logs,
"systemctl reboot" to reboot, "systemctl default" or "exit" to boot into default mode.
Give root password for maintenance
(or type Control-D to continue): ←在这里输入root的密码
                                   (需要提前进行root密码的设置)
```

有关在Ubuntu的救援目标中处理乱码的详细信息，请参见本章专栏的有关内容。

上述界面中，通过输入root的密码进行登录。

以下是使用多用户目标(无桌面环境)启动CentOS时的显示示例。

CentOS多用户目标(multi-user.target)

```
CentOS Linux 7 (Core)
Kernel 3.10.0-862.3.2.el7.x86_64 on an x86_64
localhost login:   ←在这里输入登录的用户名
```

以下是使用多用户目标（无桌面环境）启动Ubuntu时的显示示例。

Ubuntu多用户目标（multi-user.target）

```
Ubuntu 18.04.1 LTS localhost tty1
localhost login: ←在这里输入登录的用户名
```

以下是使用图形目标启动CentOS或Ubuntu时默认设置的示例（CentOS和Ubuntu将显示相同的界面）。

图2-1-6 图形目标

Shell的操作

登录时，将显示图形目标的桌面环境。对于多用户目标和救援目标，将显示一个Shell命令提示符。

要在桌面环境中运行Linux命令，请启动**终端仿真器**。如果没有桌面环境，只需在Shell命令提示符下输入命令。

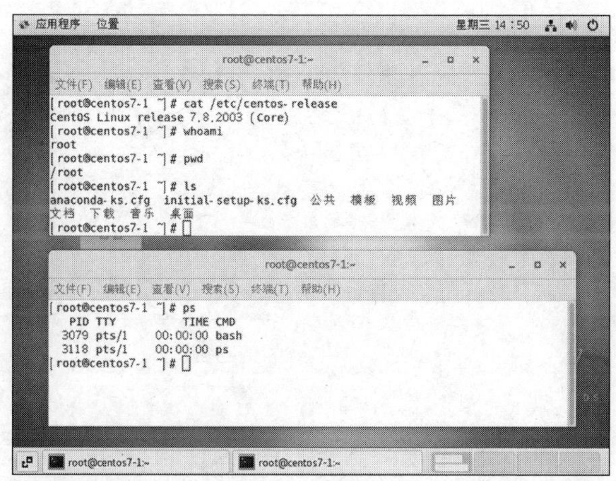

图2-1-7 桌面GNOME终端仿真器（CentOS）

以下是在无桌面环境的情况下，从登录界面以“user01”身份登录CentOS的示例。登录后运行以下命令。

· cat / etc / centos-release：显示CentOS版本（Ubuntu中则为“cat / etc / issue”）

· whoami：显示用户名

· pwd：显示当前目录

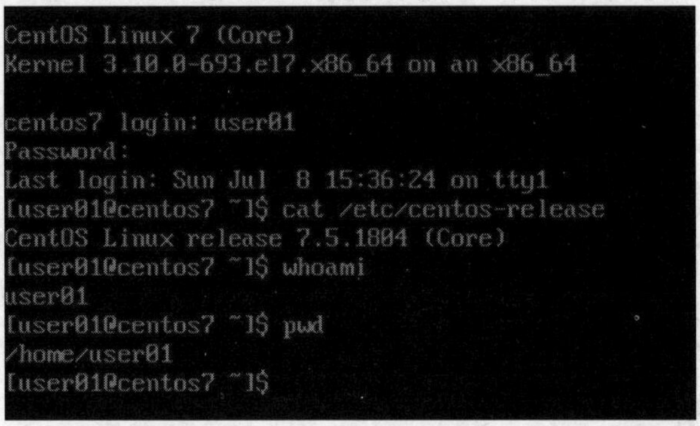

```
CentOS Linux 7 (Core)
Kernel 3.10.0-693.el7.x86_64 on an x86_64

centos7 login: user01
Password:
Last login: Sun Jul  8 15:36:24 on tty1
[user01@centos7 ~]$ cat /etc/centos-release
CentOS Linux release 7.5.1804 (Core)
[user01@centos7 ~]$ whoami
user01
[user01@centos7 ~]$ pwd
/home/user01
[user01@centos7 ~]$
```

图2-1-8 在CUI下的操作（无桌面环境）

2-2

理解Shell的使用方法

什么是Shell

Shell是一个与Linux内核连接的用户界面。它用来解析用户输入的命令，并将其提交给内核，然后将结果返回给用户。Shell程序也称为命令解析器，因为它会一次接收并解释命令。Linux的标准Shell是bash，但是也可以使用任何其他Shell。

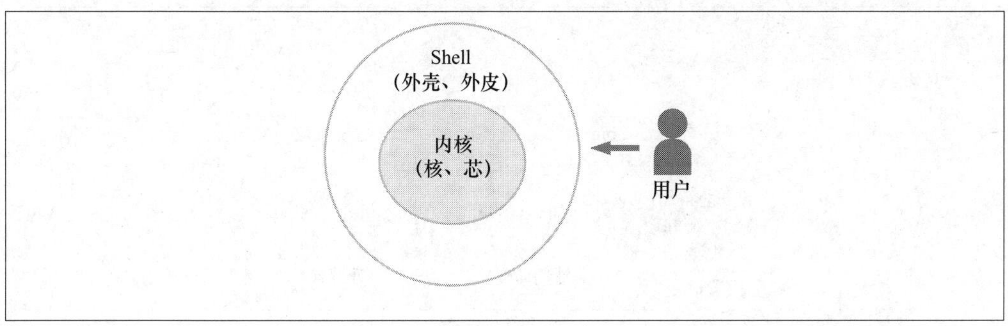

图2-2-1 内核和Shell

用户可以在Shell程序中显示的命令提示符处输入命令。

在以下示例中，用户使用ls命令运行bash Shell时显示的命令提示符是“$”，该命令用来显示当前目录下的文件列表。运行ls命令的结果是，显示了两个文件名称fileA和fileB。

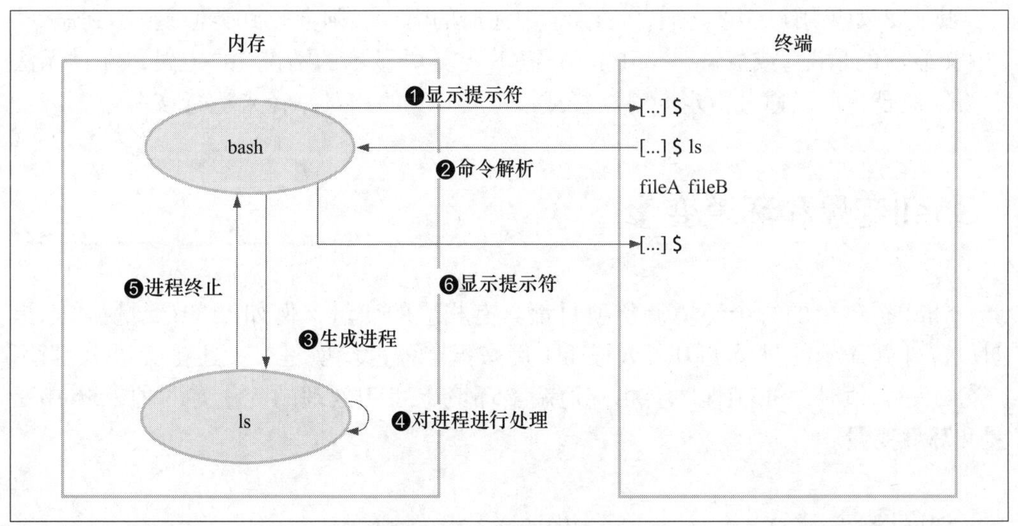

图2-2-2 Shell与命令之间的关系

内置命令和外部命令

用户可以在命令提示符下输入两种命令：内置命令和外部命令。

◇ 内置命令

这些是内置在Shell中的命令。cd、echo等命令就是内置命令。

◇ 外部命令

这些命令位于/ usr / bin和/ usr / sbin等目录中，而不是位于Shell程序内部。大多数命令(例如ls和cat)都是外部命令。

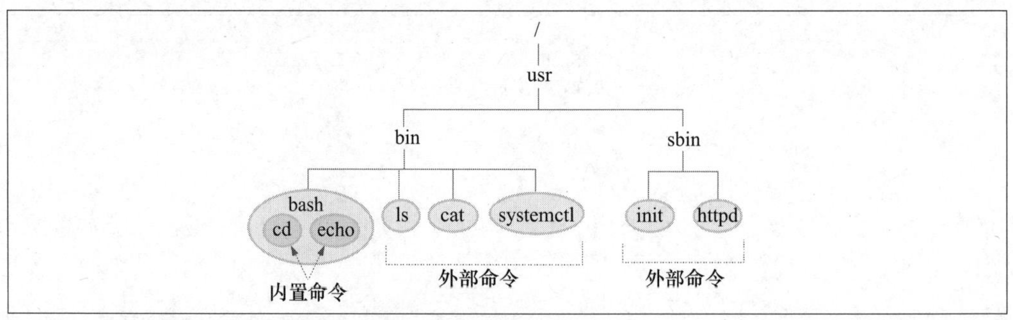

图2-2-3 内置命令和外部命令

Shell通过在Shell**环境变量**PATH中注册的目录下搜索的方式来运行外部命令。由于内置命令是Shell程序内部的命令，因此无须参考环境变量PATH即可运行该命令。PATH的设置如下(在以下示例中，/ usr / bin和/ usr / sbin目录已经注册)。

```
PATH=/usr/bin:/usr/sbin
```

因此，如果用户尝试运行未在目录中注册的命令，则会收到类似“找不到命令”(中文显示的情况)或“command not found”(英语显示的情况)的错误，并且无法运行。但是，可以通过指定绝对路径或以“./”开头的相对路径来运行该命令。

Shell变量和环境变量

Shell程序中的每个环境调整项目都具有相应的变量，例如PATH变量(用来指向放置外部命令的目录)和LANG变量(用来指定语言环境是中文还是英语)。当用户分配一个值时，Shell程序会相应地调整环境。Shell处理的变量有两种：**Shell变量**和**环境变量**。

◇ Shell变量

此变量仅由已配置的Shell使用，不会被子进程继承。

◇ **环境变量**

已被设置的 Shell和在Shell中启动的程序会使用环境变量。该变量可由子进程继承。通过声明Shell变量的导出来创建该变量。

在导出声明中，指定一个变量作为export命令的参数。结果是，会将该变量设置为子进程继承的环境变量。环境变量是作为子进程而被启动的应用程序所继承的，因此应用程序可以使用它们。

下图是通过在bash提示符下输入date，从bash运行date命令的示例。bash的环境变量PATH和LANG由子进程的date命令继承，但Shell变量PS1(不是环境变量)未被继承。

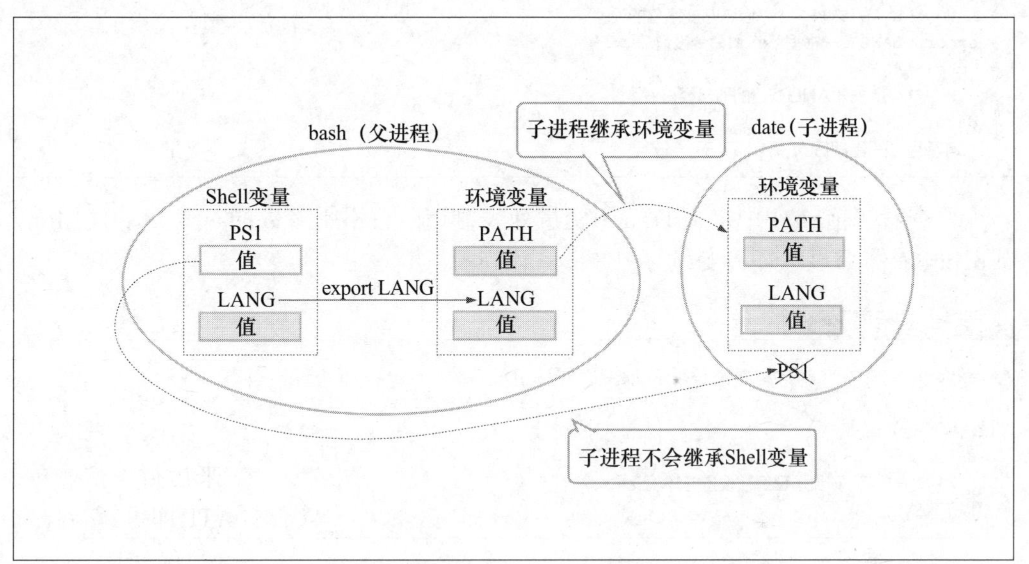

图2-2-4 Shell变量和环境变量

由于环境变量是通过导出Shell变量创建的，因此许多预先提供的变量是重复的。下面列出了主要的Shell变量。

表2-2-1 主要的Shell变量

变 量 名	说 明
PATH	命令检索路径
HOME	用户的根目录
PS1	定义提示符
LANG	语言信息

要定义Shell变量的值，请使用“Shell变量名称=值”。将该值称为“$ Shell变量名称”或“$ {Shell变量名称}”。使用unset命令来删除Shell变量。以下是根据环境变量LANG的值切换语言环境(中文/英语)的示例。

变量的设置、删除

```
# echo $LANG ← 显示值（显示LANG变量）
zh_CN.UTF-8

# date ← 因为现在的语言是“zh_CN.UTF-8”，所以运行date命令以后，就会显示中文表示的日期
2018年 9月 2日 星期日 19:23:27 CST
# unset LANG ←删除LANG变量
# echo $LANG
                                              ←LANG变量的值没有被设置
# date  ←接下来将显示英语表示的日期
Sun Sep  2 19:23:44 CST 2018
# LANG= zh_CN.UTF-8  ←LANG变量值的设置
# export LANG  ←根据export命令设置环境变量
# echo $LANG
zh_CN.UTF-8  ←LANG变量的值已经被设置
# date
2018年 9月 2日 星期日 19:24:55 CST
```

要查看当前Shell中定义的Shell变量列表，请运行不带参数的set命令。使用env或printenv命令显示环境变量。

显示环境变量列表

```
# export LINUX="CentOS7"  ←设置环境变量
# env
...(中间省略)...
USER=yuko
LINUX=CentOS7  ←显示已经被设置的环境变量
...(以下省略)...
```

在bash中，Shell变量PS1被定义为命令提示符。PS1的默认值为“'\ s- \ v \ $'”。对于值“'\ s-'\ v'\ $'”（如下表所示），“'\ s”表示Shell的名称“bash”，而“'\ v”表示版本“4.2”，故提示显示为“bash-4.2 $”。

PS1值中的字符“$”，对于一般用户会显示为“$”，而对于root用户（系统管理员）则会显示为“#”。

表2-2-2 可以在命令提示符中使用的主要符号

记　法	说　明
\s	Shell的名称
\v	bash的版本号
\u	用户名
\h	显示主机名字中符号“.”之前的字符
\w	当前操作的目录

用户也可以自定义命令提示符PS1。请参见第3章3-1节中的相关内容。

2-3

使用systemctl命令管理服务

服务管理结构

systemd在系统启动时管理系统设置和服务。

系统启动完成后，systemctl命令通过D-Bus(Desktop Bus)向systemd发送消息来管理诸如启动(start)和停止(stop)之类的服务。

D-Bus是一种消息总线，它可以并行处理多个进程间的通信。D-Bus不仅用于系统通信，而且还用于桌面应用程序之间的通信。

在CentOS中，配置文件位于/ usr / lib / systemd / system目录和/ etc / systemd / system目录(在CentOS的情况下，/ lib是/ usr/ lib的符号链接，因此也可以通过/ lib / systemd / system来访问)。

在Ubuntu中,配置文件位于/ lib / systemd / system和/ etc / systemd / system目录。在安装过程中设置/ lib / systemd / system目录下的文件。

通过运行systemctl命令，可以显示单位(请参见下一节)并更改设置。更改设置后，它会反映在/ etc / systemd / system目录下的文件中。另外，/ etc / systemd / system的引用会优先于/ lib / systemd / system。

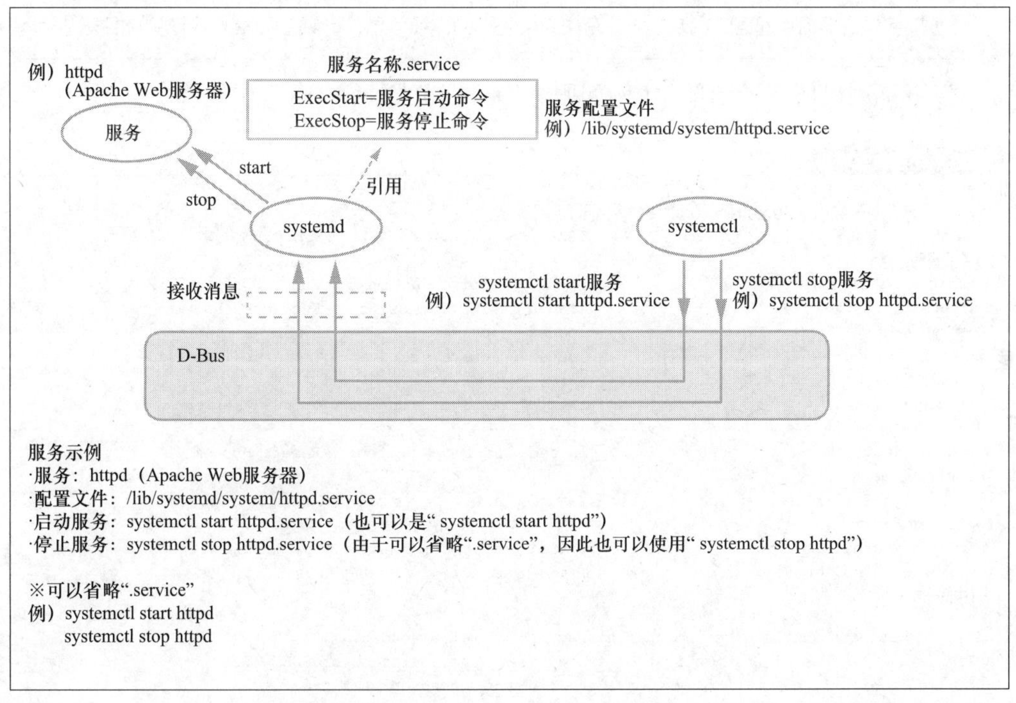

图2-3-1 利用systemd命令的服务管理结构

通过systemctl命令管理服务

systemd以**单位**(unit)来管理系统。单位有12种类型，服务(service)也是单位类型之一。其他类型包括在上一节描述的作为单元组的目标(target)和存储设备的挂载(mount)。

> 关于挂载的详细内容，请参见第7章7-3节中的相关内容。

systemd的主要单元如下表所示。

表2-3-1 systemd的主要单元

单　元	说　明
service	启动和停止安全程序
socket	从套接字接受信息以启动服务
device	设备检测以启动服务
mount	文件系统的挂载
automount	文件系统的自动挂载
swap	交换区域的设置
target	单元的组

> 套接字是进程相互通信的机制之一。有关交换空间的详细信息，请参见第7章7-3节中的相关内容。

以下是列出所有活动单位(例如服务和目标)的示例。

列出所有活动单位

```
# systemctl  ←与“systemctl list-units”命令相同
  UNIT                                    LOAD     ACTIVE  SUB      DESCRIPTION
...(中间省略)...
  basic.target                            loaded   active  active    Basic System
  cryptsetup.target                       loaded   active  active    Encrypted Volumes
  getty.target                            loaded   active  active    Login Prompts
  graphical.target                        loaded   active  active    Graphical Interface
 ...(中间省略)...
  sshd.service                            loaded   active  running   OpenSSH server
daemon
  sysstat.service                         loaded   active  exited    Resets System
Activity Logs
  systemd-journal-flush.service           loaded   active  exited   Flush Journal to
Persistent Storage
  systemd-journald.service                loaded   active  running  Journal Service
  systemd-logind.service                  loaded   active  running  Login Service
 ...(中间省略)...

LOAD   = Reflects whether the unit definition was properly loaded.
ACTIVE = The high-level unit activation state, i.e. generalization of SUB.
SUB    = The low-level unit activation state, values depend on unit type.
146 loaded units listed. Pass --all to see loaded but inactive units, too.
To show all installed unit files use 'systemctl list-unit-files'.
```

通过指定systemctl命令的子命令来启动、停止和显示服务的状态。

启动、停止和显示服务的状态

```
systemctl{子命令}[服务]
```

systemctl主要子命令如下表所示。

表2-3-2 systemctl的主要子命令

子 命 令	说 明
start	启动(激活)单元
restart	重新启动单元
stop	停止单元(非活跃化)
status	显示单元的状态
enable	启用单元。此操作将在系统启动时自动开始
disable	禁用单元。此操作将不会在系统启动时自动开始
isolate	启动单元以及从属单元，并停止所有其他单元(在更改运行目标时使用此项)
list- units	显示所有活动单位(省略子命令时的默认值)

管理systemctl命令的主要服务如下表所示。

表2-3-3 systemctl的主要服务

服 务	说 明
udisks2	自动磁盘装载服务
gdm	GDM显示管理器
lightdm	LightDM显示管理器
NetworkManager	NetworkManager服务
sshd	SSH服务
postfix	Postfix邮件服务
httpd	HTTP Web服务

以下是管理httpd(Apache Web服务器)服务的启动和停止示例。也可以使用相同的流程来管理其他服务，例如NetworkManager、sshd和postfix等。

httpd. service的状态显示、启动和停止

```
# systemctl status httpd.service ←显示httpd服务的状态
httpd.service - The Apache HTTP Server
    Loaded: loaded (/usr/lib/systemd/system/httpd.service; disabled)      ←❶
   Active: inactive (dead)  ←❷
............
```

```
# systemctl start httpd.service  ←启动httpd服务
# systemctl status httpd.service
httpd.service - The Apache HTTP Server
    Loaded: loaded (/usr/lib/systemd/system/httpd.service; disabled)  ←❸
    Active: active (running) since  Wed 2016-04-22 19:35:27 JST; 4s ago ←❹
  Main PID: 30454 (httpd)
    Status: "Processing requests..."
    CGroup: /system.slice/httpd.service
                 ├─30454 /usr/sbin/httpd -DFOREGROUND
                 ├─30455 /usr/sbin/httpd -DFOREGROUND
                 ├─30456 /usr/sbin/httpd -DFOREGROUND
                 ├─30457 /usr/sbin/httpd -DFOREGROUND
                 ├─30458 /usr/sbin/httpd -DFOREGROUND
                 └─30459 /usr/sbin/httpd -DFOREGROUND .
.................
# systemctl enable httpd.service  ←设置enable (有效)
ln -s '/usr/lib/systemd/system/httpd.service'  '/etc/systemd/system/multi- user.
target.wants/httpd.service'
↑❺

# systemctl status httpd.service
httpd.service - The Apache HTTP Server
    Loaded: loaded (/usr/lib/systemd/system/httpd.service; enabled) ←❻
     Active: active (running) since Wed 2016-04-22 19:35:27 JST; 1min 10s ago
....................
```

❶变成disable
❷inactive(进程未启动)
❸变成disabled
❹active(进程已启动)
❺在multi-user.target.wants目录和目标目录下创建了指向httpd.service的符号链接
目标的multi-user.target的设置，需要(取决于)httpd.service
❻变成enabled

服务配置文件和选项

服务配置文件位于/ usr / lib / systemd / system目录下，文件名为“服务名称.service”。

通过服务设置文件的选项指定要启动的服务器程序和要停止的命令。

表2-3-4 服务配置文件的主要选项

选 项	说 明
ExecStart	添加启动程序时所必需的参数，用来指定绝对路径 · httpd.service的示例：ExecStart=/usr/sbin/httpd $OPTIONS -DFOREGROUND
ExecReload	添加重新加载配置文件的命令所需要的参数，用来指定绝对路径 · httpd.service的示例：ExecReload=/usr/sbin/httpd $OPTIONS -k graceful
ExecStop	当要停止在“ExecStart =...”中指定的程序时，使用所必需的参数指定绝对路径 · httpd.service的示例：ExecStop=/bin/kill -WINCH ${MAINPID}

httpd. service 配置文件(节选)

```
# cat /lib/systemd/system/httpd.service
[Service]
ExecStart=/usr/sbin/httpd $OPTIONS -DFOREGROUND
ExecReload=/usr/sbin/httpd $OPTIONS -k graceful
ExecStop=/bin/kill -WINCH ${MAINPID}

[Install]
WantedBy=multi-user.target
```

根据“WantedBy = multi-user.target”的设定，如果启用了httpd.target，则将在/etc/systemd/system/multi-user.target.wants/目录下创建指向httpd.service的符号链接。如果设置为禁用，则这个符号链接将被删除。

无法使用systemctl命令进行设置的重要服务

systemd在系统启动的初始阶段时，会在sysinit.target之前启动systemd-journald和systemd-udevd.service这两个服务。同样，会在multi-user.target之前启动systemd-logind.service。

有关何时运行sysinit.target和multi-user.target的内容，请参见本章2-1节中“systemd”的相关内容。

这三个服务的STATE被设置为static时,便无法通过systemctl命令启动或者禁用。

检查journald、udevd、logind的运行

```
# ps -ef |grep -e journald -e udevd -e logind
root      458      1  0 04:13 ?      00:00:00 /usr/lib/systemd/systemd-journald
root      491      1  0 04:13 ?      00:00:00 /usr/lib/systemd/systemd-udevd
root      632      1  0 04:13 ?      00:00:00 /usr/lib/systemd/systemd-logind
```

有关systemd-journald.service的内容，请参见第6章6-5节中的相关内容。

systemd-udevd服务

systemd-udevd服务可以动态创建和删除/ dev目录下的设备文件以访问设备。

当系统启动或运行时，内核在/ sys目录下的设备信息中，会反映检测到连接或断开的设备，并将uevent消息发送到systemd-udevd安全程序。

当systemd-udevd安全程序接收到一个uevent时，它将在/ sys目录下获取设备信息，并将其写入/etc/udev/rules.d和/lib/udev/rules.d目录下的“.rules”文件中。根据设备创建规则在/ dev目录下创建或删除设备文件。

这种机制消除了管理员手动创建或删除设备文件的需要。

持续在系统上运行并为客户端和系统管理提供服务的程序称为“安全程序”。有些安全程序(例如httpd和sshd)为被称为服务器的客户端提供服务，而有些安全程序则为系统管理(例如udevd)提供服务。许多安全程序在程序名称的末尾都会带有一个“d”以表示安全程序。

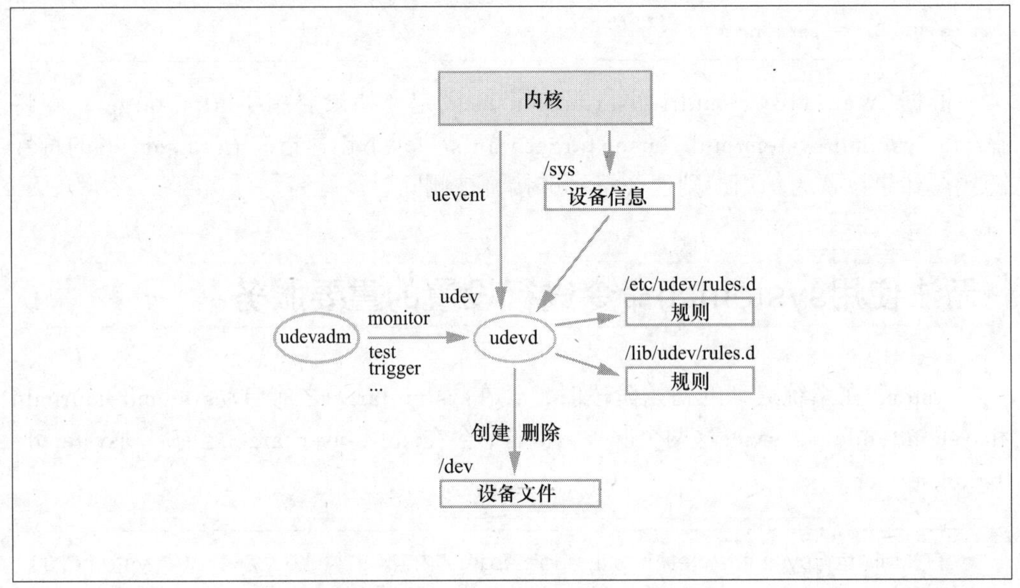

图2-3-2 使用udevd安全程序创建和删除设备文件

◇ /lib / udev / rules.d目录

配置了描述默认UDEV规则的文件。如果要自定义规则，请编辑/etc/udev/rules.d目录下的文件，而不是此目录下的文件。

◇ /etc / udev / rules.d目录

配置了描述自定义UDEV规则的文件。如果管理员要自定义UDEV规则，请编辑此目录下的文件。

系统登录服务

systemd-logind.service是管理用户登录的服务。它会跟踪用户会话，会话产生的进程，基于策略套件的关机/睡眠操作授权，设备访问授权，等等。PolicyKit使用/etc/polkit-1/rules.d/和/usr/share/polkit-1/rules.d/下的规则文件中定义的规则，以在GNOME之类的图形环境中进行操作。PolicyKit服务(polkit.service)由polkitd安全程序提供。

以下是显示管理器为gdm时的登录顺序示意图。gdm引用了systemd-logind安全程序，该安全程序又引用了通过D-Bus从PolicyKit服务(polkit.service)启动的polkitd安全程序。

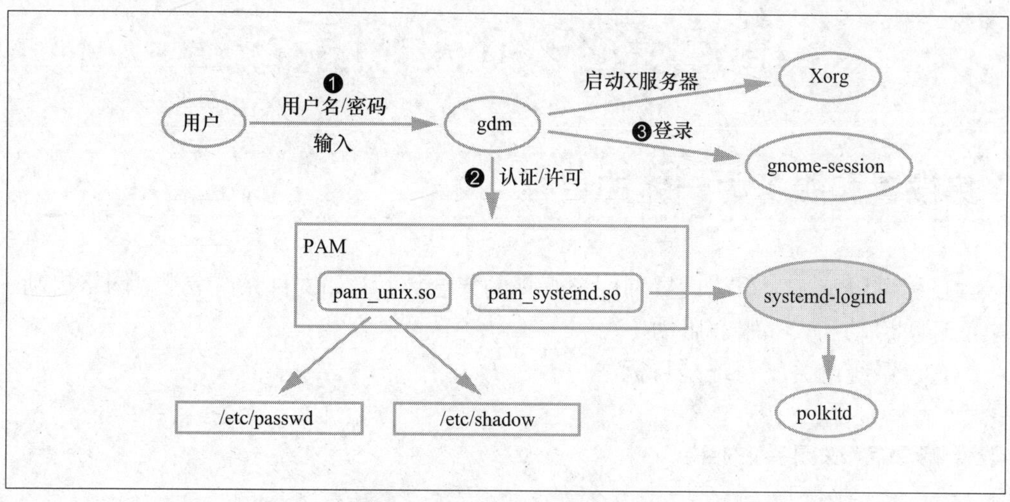

图2-3-3 从gdm登录的示意图

对于其他显示管理器(例如lightdm)，与该流程相似。

以下是在多用户模式(multi-user.target)下启动时从虚拟终端(例如/dev/tty1)登录的顺序。在该流程中未直接引用systemd-logind服务，因为它使用了agetty和login等传统的程序，但是systemd-logind安全程序可以为用户监视内核的伪文件系统/sys,并跟踪会话以及会话产生的过程。如果是multi-user.target的情况，则polkit.service将会停止。

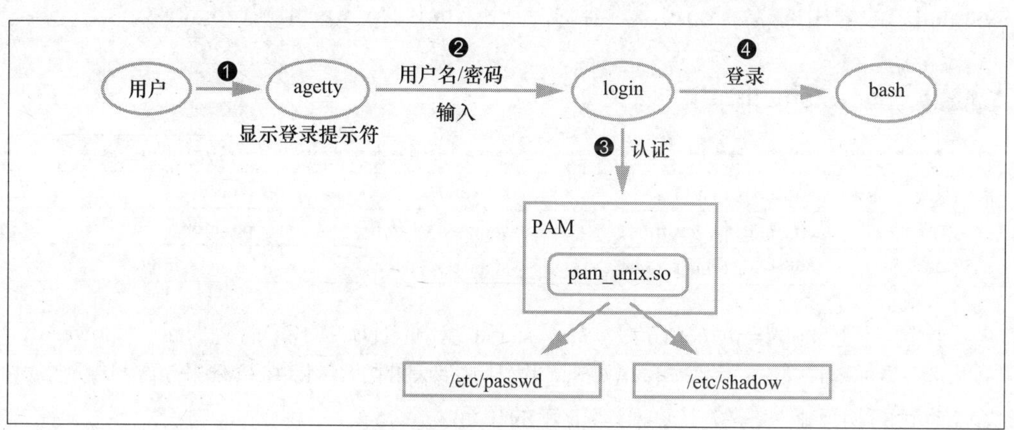

图2-3-4 从虚拟终端登录

2-4

重启系统和关闭系统

集设置和服务为一体的目标

目标可以定义为系统设置和服务管理的集合体，例如文件系统安装、网络启动、桌面环境启动和Web服务启动等。

重启系统或关闭系统是目标之一。

表2-4-1 重启和关闭系统的目标

目　标	说　明	SysV运行级别
halt.target	关闭系统	–
poweroff.target	关闭电源	0
reboot.target	重启	6

通过更改目标重启和关闭系统

使用systemctl命令更改目标，例如重启或关闭系统。

可以将子命令和目标指定为参数，也可以仅指定子命令。另外，还可以使用在systemd之前采用的"SysV init"兼容命令init、halt、poweroff和reboot。

表2-4-2 通过systemctl命令重启或关闭

操　作	命令（目标指定）	命令（自由子命令）	SysV init兼容命令
关闭系统	systemctl isolate halt.target	systemctl halt	halt
关闭电源	systemctl isolate poweroff.target	systemctl poweroff	poweroff、init0
重启	systemctl isolate reboot.target	systemctl reboot	reboot、init 6

当运行上面的systemctl命令时，systemctl会通过D-Bus将消息"halt""poweroff""reboot"发送到systemd。当systemd接收到该消息时，它将并行停止每个单元，并以启动时的相反顺序停止其中相互依赖的单元。

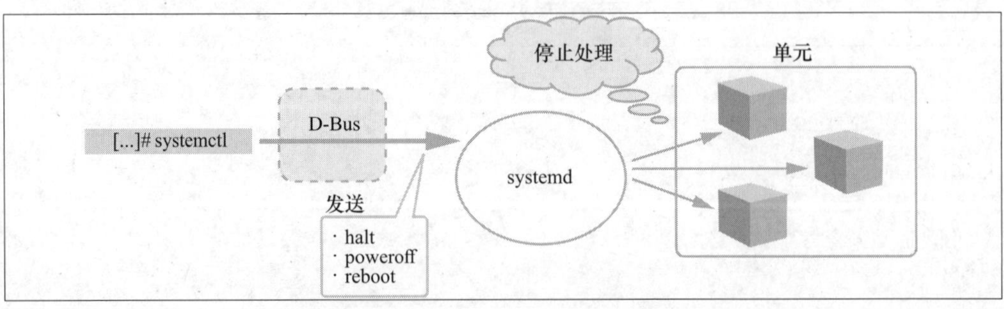

图2-4-1 通过systemctl命令停止处理的流程

通过systemctl命令关闭系统，关闭电源，重启

```
# systemctl halt ←关闭系统
# systemctl poweroff ←关闭电源
# systemctl reboot ←重启
```

除了systemctl命令外，“SysV init”提供的用于管理关闭系统和重启系统的命令（例如init命令）也可以在systemd环境下以相同的方式使用。

init命令

init命令是到systemd的符号链接，它与下面介绍的其他停止/重启命令不同，可以直接运行systemd，而无须通过D-Bus。

在命令名称为“init”，而PID不为“1”的情况下，init的符号链接目标systemd会将systemctl命令作为“init参数”运行。可以通过指定运行级别“0”作为参数来关闭电源，并通过指定“6”来重启。

通过init命令关闭电源和重启

```
# init 0 ←关闭电源
# init 6 ←重启
```

init以外的SysV init初始化兼容命令

除init以外，下表中的所有命令都是/bin/systemctl命令的符号链接，而init是与systemd安全程序的符号链接。调用符号链接目标的systemctl时，systemctl会判断被调用命令的名称并对其进行处理。

表2-4-3 SysV init兼容的运行级别管理命令(init除外)

命 令	说 明
shutdown	关闭计算机系统。关闭电源，重启
telinit	更改运行级别
halt	关闭计算机系统
poweroff	关闭计算机电源
reboot	重启计算机
runlevel	显示以前和当前的运行级别

关闭计算机电源

可以使用shutdown命令关闭计算机电源。

关闭计算机电源

shutdown[选项] [停止时间] [显示wall消息]

可以通过指定“-r”选项来重新启动。停止时间的格式为“hh：mm”以24小时制指定“小时：分钟”，“+ m”用来指定距当前时间的分钟，“now”或“+0”表示立即停止。如果未指定停止时间，则默认值为1分钟后。

· 示例① 在10分钟之后停止：shutdown +10

· 示例② 立即停止：shutdown +0或者shutdown now

· 示例③ 在1分钟之后停止：shutdown或shutdown +1

如果指定了停止时间，则systemd-shutdownd安全程序将启动，系统将会在指定时间关闭。如果计划在5分钟内关闭，则将自动创建/ run / nologin文件，并且此时无法以root身份登录。

还可以指定一条wall消息以发送给所有登录用户。如果未指定消息，则将发送默认消息。

表2-4-4 shutdown命令中的选项

选 项	说 明
-H，--halt	关闭计算机系统
-P，--poweroff	关闭计算机电源（默认）
-R，--reboot	重新启动计算机
-h	--halt没被指定时，与--poweroff相同
-k	不执行halt、poweroff、reboot，只发送wall消息
--no-wall	在执行halt、poweroff、reboot前不发送wall消息
-c	取消关机

在以下示例中，将显示一条消息，提示用户将在1分钟后关闭电源。由于要检查命令运行时间和停止时间之间的间隔（以秒为单位），所以要连续运行date命令和shutdown命令。

在一分钟之后关闭计算机电源

```
# date; shutdown ←检查日期和时间，并在shutdown命令运行1分钟后关机
Shutdown scheduled for 星期日 2018-09-02 18:12:24 CST, use 'shutdown -c' to cancel.
Broadcast message from root@centos.localdomain (Sun 2018-09-02 18:11:24 CST):
The system is going down for power-off at Sun 2018-09-02 18:12:24 CST!
```

在以下示例中，将不会显示立即停止的消息，因为会立即停止并关闭电源。

立即关闭计算机电源（CentOS）

```
# shutdown now
```

要连续运行多个命令，在输入命令时应使用“;”（分号）将这些命令连接起来，例如“date; shutdown”。

关闭和重启计算机系统

halt是执行关闭计算机的命令，poweroff是执行关闭计算机电源的命令，reboot则是执行重新启动的命令。

关闭计算机系统

```
halt [选项]
```

关闭计算机电源

```
poweroff [选项]
```

重启计算机

```
reboot [选项]
```

表2-4-5 halt、poweroff和reboot命令的选项

选　项	说　　明
--halt	halt、poweroff、reboot无论其中哪种情况都会关闭系统
-p、--poweroff	halt、poweroff、reboot无论其中哪种情况都会关闭电源
--reboot	halt、poweroff、reboot无论其中哪种情况都会重新启动
-f、--force	立即运行，无须调用systemd

halt、poweroff和reboot命令提供“-f”选项。如果使用此选项，虽然运行sync命令能够使文件系统保持完整，但由于systemd不运行关闭流程，也可能会导致某些数据丢失。通常情况下应避免使用此选项，该选项适合在立即停止系统，且不必等待每个服务结束的情况下使用。

sync（同步）是一个系统调用，用于将保存在内存中的文件系统数据的缓存写入磁盘。还提供了一个sync命令来运行同步系统调用。

同步后立即重新启动，不调用systemd

```
# reboot -f
Rebooting.
```

同步后立即关闭系统，不调用systemd

```
# halt -f
Halting.
```

同步后立即关闭电源，不调用systemd

```
# halt -fp
Powering off.
```

查看和转移运行级别

runlevel命令用来显示上一条命令和当前命令的运行级别。

显示上一条命令和当前命令的运行级别

```
# runlevel
3 5
```

在上面的示例中，可以看到当前正在运行的运行级别为“5”，而其之前的示例的运行级别为“3”。

telinit命令是用来指定SysV运行级别参数，并变更到指定的运行级别的命令。这是仅出于兼容性而留下来的命令。

更改SysV运行级别

telinit [选项]运行级别

将运行级别指定为0并关闭系统

```
# telinit 0
```

专 栏

启动出错的原因及对策

打开电源后，从系统启动完毕到登录之前发生错误时，出现中途停止的情况，或者出现无法登录的情况。在这种情况下，应找出启动顺序中的哪个阶段发生了错误以及症状是什么，然后再采取适当的措施。充分了解本章2-1节中介绍的引导程序将有助于处理这些错误。本节描述了可能发生的错误以及针对这些错误的对策。

在显示GRUB引导菜单之前显示错误(EFI引导)

打开计算机电源后，在显示GRUB引导画面之前，可能会出现以下信息，并且计算机可能会停止运行。

错误信息

```
Secure Boot Violation
---------------------
Invalid signature detected. Check Secure
Boot Policy in Setup
```

EFI具有安全启动功能。如果将安全启动设置为在EFI中启用，并尝试启动不支持安全启动的引导加载程序(引导加载程序不包括由公钥签名的证书以及与EFI中嵌入的私钥配对的证书)，则会显示错误信息，无法启动。

> GRUB2的引导加载程序shim.efi具有由Microsoft UEFI签名服务签名的内置证书，以支持安全启动。

如果安装在硬盘上的Linux或DVD / CD-ROM的Linux安装程序的引导加载程序不支持安全引导，则在EFI设置界面(大多数PC上会显示在开机时按<F2>键显示的)通过将安全启动设置为禁用来防止发生错误。

如果系统不需要诸如引导加载程序之类的引导程序的特殊安全性，则可以禁用安全引导功能。

引导Ubuntu时显示GRUB菜单

对于Ubuntu，默认情况下在启动时不会显示GRUB菜单。要查看它，可编辑/etc/default/grub文件，然后运行update-grub命令。这将更新/boot/grub/grub.cfg文件中的内容并显示GRUB菜单。

编辑 / etc / default / grub文件的示例(仅节选了编辑行)

```
$ sudo vi /etc/default/grub
#GRUB_HIDDEN_TIMEOUT=0    ←在句首添加“#”使其成为注释行
GRUB_HIDDEN_TIMEOUT_QUIET=false   ←true变成false
$ sudo update-grub
```

之后，重启Ubuntu将显示GRUB菜单界面，如下所示。

GRUB菜单界面

现在，可以输入“e”进入编辑模式，并在以“linux”开头的内核命令行的末尾指定目标，之后就可以启动了。如果目标被设置为救援(rescue)模式并启动,则提示将显示乱码。通过将显示语言指定为“C”，可以避免出现乱码。

启动时编辑GRUB菜单

```
linux /boot/vmlinuz-4.15.0-20-generic
...（中间省略）...
$vt_handoff systemd.unit=rescue.target locale.LANGUAGE=C
```

显示GRUB引导菜单后显示错误

显示GRUB引导菜单界面后，GRUB将内核(vmlinuz)和initramfs从磁盘加载到内存。如果这两个文件的文件名有错误，或者GRUB配置文件grub.cfg中的文件名说明有错误，则会显示以下错误，并且引导流程将会被中途停止。

创建新内核或initramfs时可能会发生此类问题。

错误信息

```
error: file "/vmlinux-...(以下省略)..." not found
error: you need to load the kernel first.

Press any key to continue…  ←按此处的任意键返回到引导菜单界面
```

如果还记得原始完整文件的文件名，可运行以下步骤来修复内核描述行。

❶输入“e”进入编辑模式。
❷对于CentOS操作系统：按<↓>键移至以“linux16”或“linuxefi”命令开头的内核描述行；对于Ubuntu操作系统：按<↓>键移至以“linux”命令开头的内核描述行。
❸按<→>键移至要修改的位置，然后修改内核文件名。

如下所示，在CentOS中修改内核文件名。

· BIOS起动时：linux16 /vmlinuz-3.10.0-862.3.2.el7.x86_64 root= ...(以下省略)...
· EFI启动时：linuxefi /vmlinuz-3.10.0-862.3.2.el7.x86_64 root= ...(以下省略)...

如下所示，在Ubuntu中修改内核文件名。

· linux /boot/vmlinuz-4.15.0-33-generic root= ...(以下省略)...

修改内核文件完成后，按<Ctrl + x>重新启动系统。

如果不知道内核文件名，请按<Ctrl + c>显示GRUB命令提示符，然后使用ls命令显示并确认文件名，然后返回菜单界面，然后输入“e”进入编辑模式并更正文件名。

显示内核文件名

```
grub> ls /vmlinuz<按tab键>
/vmlinuz-3.10.0-862.3.2.el7.x86_64   /vmlinuz- ...(以下省略)...
↑显示文件名（以上为CentOS的示例）

grub> reboot   ←返回启动菜单界面
```

返回GRUB引导菜单界面后，输入“e”键进入编辑模式，并修改以“linux16”命令开头的内核描述行。进行编辑后，按<Ctrl +x>引导系统重新启动。

系统启动后，检查新内核的文件名，/ boot下的新initramfs，并进行必要的修改。

> 如果正在引导的部分是与根文件系统不同的分区，则内核将显示为“/ vmlinuz –...”。如果/ boot以下位于根文件系统中，则内核将显示“/ boot / vmlinuz –...”。

系统启动期间显示错误，需要输入root密码

如果外部磁盘断开连接或文件系统损坏，则在显示以下错误消息后，系统将提示输入root密码。

要求输入root密码

```
...（显示错误信息）...
Give root password for maintenance
(or type Control-D to continue):****  ←输入root密码登录
```

> 对于Ubuntu操作系统，在安装后必须使用passwd命令设置root密码。另外，当错误处于救援(rescue)模式时，提示将显示为乱码。

登录后，修复问题区域代码。以下是在外部磁盘连接断开时，在/ etc / fstab文件中的命令行开头添加“ # ”使其成为注释行的示例。

释放外部磁盘条目

```
# mount -o remount,rw /
↑根据错误，根文件系统将以只读方式安装
# vi /etc/fstab   ←编辑/ etc / fstab

#/dev/sdb1   /data   ext4   defaults   0  1   ←在相应命令行的开头添加“ # ”
...
# systemctl reboot ←重新启动
```

> 如果使用英文键盘，请用vi编辑/ etc / fstab，然后按<Shift + ;>或输入“ZZ”并退出。

将SELinux更改为enforcing模式重启后，系统无法运行（RedHat系列）

RedHat系列的Linux提供了一种内核模块SELinux(Security-Enhanced Linux)，通过强制访问控制来增强安全性。而基于Ubuntu的Linux则使用AppArmor，而非SELinux。

如果将SELinux设置为enforcing模式，则可能会禁止系统启动时进程访问资源，并且系统可能无法启动。

出现这种情况，可按<Ctrl + Del>重新启动系统，如果不起作用，请关闭电源，然后再接通电源。在GRUB引导菜单中进行如下编辑，然后开始启动。

❶输入“e”进入编辑模式。
❷按<↓>键移动到以“linux16”命令开头的内核描述行。
BIOS启动时：linux16 /vmlinuz-3.10.0-862.3.2.el7.x86_64 root = ...（以下省略）...
EFI启动时 ：linuxefi /vmlinuz-3.10.0-862.3.2.el7.x86_64 root = ...（以下省略）...
❸按<→>键移至行末尾，并添加“selinux = 0”。
BIOS启动时：linux16 /vmlinuz-3.10.0-862.3.2.el7.x86_64 root =
...（中间省略）... “selinux = 0”。
EFI启动时 ：linuxefi /vmlinuz-3.10.0-862.3.2.el7.x86_64 root =
...（中间省略）... selinux = 0
❹按<Ctrl + x>引导系统重启。

一旦系统启动并运行，请将SELinux设置为禁用或将其设置为permissive模式，然后检查Audit日志等，并授予相应的访问权限。

第3章

操作文件

3-1

了解Linux目录结构

每个目录的树结构和作用

文件系统层次结构标准（FHS）是定义目录结构标准的规范。许多Linux发行版都有基于FHS的目录和文件。

除了目录名称之外，FHS还可以显示每个目录的作用，要存储的文件类型，命令的位置，等等。因此，通过了解FHS提供的目录结构，可以了解使用Linux所需的文件在哪里，应该在哪里放置，等等。

同样，在FHS中，将根据文件是**可共享**（Shareable）还是**不可共享**（Unshareable），**静态**（Static）还是**可变的**（Variable）等条件，对要放置的目录进行排序。

表3-1-1 文件分类

分 类	说 明
可共享	可以通过网络共享的文件　示例：实用程序、库等
不可共享	无法通过网络共享的文件　示例：锁定文件等
静态	除系统管理员以外无法进行更改操作的文件 示例：二进制命令、库、文档等
可变的	在系统运行期间可以进行更改的文件 示例：日志文件、登录用户信息文件、锁定文件等

表3-1-2 目录示例（引自https://refspecs.linuxfoundation.org）

	可共享	不可共享
静态	/usr /opt	/etc /boot
可变的	/var/mail /var/spool/news	/var/run /var/lock

例如，/var是一个目录，在该目录中，系统正在运行时会更新、添加、删除文件。在/var/mail下为每个用户准备文件。另外，/var/lock是用于排他控制的目录，例如读写文件。

FHS是从**根**（/）开始的单一树结构，根据目的不同，会在“/”之下分配不同的目录层次。

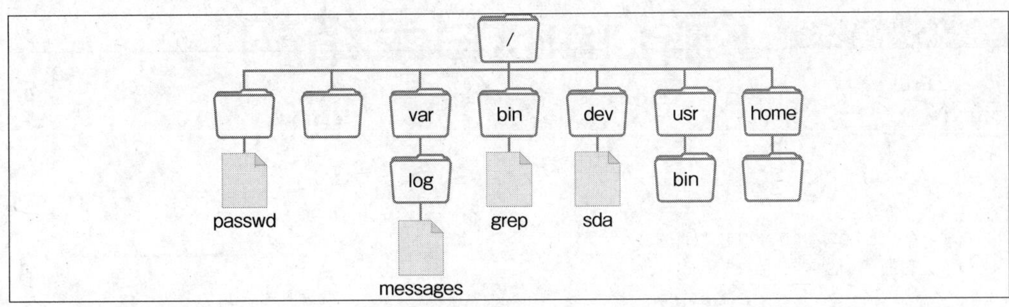

图3-1-1 文件树结构

主要目录及其作用如下。

表3-1-3 目录和作

目　录	作　　用
/	位于文件系统根部的目录
/bin	放置有普通用户和管理员使用的各种命令
/dev	放置设备文件，在系统启动时检查连接的设备并自动创建这些文件
/etc	放置用于系统管理的配置文件，以及各种软件的配置文件
/lib	放置有在/bin或/ sbin目录中使用的命令和程序的库
/lib/modules	放置有内核模块
/media	放置CD或DVD等数据
/opt	安装Linux之后，将会在此目录放置需要另外安装的软件包（软件）
/proc	放置由内核和进程保存的信息 文件本身并不存在，因为它是一个虚拟文件系统
/root	根用户主目录
/sbin	主要放置系统管理员使用的命令 根据选项参数的不同，普通用户也可以使用这些命令
/tmp	放置应用程序和用户使用的临时文件
/var	放置系统运行期间大小发生变化的文件
/var/log	放置系统和应用程序日志文件
/boot	放置系统启动时所需的与引导程序相关的文件和内核映像
/usr	放置用户共享的数据，如实用程序、库、命令等
/usr/bin	放置普通用户和管理员使用的命令
/usr/lib	放置有利用各种命令的库
/usr/sbin	放置有只有系统管理员可以使用的命令
/home	放置用户的主目录

要查看在线手册中目录的详细信息，请运行man hier命令。有关man命令的内容将在本书后面描述。

检查目录详细信息

```
$ man hier
HIER(7)              Linux Programmer's Manual                    HIER(7)
名称
      hier -文件系统层次的说明
说明
      典型的Linux系统主要有以下几种目录
      (还有很多其他种类的目录):
      /       根目录。这是层次结构的起点。
      /bin    该目录包含有单用户模式下引导和修复系统所需的可运行文件。
      /boot   包含引导加载程序使用的静态文件。该目录仅包含引导过程中所需的文件。地图安装程序和配置文件应放在
              /sbin或/etc中
...(以下省略)...
```

在指示文件的位置时，该目录会与其下的目录分开，并且该目录与文件之间以“/”(斜杠)分隔。例如，在图3-1-1中，var目录下log目录下的messages文件是“/var/log/messages”。

另外，用来指示这些文件位置的信息称为**路径**。

命令提示符

登录Linux后的用户位于目录结构中的某一位置。然后通过运行命令来执行相关的处理。用户可以通过界面上的**提示符**查看自己现在的位置。例如，以下的示例是登录到CentOS主机时的提示符。

```
用户名@主机名 当前位置的符号

❶root用户的情况
[root@centos7-1~]#

❷user01用户的情况
[user01@centos7-1~]$
```

图3-1-2 命令提示符

❶是root用户登录的情况。❷是user01用户登录的情况。可以看到提示符与用户名依次对应。主机名显示在“@”之后。另外，请注意主机名之后有一个“~”(波浪号)，它表示当前位置是用户的**主目录**。

主目录是分配给每个用户的工作位置。用户可以在自己的主目录中随意读写文件，但是对于其他用户的主目录，除非权限更改，否则不能读写文件。不过，由于root用户具有管理员权限，因此它可以从所有主目录中读写文件。

如果要执行相关操作，请在显示的命令提示符处输入相应的命令。在以下示例中将以root用户身份登录到主机“centos7-1”并运行pwd命令。pwd命令用来显示当前路径。可以看到，root用户的提示符是“#”。

pwd命令的运行示例(以root用户身份运行)

```
[root@centos7-1~]# pwd        ←以root身份运行
/root   ←当前位置是root的主目录
```

在以下示例中将以普通用户“user01”的身份登录并运行pwd命令。普通用户的提示符为“$”。

pwd命令的运行示例(以user01运行)

```
[user01@centos7-1~]$ pwd        ←以用户user01运行
/home/user01    ←当前位置是user01的主目录
```

在本书中,对大多数运行结果的提示符做了简化,仅显示“#”或“$”。“#”等同于root用户,“$”等同于普通用户。

Linux中的某些命令可以由普通用户运行,而有些命令只有管理员权限才能运行。

尽管root用户具有管理员权限,但普通用户也可以根据需要添加权限。在本书中,对于不需要管理员权限的操作,一般都以普通用户来运行。当然,如果需要管理员权限,则以root用户来运行。

如果已登录并想切换到其他用户或管理员(root),请使用su命令。

切换用户

su [选项] [-] [用户名]

省略用户名,就能切换到root用户。如果省略用户名之前的“-”,则只有用户ID会更改,但登录环境与前一个用户相同。不省略“-”,则在用户ID更改的同时使用新用户的环境。

可以使用id命令(见3-4节)显示当前运行中的用户ID和组ID。在以下示例中,将在不改变用户yuko运行环境的同时,将其切换为用户ryo。

切换用户

```
[yuko@centos7-1~]$ id  ←显示当前运行中的用户ID和组ID
uid=1000(yuko) gid=1000(yuko)  groups=1000(yuko),100(users)
...(以下省略)...
[yuko@centos7-1~]$ su - ryo ←在su命令的参数中添加“-”
密码: **** ←输入ryo的登录密码
最后登录: 2018/09/26 (水) 15:55:01 JST日时 pts/0
[ryo@centos7-1~]$ id ←显示当前有效用户ID和有效组ID
uid=1001(ryo)   gid=1001(ryo)   groups=1001(ryo),100(users)
...(以下省略)...
[ryo@centos7-1~]$ pwd ←移动至ryo的根目录
/home/ryo
```

另外,对于Ubuntu操作系统,可以使用“sudo su-”从普通用户切换到root用户。有关sudo的详细信息,请参见本章专栏中的相关内容。

命令提示符的自定义

如第2章所述，Shell变量PS1在bash中被定义为命令提示符。PS2也可以被定义为辅助提示。辅助提示表明命令行尚未完成，并且显示为继续行。以下示例使用辅助提示。输入“ls -la / etc / passwd”后，要继续输入命令，请在行末输入“\”以换行。然后，显示PS2默认值“>”，可以继续输入。

使用辅助提示符

```
$ ls -la /etc/passwd \
> /etc/shadow
-rw-r--r--. 1 root root 2282 12月 18 11:42 /etc/passwd
----------. 1 root root 1274 12月 18 11:42 /etc/shadow
```

另外，在以下运行示例中，通过编辑PS1的定义来自定义命令提示符。

命令提示符的自定义

```
$ PS1='\s-\v\$' ←❶
-bash-4.2 $ PS1='[\u@\h \w]\$ ' ←❷
[user01@centos7-1 /var/log]$    ←❸
```

❶将命令提示符设置为默认bash值，“s”是Shell程序名称，“-”是连字符，“v”是版本，“$”是美元符号
❷提示符为“-bash-4.2 $”。使用“[当前用户名@主机名 当前目录] $”的方式自定义此提示符。其中，“[”是开头的左方括号，“u”是用户名，[@]是at符号，“h”是主机名，“w”是当前工作目录，“]”是结尾的右方括号
❸提示符 变成“[user01 @ centos7-1 / var / log] $”

由于这是当前运行中的bash的设置，因此退出bash时设置也将失效。为了使其在下次bash启动时或注销/登录后仍然有效，可参见第4章4-1节中的相关内容，将说明添加到~/ .bashrc（或~/.bash_profile）中。

在线手册

Linux会根据用途提供各种命令。可以查找在线手册，以了解如何使用命令。在线手册可以在界面上显示命令和文件的说明。

使用man命令查看在线手册。

查看在线手册

man[选项] [章的编号] 命令名|文件名等

表3-1-4 man命令的选项

选　项	说　明
-f	显示手册中哪些章节与指定关键字匹配
-k	显示手册的哪些章节包含指定的关键字

在命令语句中，中间会夹带着类似“|”的参数，正如“命令名或文件名”的字面意思，它表示指定其中任意一个。

如果手册页太长而无法显示到一个画面中，则man命令将只显示当前画面，要查看后面的内容，请使用以下快捷方式来滚动画面。

表3-1-5 man命令的快捷方式

快捷方式	说明
空格键	显示下一页
<Enter>	显示下一行
<b>	显示上一页
<h>	显示帮助
<q>	停止man命令
/字符串	检索字符串（按<n>键以进行下一次检索）

由于在线手册包含许多项目，因此将它按章（节）分类。

表3-1-6 在线手册章（节）

节	说明
1	用户程序
2	系统调用
3	库
4	磁盘文件
5	文件格式
6	游戏
7	其他
8	系统管理命令

对于在线手册，不同章节中也可能存在相同名称的手册。例如，下面的示例。

man命令的运行示例

```
$ man passwd  ←❶
...(运行结果省略)...

$ man -f passwd  ←❷
passwd (1)              -更改用户密码
passwd (5)              -密码文件
sslpasswd (1ssl)        - compute password hashes
```

在❶中，运行man命令时，将passwd命令指定为搜索对象。在这种情况下，由于没有指定任何选项，将显示passwd命令的在线手册。

在❷中，指定了“-f”选项。在结果中可以找到并显示包含“passwd”关键字的章（节）。可以看到passwd命令在第1章中，而记录用户账户的passwd文件则在第5章中。如果要从第5章中查看passwd文件的在线手册，请按照以下示例运行。

man命令的运行示例

```
$ man 5 passwd
...(运行结果省略)...
```

3-2

管理文件和目录

通过命令行处理文件和目录

通过命令行和管理命令在文件系统上指定文件和目录时，应检查管理方法。

在Linux系统上操作时，用户始终在文件系统上的某个地方工作。用户当前正在使用的目录称为**当前目录**。下图中的“user01”是用户user01的主目录，但在此将其解释为当前目录，我们会在以后对此进行说明。

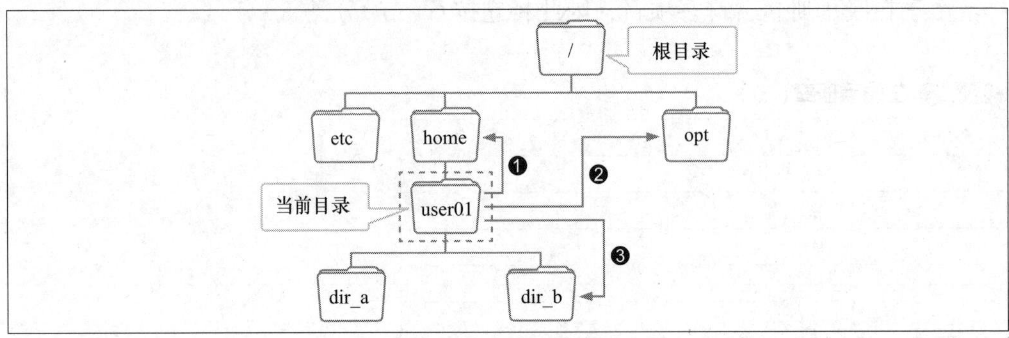

图3-2-1 目录的结构

目录的移动

cd命令用于在文件系统上移动目录。

目录的移动
cd [目录]

可以用绝对路径或相对路径指定目录。绝对路径从根目录(/)开始，目标目录的路径由斜杠(/)分隔。同样，相对路径从当前目录开始，并描述目标目录的路径。可以对有关目录使用以下符号。

表3-2-1 与目录相关的符号

记号	读　法	说　　明
~	波浪号	主目录。代表运行用户的工作目录
.	点	当前目录。代表运行用户所在的目录
..	点点	父目录。代表目录的上一级目录

如果使用绝对路径或相对路径来移动图3-2-1中的❶、❷和❸，则其结果将如

表3-2-2所示。另外，当前目录是“/ home / user01”。

表3-2-2 指定cd命令的路径

	绝对路径的示例	相对路径的示例
1	cd /home	cd ..
2	cd /opt	cd ../ ../ opt
3	cd /home /user01 /dir_b	cd dir_b

如果登录用户是user01，则无论使用的目录是什么，运行“cd”或“cd ~ ”“cd ~ user01”都将会移动到主目录“/home/user01”。但是，“cd ~ 用户名”意味着无论当前登录用户如何，都将移动到“ ~ ”（波浪号）之后指定的用户的主目录（如果没有访问权限则无法移动）。

显示目录路径

pwd命令将以绝对路径显示当前工作目录。

显示当前目录路径

```
pwd
```

显示当前文件和目录信息

ls命令可以用来列出目标目录下的所有文件和子目录的详细信息。如果未指定目标目录，则列出当前目录下的所有内容。

显示目录信息

```
ls [选项] [目录名...]
ls [选项] [文件名...]
```

表3-2-3 ls命令的选项

选　项	说　　明
-F	显示文件类型的符号 “/”是目录，“*”是可运行文件，“@”是符号链接
-a	显示隐藏的文件（文件名以点“.”开头的文件）
-l	显示文件名，包括详细信息等
-d	不显示目录的内容，只显示目录本身的信息

由于在运行ls命令时可以指定多个目录名和文件名，因此在上述语句中的目录名后添加“...”以“目录名...”表示。以后遇到此类表示方式，都说明可以指定多个目标。

显示文件和目录信息

```
$ cd /usr ←移至/ usr目录
$ ls ←在/ usr目录下显示
bin  etc  games  include  lib  lib64  libexec  local  sbin  share  src  tmp
```

输出文件的内容

more命令用来输出指定文件的内容。

输出文件内容

```
more 文件名
```

按空格键转到下一页，浏览到文件的最后一页并同时结束浏览。

逐页显示文件内容

less命令能够以页为单位显示无法在一个画面上显示的文件。当文件内容超出一个画面时，请使用快捷方式来滚动画面。快捷方式的操作与man命令（见3-1节）相同。

逐页显示文件内容

```
less 文件名
```

显示文件内容

cat命令的参数中指定文件名后，将显示该文件的内容。如果指定多个文件，则所有文件将连续显示。此外，如果使用“-n”选项，将为输出结果添加行号。

当不带参数运行cat命令时，只会读取通过标准键盘输入的数据。从键盘上输入一行之后，只能将该行显示到画面上，重复进行这个操作直到按下<Ctrl + d>。

显示文件内容

```
cat [选项] [文件名...]
```

表3-2-4 cat命令的选项

选 项	说 明
-n	给所有的行添加行号
-T	将标签显示为“^”

显示带有行号的文件内容

nl命令用来显示带有行号的文件内容。

显示带有行号的文件内容

```
nl[选项] [文件名]
```

还可以通过在cat命令中使用“-n”选项，将行号添加到输出中。但是，如果文件内容中包含空白行，则其行为与nl命令不同。“Cat -n”为包括空行在内的所有行提供行号，但是“nl”只能为除空行外的所有行提供行号。

显示文件内容

```
$ cat -n sample.txt ←使用cat命令显示
    1  CentOS
    2  Ubuntu
    3           ←空行
    4  Mint
$ nl sample.txt ←使用nl命令显示
    1  CentOS
    2  Ubuntu
             ←空行
    3  Mint
```

创建目录

使用mkdir命令可以创建目录。可以通过指定多个目录名称作为命令参数来一次创建多个目录。也可以通过指定“-p”选项在路径中间创建目录。

创建目录

```
mkdir [选项]目录名...
```

表3-2-5 mkdir命令的选项

选　项	说　　明
-m [访问权限]	创建具有明确访问权限的目录
-p	同时创建中间目录

创建目录

```
$ mkdir dir_x dir_y ←❶
$ ls -l
合计0
drwxrwxr-x 2 user01 user01 6  6月 13 17:00
dir_x drwxrwxr-x 2 user01 user01 6  6月 13 17:00 dir_y
$ mkdir dir_z/sub_z ←❷
mkdir: 无法创建目录 'dir_z/sub_z' : 没有这样的文件或者目录
$ mkdir -p dir_z/sub_z ←❸
$ ls -l
合计 0
drwxrwxr-x 2 user01 user01   6  6月 13 17:00 dir_x
drwxrwxr-x 2 user01 user01   6  6月 13 17:00 dir_y
drwxrwxr-x 3 user01 user01 19  6月 13 17:01 dir_z  ←❹
$ cd dir_z/sub_z  ←❺
$ pwd
/home/user01/dir_z/sub_z
```

❶同时创建多个目录
❷同时创建一个目录作为子目录，但是由于未指定“-p”选项而发生错误
❸使用“-p”选项再次运行
❹“dir_z / sub_z”已创建
❺移至“dir_z”下的“sub_z”

创建文件并更改时间戳

如果将现有文件名指定为touch命令的参数，则该文件的访问时间和修改时间将更改为touch命令的运行时间。另外，如果指定新文件名作为参数，则会创建一个新的空文件（大小为0）。

创建文件并更改时间戳
touch[选项]文件名

表3-2-6 touch命令的选项

选　项	说　　明
-t 时间戳	将当前时间更改为[[CC] YY] MMDDhhmm [.ss]格式的时间戳。CC：日历的前两位数字，YY：日历的后两位数字，MM：月，DD：天，hh：小时（24小时制），mm：分钟，ss：秒
-a	变更访问的日期时间
-m	只更新文件的日期

创建文件并更改时间戳

```
$ touch fileA  ←新建文件
$ ls -l fileA
-rw-rw-r-- 1 user01 user01 0  6月 13 17:05 fileA
$ more fileA  ←文件里的内容为空
$ touch -t 05310900 fileA  ←时间戳更改为“5/31 9:00”
$ ls -l fileA
-rw-rw-r-- 1 user01 user01 0  5月 31 09:00 fileA
```

移动文件和目录

mv命令可以用来移动文件和目录。源文件（或目录）将以相同的名称移动到mv命令的最后一个参数所指定的目录。另外，如果将mv命令的最后一个参数指定为新的名称，则表示将源文件（或目录）重命名。

移动文件
mv [选项] 移动源文件名... 移动目标目录名

移动目录
mv [选项] 移动源目录名... 移动目标目录名

表3-2-7 mv命令的选项

选　项	说　　明
-i	如果目标目录下存在同名文件，确认是否覆盖
-f	即使目标目录下存在同名文件，也会强制进行覆盖

复制文件和目录

使用cp命令复制文件和目录。可以在同一目录或另一个目录中复制，如果选择在另一个目录中复制，则源文件和目标文件也可以具有相同的名称。也可以同时复制多个文件。

使用cp命令复制目录时，需要使用“-R”（或“-r”）选项。

复制文件

cp [选项] 复制源文件名 复制目标文件名

cp [选项] 复制源文件名... 复制目标目录名

复制目录

cp [选项] 复制源目录名 复制目标目录名

表3-2-8 cp命令的选项

选 项	说 明
-i	如果目标目录下存在同名文件，确认是否覆盖
-f	即使目标目录下存在同名文件，也会强制进行覆盖
-p	在保留信息的同时进行复制，例如复制源的所有者、时间戳和访问权限
-R、-r	完全按照源目录层次结构进行复制

复制文件和目录

```
$ cp fileA fileB  ←❶
$ cp dir_x dir_xx  ←❷
cp: 省略了目录'dir_x'
$ cp -r dir_x dir_xx ←❸
$ ls -l
合计 0
drwxrwxr-x 2 user01 user01  6  6月 13 17:00 dir_x
drwxrwxr-x 2 user01 user01  6  6月 13 17:16 dir_xx  ←❹
drwxrwxr-x 2 user01 user01  6  6月 13 17:00 dir_y
drwxrwxr-x 3 user01 user01 19  6月 13 17:01 dir_z
-rw-rw-r-- 1 user01 user01  0  5月 31 09:00 fileA
-rw-rw-r-- 1 user01 user01  0  6月 13 17:16 fileB  ←❺
```

❶复制文件
❷尝试复制目录，但由于未指定“-r”选项而发生错误
❸指定“-r”选项并再次执行
❹创建了“dir_xx”目录
❺通过❶的操作创建了文件fileB

删除文件和目录

rm命令可以用来删除文件和目录。通过指定多个文件名，可以一次性删除所有指定的文件。也可以使用“-R”（或“-r”）选项删除目录及其中的所有文件。rmdir命令则用来删除空目录。

删除文件

rm [选项] 文件名...

删除目录

rm [选项] 目录名...

表3-2-9 rm命令的选项

选　项	说　　明
-i	删除文件前，确认是否删除
-f	无须确认直接删除
-R、-r	连同指定目录中的文件和目录全部删除

删除文件和目录

```
$ rm dir_xx ←❶
rm: 无法删除'dir_xx': 这是目录
$ rm -r dir_xx ←❷
$ rm fileB ←❸
$ ls -l
合计 0
drwxrwxr-x 2 user01 user01  6  6月 13 17:00 dir_x
drwxrwxr-x 2 user01 user01  6  6月 13 17:00 dir_y
drwxrwxr-x 3 user01 user01 19  6月 13 17:01 dir_z
-rw-rw-r-- 1 user01 user01  0  5月 31 09:00 fileA
❶使用未指定“-r”选项的rm命令无法删除目录
❷指定了“-r”选项的rm命令可以删除目录
❸删除文件时，无须指定选项
```

确定文件类型

file命令可以用来确定文件类型。

确定文件类型

file [选项] 文件名|目录名

通过指定“i”选项，以MIME类型显示。

确定文件类型

```
$ file foo
foo: ASCII text  ←字符编码为“ASCII”类型的文本文件
$ file -i foo
foo: text/plain;charset=Utf-8  ←以MIME类型显示
$ file bar
bar: symbolic link to `foo`  ←符号链接文件
$ file dir_a
dir_a: directory  ←目录
$ file my.png
my.png: PNG image data, 2000 x 1600, 8-bit/color RGBA, non-interlaced
 ↑图像文件
$ file dir_x.tar.gz
dir_x.tar.gz: gzip compressed data, from Unix, last modified: Wed Jun 13
19:25:09 2018
↑压缩文件
```

标准输入/输出的控制

控制从何处输入以及输出到何方，称为输入输出的控制。对于输入输出控制，使用被称为**标准输入**、**标准输出**和**标准错误输出**的流(数据流)。

所有进程在启动时都会生成标准输入、标准输出和标准错误输出，默认情况下，标准输入与“键盘”相关联，标准输出和标准错误输出则与“运行命令的终端”相关联。

下面的示例中指定现有文件“fileA”和不存在的文件“fileX”运行ls命令。

标准输出和标准错误输出

```
$ ls fileA fileX
ls: 无法访问fileX: 没有这样的目录或者文件    ←标准错误输出
fileA    ←标准输出
```

上述运行结果的标准输出和标准错误输出都在同一画面(显示)上输出。如果要将标准输出切换为“显示”，而将标准错误输出切换为“文件”，应使用重定向或文件描述符。

重定向可以切换输入和输出目的地，其使用元字符，例如“<”和“>”。文件描述符的**0号**表示标准输入，**1号**表示标准输出，**2号**表示标准错误输出。创建进程时，将生成这些0号、1号和2号。当进程打开另一个文件时，使用顺序为3号、4号、5号的文件描述符，依此类推。

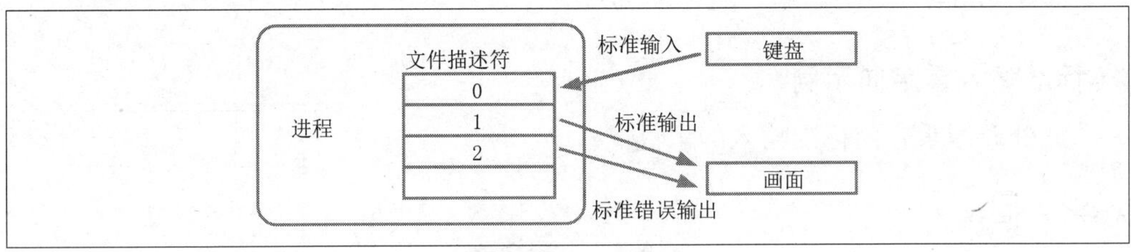

图3-2-2 文件描述符

在以下示例中，使用重定向和文件描述符，来控制仅将标准错误输出存储在错误文件中(文件“fileA”是存在的文件，“fileX”是不存在的文件)。

切换标准错误输出

```
$ ls fileA fileX 2> error   ←仅将运行结果的错误输出存储在error文件中
fileA  ←在显示器上显示标准输出
$ ls
dir_x  dir_y  dir_z  error  fileA  ←创建了error文件
$ cat error  ←使用cat命令显示error文件的内容
ls: 无法访问fileX: 没有找到这样的文件或者目录
```

重定向标准输出和标准错误输出的示例

下面介绍重定向标准输出和标准错误输出的示例。

ls> file1

将当前目录的文件列表存储在文件“file1”中。

ls 1> file2

使用“1>”将当前目录的文件列表存储在文件“file2”中。这与仅指定“>”的情况相同。

ls /bin >> file1

将/bin目录的文件列表添加到文件“file1”并保存。

ls 不存在的文件 存在的文件 2> file3

运行ls命令，只有在错误输出的情况下，标准输出错误才会存储在文件“file3”中。

ls 不存在的文件 存在的文件 >& both

将标准输出和标准错误输出都存储在文件“both”中。以下语句也可以获得相同的结果。

```
ls 不存在的文件 存在的文件  >& both
ls 不存在的文件 存在的文件  1> both 2 >&1
```

命令1 &> both

将命令1运行结果的标准输出和标准错误输出都存储在文件“both”中。以下语句也可以获得相同的结果。

命令1 >& both

标准输入重定向示例

此处介绍重定向标准输入的示例。

命令1 < file1

获取文件“file1”的内容作为命令1的标准输入。获取的标准输入可用作参数。

命令1 <file1 |命令2

获取文件“file1”的内容作为命令1的标准输入，并将命令1的标准输出传递给命令2作为标准输入。

在第二个示例中，使用管道操作符(|)，将命令的处理结果(标准输出)传递到下一个命令的标准输入，从而进一步处理数据。

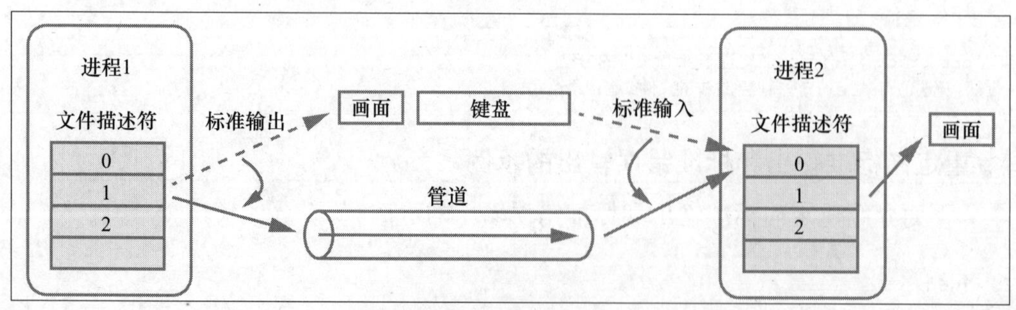

图3-2-3 管道操作

在以下使用管道的示例中，cat命令将文件“/ etc / passwd”的内容作为标准输出内容输出，并将其传递给head命令，但仅显示前三行的内容（有关head命令的内容我们将在稍后讨论）。

管道使用示例

```
$ cat /etc/passwd | head -3
root:x:0:0:root:/root:/bin/bash
bin:x:1:1:bin:/bin:/sbin/nologin
daemon:x:2:2:daemon:/sbin:/sbin/nologin
```

文件输出

tee命令可以将从标准输入读取的数据输出到标准输出和文件。

将数据输出到标准输出和文件

tee [选项] 文件名

通过指定“a”选项，可以添加文件而不进行覆盖。

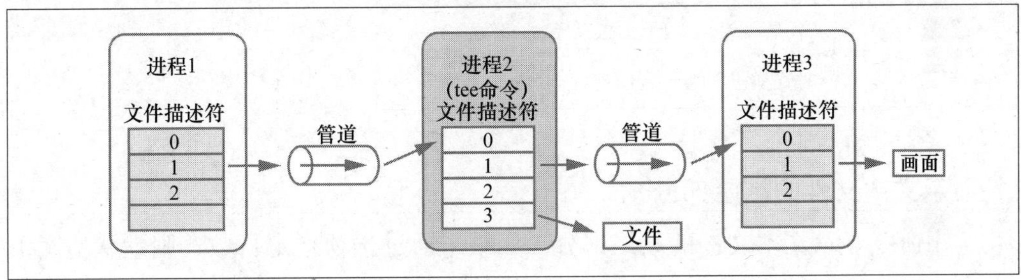

图3-2-4 tee命令操作

在以下的命令运行示例中，使用n1命令将行号添加到“/etc/passwd”文件的内容中，并将结果通过管道传递给tee命令。tee命令将其保存到文件“myfile.txt”中，同时将其通过管道传输到head命令。head命令则仅将前三行输出到标准输出。

输出到文件和标准输出

```
$ nl /etc/passwd | tee myfile.txt | head -3
     1  root:x:0:0:root:/root:/bin/bash
     2  bin:x:1:1:bin:/bin:/sbin/nologin
     3  daemon:x:2:2:daemon:/sbin:/sbin/nologin
$       cat myfile.txt  ←使用cat命令显示“myfile.txt”中的内容
     1  root:x:0:0:root:/root:/bin/bash
     2  bin:x:1:1:bin:/bin:/sbin/nologin
     3  daemon:x:2:2:daemon:/sbin:/sbin/nologin
...(中间省略)...
    40  user01:x:1000:1000:user01:/home/user01:/bin/bash
    41  unbound:x:991:985:Unbound DNS resolver:/etc/unbound:/sbin/nologin
    42  gluster:x:990:984:GlusterFS daemons:/var/run/gluster:/sbin/nologin
```

过滤处理

以下这些命令可以实现从标准输入接收并处理数据，然后将其输出到标准输出的功能。

显示文本文件的开头部分

head命令显示文本文件的开头部分。如果未通过选项指定行数，则默认情况下最多显示10行。通过使用“-n”选项指定行数，从头开始显示n行(可以省略“n”并仅指定行数)。

显示文本文件开头部分
head [选项] [文件名...]

表3-2-10 head命令的选项

选　项	说　明
-n 行数	仅显示文本从开头到指定行数的部分
-c 字节数	指定输出的字节数量

显示文本文件的结尾部分

tail命令显示文本文件的结尾部分。如果未通过选项指定行数，则默认情况下最多显示到10行。“-f”选项对于监视日志文件等很有用。

显示文本文件结尾部分
tail [选项] [文件名...]

表3-2-11 tail命令的选项

选　项	说　明
-n 行数	仅显示文本从指定行数到结尾的部分
-f	假设文件内容在不断增长，始终只读取文件的最后部分

格式转换

tr命令将通过标准输入(键盘输入)的字符转换为指定的格式，并将其显示在标准输出显示器上。

转换并显示输入字符的格式
tr [选项] 字符组1 [字符组2]

表3-2-12 tr 命令的选项

选 项	说 明
-d 字符组1	删除和字符组一致的内容
-s 字符组1 字符组2	用一个字符替换在字符组1中匹配的重复字符

在以下第一个tr命令示例中，tr命令的第一个参数中指定了要进行转换的字符对象“a，b，c，…，z”的字符组“a-z”，通过在第二个参数中指定转换后的大写字符“A，B，C，…，Z”的字符组“A-Z”来运行该命令。此时从键盘输入“hello”时，它将转换为大写的“HELLO”并输出到显示器。

另外，第二个tr命令使用“-d”选项删除了两个字符“m”和“y”。请注意，这里并未删除字符串“my”。

字符转换/删除

```
$ tr 'a-z'  'A-Z'
hello  ←键盘输出
HELLO  ←tr命令的输出
<Ctrl + d>  ←输入结束
$ tr -d 'my'  ←删除字符“m”和“y”
My name is yuko  ←键盘输入
M nae is uko  ←tr命令的输出
<Ctrl + d>  ←输入结束
```

另外，由于tr命令无法将文件指定为参数，因此应使用重定向符号“<”“>”从文件中读取数据或将转换后的文本输出到文件。

使用重定向

```
$ cat file  ←检查fille文件的内容
hello
bye
$ tr 'a-z'  'A-Z' < file  ←转换为大写字符并输出到画面
HELLO
BYE
$ tr 'a-z' 'A-Z' < file > output  ←转换为大写字符后，输出到output文件
$ cat output
HELLO
BYE
```

文件内容排序

使用sort命令，文件的内容将被排序(sort)并输出。默认为升序排列。当有多个输入文件时，每个文件的内容都会重新排列，连接之后再输出。

文件内容排序

```
sort [选项] [文件名...]
```

表3-2-13 sort 命令的选项

选 项	说 明
-b	忽略开头的空白部分
-f	不区分大小写
-r	降序排序

排序

```
$ cat data  ←检查文件“data”的内容
ryo
yuko
Ryo
mana
$ sort data  ←进行升序排序
Ryo
mana
ryo
yuko
$ sort -f data  ←不区分大小写并进行升序排序
mana
Ryo
ryo
yuko
$ sort -fr data  ←不区分大小写并进行降序排序
yuko
ryo
Ryo
mana
```

行的连接

join命令可以读取参数指定的两个文件，并将具有公共字段的行连接起来。每个文件必须事先按照join命令指定的字段进行排序。

行的连接
join [选项] 文件名1 文件名2

表3-2-14 join 命令的选项

选　项	说　　明
-a 文件号码	除了正常输出外，还输出不能与FILENUM(FILE1为1，FILE2为2)关联的行
-j 字段	指定要连接的字段

行的连接

```
$ cat data1 data2  ←确认每个文件的内容
01 yuko
02 ryo
03 mana
01 2018/04/05
03 2017/06/12
$ join -j 1 data1 data2  ←将第一列设为连接字段
01 yuko 2018/04/05
03 mana 2017/06/12  ← 由于文件“data2”中没有“02”，因此不显示“02 ryo”
$ join -j 1 -a 1 data1 data2  ← “-a”选项还会显示无法进行连接的行（02）
01 yuko 2018/04/05
02 ryo
03 mana 2017/06/12
```

删除重复的行

uniq命令可以从文件(或标准输入)读取行，删除重复的行(连续的相同的行)，然后打印到文件(或标准输出)。如果未指定该选项，则重复的行将归类到第一次出现的该行中。如果指定输入源文件，则必须预先对每个文件进行排序。如果指定了输出文件，则命令的运行结果将保存在文件中。

删除重复的行
unig [选项] [输入文件 [输出文件]]

表3-2-15 uniq命令的选项

选 项	说 明
-c	输出行在此之前出现的次数
-d	仅输出重复的行
-u	仅输出不重复的行

在下面的示例中，文件“data”的内容将被排序，并且输出行的出现次数。

删除文件内的重复的行

```
$ cat data   ←检查文件“data”的内容
ryo
yuko
ryo
mana
$ uniq data   ←不排序的情况下运行uniq命令
ryo  ←结果不符合预期（ryo的记录是不连续的）
yuko
ryo
mana
$ sort data | uniq -c  ←排序并运行uniq命令，选项用“-c”用来显示出现的次数
      1 mana
      2 ryo
      1 yuko
```

转换或删除单词

使用sed命令可以转换或删除单词。sed命令用于对输入流(来自文件或管道的输入)执行文本转换。如果将文件名用于管道输入，则可以省略文件名。

转换或删除单词
sed [选项] {编辑命令} [文件名]

表3-2-16 sed命令的编辑命令

选 项	说 明
s /模式/替换字符串 /	以每一行作为对象，将第一处与模式匹配的字符串转换为替换字符串
s /模式/替换字符串/g	在整个文件中，将与模式相匹配的字符串转换为替换字符串
d	删除与模式相匹配的行
p	显示与模式相匹配的行

通过指定“-i”选项，将编辑的结果直接写入文件。在以下示例中，使用“s”命令根据模式进行替换。

转换或删除单词

```
$ cat file ←❶
127.0.0.1 localhost.localdomain localhost
172.18.0.70 user01.sr2.knowd.co.jp user01
172.18.0.71 user02.sr2.knowd.co.jp user02
$
$ sed 's/user/UNIX/' file ←❷
127.0.0.1 localhost.localdomain localhost
172.18.0.70 UNIX01.sr2.knowd.co.jp user01
172.18.0.71 UNIX02.sr2.knowd.co.jp user02
$
$ sed 's/user/UNIX/g' file ←❸
127.0.0.1 localhost.localdomain localhost
172.18.0.70 UNIX01.sr2.knowd.co.jp UNIX01
172.18.0.71 UNIX02.sr2.knowd.co.jp UNIX02
```

❶文件“file”包含“userXX”模式的字符串。
❷将第一处与该模式匹配的字符串(user)转换为替换字符串(UNIX)
❸将整个文件中与该模式匹配的字符串(user)转换为替换字符串(UNIX)

下面介绍其他用法示例。在以下示例中使用的符号“^”和“$”是元字符，稍后本书会进行说明。

sed '1d' file

删除文件“file”中第1行的内容。

sed '2,5d' file

删除文件“file”中第2行到第2行的内容。

sed '/^$/d' file

删除文件“file”中的空白行。

sed 's/$/test/' file

在文件“file”的行末添加“test”。

sed -n '/user01/p' file

仅显示文件“file”中包含“user01”的行。

提取行中特定部分

cut命令仅用来提取文件中行的某些特定部分的内容。

提取行中特定部分
cut [选项] 文件名

表3-2-17 cut命令的选项

选项	说明
-c 位置	仅显示指定位置的各个字符
-b 位置	仅显示指定位置的各个字节
-d 定界符号	与-f一起使用以指定字段为定界符，默认为标签
-f字段编号	仅显示指定的字段编号
-s	与-f一起使用，不包含指定字段的字符将不被显示

仅提取文件中行的特定部分

```
$ cat file ←❶
ntp:x:38:38::/etc/ntp:/sbin/nologin
tcpdump:x:72:72::/:/sbin/nologin
user01:x:1000:1000:user01:/home/user01:/bin/bash
unbound:x:991:985:Unbound DNS resolver:/etc/unbound:/sbin/nologin
gluster:x:990:984:GlusterFS daemons:/var/run/gluster:/sbin/nologin
$
$ cut -d ':' -f 3 file ←❷
38
72
1000
991
990
$ cut -d ':' -f 1,3 file ←❸
ntp:38
tcpdump:72
user01:1000
unbound:991
gluster:990
$ cut -c 1-2  file ←❹
nt
tc
us
un
gl
```

❶检查文件"file"的内容
❷用定界符":"（冒号）提取第3个字段
❸用定界符":"（冒号）提取第1个和第3个字段
❹提取每行从第1个到第2个为止的字符

将标签转换为空格

expand命令用来将参数所指定的文件中的标签转换为空格。如果未指定任何选项，则默认为每8位数字。

将标签转换为空格
expand[选项] [文件名]

表3-2-18 expand命令的选项

选 项	说 明
-i	仅将第一个标签转换为空格
-t	指定要对齐的位数

将标签转换为空格

```
$ cat -T data1 ←❶
101^Iyuko^Itokyo
102^Iryo^Iosaka
103^Imana^Ichiba
$ expand  data1 ←❷
101     yuko    tokyo
102     ryo     osaka
103     mana    chiba
$ expand -t 2 data1 ←❸
```

```
101  yuko  tokyo
102  ryo  osaka
103  mana  chiba
```

❶cat命令使用[-T]选项作为参数并运行时，此时的标签显示为“^”，可以看到每个字段之间都有标签
❷默认情况下，标签都将被替换为半角空格，以便每一列对齐的位数为8位
❸将标签替换为半角空格，以使每一列对齐的位数为两位
在第1行的“101”处，如果“101”之后有一个半角空格，成为两位数；另外，由于“yuko”为4个字符，因此在下一列（tokyo）之间将插入两个半角空格

相反，要将空格转换为标签，请使用unexpand命令。

将空格转换为标签

unexpand [选项] [文件名]

表3-2-19 unexpand命令的选项

选　项	说　　明
-a	不仅仅只有开头的空白部分，全部的空白都将被转换
-t	指定要替换的标签宽度

将空格转换为标签

```
$ cat data2 ←❶
101     yuko    tokyo
102     ryo     osaka
103     mana    chiba
$ od -a data2  ←❷
0000000   1   0   1  sp  sp  sp  sp  sp   y   u   k   o  sp  sp  sp  sp
0000020   t   o   k   y   o  nl   1   0   2  sp  sp  sp  sp  sp   r   y
0000040   o  sp  sp  sp  sp  sp   o   s   a   k   a  nl   1   0   3  sp
0000060  sp  sp  sp  sp   m   a   n   a  sp  sp  sp  sp   c   h   i   b
0000100   a  nl
0000102
$
$ unexpand -a data2 > data3 ←❸
$
$ cat -T data3 ←❹
101 ^ yuko ^ tokyo
102 ^ ryo ^ osaka
103 ^ mana ^ chiba $
$ od -a data3 ←❺
0000000   1   0   1  ht   y   u   k   o  ht   t   o   k   y   o  nl   1
0000020   0   2  ht   r   y   o  ht   o   s   a   k   a  nl   1   0   3
0000040  ht   m   a   n   a  ht   c   h   i   b   a  nl
0000054
```

❶使用cat命令检查文件的内容。
❷由于使用cat命令无法检查是否有空白，故使用od命令进行确认
第一行中的“101”后写有“sp”，所以这意味着有5个sps（半角空格）
❸将空格转换为标签。使用重定向将转换后的数据写入文件“data3”中
❹在添加了“-T”选项的情况下运行cat命令，并再次确认是否包含了“^”（标签）
❺运行od命令，并确认使用的是“ht”（标签）而不是“sp”

搜索字符串

可以通过grep命令在文本数据中搜索字符串，并显示与指定字符串匹配的行。

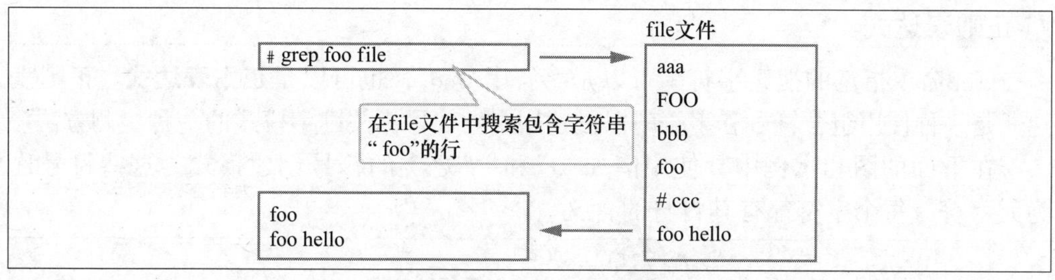

图3-2-5 grep命令的操作

搜索字符串

grep [选项] 搜索字符串模式 [文件名...]

表3-2-20 grep命令的选项

选 项	说 明
-v	显示与模式不匹配的行的内容
-n	显示行的编号
-l	显示与模式相匹配的文件名
-i	不区分大小写进行搜索

以下示例使用grep命令在文件“file”中搜索包含字符串“foo”的行。

搜索字符串

```
$ cat file ←❶
aaa
FOO
bbb
foo
# ccc
foo hello
$ grep -n foo file  ←❷
4:foo
6:foo hello
$ grep -ni foo file ←❸
2:FOO
4:foo
6:foo hello
$ grep -v '#' file ←❹
aaa
FOO
bbb
foo
foo hello
$ ps ax | grep firefox ←❺
 8146 ?        Sl     0:18 /usr/lib64/firefox/firefox  ←在PID 8146中运行
 8263 pts/0    R+     0:00 grep --color=auto firefox
```

❶显示文件“file”。确保除了“FOO”和“foo”以外，还有以“#”符号开头的“# ccc”行
❷在文件“file”中搜索字符串“foo”，并使用“-n”选项 添加并显示行号。请注意，搜索结果中不包括大写形式的“FOO”
❸“-i”选项会不区分大小写进行搜索。搜索结果中包含大写形式的“FOO”
❹在“file”中搜索不包含字符串“#”的字符串
❺在当前活动的进程中搜索字符串“firefox”

正则表达式

grep命令指定的搜索字符串可以是字符串"foo"，也可以是**正则表达式**。正则表达式是一种使用组合符号和字符串以创建用来发现目标关键字模式的一种检测方法。

在下面的图和示例中，使用诸如"a"和"^"之类的符号创建模式。这些符号称为元字符，每个字符都有其自身的含义。

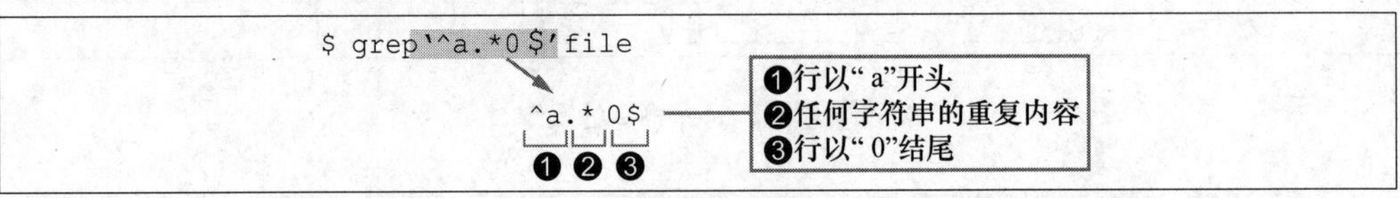

图3-2-6

以下是运行图3-2-6的示例。

通过正则表达式搜索字符串①

```
$ cat  fileB
linux01
linux02
android03
android10
linux20
$ grep '^a.*0$' fileB
android10
```

表3-2-21 主要元字符

符　号	说　明
c	与符号c一致（c不是元字符）
\c	与符号c一致（c是元字符）
.	与任意的字符一致
^	行的开头
$	行的末尾部分
*	前一个字符匹配到0次以上的重复次数
?	前一个字符匹配到0次或者1次的重复次数
+	前一个字符匹配到1次以上的重复次数
[]	和[]内的字符组相匹配

[ ]内的字符组，可以进行如下所示的指定。

表3-2-22 [ ]的主要用法

示　例	说　明
[abAB]	a、b、A、B中的任意一个字符
[^abAB]	除a、b、A、B中的以外的其中任意一个字符
[a-dA-D]	a、b、c、d、A、B、C、D中的任意一个字符

另外，当只想将其视为字符而不是元字符时，可以使用“\”（反斜杠）。下面的示例搜索以句点结尾的“android.”。

使用正则表达式搜索字符串②

```
$ cat fileC
android10
android.
$ grep '^a.*.$' fileC  ←❶
android10
android.
$ grep '^a.*\.$ 'fileC  ←❷
android.
```

❶ 根据“.$”，行末尾可以是任何单个字符，所以不会产生预期的结果
❷ 根据“\.$”，搜索以句点结尾的行

这里也描述了其他用法示例。

grep '.' file

显示除空行以外的所有行。

grep '\.' file

显示包含句点的所有行。

grep '[Ll]inux' file

显示包含“Linux”或“linux”的所有行。

grep '^[^0-9]' file

显示所有第一个字符不是数字的行。

grep '^[^#]' file1

显示除以“#”开头的注释行以外的所有行。

3-3

权限管理

管理文件所有者

控制Linux文件和目录的访问权限。首先，应检查是否有适当的**权限**或**所有者权限**。

用户和组

用户始终属于一个或多个组。有两种类型的组：**主要组**和**次要组**。必须为用户分配一个主要组，而次要组则根据需要进行分配。

表3-3-1 分组类型

组	说　明
主要组（必须）	登录后立即进入工作组。创建新文件或目录时作为所有者组
次要组（任意）	如果需要，可以分配主要组以外的组。有多种分配可能

使用groups命令显示用户的组成员身份。groups命令没有选项。如果未指定用户名，则显示运行命令的组。

显示组成员身份

```
groups [用户名]
```

显示所属组的示例①的运行结果是，用户user01运行groups命令的示例。

显示所属组①（以user01运行）

```
[user01@centos7-1~]$ groups
user01
```

显示所属组的示例②的运行结果是，root用户运行groups命令的示例。

显示所属组②（以root运行）

```
[root@centos7-1~]# groups ←❶
root
[root@centos7-1~]# groups user01 ←❷
user01 : user01
```

❶由于未指定用户名，所以显示自身所属的组
❷由于将user01指定为用户名，因此显示user01所属的组

此外，还可以使用id命令来检查以哪个用户登录以及属于哪个组。

检查用户和组

```
id [选项] [用户名]
```

以下是root用户运行id命令的示例。

检查用户和组(以root运行)

```
[root@centos7-1 ~]# id
uid=0(root) gid=0(root) groups=0(root)
[root@centos7-1 ~]# id user01
uid=1000(user01)  gid=1000(user01)  groups=1000(user01)
```

每一个用户和组都会关联一个唯一的用户ID(uid)和组ID(gid)。从上面的运行结果可以看到，如果省略用户名，它将显示root用户本身的信息。如果指定了用户名，则将显示用户user01的信息。可以看到，作为第一个普通用户，user01被分配了值为“1000”的uid,其同名的主要组user01也被分配了值为“1000”的gid。此外，groups命令还能够显示辅助组，当前用户user01仅属于user01组。

权限

在文件和目录中，描述是否允许“谁”进行“什么操作”，称之为“权限”。可以使用ls -l命令检查已设置的权限。

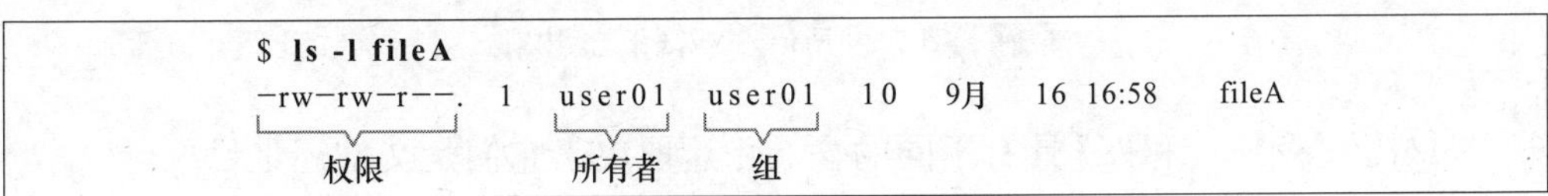

图3-3-1 检查权限

权限中显示的内容可做以下分类。

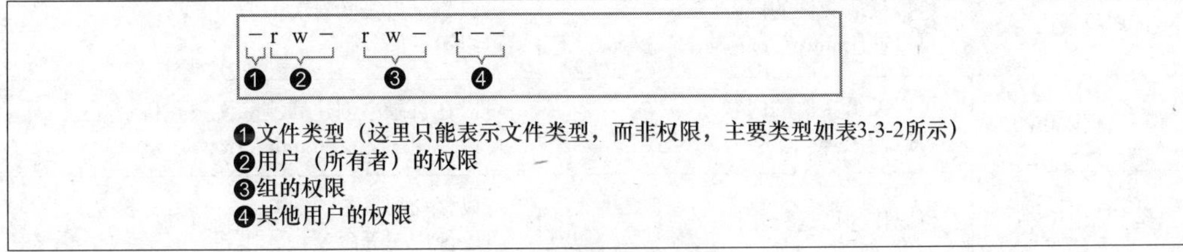

图3-3-2 权限

表3-3-2 文件的主要类型

种 类	说 明
-	通常文件类型
d	目录
l	符号链接

另外，“rw-”表示允许哪种操作。类型有“r”“w”和“x”，而“-”表示不允许。

图3-3-3显示了对文件“Foo”的访问权限。“-rw-rw-r--”表示通常文件Foo的所有者，即用户yuko可以进行读写。此外，由于所有组是users，因此属于users组的其他用户也可以读写。也就是说，用户ryo也可以读写。此外，不属于users组的其他用户（如此示例中的mana）则只能读取。

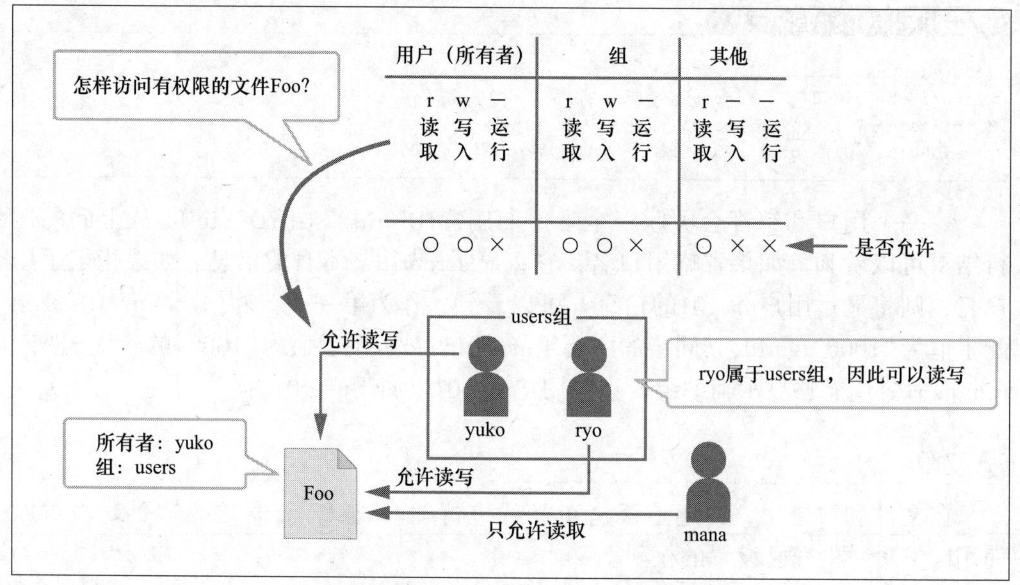

图3-3-3 文件“Foo”的权限和访问权限

另外，“r”“w”和“x”具有不同的含义，这取决于它们是文件还是目录。

表3-3-3 文件和目录的区别

种类	文件的情况下	目录的情况下
读取权限（r）	可以读取文件的内容 可以使用more、cat、cp等命令	可以显示目录的有关内容 可以运行ls等命令
写入权限（w）	可以编辑文件的内容 可以使用vi等命令	可以在目录中创建和删除文件和目录 可以使用mkdir、touch、rm等命令
运行权限（x）	可以作为可运行文件	可以移动到目录 可以使用cd等命令

值得注意的是目录的运行权限。当使用cd命令从另一个目录移动时（见3-2节），除非用户具有目标目录的运行权限，否则将无法移动。

更改权限

可以使用chmod命令更改在现有文件和目录上设置的权限。权限只能由所有者或root用户更改。

更改权限

```
chmod [选项] 模式 文件名
```

当指定为目录时，通过指定“-R”选项，权限将以递归方式更改，包括子目录。命令参数指定了两种类型的模式：**符号模式**和**八进制模式**。

○ 符号模式

可以使用字母和符号更改权限。使用的符号和字符如下。

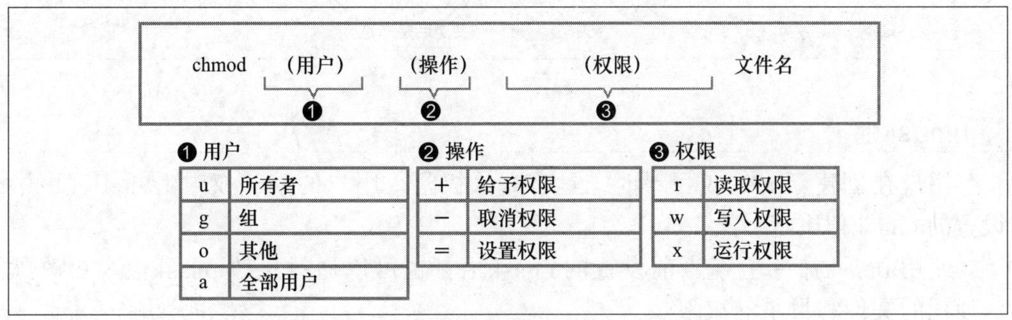

图3-3-4 符号模式

请看以下的运行示例。文件“mypg”的当前权限为“rw-rw-r--”。将其更改为“所有人可读取和可运行，只有所有者可写入”的权限。此外，文件的所有者是用户yuko。

使用符号模式更改权限

```
$ ls -l  ←检查权限
-rw-rw-r--. 1 yuko yuko   0  6月 20 15:51 mypg
$ chmod a+x,g-w mypg  ←在符号模式下更改权限
$ ls -l
-rwxr-xr-x. 1 yuko yuko   0  6月 20 15:51 mypg
```

“a + x”表示对“a”（全部用户）“+”（添加）“x”（运行权限）。其结果是，“每个用户都可以读取和运行”。同样，“g-w”表示“-”（取消）曾经给予组的“w”（写入权限），而所有者因为添加了“w”（写入权限）则不会更改。其结果是，“只有所有者才可以写入”。

○ 八进制模式

使用八进制数值更改所需的权限，每个权限都分配了一个唯一的数值。

用户（所有者）	组	其他
r w -	r w -	r - -
4+2+0	4+2+0	4+0+0
6	6	4

数值	权限
4	读取
2	写入
1	运行
0	无权限

图3-3-5 八进制模式

换句话说，如果全部给出“rwx”，则变为“7”，而如果仅给出“r”，则其变为“4”。八进制模式是这些数字的组合，用于指定权限。以下示例是将前述符号模式下的示例放到八进制模式下运行的结果。

使用八进制模式更改权限

```
$ ls -l ←检查权限
-rw-rw-r--. 1 yuko yuko   0  6月 20 15:51 mypg  ←现在是“664”
$ chmod 755 mypg ←在八进制模式下更改权限
$ ls -l
-rwxr-xr-x. 1 yuko yuko   0  6月 20 15:51 mypg ←变更后是“755”
```

umask值

用户在创建新文件或目录时，具有默认权限。用户的默认权限由Shell程序中设置的umask值决定。

使用umask命令检查当前设置的umask值。也可以通过更改umask值来更改默认使用的文件和目录的权限。

检查并更改umask值

```
umask [值]
```

以下分别是以用户user01和root身份运行umask命令的示例。

显示umask值①（以user01运行）

```
[user01@centos7 ~]$ umask
0002
```

显示umask值②（以root运行）

```
[root@centos7 ~]# umask
0022
```

上面的运行示例以4位数字显示，这是bash的显示格式。本书介绍了可以实际用作umask值的最后三位数字。

创建的文件权限，既可以是创建文件的应用程序时指定的权限，也可以通过每个进程在内核中储存的umask值的逻辑与和逻辑非的运算得到。相对于应用程序指定的权限，如果有针对单个“用户”“组”“其他”类型的不想分配的权限，就可以通过umask值来指定。因为通常来说，根据创建的文件类型，执行创建的应用程序可以赋予该文件所有的执行权限。默认的umask值为002，此时创建的文件和目录的默认权限如图3-3-6所示。另外，子进程可以继承父进程的umask值。

	文件	目录
应用程序在创建时指定的权限	666 rw- rw- rw-	777 rwx rwx rwx
umask值	002 --- --- -w-	002 --- --- -w-
默认的权限	664 rw- rw- r--	775 rwx rwx r-x
	仅删除其他的w	仅删除其他的w

图3-3-6 默认权限

在以下运行示例中，普通用户yuko创建了新文件和目录并检查其权限。

创建和检查文件和目录

```
$ umask
0002
$ touch fileB  ←创建文件
$ mkdir dirB  ←创建目录
$ ls -l  ←检查权限
drwxrwxr-x. 2 yuko yuko   6  6月 20 16:21 dirB ←775
-rw-rw-r--. 1 yuko yuko   0  6月 20 16:21 fileB ←664
```

umask命令可以用来显示和更改当前的umask值。

更改umask值

```
$ umask   ←显示当前设置的umask值
00002
$ umask 026    ←设置umask值
$ umask
0026    ←设置后的umask值
$ touch fileC
$$ ls -l
-rw-r-----. 1 yuko yuko   0  6月 20 16:22 fileC  ←640
```

在上面的运行示例中，更改umask值后创建了一个新文fileC。可以看到fileC的权限已经变为“rw-r -----”。“rw-”由“4 + 2 + 0”得到“6”，“r--”由“4 + 0 + 0”得到“4”，“---”由“0 + 0 + 0”得到“0”。也就是说，可以看到通过将umask值更改为“026”，新建文件的默认权限就会由“664”变为“640”。

另外，请注意，使用umask命令进行的更改，仅在有过更改的Shell及其子进程中有效。如果要作为初始设置更改，则需要通过Shell配置文件进行更改。

更改文件所有者和组

使用chown命令更改指定文件的所有者和组。只有root用户可以运行此命令。指定新所有者作为用户名。

更改所有者和组名

chown [选项] 用户名 [.group名]文件名|目录名

如果使用"-R"选项指定目录，则权限将递归更改，包括子目录。如果不仅需要更改所有者，还要更改组，则在chown命令的参数中指定"**更改后的所有者名.更改后的组名**"。在组名之前指定"."（点）或"："（冒号）。使用chown命令只更改组的话，不需要指定用户名，故指定为"**chown：组名 文件名**"。

在下一个运行示例中，将所有者为yuko的文件，以root身份进行所有者和组的更改。只有root用户可以更改所有者。

更改文件所有者和组

```
# ls -l
-rw-rw-r--.  1 yuko yuko  0  6 20 17:34 fileA  ←所有者和组都为yuko
-rw-rw-r--.  1 yuko yuko  0  6 20 17:34 fileB  ←所有者和组都为yuko
# chown ryo fileA ←❶
# chown ryo.users fileB ←❷
# ls -l
-rw-rw-r--.  1 ryo yuko     0  6 20 17:36 fileA
-rw-rw-r--.  1 ryo users    0  6 20 17:36 fileB
```

❶将文件"fileA"的所有者从yuko更改为ryo
❷将文件"fileB"的所有者从yuko更改为ryo，并将组从yuko更改为users

还有一个仅用来更改组的chgrp命令。与chown命令不同，即便是非root用户，只要属于该组的用户都可以运行。但是，请注意以下几点。

· root用户可以更改其自身以外的文件组。此外，即使对于该用户不属于的组，也可以指定更改目标的组名。
· 普通用户只能为拥有所有者权限的文件更改组。此外，只能为自己所属的组指定更改目标的组名。

更改组

chgrp [选项] 组名 文件名|目录名

如果使用"-R"选项指定目录，则包括子目录在内的权限将递归更改。

更改组

```
$ ls -l
-rw-rw-r--. 1 yuko yuko  0  6 20 17:42 fileC ←将所有者和小组都为yuko
$ chgrp users fileC ←将组由yuko变更为users
$ ls -l
-rw-rw-r--. 1 yuko users 0  9 20 17:42 fileC
```

创建链接

链接类似于Microsoft Windows中的快捷方式，并且允许同一文件具有两个不同的名称。因此，它不会复制数据，而是指向同一个数据。链接有两种类型，**硬链接**和**符号链接**。无论哪种情况，都可以使用ln命令来创建链接。

创建硬链接
ln原始文件名 链接名

创建符号链接
ln -s原始文件名 链接名

创建硬链接

在下面的命令运行示例中，“fileY”被创建为文件“fileX”的硬链接。在对每一个文件使用cat命令时，显示的内容都一样。而且，还会使用相同的索引节点编号。要查看索引节点编号，请在ls命令中添加“i”选项。

创建硬链接

```
$ ls
fileX
$ ln fileX fileY ←创建硬链接
$ cat fileX  ←检查文件“fileX”的内容
hello
$ cat fileY ←检查链接“fileY”的内容

hello
v ls -li file*  ←检查索引节点编号
5308177 -rw-r--r--. 2 user01 user01 0 12月 18 15:06 fileX←索引节点编号为“5308177”
5308177 -rw-r--r--. 2 user01 user01 0 12月 18 15:06 fileY←索引节点编号为“5308177”
```

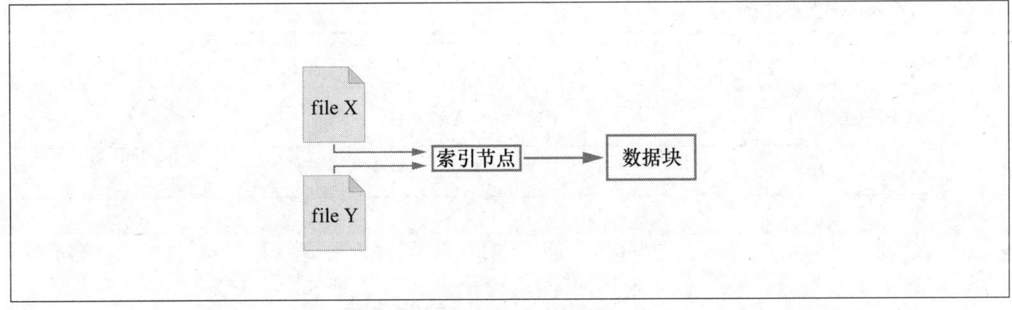

图3-3-7 硬链接

在以下示例中，使用rm命令删除文件“fileX”。因为未删除索引节点，可以看到从链接“fileY”能够访问数据。

删除原始文件

```
$ rm fileX
$ cat fileY
hello
```

请注意，不能为目录创建硬链接。由下面的示例可以看到，尝试为目录创建硬链接时发生了错误。

创建目录的硬链接

```
$ ls -ld mydir
drwxrwxr-x. 2 user01 user01 6 12月 18 15:09 mydir
$ ln mydir mydir_link
ln: `mydir`: 不允许硬链接到目录
```

硬链接的特点如下。

· 链接使用的索引节点的编号应与原始文件的编号相同。
· 不能基于目录创建链接。
· 由于索引节点编号在同一文件系统中是唯一的，因此无法为不同分区创建硬链接。

创建符号链接

在以下运行示例中，创建了符号链接，但是由于索引节点编号不同，所以在运行“ls-l”时，符号链接文件为“**链接名称->原始文件名**”。请确认在权限的开始处是否显示“l”作为表示符号链接文件的文件类型。

创建符号链接

```
$ ls
fileX
c ln -s fileX fileY ←创建符号链接
v cat fileX ←检查文件“fileX”的内容
hello
$ cat fileY←检查链接“fileY”的内容
hello
$ ls -li file*←检查索引节点编号
5308177 -rw-rw-r--. 1 user01 user01 0 12月 18 15:06 fileX    ←索引节点编号为“5308177”
5309357 lrwxrwxrwx. 1 user01 user01 5 12月 18 15:21 fileY -> fileX ←索引节点编号为“5309357”
        ↑                                           ↑
        权限开始处显示“i”                            链接名称->原始文件名
```

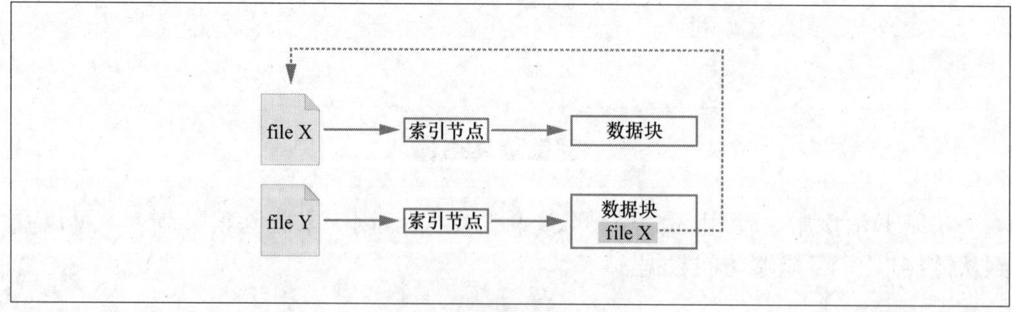

图3-3-8 符号链接

另外，请注意，如果删除原始文件（fileX），则链接本身所保存的引用（原始文件的位置）也将失效，因此会发生错误。

删除原始文件

```
$ rm fileX
$ cat fileY
cat：fileY：没有这样的文件或目录
```

请注意，也可以为目录创建符号链接。在以下示例中创建目录的符号链接。

创建指向目录的符号链接

```
$ ls -ld mydir
drwxrwxr-x. 2 user01 user01 6 12月 18 15:09 mydir
$ ln -s mydir mydir_link
$ ls -ld mydir*
drwxrwxr-x. 2 user01 user01 6 12月 18 15:09 mydir
lrwxrwxrwx. 1 user01 user01 5 12月 18 15:25 mydir_link -> mydir
```

符号链接的特点如下。

· 链接使用的索引节点的编号与原始文件的编号可以不相同。
· 能基于目录创建链接。
· 可以在不同于原始文件的分区中创建链接。
· 在权限的开始部分，代表符号链接的"l"表示文件类型。

命令和文件的搜索

Linux有各种搜索命令。根据搜索目的使用相应的搜索命令。

搜索文件

find命令用于在指定目录下的文件中搜索与指定搜索条件匹配的文件。find命令可以利用表达式指定各种条件。表达式由选项、条件表达式和操作组成。如果省略路径和表达式，则显示当前目录下的所有文件或目录。下面介绍一些使用示例。

搜索文件

find [路径] [表达式]

表3-3-4 find命令的主要表达式

表达式	说明
-name	搜索指定文件名
-type	按文件类型搜索。主要类型如下：d（目录），f（一般文件），l（符号链接文件）
-size	搜索指定的块大小
-atime	根据指定的日期和时间搜索上次访问的文件
-mtime	根据指定的日期和时间搜索最后一次修改过的文件
-print	将搜索结果进行标准输出
-exec command \ ;	搜索后运行命令

```
find . -name core
```
在当前目录下搜索名为“core”的文件。

```
find / -mtime 7
```
在“/”目录下搜索7天前的当天最后更新的文件。

```
find / -mtime +7
```
在“/”目录下搜索7天以前最后更新的文件。

```
find / -atime -7
```
在“/”目录下搜索7天以内最后更新的文件。

```
find . -type l
```
在当前目录下搜索符号链接。

正如以上5个示例中的第2个和第3个示例，基于日期和时间进行搜索时，可以使用基于上次更新的日期和时间的“-mtime”或基于上次访问的日期和时间的“-atime”。此外，指定日期和时间时，有“数字”“+数字”和“-数字”三个选项。

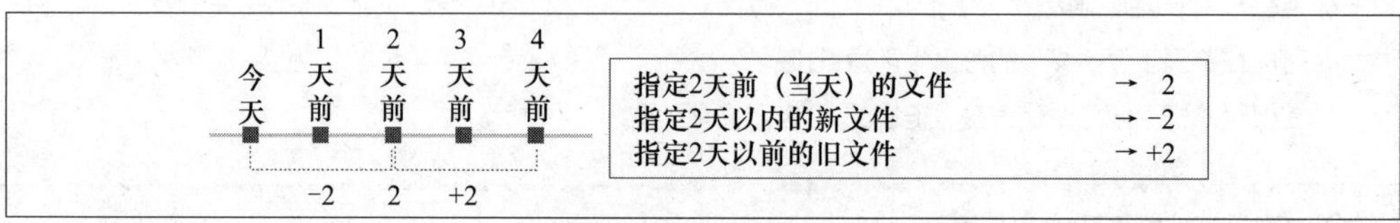

图3-3-9 指定日期和时间

以下是在CentOS中运行find命令和xargs命令的示例。当前目录中有一个目录和两个一般文件。在示例中试图使用find命令和xargs命令搜索此目录并删除文件，但是出现错误。这是因为“文件B”的文件名中有空格。

搜索文件①

```
$ ls
dirA  file B  fileA
$ find . -type f | xargs rm   ←仅删除文件（结果发生错误）
rm: 无法删除 './file' : 没有这样的文件或目录
rm: 不能删除 'B': 没有这样的文件或目录
$ ls
dirA  file B ←文件B未被删除
```

xargs命令读取由空格或换行符分隔的字符串。因此，在上述运行示例中，“file B”被拆分为“file”和“B”，作为xargs的标准输入读取，并且在尝试使用rm命令进行删除时会显示诸如“找不到文件”之类的错误消息。以下是如何查找包含空格的文件名并将其传递给xargs的示例。

搜索文件②

```
$ find . -type f -print0 | xargs -0 rm ←仅仅删除文件
$ ls
dirA ←文件B被删除
```

使用find命令，在运行时添加“-print0”作为表达式。使用“-print0”时，以空字符而不是空格或换行符充当文件分隔符。另外，对于标准输入的字符串，xargs命令的“-0“选项可以将分隔符读取为空字符而非空格。结果如上所述，能够删除包含空白的文件。可以看到，“-print0”对应于xargs命令的“-0”选项，所以放在一起使用。

搜索文件索引

locate命令以与find命令相同的方式搜索文件。Shell中使用的元字符可以按命令参数指定的模式使用。如果它是不包含元字符的普通字符串，则显示所有包含该字符串的文件名和目录名。

搜索文件索引

locate [选项] 模式

搜索文件(locate)

```
$ locate fileA
/root/test/fileA
/root/test/dirC/fileA
```

locate命令使用文件名/目录名列表的数据库运行索引搜索，因此可以进行快速搜索。但是，如果不更新数据库，每天更新的文件和目录将从搜索对象中排除。所以可以使用updatedb命令更新数据库。

更新文件名/目录名列表

updatedb [选项]

anacron每天调用1次/etc/cron.daily/mlocate脚本，以此来运行updatedb命令。

有关anacron的详细信息，请参见第5章5-2节中的相关内容。

表3-3-5 updatedb命令的选项

选 项	说 明
-e	指定数据库文件列表中未包含的目录路径
-o	指定要更新的数据库名称。当要指定自己创建的数据库时使用此选项 * CentOS和Ubuntu上的默认值均为“/var/lib/mlocate/mlocate.db”

如果要使用updatedb命令从数据库创建的目标中排除特定的目录，则可以使用“**updatedb -e目录名**”来执行此操作，还可以在updatedb命令的/etc/updatedb.conf配置文件中，将排除的目录记录下来。当以无参数的“**updatedb**”运行updatedb命令时，它将调用/etc/updatedb.conf来更新数据库。

设置updateb.conf文件的示例

```
$ cat /etc/updatedb.conf
PRUNE_BIND_MOUNTS = "yes"
PRUNEFS = "9p afs anon_inodefs auto autofs bdev binfmt_misc cgroup cifs
coda configfs
cpuset debugfs devpts ecryptfs exofs fuse fuse.sshfs fusectl gfs gfs2
hugetlbfs inotifyfs
iso9660 jffs2 lustre mqueue ncpfs nfs nfs4 nfsd pipefs proc ramfs rootfs
rpc_pipefs
securityfs selinuxfs sfs sockfs sysfs tmpfs ubifs udf usbfs"
PRUNENAMES = ".git .hg .svn"
PRUNEPATHS = "/afs /media /mnt /net /sfs /tmp /udev
/var/cache/ccache
/ var/lib/yum/yumdb /var/spool/cups /var/spool/squid /var/tmp"
```

“PRUNEFS”记录了创建数据库时排除的文件系统类型，“PRUNEPATHS”则记录了排除的目录路径。

搜索命令

基于环境变量PATH指定的目录,which命令可以用来搜索目标命令所在的位置。环境变量PATH是用来保存目标程序（命令）路径的变量。运行which命令时，将搜索在PATH中记录的位置，并在找到相应文件后运行目标命令。换句话说，即使安装了目标命令，如果PATH中没有记录存储位置，也无法运行该目标命令（但如果使用的是绝对路径指定命令，则可以运行）。

搜索命令

which [选项] 命令名

表3-3-6 which命令的选项

选 项	说 明
-a	包括找到的第一项在内，显示所有PATH环境变量的匹配项
-i	从标准输入中读取别名并显示匹配项

在下面的运行示例①中，使用which命令来搜索只能由root用户使用的usermod命令。

搜索命令①（以root运行）

```
# echo $PATH ←显示PATH环境变量
/usr/local/sbin:/usr/local/bin:/sbin:/bin:/usr/sbin:/usr/bin:/root/bin
# which usermod
/usr/sbin/usermod ←储存于目录/ usr / sbin下
```

运行示例②是使用普通用户user01进行搜索的示例。这里会出现一条在PATH中找不到usermod命令的提示消息。

搜索命令②（以user01运行）

```
$ echo $PATH ←显示PATH环境变量
/usr/local/bin:/usr/bin:/usr/local/sbin:/usr/sbin:/home/user01/.local/ bin:/home/user01/
bin
$ which usermod
/usr/bin/which: no usermod in (/usr/local/bin:/usr/bin:/usr/local/sbin:/ usr/sbin:/home/
user01/.local/bin:/home/user01/bin)
↑在PATH中找不到usermod命令的提示消息
```

搜索二进制文件、源文件、手册页的位置

whereis命令用来显示指定命令的二进制文件、源文件和手册页的位置。

搜索二进制文件、源文件、手册页的位置

```
whereis [选项] 命令名称
```

表3-3-7 whereis命令的选项

选　项	说　明
-b	显示二进制文件（可运行文件）的位置
-m	显示手册的位置
-s	显示源文件的位置

以下示例，使用whereis命令搜索which命令的二进制文件、源文件、手册页的位置。

搜索二进制文件、源文件、手册页的位置

```
$ whereis which
 which: /usr/bin/which /usr/share/man/man1/which.1.gz
```

3-4

使用vi编辑器编辑文件

什么是vi编辑器

vi是Bill Joy开发的UNIX标准文本编辑器。用户可以使用vi编辑器来创建和编辑文件。Linux提供了与vi兼容并具有扩展功能的vim(Vi IMproved)。在最近的基于RedHat的发行版中，vi作为vim最低配置软件包的命令或vim的别名提供。vim具有各种便捷的功能，例如语句突出显示和画面分割等。

下图将说明如何启动vi编辑器。可以使用vi命令启动vi编辑器。

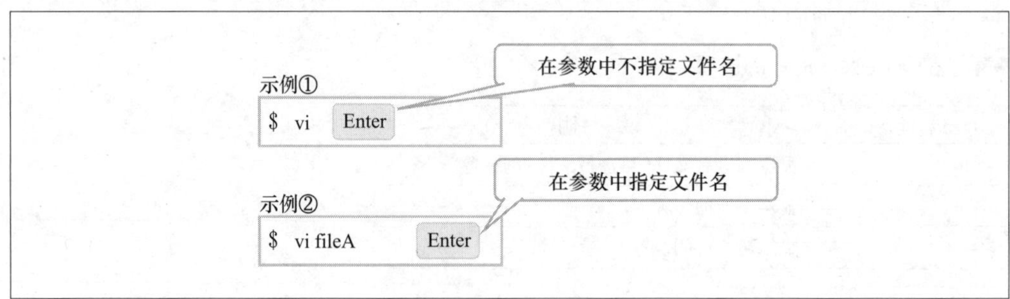

图3-4-1 启动vi编辑器

如果在不指定文件名的情况下启动vi编辑器，如示例①中所示，则在编辑文件后，指定一个文件名并保存为新文件。如果指定的文件名已经存在，如示例②中所示，将打开该文件。如果不存在具有指定名称的文件，则将创建一个具有该名称的新文件。vi编辑器的操作，伴随着以下三种模式之间的切换。

表3-4-1 vi编辑器的模式

操作模式	说　明
命令模式	输入密钥后，它将作为vi命令处理。可以移动光标、删除字符和行、复制、粘贴等。这是vi的默认模式，它是启动后立即按下<Esc>键时的模式
输入模式(插入模式)	在使用键盘进行输入时，将在正在编辑的文本数据中输入字符
最后一行模式	保存文档，退出vi编辑器，搜索和替换文本

画面滚动(命令模式下操作)

启动vi编辑器后，将会立即进入命令模式。在vi编辑器中打开文件时，当一个画面中无法显示所有信息，要将画面移到文件末尾时，请按<Ctrl + f>。要将画面移到文件开头时，请按<Ctrl + b>。

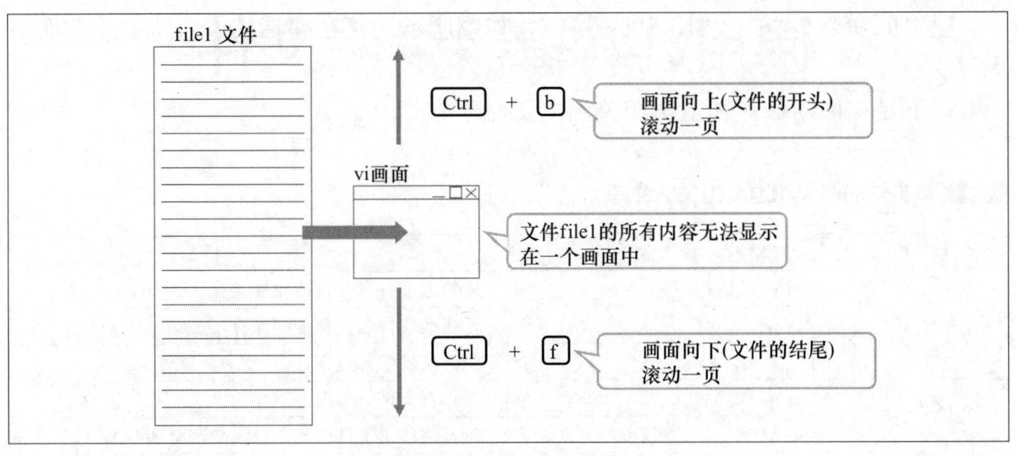

图3-4-2 vi编辑器中的画面滚动

用于滚动画面和移动光标的主要命令如下。

表3-4-2 vi编辑器中的光标移动和画面滚动命令

命　令	说　明
H或者是←	光标向左移动一个字符
J或者是↓	光标向下移动一个字符
k或者是↑	光标向上移动一个字符
i或者是→	光标向右移动一个字符
0（数学上的0）	移至当前行的开头。此外，^是移动到除空格之外的第一个字符
$	移至当前行的末尾
G	移至最后一行
1G	移至第一行
nG	移至第n行
<Ctrl + b>	画面向上(文件的开头)滚动一页
<Ctrl + f>	画面向下(文件的结尾)滚动一页

保存文档，关闭vi编辑器（最后一行模式下操作）

下面将分别介绍保存文档、关闭vi编辑器、搜索并替换字符串等操作。首先，保存文档并关闭vi编辑器。

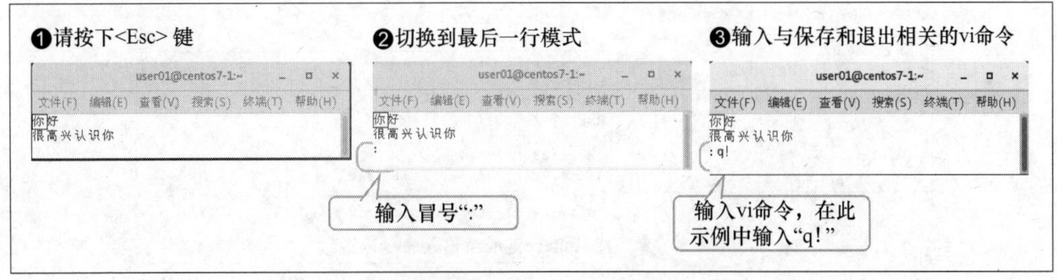

图3-4-3 退出vi编辑器的过程

退出的命令是“q”。如果输入“q!”，如图所示，正在编辑的内容将被放弃而不保存。

以下是文件的保存和退出相关的主要命令。

表3-4-3 文件的保存和退出相关的命令

目 的	命 令	说 明
保存	: w	不更改文件名并且按原样保存
	: w!	不更改文件名并且强制保存
	: w 文件名	更改文件名并且保存(或保存新文件)
退出	: q	不保存文件就退出
	: q!	即使更改了文件内容，也强制退出且不保存
保存后退出	: wq	同时进行保存和退出的操作
	: wq!	强制保存并退出
	: wq 文件名	更改文件并保存(或保存新文件)，然后退出
其他	: ! ls -l 正在编辑的文件名	在不离开vi的情况下运行命令
	: e!	放弃编辑并重新加载文件

尝试在表3-4-3的“其他”中使用“：！”。运行vi编辑器时，无须离开vi即可运行Linux命令。这里以ls命令为例。首先，在命令行上运行ls命令以检查文件“file1”的权限。

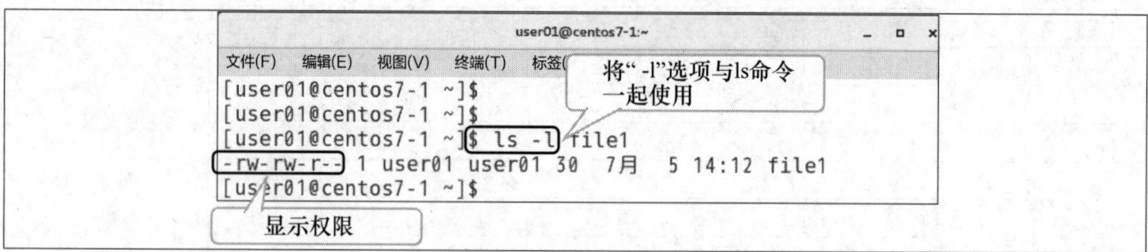

图3-4-4 使用ls命令查看权限

然后，启动vi编辑器。在命令模式下输入“：！”，因为需要在vi运行时运行“ls -l”命令。接下来，可以通过继续输入Linux命令(在此示例中为“ls -l file1”)并按<Enter>键来运行它。

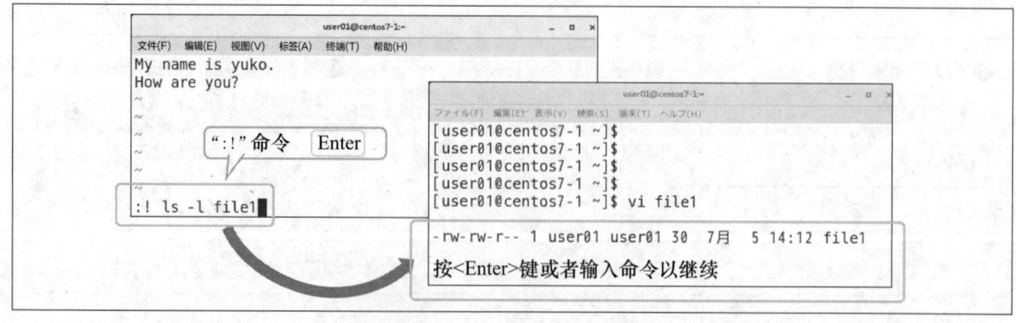

图3-4-5 在vi编辑器中运行的ls命令

字符输入(输入模式(插入模式)下的操作)

从命令模式下输入“A”以切换到**输入模式**(插入模式)。这时就可以在文件中输入字符。还有几个命令可以进入输入模式(插入模式)，而“A”命令是在光标所在行的末尾开始输入。以插入字符的位置为基准，可以根据光标位置使用不同的命令。

表3-4-4 更改为输入模式(插入模式)的命令

命　令	说　　明
i	在光标的前面插入字符
a	在光标的后面插入字符
o	在光标行的下面创建一个新行，并从头开始插入
I	在光标命令行的开头插入字符
A	在光标命令行的末尾插入字符
O	在光标行的上面创建一个新行，并从头开始插入

以下是使用“i”命令从“User user”更改为“User webuser”的示例。

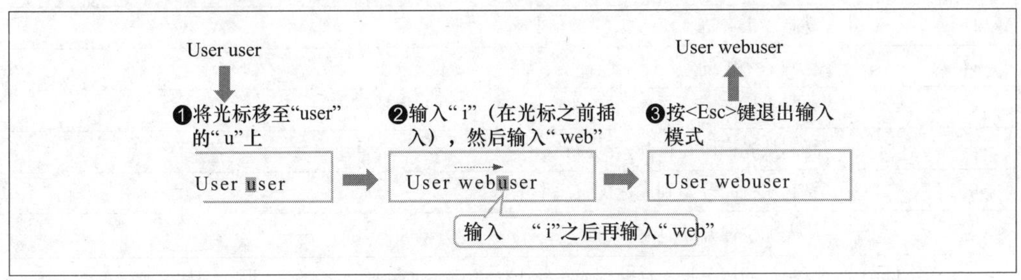

图3-4-6 使用“i”命令更改字符

删除字符、单词和行(命令模式下操作)

下面提供几个命令来删除字符、单词和行。使用“dd”命令逐行删除。另外，通过指定行数(例如3dd)，可以从当前光标位置删除指定的命令行。

表3-4-5 删除字符、单词和行的命令

命　令	说　　明
x	删除光标上面的一个字符
dw	删除从光标开始的下一个单词
dd	删除光标所在的行
nx	删除从光标右边开始的n个字符
D	删除从光标开始至行的末尾的所有字符
ndd	删除从光标所在行开始的n行
dG	删除从光标所在行开始到最后一行为止的所有行
dH	删除从第一行到光标所在行之间的所有内容

下图显示了使用“x”命令将“User webuser”更改为“User user”的示例。

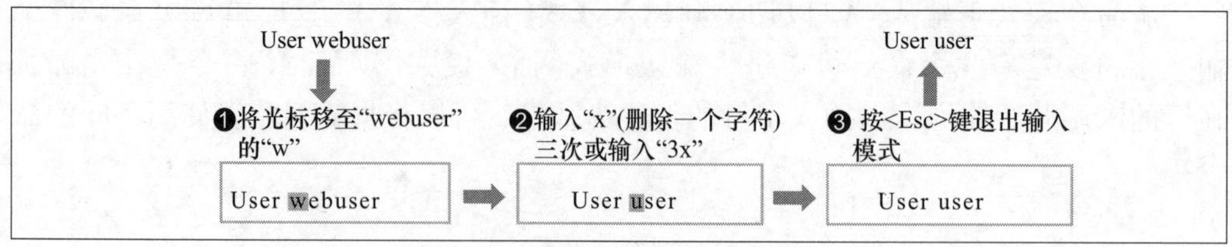

图3-4-7 使用“x”命令更改字符

复制和粘贴字符、单词、行(命令模式下操作)

下面提供几个命令来复制和粘贴字符、单词、行。使用“yy”命令逐行复制。通过指定行数(例如3yy)，可以从当前光标位置复制到指定的行。另外，使用“p”命令进行粘贴，这样将会粘贴到光标行下方的行中。

表3-4-6 用于复制和粘贴的命令

命　令	说　　明
yl	复制一个字符
yw	复制一个单词
yy	复制光标所在的行
nyy	复制从光标所在行开始的n行
y0	复制从行的开始到光标位置之前的内容
y$	从光标位置开始复制到行尾
P(大写字母)	复制行的情况下，粘贴到光标行上方的行；如果复制字符或单词，则粘贴到光标的左侧
p(小写)	复制行的情况下，粘贴到光标行下方的行；如果复制字符或单词，则粘贴到光标的右侧

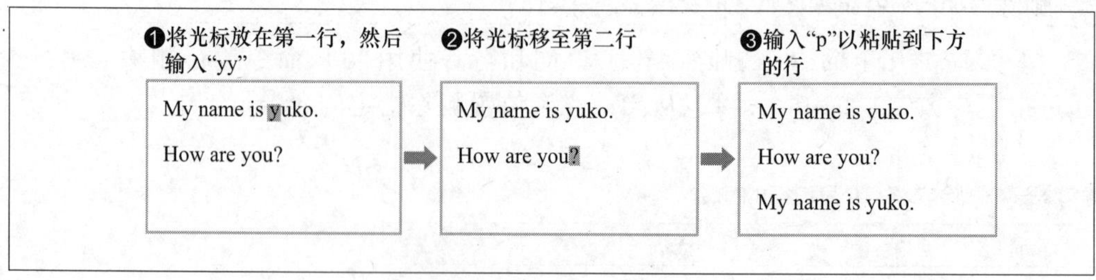

图3-4-8 使用“yy”命令复制一行

在vi编辑器中搜索字符串

要使用vi编辑器打开文件并搜索字符串，请使用“/字符串”。在命令模式下输入“/”时，光标将移至状态行，此时输入要搜索的字符串。在下面的示例中，从文件中搜索字符串“to”。

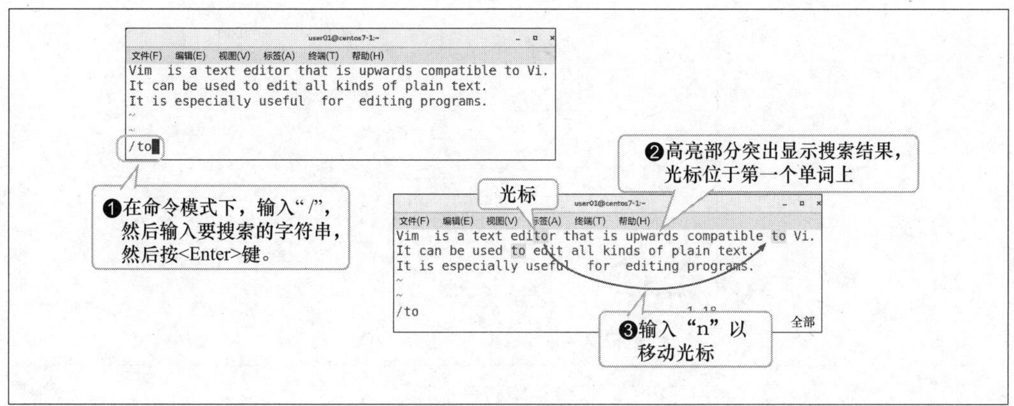

图3-4-9 字符串搜索

表3-4-7 搜索时使用的主要命令。

命 令	说 明
/字符串	搜索从当前光标位置到文件末尾的所有内容
？字符串	搜索从当前光标位置到文件开头的所有内容
n	搜索后面
N	搜索前面

另外，再介绍几个比较便捷的编辑命令。

表3-4-8 方便编辑的命令

命 令	说 明
u	撤销上一次的编辑
.	重复上一次的编辑
~（波浪号）	将光标上的字符从大写转换为小写，或者从小写转化为大写

vi编辑器设置

vi编辑器具有一些便利的可选功能，这些功能在启动时不会启用。用户可以设置可选功能并自行更改默认设置。使用“：set”命令更改可选功能。在以下示例中，将显示行号。

图3-4-10 行号显示

表3-4-9 设置/取消可选功能

命　令	说　　明
: set选项	设置可选功能
: set no选项	取消可选功能

表3-4-10 可选功能

选　项	说　　明
number	显示行的号码
ignorecase	不区分大写和小写
list	显示通常无法显示的字符，例如标签和行尾字符
all	显示所有的可选选项

如果在启动vi编辑器时使用上述选项，这将会是一个临时设置。要在启动vi编辑器时使设置始终相同，可在主目录下创建一个配置文件“.exrc”并描述配置信息。下面的示例假定用户user01所在的主目录中并没有“.exrc”，需要创建一个新文件，并设置要显示的行号。

使用“.exrc”

```
$ vi file1 ←用vi编辑器打开“file1”
...（以下用vi编辑器显示）...
My name is yuko.  ←当前，未显示行号
...（How are you? 检查完成后，输入“: q”退出）...
$ vi .exrc ←创建“.exrc”
...（以下，用vi编辑器编辑）...
set number
...（输入完成后，输入“: wq”保存并退出)...
$ vi file1
...（以下，用vi编辑器显示）...
1 My name is yuko. ←设置后显示行号
2 How are you?
...（检查完成后，输入“: q”退出）...
```

专 栏

使用sudo

当需要使用root权限时，可以通过su命令将用户更改为root。但前提是知道root密码，并且拥有所有的管理员权限。除此之外，则可以使用sudo命令来实现。

sudo命令

sudo命令的作用在于，让没有管理员权限的用户也能够运行某些特定的需要管理员权限的命令。运行命令时，无须输入root密码，只需输入普通用户的密码即可。sudo命令可以通过调用/ etc / sudoers文件来确定用户是否拥有该命令的运行权限。

添加管理员权限

sudo [选项] [-u用户名] 命令

此处，通过调用/ etc / shadow文件的示例来介绍sudo命令的使用方法。由于只有root才有调用/ etc / shadow文件的权限，所以原本是普通用户的yuko无法调用。

/ etc / shadow文件的引用①

```
[yuko@centos7-1~]$ head /etc/shadow  ←以用户yuko运行命令
head: 无法打开`/ etc / shadow`进行读取操作: 未经许可
```

以下示例中，将head命令与sudo命令一起运行，并引用/ etc / shadow文件。但是，到目前为止，由于用户yuko没有sudo的运行许可，因此将会出错。

/ etc / shadow文件的引用②

```
[yuko@centos7-1~]$ sudo head /etc/shadow ←以用户yuko运行命令

您应该已经接受了系统管理员的基本课程。←❶
基本内容概括为以下三点:

        #1) 尊重他人隐私。
        #2) 输入之前三思。
        #3) 能力伴随责任。

[sudo] yuko 的密码: ****  ←输入用户yuko的密码
yuko不在sudoers文件内。该事件将被记录并报告
```

在CentOS的/ etc / sudoers文件的默认设置中，不管用户是否拥有sudo权限，包括❶所指的行在内的以下5行消息将在第一次运行sudo命令时出现。而Ubuntu默认设置中则不会出现这些消息。

sudo的设置

检查etc / sudoers文件中的初始设置。/ etc / sudoers文件中的格式如下。

etc / sudoers文件的格式

用户名 主机名=(当前用户名) 命令

%组名 主机名=(当前用户名) 命令

由于普通用户无法调用或编辑etc / sudoers文件，因此只能以root身份进行操作。

调用etc / sudoers文件

```
# ls -l  /etc/sudoers
-r--r-----. 1 root root 3938  4月 11 05:27 /etc/sudoers
# cat  /etc/sudoers
..(中间省略)...
root          ALL=(ALL)        ALL ←❶
...(中间省略)...
%wheel   ALL=(ALL)         ALL ←❷
...(以下省略)...
```

❶root可以在具有管理员权限的所有主机上运行需要管理员权限的命令
❷属于wheel组的用户，可以在所有主机上以用户权限来运行需要管理员权限的命令

如以上运行结果所示，对于/ etc / sudoers文件，即使是root用户也只有读取权限。对于使用vi编辑时没有写入权限的文件，root用户可以使用“:w! ”来强制进行写入操作，但对于/ etc / sudoers文件，则建议使用visudo命令。

下面，使用visudo命令来编辑/ etc / sudoers文件并向用户授予权限。

○ 向特定用户授予权限

在以下示例中，设置“通过sudo命令，使用户yuko能够在centos7-1.localdomain主机上，凭借yuko权限使用head命令来调用/ etc / shadow文件”。

编辑etc / sudoers文件

```
# visudo   ←以root身份运行
yuko    centos7-1.localdomain=(root) /bin/head /etc/shadow   ←添加这一行
```

用户yuko重新登录centos7-1.localdomain，再次运行sudo head / etc / shadow命令时，已经可以调用/etc/shadow文件了。

确认调用(head)

```
[yuko@centos7-1 ~]$ sudo head /etc/shadow
root:$6$Bx17yvFw$qAGPCRpGXZCv0jRLub0ZEn.m5OkJKHUrhLaKnYMGtXKS/KT1V1vS
.6ooNxA3k0hOLaRHUSAAqpjIkp10HZlbm1:17667:0:99999:7:::
bin:*:17110:0:99999:7:::
daemon:*:17110:0:99999:7:::
adm:*:17110:0:99999:7:::
...(以下省略)...
```

应该注意的是，用户yuko并非通过更改/ etc / shadow文件的权限来调用它。此外，当尝试cat命令而不是head命令来调用时，则会收到出错消息。

确认调用(cat)

```
[yuko@centos7-1 ~]$ sudo cat /etc/shadow
很抱歉，用户yuko不允许在centos7-1.localdomain上以root身份运行`/ bin / cat / etc / shadow'
```

○ 向组授予权限

从上面的/ etc / sudoers文件的初始设置可以看到，属于wheel组的用户可以在所有主机上以用户权限来运行需要管理员权限的命令。也就是说，通过让特定用户属于wheel组来达到可以使用sudo命令的目的。

> 有关用户组的编辑，请参见第4章4-2节中的相关内容。

以下运行示例由sam用户运行。由于用户sam属于wheel组，因此该用户也可以使用sudo命令。

wheel组的用户使用sudo

```
[sam@centos7-1~]$ id
uid=1001(sam) gid=1001(sam) groups=1001(sam),10(wheel),100(users)  ←❶
[sam@centos7-1~]$
[sam@centos7-1~]$ head /etc/shadow  ←❷
dead: 无法打开`/ etc / shadow`文件进行读取操作: 未经许可
[sam@centos7-1~]$ sudo head /etc/shadow  ←❸
[sudo] sam 的密码: **** ←输入sam的密码
root:$6$Bx17yvFw$qAGPCRpGXZCv0jRLub0ZEn.m5OkJKHUrhLaKnYMGtXKS/
daemon:*:17110:0:99999:7:::
adm:*:17110:0:99999:7::: .
...(以下省略)...小
```

❶确认用户sam属于wheel组
❷sam尝试调用/ etc / shadow，由于没有权限因而无法阅览内容
❸可以使用sudo进行阅览

○ 在Ubuntu中的使用

在Ubuntu中，系统管理员root账户已锁定。不能以root用户身份登录。如果查看以下运行示例，可以看到root在第二个字段中添加了“!”。

查看Ubuntu中root的权限

```
$ sudo cat /etc/shadow
[sudo] user01 的密码: ****    ←输入user01的密码
root:!:17665:0:99999:7:::  ←root在第二个字段中添加了“!”
...(以下省略)...
```

因此，普通用户可以使用sudo命令来运行需要管理员权限的任务。要编辑/ etc / sudoers文件，和前面的介绍一样也可以使用visudo命令，但是此命令同样离不开sudo。

在安装Ubuntu时，注册的用户会获得sudo权限。可使用该用户编辑/ etc / sudoers文件。

编辑etc / sudoers文件

```
$ sudo visudo
...(省略运行结果)...
```

> 考虑到使用Rescue模式，也可以使用passwd命令设置root密码。尽管安全级别会比较低，但对于内部测试系统，可以在/ etc / ssh / ssd_config中设置“PermitRootLogin yes”以允许root用户通过ssh登录。

sudo的日志

如果用户使用了sudo命令，将会作为日志被记录下来。通过调用日志文件，可以查看谁使用sudo运行了什么命令。

在CentOS中，日志记录在/ var / log / secure文件中。

调用var / log / secure文件(CentOS)

```
# ls -l /var/log/secure
-rw------- 1 root root 515  8月 24 17:18 /var/log/secure  ←❶
# cat /var/log/secure
...(中间省略)...
Aug 24 11:30:20 centos7-1 sudo:     sam : TTY=pts/0 ; PWD=/home/sam ;
USER=root ; COMMAND=/bin/head /etc/shadow ←❷

...(以下省略)...
❶仅供root用户阅览
❷日志显示用户sam运行了"/ bin / head / etc / shadow"
```

在Ubuntu中，日志记录在/var/log/auth.log文件中。从下面的运行结果可以看出，用户user01运行了"/ usr / bin / head / etc / shadow"。

调用var / log / auth.log文件(Ubuntu)

```
$ ls -l /var/log/auth.log
-rw-r----- 1 syslog adm 3771  8月 24 17:32 /var/log/auth.log
$ cat /var/log/auth.log
...(中间省略)...
Aug 24 17:30:54 ubuntu-1 sudo:   user01 : TTY=pts/0 ; PWD=/home/user01 ;
USER=root ; COMMAND=/usr/bin/head /etc/shadow
...(以下省略)...
```

第4章

管理用户

4-1　注册、更改、删除用户

4-2　注册、更改、删除组

4-3　账号锁定和有效期限的管理

4-4　检查登录历史

4-1

注册、更改、删除用户

什么是用户

Linux允许一台主机供多个用户使用。从目前为止的运行示例可以看到，在本书中，user01和root等用户均登录到同一主机中进行操作。登录主机时，既可以采用**本地登录**，也可以通过网络**远程登录**。但前提是，已经创建了可以登录到该主机的用户。

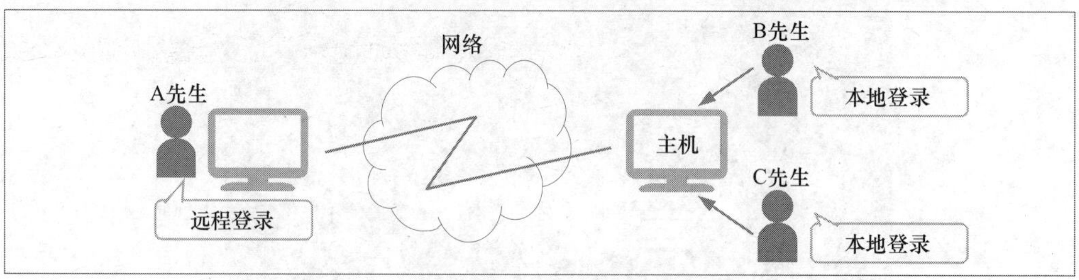

图4-1-1 本地登录和远程登录

另外，如果登录的用户具有所有操作的权限，则可能会破坏系统。因此，可以使用第3章中所述的权限，限制对文件或者目录的访问，以及限制可执行程序。

用户的种类

Linux用户有两种类型：**管理员用户**和**普通用户**。此外，还有不能登录的系统用户，通常用来运行特定应用程序。

表4-1-1 用户的种类

种 类	说 明
管理员（root）	拥有在Linux系统上执行所有操作的管理权限。在Linux系统中，通常以普通用户身份登录，如非必要一般不会用到"root"用户
普通用户	只能执行有限的操作。普通用户可以在Linux安装过程中或安装结束后创建
系统用户	用于运行特定应用程序（apache、smb等）的特殊用户账号。因此，它不能用作登录用户

首先，了解一下普通用户的注册、修改和删除。

注册新用户

使用useradd命令可以注册新用户。普通用户无法使用此命令，因此只能以root用户身份执行。可以在/ etc / passwd和/ etc / shadow文件(一个用户的一组信息)和主目录中创建条目。另外，由于用户必须属于一个或多个组，因此将组信息写入/ etc / group和/ etc / gshadow文件。稍后会介绍关于组的更多内容。

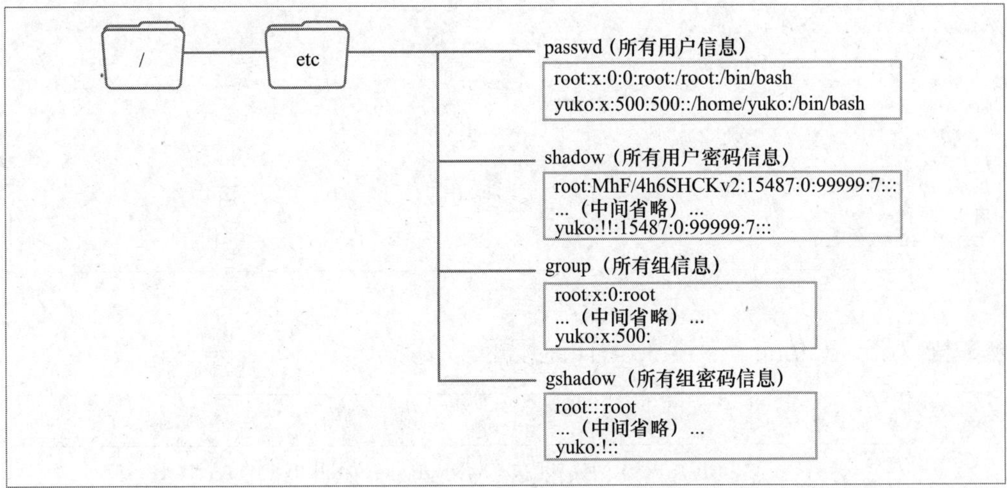

图4-1-2 注册新用户时更新文件

注册新用户
useradd [选项] 用户名

表4-1-2 useradd命令的选项

选　项	说　　明
–c 备注	指定用户账号的备注文字
–d 主目录路径	指定登录时的主目录
–e 有效期限	指定用户账号的有效期限。到期日期以YYYY – MM – DD(年–月–日)的格式指定。例如，2019–12–31
–f 天数	指定从密码过期到关闭该账号为止的天数
–g 组ID	指定用户所属的主要组
–G 组ID	指定用户所属的次要组
–k skel目录的路径	指定skel的目录
–m	创建主目录(如果在/etc/login.defs中设置了“CREATE_HOME yes”，则没有–m选项也可创建)
–M	不创建主目录
–s Shell的路径	指定登录后所使用的Shell
–u 用户ID	指定UID
–D	显示或者设置默认值

这里以CentOS为例。如果在未指定选项的情况下执行了useradd命令，则将基于默认值创建用户。默认值使用的是/ etc / default / useradd文件中的设置。

/etc/default/useradd文件

```
# cat /etc/default/useradd
# useradd defaults file  ←注释
GROUP=100
HOME=/home
INACTIVE=-1
EXPIRE=
SHELL=/bin/bash
SKEL=/etc/skel
CREATE_MAIL_SPOOL=yes
```

表4-1-3 / etc / default / useradd文件中的项目

项　目	说　　明
GROUP	GROUP指定的数字取决于/etc/login.defs中USERGROUPS_ENAB的值 ・如果USERGROUPS_ENAB为"yes"：组名与用户名相同，组ID与用户ID相同。如果已经使用了组ID值，则将/etc/login.defs中GID_MIN和GID_MAX范围内的当前使用的值+1。 ・如果USERGROUPS_ENAB为"no"：组ID 是GROUP的值
HOME	具有用户名的目录将在HOME值指定的目录下创建，并成为主目录
INACTIVE	密码过期后的天数，以后将无法再使用该账号。"-1"表示不确定
EXPIRE	账号有效期限。没有值意味着不确定
SHELL	登录Shell
SKEL	新用户主目录的模板。在新用户的主目录中创建/ etc / skel的副本
CREATE_MAIL_SPOOL	在var / spool / mail /中创建了一个新用户的邮件保存文件

在下面的示例中创建普通用户"sam"。

创建用户

```
# useradd sam ←创建用户"sam"
# ls -d /home/sam
/home/sam ←将/sam目录创建于/home下
```

从上面的运行结果可以看出，即使执行useradd命令时未指定"-m"选项，也会创建主目录。这主要是因为在/etc/login.defs文件中设置了"CREATE_HOME yes"。

另外，当使用useradd命令创建用户时，/etc/skel目录下的文件或目录会自动分配到用户的主目录。

例如，系统管理员使用useradd命令将bash配置文件".bash_profile"和".bashrc"分发给用户。用户可以自定义这些文件。

"~/.bashrc"自定义示例

```
$ vi ~/.bashrc
...（以下通过vi编辑器编辑）...
# .bashrc

# Source global definitions
if [ -f /etc/bashrc ]; then
    . /etc/bashrc
fi

...（中间省略）...

# User specific aliases and functions  ←在下面添加描述进行自定义
PATH=~/bin:$PATH  ←将~/bin添加到PATH
PS1='[/u@ /h /w]￥$'  ←自定义命令提示符
...（编辑到此为止）...
$ source .bashrc ←用源命令重新加载.bashrc
[user01@centos7-1~]$  ←提示符已更改
```

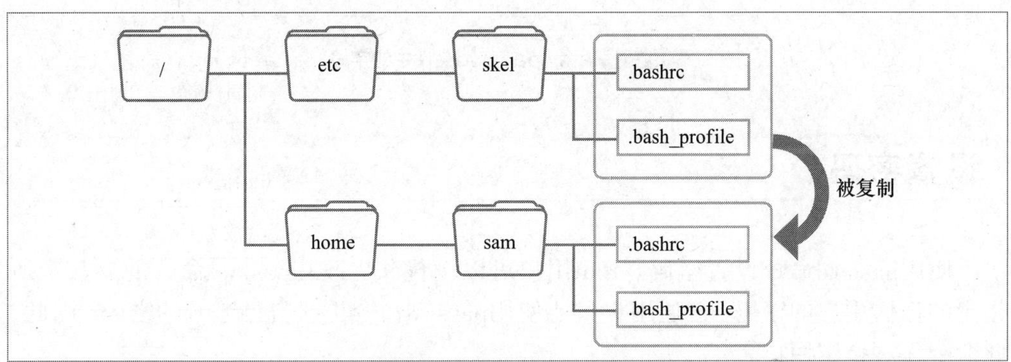

图4-1-3 初始化文件的自动分配

除了useradd命令之外，还可以通过adduser命令来创建用户。在CentOS和Ubuntu之间的操作有所不同。

· CentOS：链接到useradd符号
· Ubuntu：使用不同于useradd的命令，以交互方式添加用户

执行完useradd命令后，用户sam的信息将添加到/etc/passwd和/etc/shadow文件中。在以下示例中使用tail命令（见3-2节）查看添加到每个文件末尾的信息。

检查用户信息

```
# tail -1 /etc/passwd
sam:x:1001:1001::/home/sam:/bin/bash
# tail -1 /etc/shadow
sam:!!:17725:0:99999:7:::
```

将由7个字段（由6个":"符号分隔）组成的行添加到etc/passwd中。创建新用户后，如果未设置密码，则/ etc / shadow中的第二个字段将显示为"!!"。

关于/ etc / shadow文件的字段详细信息，将在本章“4-3账号锁定和有效期限管理”中进行介绍。

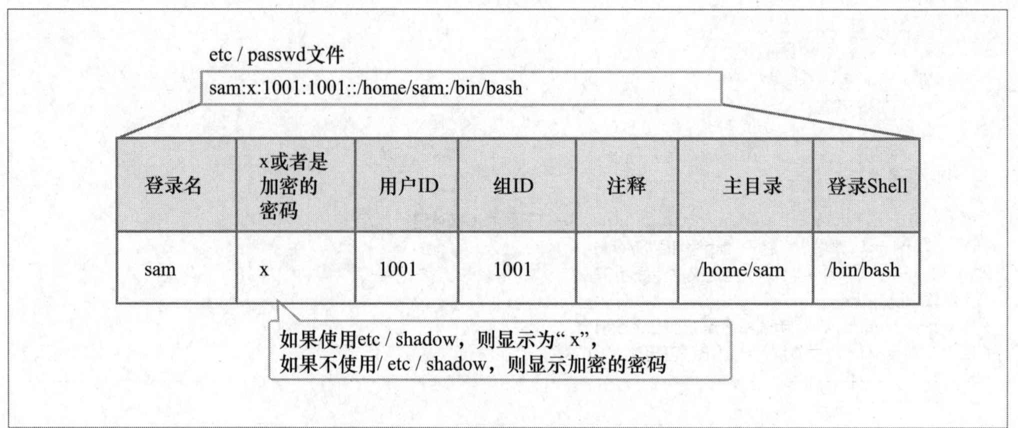

图4-1-4 etc / passwd文件中的字段

设置密码

使用passwd命令设置密码。root用户可以设置和更改在passwd命令的参数中所指定的任何用户的密码。普通用户只能使用passwd命令更改自己账号的密码。因此，此命令无法指定用户名。

设置密码

```
passwd [选项] [用户名]
```

表4-1-4 passwd命令的选项

选　项	说　　明
-d	若该用户密码被删除，下次登录时需重新设置密码
-e	删除密码。仅供root用户使用
-i 天数	指定从密码过期到关闭该账号为止的天数。仅供root用户使用
-l	锁定用户账号。仅供root用户使用
-n 天数	指定多少天后可以修改密码。仅供root用户使用
-u	解除用户账号的锁定。仅供root用户使用
-w 天数	指定在用户密码过期前多少天开始发送提醒。仅供root用户使用
-x 天数	指定多少天后必须修改密码。仅供root用户使用

在不带选项的情况下执行命令时，将以交互方式设置密码。在以下示例中，root用户以交互方式更改用户“sam”的密码(使用“sam”作为passwd命令的参数)。同样，使用tail命令显示/etc/passwd和/etc/shadow文件中的内容。

更改密码

```
# passwd sam
更改用户sam的密码。
新密码: ****    ←输入密码,
请再次输入新密码: ****    ←输入密码(确认)
passwd: 已成功更新所有的身份验证令牌。
#
# tail -1 /etc/passwd
sam:x:1001:1001::/home/sam:/bin/bash
#
# tail -1 /etc/shadow
sam:$6$TUNQj5Up$tctda54E2Qwb65WSckk9kHfGHOQeVUoBNPA.I1ydMdOIj1fWulEpK97lt
rqopPqqobEqhwAqcEypdWuBCFm1y1:17725:0:99999:7:::
```

可以看到etc/passwd中的条目没有任何变化。但是，/etc/shadow中的第二个字段已从“!!”更改为加密密码。

此外，用户身份验证由PAM(可插拔认证模块)的pam_unix.so模块(可插入身份验证模块)执行。

有关PAM的详细信息，请参见第10章10-2节中的相关内容。

删除用户账号

使用userdel命令可以删除用户账号。

删除用户账号
userdel [选项] 用户名

可以通过在userdel命令中指定“-r”或“--remove”选项来删除用户的主目录(其下的文件)。如果不使用“-r”或“--remove”选项，则仅删除/etc/passwd和/etc/shadow文件的条目，而保留用户的主目录。

更改用户信息

使用usermod命令可以更改用户信息。

更改用户信息
usermod [选项] 用户名

也可以使用“usermod -l 新登录名 旧登录名”来更改登录名。另外，在后面描述的组管理中，使用usermod命令也可以更改已注册的组。

表4-1-5 usermod命令的选项

选　项	说　明
-l 名称	更改登录账号名称
-d 主目录的路径	更改登录时的主目录
-g 组ID	更改用户所属的主要组
-G 组ID	更改用户所属的次要组
-s Shell的路径	更改登录后所使用的Shell

有关usermod命令的示例，请参见下一节“4-2注册、更改、删除组”的内容。

4-2

注册、更改、删除组

什么是组

用户始终属于一个或多个组。共有两种类型的组：主要组和次要组。用户必须分配一个主要组，次要组是可选的。用户可以使用groups命令显示其所属的组。通过将用户名指定为参数,可以显示用户所属的组。groups命令引用的是/etc/group文件。

有关groups命令的详细信息，请参见第3章3-3节中的内容。

下面使用groups命令显示用户yuko和sam所属的组。

使用groups命令显示组

```
# groups sam ←显示sam所属的组
sam : sam
# groups yuko ←显示yuko所属的组
yuko : yuko users ←yuko用户属于次要组
# grep yuko /etc/passwd ←以“yuko”为关键字搜索“etc / passwd”
yuko:x:1002:1002::/home/yuko:/bin/bash ←yuko的GID为1002

# grep yuko /etc/group
users:x:100:yuko,ryo ←yuko属于GID为100的用户组
yuko:x:1002: ←yuko属于GID为1002的yuko组
```

创建组

使用groupadd命令注册新组。但是需要root权限才能运行此命令。

创建组

groupadd [-g 组ID] 组名

组ID(GID)通过“-g”选项指定。如果未指定“-g”选项，则设置当前最大使用值+1。新的组的条目将添加到/etc/group和/etc/gshadow文件的最后一行。

下面通过root用户创建一个新的组“pg”。

创建组

```
# groupadd pg ←创建组
# tail -1 /etc/group ←使用tail命令查看“/etc / group”的结尾
pg:x:1006:
# tail -1 /etc/gshadow
pg:!::
```

etc/gshadow文件用于定义用户组密码，非该组用户通过newgrp命令切换到该组时，需要输入密码。

删除组

使用groupdel命令删除组。但是需要root权限才能运行此命令。仅需在groupdel命令的参数中指定组名即可。

删除组

groupdel 组名

下面通过root用户删除“pg”组。

删除组

```
# groupdel pg  ←删除组
# tail /etc/group | grep pg ←由于已删除组“pg”，所以不会显示在运行结果中
# tail /etc/gshadow | grep pg  ←由于已删除组“pg”，因此不会显示在运行结果中
```

更改所属的组

要更改用户的主要组，请使用usermod命令的“-g”选项。要使用户属于两个或多个组（次要组）中，请在useradd命令的“-G”选项和usermod命令的“-G”选项中指定用户。

使用usermod命令创建次要组①

```
# id sam ←❶
uid=1001(sam)  gid=1001(sam)  groups=1001(sam)  ←❷
# grep users /etc/group ←❸
users:x:100:yuko,ryo  ←❹
# usermod -G users sam ←❺
# id sam
uid=1001(sam)  gid=1001(sam)  groups=1001(sam),100(users) ←❻
# grep users /etc/group ←❼
users:x:100:yuko,ryo,sam  ←❽
```

❶显示用户sam的信息
❷所属主要组是sam（GID为1001）
❸显示users组的信息
❹ryo和yuko都属于users组
❺将用户sam添加到次要组users
❻将users添加为次要组
❼显示users组的信息
❽添加了用户sam

如果已经属于次要组的用户想要更改组，则“-G”选项会将其替换为指定的组。如果要使用户属于多个次要组，请使用“-aG”选项。

使用usermod命令创建次要组②

```
# id sam ←❶
uid=1001(sam)  gid=1001(sam)  groups=1001(sam),100(users)  ←❷
# usermod -G wheel sam ←❸
# id sam
uid=1001(sam)  gid=1001(sam)  groups=1001(sam),10(wheel) ←❹
# usermod -aG users sam ←❺
# id sam
uid=1001(sam)  gid=1001(sam)  groups=1001(sam),10(wheel),100(users)  ←❻
```

❶显示用户sam的信息
❷次要组是users
❸使用“-G”选项，将所属次要组修改为wheel
❹次要组由users替换为wheel
❺使用“-aG”选项，将users添加为次要组
❻所属次要组是wheel和users

4-3

账号锁定和有效期限的管理

设置有效期限

如果针对特定用户发行只能在特定时间段内使用的账号，则可以明确地设置有效期限。

设置默认有效期限

在使用useradd命令设置或显示用户账号的默认值时，可指定“-D”选项。这时，请指定从密码过期到关闭账号为止的天数，作为“-f”选项的参数。

依据天数设置有效期限

```
useradd -D -f 天数
```

依据天数设置有效期限

```
# grep INACTIVE /etc/default/useradd
INACTIVE=-1
# useradd -D -f 60
# grep INACTIVE /etc/default/useradd
INACTIVE=60
```

从上面的示例可以看到，运行“useradd -D -f 60”，将更新/etc/default/useradd文件的INACTIVE值。更新之前，默认设置为“-1”（永久有效）。

另外，还可以依据日期来指定有效期限。默认情况下，未设置EXPIRE值，这意味着该账号永久有效。要设置失效日期的默认值，请以YYYY / MM / DD格式指定失效日期，作为“-e”（expire，即到期的意思）选项的参数。

依据日期设置有效期限

```
useradd -D -e 日期
```

依据日期设置有效期限

```
# grep EXPIRE /etc/default/useradd
EXPIRE=
# useradd -D -e 2018/12/31
# grep EXPIRE /etc/default/useradd
EXPIRE=2018/12/31
```

设置现有用户的有效期限

使用chage命令设置有效期限和密码有效期限。

要更改现有用户的有效期限，请在chage命令中使用“usermod –e”或“chage –E”。

设置用户有效期限和密码有效期限

chage [选项[参数]] 用户名

表4-3-1 chage命令的选项

选 项	说 明	etc / shadow(对应的字段编号)
–l	显示账号和密码有效期限的信息 普通用户也可以使用此选项	—
–d	设置密码的最后更新日期。以YYYY / MM / DD格式指定日期，或者指定从1970年1月1日开始的天数	3
–m	设置密码可更改的最小天数	4
–M	设置密码保持有效的最大天数	5
–W	指定密码过期之前多少天开始向用户发送提醒	6
–I	设置密码过期以后仍可以使用该账号的宽限期。此宽限期内，在登录时会提醒用户更改密码	7
–E	设置账号的有效期限(失效日期的第二天将不可用)。以YYYY / MM / DD格式指定日期，或者指定从1970年1月1日起的天数	8

现有用户的有效期限已注册在/ etc / shadow文件中。

表4-3-2 / etc / shadow字段

字段编号	说 明
1	登录名
2	加密后的密码
3	从1970年1月1日到最后一次更改密码的天数
4	密码可更改的最小天数
5	密码保持有效的最大天数
6	密码过期之前多少天开始向用户发送提醒
7	密码过期以后多少天关闭该账号
8	从1970年1月1日到关闭该账号的天数
9	预留字段

在下面的示例中，将依据日期设置有效期限。

按日期设置有效期限

```
# grep yuko /etc/shadow
yuko:$6$eoDM5Ajh$9IW7WNEJdmoai082TXqL85eRYzHlIJgoWuPsGSPPJMh7M.
ZdkL7gjJDOU0USm9OypwZ4SyKdV8wS/Wa8oi62I1:17754:0:99999:7:::    ←未指定
# date ←确认现在的日期
2018年 8月 9日 星期四 15:01:10 CST
# chage -E 2018/8/13 yuko ←更改用户yuko的有效期限
# grep yuko /etc/shadow
yuko:$6$eoDM5Ajh$9IW7WNEJdmoai082TXqL85eRYzHlIJgoWuPsGSPPJMh7M.
ZdkL7gjJDOU0USm9OypwZ4SyKdV8wS/Wa8oi62I1:17754:0:99999:7::17756:
↑17756日以后失效
```

上述运行结果中，/ etc / shadow的第8个字段已从未指定（长久有效）更改为“17756”。1970年1月1日之后的17756天将是2018年8月13日。在此示例中，到有效日期2018年8月13日为止均可以使用该账号。到了2018年8月14日，当显示以下消息时，将无法进行登录。

查看失效消息

```
# date
2018年  8月  14日  星期二  10:00:10  CST    ←❶
# ssh centos7-1.localdomain -l yuko ←❷
yuko@centos7-1.localdomain's password: ****
Your account has expired; please contact your system administrator ←❸
Authentication failed.
```

❶确认有效期限已过
❷用户yuko尝试使用ssh登录到“centos7-1.localdomain”主机
❸显示由于失效而无法登录的消息

检查密码的有效期限

要检查密码的有效期限，请以“chage -l用户名”的形式执行chage命令。在以下示例中检查用户ryo的账号和密码的有效期限。

检查和设置有效期限

```
# date
2018年  8月  20日  星期一  11:51:50  CST←检查当前日期
# chage -l ryo ←检查有效期限
上次密码修改日期                : 2018年8月20日
密码有效期限:                   : 无
密码已过期                      : 无
账号被关闭                      : 无
密码可更改的最小天数            : 0
密码保持有效的最大天数          : 99999
密码过期前多少天发出提醒        : 7
#
# chage -M 60 ryo←设置密码保持有效的最大天数（60天）
# chage -l ryo

上次密码修改日期                : 2018年8月20日
密码有效期限:                   : 2018年10月19日    ←设置为60天以后
密码已过期                      : 无
账号被关闭                      : 无
密码可更改的最小天数            : 0
密码保持有效的最大天数          : 60←设置为60天
密码过期前多少天发出提醒        : 7
# chage -I 30 ryo
↑设置超过密码修改期限后，仍可以使用账号的宽限期（30天）
# chage -l ryo
上次密码修改日期                : 2018年8月20日
密码有效期限:                   : 2018年10月19日
密码已过期                      : 2018年11月18日    ←设置为30天以后
账号被关闭                      : 无
密码可更改的最小天数            : 0
密码保持有效的最大天数          : 60
```

```
密码过期前多少天发出提醒        : 7
# chage -E 2018/11/30 ryo←设置账号失效日期（2018/11/30）
# chage -l ryo
上次密码修改日期               : 2018年8月20日 ❶
密码有效期限:                  : 2018年10月19日 ❷
密码已过期                     : 2018年11月18日 ❸
账号被关闭                     : 2018年11月30日 ❹   ←设定为2018/11/30
密码可更改的最小天数           : 0              ❺
密码保持有效的最大天数         : 60             ❻
密码过期前多少天发出提醒       : 7              ❼
```

上述运行结果用图来表示的话，将如下所示。

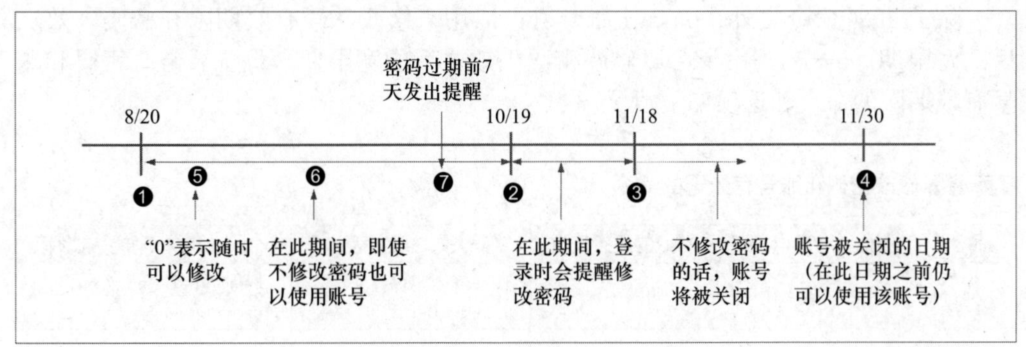

图4-3-1 账号和密码有效期限的示例

从密码过期到账号被关闭的宽限期内，需要按以下示例在登录时修改密码。在以下示例中可以看到，如果尝试在图4-3-1的❷~❸期间内登录，系统将会提示用户修改密码。

尝试在图4-3-1的❷~❸期间内登录

```
$ date
2018年 10月 25日 星期四 00:00:30 CST
$ ssh centos7-1.localdomain -l ryo
↑用户ryo尝试使用ssh登录到“centos7-1.localdomain”
ryo@centos7-1.localdomain's password:
You are required to change your password immediately (password aged)
↑一条提示修改密码的消息
Last login: Sat Sep 15 00:00:29 2018 from localhost
WARNING: Your password has expired.
You must change your password now and login again!
修改用户ryo的密码。
ryo的密码修改中
当前UNIX密码: **** ←输入当前密码
新密码: **** ←输入新的密码
再次输入新密码: **** ←再次输入新的密码
passwd: 已成功更新所有身份验证令牌
Connection to centos7-1.localdomain closed.
```

接下来，如果尝试用新密码登录的话，将可以顺利登录。

一旦修改密码的宽限期结束，账号也将一同被关闭，将显示以下消息并且无法登录。

查看失效消息

```
$ ssh centos7-1.localdomain -l ryo ←❶
ryo@centos7-1.localdomain's password:
Your account has expired; please contact your system administrator ←❷
Authentication failed.
```

❶用户ryo用户ssh尝试登录“centos7-1.localdomain”
❷显示由于失效而无法登录的消息

修改密码有效期限

除了chage命令之外，passwd命令也可以用来修改密码有效期限和密码失效之后的宽限期。usermod命令可以修改密码失效之后的宽限期。设置、修改密码和账号有效期限的命令和选项如下所示。

表4-3-3 修改密码和账号有效期的命令

命令	maxdays（密码保持有效的最大天数）	（密码失效之后的宽限期）	expiredate（账号的有效期限）
useradd	（默认值引用/etc/login.defs）	useradd –D –f useradd –f	useradd –D –e useradd –e
usermod	–	usermod –f	usermod –e
chage	chage –M	chage –I	chage –E
passwd	passwd –x	passwd –i	–

禁止用户登录

每个用户登录后的Shell都保存在/ etc / passwd文件中。

通过将登录Shell设置为/ bin / false，可以禁止交互式登录。

除了执行返回值“1”的命令（false：伪），false不执行任何操作。通过指定/ bin / false，当用户登录时将执行false命令，账户将被强制注销。

也可以将登录Shell设置为/ sbin / nologin。nologin命令用于显示账号当前不可用的消息。用户登录时，执行nologin命令，并显示消息“此账号当前不可用。”然后注销该账号。

另外，要修改登录Shell，请使用usermod命令或用于修改用户登录Shell的专用命令chsh（change Shell）。

修改登录Shell（usermod）

```
usermod –s 登录 Shell用户名
```

修改登录Shell（chsh）

```
chsh –s 登录Shell 用户名
```

在以下示例中，usermod命令将用户mana的登录Shell更改为“/ sbin / nologin”，而chsh命令将用户ryo的登录Shell修改为“/ bin / false”。

修改登录Shell

```
# grep mana /etc/passwd ←❶
mana:x:1004:1004::/home/mana:/bin/bash ←❷
#
# usermod -s /sbin/nologin mana ←❸
#
# grep mana /etc/passwd
mana:x:1004:1004::/home/mana:/sbin/nologin ←❹
#
# grep ryo /etc/passwd
ryo:x:1003:1003::/home/ryo:/bin/bash ←❺
# chsh -s /bin/false ryo ←❻
修改用户ryo的shell。
chsh: Warning: "/bin/false" is not listed in /etc/shells. ←❼
已修改登录shell。
# grep ryo /etc/passwd
ryo:x:1003:1003::/home/ryo:/bin/false ←❽
```

❶使用mana作为关键字搜索文件“/ etc / passwd”
❷用户mana的Shell为“/ bin / bash”
❸将登录Shell修改为“/ sbin / nologin”
❹确认已修改为“/ sbin / nologin”
❺用户ryo的Shell为“/ bin / bash”
❻将登录Shell修改为“/ bin / false”
❼如果“/ bin / false”未保存在/ etc / shells中，则会发出警告
❽确认已修改为“/ bin / false”

用户mana和ryo尝试使用ssh登录到“centos7-1.localdomain”。输入密码后，可以看到这两个用户都被强制性断开连接。

确认禁止用户登录

```
$ ssh centos7-1.localdomain -l mana
mana@centos7-1.localdomain's password: ****
Last login: Mon Aug 20 12:45:28 2018
This account is currently not available.
Connection to centos7-1.localdomain closed. ←强制断开
$
$ ssh centos7-1.localdomain -l ryo
ryo@centos7-1.localdomain's password: ****
Last failed login: Fri Jan 25 00:05:33 JST 2019 from localhost on ssh:notty
There was 1 failed login attempt since the last successful login.
Last login: Mon Aug 20 12:45:39 2018
Connection to centos7-1.localdomain closed. ←强制断开
```

锁定账号

要锁定特定用户的账号以使其无法登录，请运行usermod或passwd命令。“usermod-L”在加密密码的开头添加“！”以将其锁定。“usermod-U”将删除加密密码中开头的“！”，并为其解锁。“passwd-l”在加密密码的开头添加“!!”以将其锁定。“passwd-u”将删除加密密码中开头的“!!”，并为其解锁。

账号锁定(usermod)
usermod -L 用户名

账号锁定(passwd)
passwd -l 用户名

账号解锁(usermod)
usermod -U 用户名

账号解锁(passwd)
passwd -u 用户名

以下示例中使用“usermod -L”锁定用户yuko的账号。

通过“usermod -L”锁定账号

```
# grep yuko /etc/shadow  ←检查账号状态
yuko:$6$eoDM5Ajh$9IW7WNEJdmoai082TXqL85eRYzHlIJgoWuPsGSPPJMh7M.
ZdkL7gjJDOU0USm9OypwZ4SyKdV8wS/Wa8oi62I1:17754:0:99999:7:::
# usermod -L yuko ←锁定账号
# grep yuko /etc/shadow
yuko:!$6$eoDM5Ajh$9IW7WNEJdmoai082TXqL85eRYzHlIJgoWuPsGSPPJMh7M.
ZdkL7gjJDOU0USm9OypwZ4SyKdV8wS/Wa8oi62I1:17754:0:99999:7:::
↑ “!”被添加到第二个字段的开头
```

账号锁定后，登录时的提示消息与密码输入错误时相同。

在下面的示例中，用户yuko尝试使用ssh登录，虽然输入了正确的密码，但系统提示重新输入，无法正常登录。

确认账号锁定

```
# ssh centos7-1.localdomain -l yuko
yuko@centos7-1.localdomain's password: **** ←输入了正确的密码
Permission denied, please try again. ←提示密码输入错误
yuko@centos7-1.localdomain's password:  ←提示重新输入正确的密码
```

禁止普通用户的登录

另外，如果root用户创建了/ etc / nologin文件，则普通用户将无法登录。如果将消息存储在/ etc / nologin中，系统将在登录时显示该消息，并拒绝用户登录。不过，这不会影响root用户的登录。如果删除此文件，系统将恢复正常状态。

在下面的示例中，将新建一个/ etc / nologin文件。

通过etc / nologin文件禁止登录

```
# ls /etc/nologin ←检查“/etc/nologin”是否存在
ls：无法访问/ etc / nologin：没有这样的文件或目录
#touch / etc / nologin  ←新建“/ etc / nologin”
#vi / etc / nologin ←添加拒绝登录时的提示消息
系统维护中，禁止登录 ←添加此行内容
```

在以下示例中，可以看到用户yuko尝试登录时，出现提示消息，无法正常登录。

确认通过etc / nologin文件禁止登录

```
$ ssh centos7-1.localdomain -l yuko
yuko@centos7-1.localdomain's password: ****
login currently inhibited for maintenance.
↑出现了在“/ etc / nologin”中添加的提示消息
```

4-4

检查登录历史

显示登录历史

last命令用于列出最近登录的所有用户。此命令将调用/ var / log / wtmp文件。用户的登录历史记录在/ var / log / wtmp中。

检查登录历史

```
$ last
yuko    pts/2   localhost   Mon Aug 20 12:58 - 12:58  (00:00)
root    pts/2   localhost   Mon Aug 20 12:58 - 12:58  (00:00)
root    pts/2   localhost   Mon Aug 20 12:58 - 12:58  (00:00)
yuko    pts/1   localhost   Mon Aug 20 12:54   still logged in
mana    pts/1   localhost   Mon Aug 20 12:51 - 12:51  (00:00)
...(中间省略)...
wtmp begins Mon May 14 16:27:05 2018
```

显示登录用户

w命令和who命令用于列出当前登录的用户。上述命令将调用/ var / run / utmp文件。每个命令都能显示登录用户名(USER)、终端名称(TTY)和登录时间(LOGIN @)。w命令还会显示空闲时间(IDLE：用户未运行的时间)、当前进程(WHAT：用户当前运行的进程)等。

显示登录用户

```
$ who
yuko      pts/0        2018-08-20 11:40 (gateway)
yuko      pts/1        2018-08-20 12:54 (localhost)
user01    :0           2018-08-20 13:55 (:0)
$ w
 13:55:35 up  2:17,  3 users,  load average: 0.41, 0.11, 0.08
USER      TTY      FROM               LOGIN@    IDLE    JCPU    PCPU  WHAT
yuko      pts/0    gateway            11:40      ?      0.45s   0.14s
ssh
centos7-1.localdomain -l  yuko
yuko      pts/1    localhost          12:54     7.00s   0.21s   0.02s   w
user01    :0       :0                 13:55    ?xdm?   45.45s   0.38s   /usr/
libexec/gnome-session-binary --session gnome-classic
```

第5章

运行脚本和任务

5-1　了解如何执行Shell脚本

5-2　任务调度

5-3　自动化管理操作（示例）

专　栏

随发行版提供的Python工具

5-1

了解如何执行Shell脚本

什么是Shell脚本

Shell脚本即为Shell编写的脚本程序，通过操作系统的Shell预先整合多个命令从而一次性执行。复杂条件下的处理和繁杂的循环处理，通过在Shell脚本中编写可以轻松地执行。

Shell脚本具有以下功能。

◇ 解释型语言

解释器负责解释脚本并执行。在第一行中定义要执行的解释器。创建的脚本可以直接由解释器解释并执行，而无须编译。

◇ 批处理功能

在终端上手动输入的一系列命令可以在Shell脚本中编写并批量执行。

◇ 容易调试

由于Shell脚本是一种解释型语言，程序编辑之后不仅可以照原样执行、检查，也可以使用“-e”或“-x”选项进行调试。

◇ 用作编程语言的功能

Shell脚本具有诸如变量、数组、条件和循环等控制语句以及函数定义等编程语言的功能，因此可以高效地描述各种处理。

本书不涉及Shell脚本的语法。只会针对书中提供的脚本的执行方法进行说明。

shebang

在用Shell脚本编写的文件中，第1行指出了执行Shell脚本的解释器。在文件开头的“#！”之后不插入空格，以绝对路径描述解释器路径。

以“#！”开头的脚本第1行，称为shebang。主要的shebang如下。

表5-1-1 主要的shebang

shebang	执行操作的解释器
#!/bin/sh	Bourne Shell
#!/bin/bash	Bash(Bourne Again SHell)
#!/bin/perl	Perl语言
#!/bin/python	Python语言

Shell脚本的执行

Shell脚本有4种执行方法（方法❸和方法❹只是表述不同，其实应算作同一种方法），执行结果都相同。但区别在于，是在当前Shell中还是在子Shell中执行，是否读取shebang。“在子Shell中执行”表示启动另一个Shell程序，即作为另一个进程来运行。

表5-1-2 脚本的执行方法

编号	启动类型	执行示例	补充
❶	./ Shell脚本	$ ./Shellscript.sh	· 读取shebang，在子Shell中启动解释器 · 脚本文件需要执行权限
❷	bash Shell脚本	$ bash Shellscript.sh	· bash命令在子Shell中作为解释器启动，并执行脚本 · 因此，不读取shebang · 脚本文件不需要执行权限
❸	.Shell脚本	$. Shellscript.sh	· 当前Shell执行脚本 · 因此，不读取shebang · 脚本文件不需要执行权限
❹	source Shell脚本	$ source Shellscript.sh	· 与上述“.Shell脚本”相同的处理

例如，在编写一个设置环境变量（使用了export命令）的脚本时，表5-1-2中的❶和❷的执行方法是将其设置为子Shell的环境变量，当子Shell结束时（脚本结束时）该环境变量将消失。如果要将其设置为当前Shell的环境变量，请采用❸、❹方法执行。

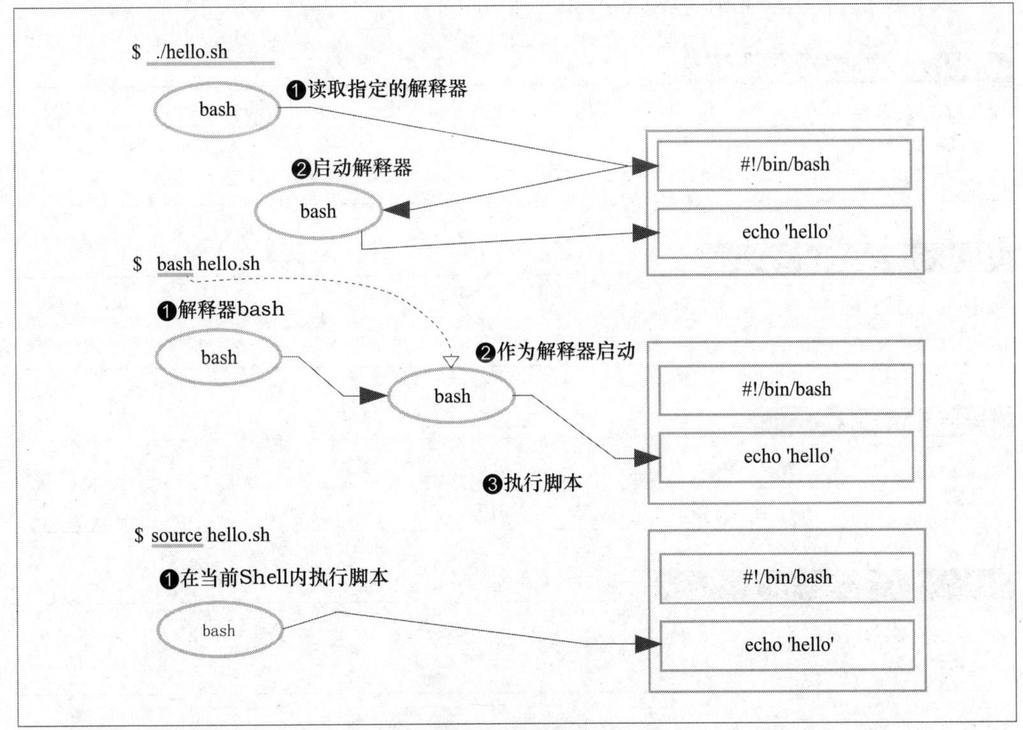

图5-1-1 执行时的示意图

脚本文件的权限

检查或修改脚本文件的权限，以便执行Shell脚本。

◇ 权限设置

确保执行用户具有读取权限。另外，按照表5-1-2中的方法❶执行文件时将直接授予执行权限。

◇ 扩展名

可以是任意，通常扩展名为“.sh”，表明它是一个Shell脚本。

如第2章所述，Linux中会用到各种命令和Shell脚本。在这里，使用特定的Shell脚本检查执行方法。请注意，下面使用的Shell脚本文件保存在user01的主目录(/ home / user01)中并执行。

以下Shell脚本“hello.sh”将在屏幕上显示字符串。第1行是shebang的定义，第3行“#”是注释行。第4行的echo命令将在屏幕上显示指定的字符串或变量值。

hello.sh

```
#!/bin/bash

# 显示字符串
echo  'helloworld.'
```

以下是执行上述Shell脚本“hello.sh”的示例。

修改“hello.sh”的权限并执行

```
$ chmod a+x hello.sh
$ ./hello.sh
helloworld.
```

用bash命令执行“hello.sh”

```
$ bash hello.sh
helloworld.
```

用“.”执行“hello.sh”

```
$ .hello.sh
helloworld.
```

使用source命令执行“hello.sh”

```
$ source hello.sh
helloworld.
```

执行时的选项和参数（特殊变量）

使用bash命令读取和执行脚本时，可以指定选项。这对于是否读取配置文件的设置和调试很有用。主要选项如下所示。

表5-1-3 运行脚本时的选项

选 项	说 明
--norc	不读取用户配置文件（~/.bashrc）
--rcfile文件名	不读取用户配置文件（~/.bashrc），使用指定文件作为配置文件
-n	检查是否有语法错误
-e	如果脚本在执行时出错，返回错误内容并停止处理
-x	逐行在命令行上显示Shell脚本执行的内容。显示任何执行时的错误

下面来对比指定选项时的执行结果。选项是针对bash Shell脚本的执行方式来指定的，因此应使用bash命令。

option.sh

```
#!/bin/bash

echo 'script started.' # 标准输出命令
foo                    # 因为没有这样的指令，所以执行到这里时会发生错误
date                   # 由于没有这样的指令，所以执行到这里时会发生错误
echo 'script was done.'
```

以下示例是不指定选项执行bash命令的结果。这里发生了错误，但可以看到此程序一直运行到了最后。

不指定选项执行

```
$ bash option.sh
script started.
option.sh: 第4行: foo: 找不到命令    ←显示出错
2018年 8月 27日 星期一 14:07:42 CST    ←继续进行处理
script was done. ←继续进行处理
```

以下示例指定了"-e"选项来执行。可以看到第4行发生错误，并且脚本已停止。

指定"-e"选项执行

```
$ bash -e option.sh
script started.
option.sh: 第4行: foo: 找不到命令   ←出错并退出
```

以下示例指定了"-x"选项来执行。将显示每个阶段的结果。阶段处理显示为"+处理"。另外，可以看到即使发生错误，处理仍在继续。

使用[-x]选项执行

```
$ bash -x option.sh
+ echo 'script started.'  ←阶段处理
script started. ←处理结果
+ foo ←阶段处理
option.sh: 第4行: foo: 找不到命令 ←处理结果
+ date ←阶段处理
2018年  8月 27日 星期一 14:11:55 CST ←处理结果
+ echo 'script was done.' ←阶段处理
script was done. ←处理结果
```

参数和特殊变量

Shell脚本参数存储在Shell脚本的**特殊变量**中。除了存储参数信息之外，特殊变量还可以储存执行结果和进程号。“$0”和“$1”是特殊变量。执行的文件名存储在“$0”中，执行时的各个参数存储在“$1”之后。

表5-1-4 参数和特殊变量

特殊变量	说　明
$0	Shell脚本文件名
$1~$n	$1处第一个参数，$2处第二个参数，$n处第n个参数
$#	存储参数数量
$*	除$0以外，所有参数都存储为一个字符串
$?	退出状态。如果Shell脚本运行成功，则存储“0”；如果失败，则存储“1”
$$	存储执行时的进程号

以下执行示例指定了两个参数来执行Shell脚本“args.sh”，并显示其特殊变量。

args.sh

```
#!/bin/bash

echo"文件名: $0"
echo"第1个参数: $1"
echo"第2个参数: $2"
echo"参数数量: $#"
echo"所有参数 : $*"
echo"退出状态: $? "
echo"进程ID: $$"
```

执行“args.sh”

```
$ bash args.sh hello bye
文件名: args.sh
第1个参数: hello
第2个参数: bye
参数数量: 2
所有参数: hello bye
退出状态: 0
进程ID: 3660
```

5-2

任务调度

什么是任务调度

被称作cron的任务调度程序提供了在固定时间定期执行特定命令的功能。用户使用crontab命令设置要定期执行的命令和时间。crond安全程序将在指定的时间执行指定的命令。

cron的功能还可以用于系统维护。从cron启动的anacron会定期执行系统维护命令，例如定期更新locate命令引用的文件搜索数据库以及定期轮换日志文件。at和batch表示仅执行一次指定的命令。

要进行crond安全程序的启动、停止和状态的检查，请按以下操作执行systemctl命令。

检查crond安全程序的状态

```
# systemctl status crond ←❶
● crond.service - Command Scheduler
   Loaded: loaded (/usr/lib/systemd/system/crond.service; enabled; vendor preset: nabled)
   Active: inactive (dead) since 星期一 2018-08-27 14:24:55 CST; 1 min 21s ago
  Process: 985 ExecStart=/usr/sbin/crond -n $CRONDARGS (code=exited, status=0/SUCCESS)
Main PID: 985 (code=exited, status=0/SUCCESS)
...（以下省略）...
# systemctl start crond ←❷
# systemctl status crond ←❸
● crond.service - Command Scheduler
   Loaded: loaded (/usr/lib/systemd/system/crond.service; enabled; vendor preset:
enabled)
   Active: active (running) since 星期一 2018-08-27 14:26:56 CST; 2s ago
Main PID: 3858 (crond)
     Tasks: 1
  CGroup: /system.slice/crond.service
                  mq3858 /usr/sbin/crond -n
...（以下省略）...
# systemctl stop crond ←❹
# systemctl is-enabled crond ←❺
enabled
```

❶状检查态。此时，如“Active: inactive (dead)”所示，程序处于停止状态。❷启动crond安全程序。❸再次检查状态，可以看到“Active: active (running)”，表示程序正在运行。❹停止crond安全程序。另外，❺指定“is-enabled”以检查自动启动的设置。

如果设置了自动启动设置，则显示为“enabled”；如果未设置自动启动设置，则显示为“disabled”。如果未设置自动启动设置，则可以使用“systemctl enable crond”进行设置。

crontab文件

cron在配置文件crontab中设置要执行的命令。在该文件中,写入“何时”以及“执行什么命令”。crontab文件具有两种机制。

◇ 用户的crontab文件

为用户创建的crontab文件。在/ var / spool / cron目录下，以与每个用户名相同的名称注册，但是普通用户没有在/ var / spool / cron目录下创建文件的权限。因此，每个用户都使用crontab命令来注册自己的crontab。此外，用户的crontab文件由6个字段组成，“①分钟 ②小时 ③日 ④月 ⑤星期 ⑥命令”，并以空格(空白字符)作为分隔。

◇ 系统的crontab文件

用于配置系统管理时所需的守护进程。该文件为/ etc / crontab，在与用户的crontab文件相同的6个字段的基础上，指定要执行的用户名，并以空格(空格字符)作为分隔，整个文件由“①分钟 ②小时 ③日 ④月 ⑤星期 ⑥用户名 ⑦命令”的7个字段构成。

除了在第6个字段指定了用户名以外，系统的crontab文件与用户的crontab文件相同。有关格式的详细信息将在稍后说明。

以下是/etc/crontab文件的示例。安装时的/etc/crontab，除了变量的设置以外，都添加了注释。

/etc/crontab文件

```
# cat /etc/crontab
SHELL=/bin/bash
PATH=/sbin:/bin:/usr/sbin:/usr/bin
MAILTO=root

# For details see man 4 crontabs

# Example of job definition:
# .-------------------- minute (0 - 59)
# |  .----------------- hour (0 - 23)
# |  |  .-------------- day of month (1 - 31)
# |  |  |  .----- month (1 - 12) OR jan,feb,mar,apr ...
# |  |  |  |  .-- day of week (0 - 6) (Sunday=0 or 7) OR
sun,mon,tue,wed,thu,fri,sat
# |  |  |  |  |
# *  *  *  *  * user-name  command to be executed
```

设置crontab文件

要设置crontab文件，请执行带有“-e”选项的crontab命令。由此启动编辑器进行编辑。

设置crontab文件
crontab 选项

表5-2-1 crontab命令的选项

选　项	说　　明
-e	crontab的编辑
-l	crontab的显示
-r	crontab的删除

也可以使用事先准备好的crontab文件执行“crontab crontab文件”，而无须使用任何选项。如果不指定文件，请使用选项。

默认编辑器是vi，但是也可以是VISUAL或EDITOR环境变量指定的其他编辑器。以下是以gedit启动的示例。

修改编辑器（vi→gedit）

```
$ export EDITOR=gedit
$ crontab -e
```

由于var / spool / cron目录只能由root用户访问，因此crontab命令中设置了SUID位（即使是由普通用户操作，该文件也将以所有者的权限运行）。

编辑结束并完成crontab命令后，监视/ var / spool / cron目录的crond将检测更改的内容并重新加载新文件。

用户的crontab条目由以下6个字段组成。

表5-2-2 用户的crontab文件格式

字　段	说　　明
分钟	0–59
小时	0–23
日	1–31
月	1–12
星期	0–7（0以及7是星期日）
命令	指定需要执行的命令

在第1到第5字段处指定“*”，将匹配所有数字。除“*”外，还可以使用以下指定方法。

表5-2-3 用户的各种指定方法

字段表示	说　明
*	匹配所有数字
-	指定范围 示例：“小时”指定为15-17，则显示15时、16时、17时 “星期”指定为1-4，则显示星期一、星期二、星期三、星期四
,	指定列表 示例：“分钟”指定为0，15，30，45，则显示0分，15分，30分，45分
/	利用数值指定间隔 示例：“分钟”指定为10-20/2，则以2分钟为间隔显示10分钟至20分钟的范围 “分钟”指定为*/ 2，则以2分钟为间隔显示该时间范围

在下面的示例中，用户yuko将cron设置为每2分钟运行一次，以便将date命令的运行结果添加到文件“/ tmp / datefile”中。

设置cron（以yuko运行）

```
[yuko@centos7-1~]$ crontab -e
*/2 * * * * /bin/date >> /tmp/datefile  ←输入cron的设置，保存并退出
[yuko@centos7-1~]$
[yuko@centos7-1~]$ crontab -l ←显示设置内容
*/2 * * * * /bin/date >> /tmp/datefile
```

通过root身份来检查用户yuko设置的cron配置文件是否在/ var / spool / cron目录下。

检查var / spool / cron目录（以root运行）

```
[root@centos7-1~]# ls -la /var/spool/cron/*
-rw------- 1 yuko yuko 39  8月 27 16:30 /var/spool/cron/yuko
```

通过用户yuko来检查cron是否正常运行。执行后，按<Ctrl + c>返回到提示符。

cron操作验证（以yuko运行）

```
[yuko@centos7-1 ~]$ tail -f /tmp/datefile
2018年  8月 27日 星期一 16:36:01 CST  ←每2分钟添加一次时间戳
2018年  8月 27日 星期一 16:38:01 CST
...（以下省略）...
```

用户使用cron时的限制

使用/etc/cron.allow和/etc/cron.deny文件来设置普通用户使用crontab命令时的执行权限。

· 如果“cron.allow”存在，则文件中注册的用户可以使用cron。
· 如果“cron.allow”不存在，而“cron.deny”存在，则在“cron.deny”中没有注册的用户可以使用cron。
· 如果“cron.allow”和“cron.deny”都不存在，则所有用户都可以使用cron。

在以下执行示例中，通过用户yuko删除crontab文件。

删除crontab文件(以yuko运行)

```
[yuko@centos7-1~]$ crontab -r ←crontab的删除
[yuko@centos7-1~]$ crontab -l ←crontab的显示
no crontab for yuko ←已经删除
```

通过root身份确认位于/ var / spool / cron目录下的由用户yuko设置的cron配置文件已经删除。

检查var / spool / cron目录(以root运行)

```
[root@centos7-1~]# ls -la /var/spool/cron/*
ls：无法访问/ var / spool / cron / *：没有这样的文件或目录
```

通过root身份禁止用户yuko使用cron。使用vi编辑器记述内容，并将用户yuko添加到“cron.deny”。

编辑etc / cron.deny(以root运行)

```
[root@centos7-1~]# vi /etc/cron.deny
yuko ←输入yuko（用户名）
```

再次尝试以用户yuko的身份设置cron，此时可以看到设置无法执行。

设置cron(以yuko运行)

```
[yuko@centos7~]$ crontab -e
You (yuko) are not allowed to use this program (crontab)
See crontab(1) for more information
```

anacron的使用

anacron以天为单位定期执行命令，以便支持系统管理员执行常规的维护作业。anacron由crond安全程序启动，crond安全程序将执行/ var / spool / cron和/etc/cron.d目录下的配置文件以及/ etc / crontab文件。crond安全程序通过/etc/cron.d目录下配置文件中的run-parts(/ usr / bin / run-parts)脚本来启动anacron。

anacron依据/ etc / anacrontab中的设置，执行/etc/cron.daily(每天)、/ etc / cron.weekly(每周)和/etc/cron.monthly(每月)目录下的命令。anacron进程非全天候运行，命令执行后就会终止。

at服务

使用at命令在指定的时间仅执行一次指定的命令。当系统的负载较低时，使用batch命令仅执行一次指定的命令。

经at或batch命令排队的任务由atd(/ usr / sbin / atd)安全程序运行。

在指定时间执行命令(at命令)
at [选项] 时间

当系统平均负载低于指定值时执行命令(batch命令)
batch [选项]

两者之中任一命令保留的任务，均可以通过指定以下选项的at命令来执行。

表5-2-4 at命令的选项

选项	等价的命令	说　明
–l	atq	显示执行用户排队中的任务(尚未执行的任务) root执行时则显示所有用户的任务
–d	atrm	删除任务

可以指定以下时间和日期。

表5-2-5 时间和日期的主要指定方法

时间指定	说　明
HH:MM	10:15就表示10时15分
midnight	表示午夜(深夜0时)
noon	表示中午
now	表示现在的时间
teatime	表示下午4时的茶歇时间
am、pm	如果是10am就表示上午10点
MMDDYY、MM/DD/YY、MM.DD.YY	如果是060112就表示2012年6月1日
today	表示今天
tomorrow	表示明天

此外，可以为这些关键字指定相对经过时间。要指定经过时间，请使用“+”。

表5-2-6 指定相对经过时间

书写示例	说　明
now + 10 minutes	在当前时间10分钟后执行命令
noon + 1 hour	在下一个13时（中午+ 1小时）执行命令
next week + 3 days	在10天以后执行命令

在以下示例中，将设置at命令，从而在1分钟后将date命令的执行结果输出到文件“/ tmp / atfile”。执行at命令并在提示符“at>”处完成设置后，按<Ctrl + d>退出。

运行atq或at –l命令以查看排队等待执行的任务。

使用at命令注册任务

```
# at now + 1 minutes  ←使用at命令在1分钟后执行
at> date > /tmp/atfile  ←设置执行内容
at> <EOT>  ←按<Ctrl + d>
job 3 at Mon Aug 27 16:57:00 2018
# atq ←查看排队等待执行的任务
3       Mon Aug 27 16:57:00 2018 a root
# at -l  ←查看排队等待执行的任务
3       Mon Aug 27 16:57:00 2018 a root
```

执行atrm或at –d命令以删除排队等待执行的任务。这里需要在参数中指定任务编号。

在以下示例中，删除了编号为3的任务。

删除任务

```
# atq
3       Mon Aug 27 16:57:00 2018 a root
# atrm 3
# atq
```

限制使用at命令的用户

始终允许root用户执行at和batch命令。此外，要为普通用户设置执行权限，请使用/etc/at.allow和/etc/at.deny文件。

在/etc/at.allow中注册的用户将可以执行at和batch命令。而在/etc/at.deny中注册的用户将无法执行at和batch命令。

表5-2-7 限制用户的示例

at.deny	at.allow	说　明
yuko	无	除了yuko以外的用户可以执行
无	yuko	只有root和yuko用户可以执行，其他用户不可以执行
yuko	mana	只有root和mana用户可以执行，其他用户不可以执行
无	无	只有root用户可以执行，其他用户不可以执行

5-3

自动化管理操作(示例)

操作内容和步骤

可以通过在Shell脚本中编写多个命令来将操作程式化。另外，通过使用cron或at命令，可以在指定的日期和时间自动执行脚本。这里，在CentOS上创建一个脚本来自动执行以下操作并将其注册到cron。

❶检查主机上注册的所有用户从当前时间到有效期限的剩余天数。

❷在标准输出上显示❶的执行结果。

❸将❷的执行结果通过电子邮件发送给管理员。

脚本内容

简要说明要执行的Shell脚本(check.sh)的处理内容。在此示例中，将check.sh文件保存在root的根目录(/ root)中并执行。

check.sh

```
1      #! /bin/bash
2
3      if [ -e expire-check.tmp ]; then
4        rm -f expire-check.tmp
5      fi
6
7      today=`expr \`date +%s\` / 60 / 60 / 24`
8      IFS=:
9      n=0
10     while read a b c d e f g h i; do
11       if [ "$b" != '*' ] && [ "$b" != '!!' ] && [ -n "$h" ]; then
12         echo $a:$'\t'$'\t'`expr $h - $today` 天 >> expire-check.tmp
13         n=`expr $n + 1`
14       fi
15      done < /etc/shadow
16
17      echo 用户:$'\t'$'\t'剩余天数 > expire-check.list
18      sort -g -k 2 expire-check.tmp >> expire-check.list
19      echo "(设置了有效期限的用户:${n}人。`date +%x`至今)" >> expire-check.list
20      cat expire-check.list
21
22      mail -s "`date` : expire-check" root@centos7-1.localdomain < expire-check.list
```

◇ 第1行

定义shebang。

◇ 第3行 ~ 第5行

检查当前目录中是否存在临时文件expire-check.tmp，如果存在，则使用rm命令删除expire-check.tmp。另外,第三行中的“-e”是文件运算符,用来检查文件是否存在。

◇ 第7行

在“date +% s”中，计算从“1970/1/1”到现在的秒数，通过除以60(秒)、除以60(分)、除以24(时)得到天数，并将结果代入today变量。

◇ 第8行

将代表定界符的环境变量IFS(Internal Filed Separator)设置为“：”。

◇ 第9行

将用户数量n的值初始化为“0”。

◇ 第10行～第15行

读取/etc/shadow文件，以“：”为读取间隔，b字段(密码)既不是“*”(表示未设置)也不是“!!”(表示锁定)，搜索其中的h字段(过期前的天数)中不是空字符串的行，如果有这样的行，则从h字段(过期前的天数)中减去today，并将其与登录名一起输出到expire-check.tmp中。“$'\T'”是用于缩进的制表符插入。用户数量的计数器n加1。

◇ 第17行

将显示结果的开头输出到expire-check.list(如果文件已经存在，则覆盖)。

◇ 第18行

通过指定sort命令的“-k 2”选项，第二个字段(剩余天数)按递增顺序对expire-check.tmp进行排序。第二个字段根据“-g”选项被视为数字。将结果添加到expire-check.list中。

◇ 第19行

在expire-check.list中的括号中添加用户数和执行日期。

◇ 第20行

通过cat命令，将expired-check.list内容输出。

◇ 第22行

使用mail命令将邮件发送到“root@centos7-1.localdomain”。标题为“Date：expire-check”，正文是从expire-check.list加载的数据。

下面是以root用户身份运行的脚本文件“check.sh”的示例。

运行“check.sh”

```
# bash check.sh
用户：剩余天数
ryo：54天
sam：115天
yuko：115天
mana：480天
（设置了有效期限的用户： 4人。2018年9月7日至今）

# ls -l expire-check.list
-rw-r--r-- 1 root root 147  9月 7 13:06 expire-check.list
```

显示用户ryo、sam、yuko和mana的有效期限前的剩余天数。另外，在与check.sh相同的目录中创建文件“expire-check.list”。在此Shell脚本中，expire-check.list的信息通过邮件发送到root@centos7-1.localdomain，因此应使用mail命令检查邮件的内容。

检查邮件

```
# id
uid=0(root) gid=0(root) groups=0(root)
# mail
Heirloom Mail version 12.5 7/5/10.  Type ? for help.
"/var/spool/mail/root": 14 messages 10 unread
>U  1 user@localhost.local  Thu Jul  5 14:09 1100/83025 "[abrt] libgnomekbd: gkbd-keyboard-display killed by SIGSEGV"
 U  2 yuko@centos7-1.local  Mon Aug 20 14:11  17/700   "*** SECURITY information for centos7-1.localdomain ***"
...（中间省略）...
 U 14 root                  Fri Sep  7 13:02  23/837   "2018年 9月 7日 星期五 13:02:12 CST : expire-check"
& 14  ←输入14
Message 14:
From root@centos7-1.localdomain  Fri Sep  7 13:02:12 2018
Date: Fri, 07 Sep 2018 13:02:12 +0900
To: root@centos7-1.localdomain
Subject: 2018年 9月 7日 星期五 13:02:12 CST : expire-check

用户:      剩余天数
ryo:        54 天
sam:       115 天
yuko:      115 天
mana:      480 天
（设置了有效期限的用户: 4人。2018年9月7日至今）

& q  ←输入q并退出
```

此处省略了有关mail命令的详细信息。在上述示例中，执行mail命令后，接收到的邮件将显示在列表中，因此可以通过输入要浏览的号码并按下<Enter>键来检查内容。另外，输入“q”退出。

为了使收到的邮件更易于阅读，以下过程将隐藏由mail命令显示的邮件标题中通常不必要的字段。

```
# cp /etc/mail.rc ~/.mailrc
# vi ~/.mailrc   ←在文件的末尾添加以下行
ignore Return-Path
ignore X-Original-To
ignore Delivered-To
ignore User-Agent
ignore Content-Type
ignore From
ignore Status
```

在cron中注册

接下来，让我们在cron中注册以便定期执行check.sh。在这里，将“check.sh”设置为在月底自动开始。

cron的设置

```
# crontab -e
55 23 28-31 * * /usr/bin/test `date -d tomorrow +¥%d` -eq 1 && /bin/bash /root/check.sh
#
# crontab -l    ←设定内容的表示
55 23 28-31 * * /usr/bin/test `date -d tomorrow +¥%d` -eq 1 && /bin/bash
/root/check.sh
```

设置内容如下所示。

· 从28日到31日之间的23时55分启动

· 另外，仅在第二天为一整天的情况下才执行“check.sh”

确认是否在月末执行了以下内容。

定期执行的确认

```
# ls -l expire-check.list
-rw-r--r-- 1 root root 67  9月 30  2018 expire-check.list ←❶
# mail
Heirloom Mail version 12.5 7/5/10.  Type ? for help.
"/var/spool/mail/root": 18 messages 2 new 11 unread
...（中间省略）...
>N 17 root                  Sun Sep 30 23:55  22/825   "2018年  9月 30日 星期日 23:55:02
CST : expire-check"
 N 18 (Cron Daemon)         Sun Sep 30 23:55  27/958   "Cron <root@centos7-1> /usr/bin/
test `date -d tomorrow +%d"
& 17 ←❷
Message 17:
From root@centos7-1.localdomain  Sun Sep 30 23:55:02 2018
Date: Sun, 30 Sep 2018 23:55:02 +0900
To: root@centos7-1.localdomain
Subject: 2018年  9月 30日 星期日 23:55:02 CST : expire-check
用户：剩余天数
ryo:          31 天
sam:          92 天
yuko:         92 天
mana:        457 天
（设置了有效期限的用户： 4人。2018年9月30日至今）

& q
```

❶文件“expire-check.list”于9月30日创建

❷查看17的电子邮件，并于9月30日23:55发送

专　栏

随发行版提供的Python工具

Linux提供了许多用Python语言编写的工具（尤其是RedHat发行版）

Python的特点

Python由荷兰程序员Guido van Rossum于1989年底开始开发。第一次发行是在1991年。

Python使用缩进（“缩进”将字符串从行的开始位置向右移动），而不是在例如if语句、for语句和while语句的块定义中用括号“( )”和关键字括起来。另外，在处理语句的末尾不指定分号“;”。它接近于英语之类的自然语言，具有简单的语言规范，并且比C语言和Java语言更易于阅读和理解（在许多方面，它与本章中描述的Shell脚本非常相似）。

例如，比较一个计算10的阶乘的C语言程序和一个Python程序。

C语言程序

```
#include <stdio.h>
main(){
  int n = 10;  ←在处理语句的末尾有“；”
  int fact = 1;
  while ( n > 0 ){   ←while块开始“{”
    fact = fact * n;
    n = n -1;
  } ←while块结束“}”
  printf ("%d¥n",fact);
}
```

Python程序

```
#!/usr/bin/python

n = 10 ←在处理语句的末尾没有“；”
fact = 1
while n > 0 :
  fact = fact * n  ←while语句中缩进
  n = n -1 ←while语句中缩进

print (fact) ←while语句外没有缩进
```

Python是一种解释型语言。Python解释器解释并执行源代码。因此，可以按原样快速运行程序，而无须编译由编辑器创建或修改的程序。

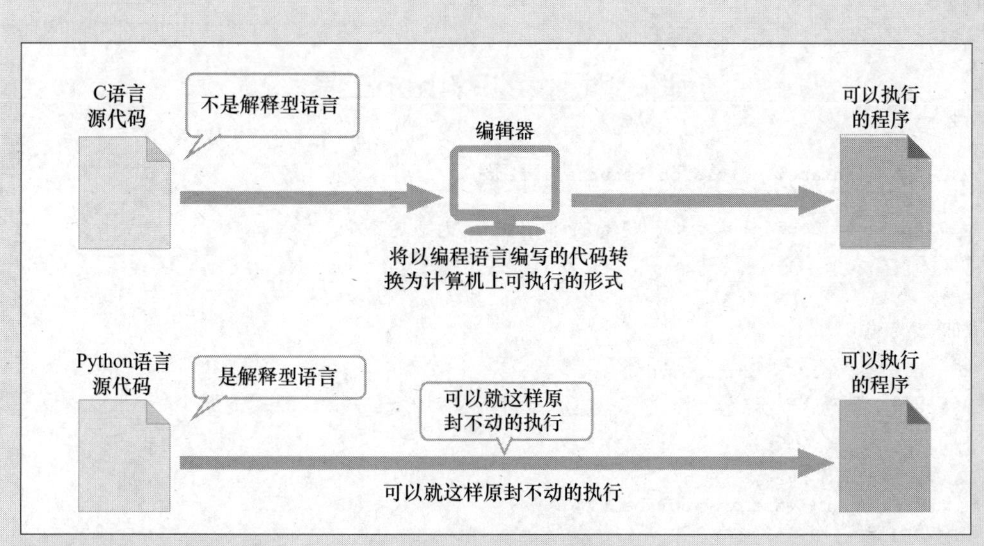

C和Python之间的区别

Python使用户可以轻松地以步骤格式编写小型程序，它是面向对象的，可重复利用的，并且具有垃圾回收功能，该功能可以在不再需要时自动释放内存。因此，它也被用作大型软件（例如开源云软件OpenStack）的开发语言。

在1991年发送给美国国防高级研究计划局（DARPA）的题目为“Computer Programming for Everybody”的提案中，van Rossum将Python的目标定义为如下所示。

· 简单直观的语言，与其他的主要编程语言一样强大。
· 是开源的，任何人都可以为开发做出贡献。
· 像普通英语一样，易于理解。
· 开发时间短，适合日常操作。

另外，“由于C ++、Java、Perl、Tcl和Visual Basic的特质太复杂了，而Python是一种适合教初学者和孩子的语言。”

读者可以在Python主页（https://www.python.org/）的顶部找到5个简单的示例程序。在看过这些示例后，读者将了解Python是哪种语言。

下面是引用的三个示例程序。

Python是解释器。通常将编辑器创建的程序存储在文件中然后执行。但是，也可以在Python提示符“>>>”处交互地输入并执行处理语句。这是在Shell命令提示符下输入“python”后看到的示例。

```
$ python
>>>
```

简单的运算

```
# Python 3: Simple arithmetic
>>> 1 / 2
0.5
>>> 2 ** 3
8
>>> 17 / 3  # classic division returns a float
5.666666666666667
>>> 17 // 3  # floor division（求整数的商的除法。称为截断除法）
5
```

字符串的输入与输出

```
# Python 3: Simple output (with Unicode)
>>> print("Hello, I'm Python!")
Hello, I'm Python!

# Input, assignment
>>> name = input('What is your name?¥n')
>>> print('Hi, %s.' % name)
What is your name?
Python
Hi, Python.
```

枚举和迭代语句（for循环）

```
# For loop on a list
>>> numbers = [2, 4, 6, 8]
>>> product = 1
>>> for number in numbers:
...     product = product * number
...
>>> print('The product is:', product)
The product is: 384
```

显示for语句之后的“...”以匹配要输入的处理语句的开始位置。在“...”行中，如果它是块内的处理，则通过适当插入空白字符或制表符来对其进行缩进。

○ 使用模块来管理Linux

Python的显著特征之一是Python标准库和第三方库（Python项目以外的开发人员所开发的项目）提供的大量具有各种功能的模块。有许多模块可用于Linux系统管理和网络管理，通过导入这些模块，用户可以编写和创建有用的管理工具程序。

以下是导入sys模块并将标准输出写入文件output-file的示例。

利用模块

```
$ python
>>> import sys
>>> sys.stdout = open('output-file', 'w')
>>> print 'Hello!'
>>> exit()
$ cat output-file
Hello!
```

○ 主要模块

以下是标准库提供的模块中可用于系统管理和网络管理的主要模块的示例。

主要的模块

模 块	说 明	函数/参数示例
sys	系统本来的参数和函数	sys.argv：包含命令行参数的列表
os	各种操作系统接口	os.getcwd( )：获取当前目录 os.stat(路径)：获取文件属性
stat	判断os.stat( )返回值	确定stat.S_ISDIR(mode)：判断是否是目录
subprocess	子进程(辅助进程)管理	subprocess.call(args)：创建并执行子进程 subprocess.run(args)：创建并执行子进程 *取决于版本
pwd	passwd数据库	pwd.getpwuid(uid)：获取password条目
spwd	shadow数据库	spwd.getspnam(name)：获取shadow条目
ipaddress	IPv4/ IPv6的操作	ipaddress.ip_network(address)：返回网络中的IP地址

使用Python语言编写的工具

使用Python编写的主要工具如下所示。

使用Python编写下的主要工具

工 具	说 明	分 配
yum	使用存储库更新软件包	RedHat系列
apt	使用存储库更新软件包	Linux mint
virt-manager	虚拟机管理	共同
virt-install	虚拟机安装	共同
firewalld	防火墙安全程序	RedHat系列
firewall -cmd	防火墙管理命令	RedHat系列
semanage	SELinux管理工具	RedHat系列
aa-status、aa-enforce、aa-disable	AppArmor管理工具	Ubuntu系列
authconfig	认证方式管理工具	共通
nfsiostat	NFS客户端I / O信息统计工具	共通
iotop	监控I / O 使用率的工具	共通
alacarte	GNOME菜单编辑工具	共通
gnome-tweak-tool	GNOME定制工具	共通
anaconda	RedHat Linux安装程序	Redhat系列
ubiquity	Ubuntu Linux安装程序	Ubuntu系列

Linux中有许多用Python编写的重要工具。

与C语言相比，使用Python更容易阅读源代码并检查处理内容，以及在某些情况下更容易进行修改以及修复错误。用户也可以编写自己的小程序来提高工作效率。相信Python将来会进一步普及。

python的版本

Python的版本为2.x和3.x。

Python 2.x：2010年中期发布的2.x最终版本为2.7。
Python 3.x：2008年发布3.0，之后是2014年的3.4、2015年的3.5、2016年的3.6 。

版本2.x和3.x在打印功能的语法、整数除法的处理以及Unicode支持等方面有所不同。

○ 根据发行版安装的不同版本

根据发行版本的不同，安装的版本也不一样。
CentOS：2.7.x
Ubuntu桌面：3.6.x和2.7.x
Ubuntu服务器：3.6.x

可以使用"python -V""python2 -V"和"python3 -V"之类的命令来检查正在使用的Python版本。要安装其他版本，请检查可安装版本，然后按照以下示例中的说明进行安装。

- CentOS：yum search python | grep ^python
- Ubuntu ：apt search python | grep ^python

第6章

管理系统和应用程序

6-1 CentOS软件包管理

6-2 Ubuntu软件包管理

6-3 进程管理

6-4 备份和还原

6-5 日志收集和调查

6-6 调整系统时间

专 栏

选择镜像站点和存储库

6-1

CentOS软件包管理

什么是软件包管理

在Linux系统中提供了许多软件。软件，简而言之，不仅需要软件程序本身的提供，而且还需要程序所使用的库，以及软件所需的配置文件和软件文档。因此，在Linux中，这些集合被当作**软件包**单位处理。

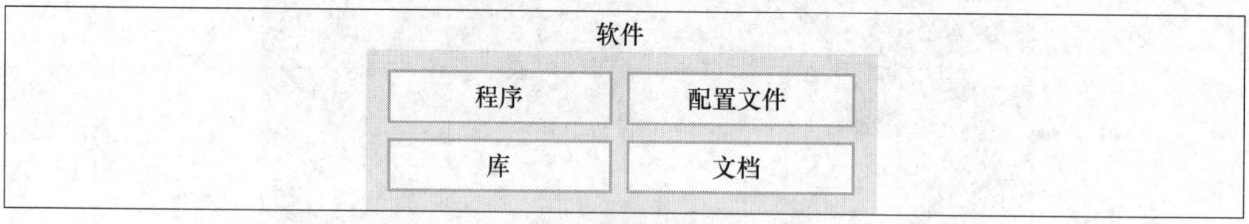

软件	
程序	配置文件
库	文档

图6-1-1 软件包

导入（安装）或删除（卸载）软件称为**软件包管理**。通过使用软件包管理，可以轻松地检查当前安装软件的具体信息，检查软件之间的依赖关系并避免冲突。

软件包依赖关系是一种要求安装软件包B才能使用软件包A的关系。如果在尚未安装软件包B的情况下尝试安装软件包A，则会导致软件包管理系统产生依赖性错误。

如第1章所述，RedHat系列（CentOS）和Ubuntu / Debian系列之间的软件包管理方式有所不同。

表6-1-1 主要软件包格式和管理命令

	RedHat系列	Ubuntu/Debian系列
软件包形式	rpm形式	deb形式
软件包管理命令	rpm命令	dpkg命令
使用存储库的软件包管理命令	yum（dnf）命令	apt命令

首先，这里将介绍RedHat系列（CentOS）。rpm和yum都是软件包管理命令，但是区别如下所示。对于Ubuntu系列，请参见6-2节中的相关内容。

◇rpm命令

对每个软件包执行管理。依赖关系不会自动解决，但是会显示所需的软件包信息。

◇yum命令

引用存储库并进行管理，包括依赖项。依赖关系将会被自动解决。

如果用户需要明确指定要使用的软件包的版本并进行安装，那么rpm命令是一个不错的选择。但是，需要单独指定所需的软件包并了解安装顺序。另一方面，

yum命令根据当前使用的OS版本来安装适当的版本和相关的软件包。

rpm命令的使用

可以使用rpm命令进行rpm软件包的管理。

rpm软件包的管理
rpm [选项] 软件包

显示软件包信息

要检查和显示有关rpm软件包的信息，请在rpm命令中使用“-q”（--query）选项。要显示详细信息，请结合使用以下选项。

表6-1-2 rpm命令的选项（显示）

选　项	说　明
-q，--query	显示软件包版本（如果已安装指定软件包）
-a，--all	列出已安装的rpm软件包信息
-i，--info	显示指定软件包的详细信息
-f，--file	显示包含指定文件的rpm软件包
-c，--configfiles	仅显示指定软件包中的配置文件
-d，--docfiles	仅显示指定软件包中的文档
-l，--list	显示指定包中的所有文件
-K，--checksig	检查指定包文件中的所有哈希值和签名以验证包完整性
-R，-requires	显示指定软件包所依赖的rpm软件包的名称
-p，--package	显示指定rpm软件包文件的信息，而不是已安装的rpm软件包。
--changelog	显示软件包的更新信息

以下是一个执行示例，该示例通过在rpm命令中使用各种选项来显示软件包信息。

指定软件包名称并显示有关软件包的详细信息。

显示软件包的详细信息

```
# rpm -q cups
cups-1.6.3-35.el7.x86_64 ←❶
# rpm -q vim
没有安装软件包vim。←❷
# rpm -ql cups ←❸
/etc/cups
/etc/cups/classes.conf
/etc/cups/client.conf
/etc/cups/cups-files.conf /etc/cups/cupsd.conf
...(以下省略)...
# rpm -qi cups ←❹
```

```
Name         : cups
Epoch        : 1
Version      : 1.6.3
Release      : 35.el7
Architecture: x86_64
...(以下省略)...
# rpm -qc cups ←❺
/etc/cups/classes.conf
/etc/cups/client.conf
/etc/cups/cups-files.conf
/etc/cups/cupsd.conf
/etc/cups/lpoptions
...(以下省略)...
# rpm -q --changelog cups ←❻
* 星期五 12月 15 2017 Zdenek Dohnal <zdohnal@redhat.com> - 1:1.6.3-35
- 1466497 - Remove weak SSL/TLS ciphers from CUPS - fixing covscan issues
...(以下省略)...
# ls /etc/skel/.bashrc  ←❼
/etc/skel/.bashrc
# rpm -qf /etc/skel/.bashrc ←❽
bash-4.2.46-30.el7.x86_64
```

❶cups是已安装的软件包，因此会显示其版本信息
❷没有安装vim
❸将显示有关“-l”选项指定的软件包中包含的所有文件
❹将显示有关“-i”选项指定的软件包的详细信息
❺将显示“-c”选项或“--configfiles”选项指定的软件包的配置文件
❻将检查“--changelog”选项指定的软件包的历史修改记录
❼❽显示包含“-f”选项指定的文件的rpm软件包。

显示下载的软件包文件信息

用户可以获取rpm文件本身并指定要安装的文件。

使用“-p”选项来指定已下载的预安装软件包文件，并查询该软件包文件。通过“-p”选项，可以获得没有安装的软件包的信息。

在以下执行示例中，显示有关单独下载的zsh的 rpm文件的信息。

查看有关已下载软件包的信息

```
# rpm -qpl zsh-5.0.2-28.el7.x86_64.rpm
...（以下省略）...
```

安装和卸载软件包

以下选项主要用于从rpm软件包文件安装或更新到系统。

表6-1-3 rpm命令（安装）的选项

选　项	说　明
i，--install	安装软件包（不进行更新）
-U，--upgrade	升级软件包。如果已安装的软件包不存在，将会执行一次新的安装
-F，--freshen	升级该软件包。如果未安装任何软件包，则不执行任何操作
-v，--verbose	显示详细信息
-h，--hash	使用#号显示执行进度
--nodeps	忽略依赖项并执行安装

选 项	说 明
--force	即使已安装指定的软件包，也将进行覆盖安装
--oldpackage	允许用旧软件包进行替换（降级）
--test	不安装软件包并检查是否存在冲突等，显示确认的结果

以下记载了rpm命令与各种选项一起使用，并进行软件包安装等操作的执行示例。

软件包的安装

```
# rpm -q zsh ←❶
尚未安装软件包zsh。
# rpm -ivh zsh-5.0.2-28.el7.x86_64.rpm ←❷
正在准备...               ################################# [100%]
更新中 / 安装中...
  1:zsh-5.0.2-28.el7          ################################# [100%]
 # rpm -q zsh ←❸
zsh-5.0.2-28.el7.x86_64
```

❶尚未安装zsh软件包
❷zsh软件包的安装
❸已安装zsh软件包

如果要安装依赖于其他软件包的软件包，则必须安装（或同时安装）所需的软件包。否则，安装将中止。但是，也可以使用“--nodeps”选项来忽略依赖关系并进行安装。但是，其他影响软件包安装的因素也有可能会出现。

忽略依赖项进行安装

```
# rpm -ivh mod_ssl-2.4.6-80.el7.centos.x86_64.rpm ←❶
错误：缺少依赖关系
对于httpd来说mod_ssl-1: 2.4.6-80.el7.CentOS.x86_64 是必需的。
对于httpd = 0: 2.4.6-80.el7.CentOS来说 mod_ssl-1: 2.4.6-80.el7.CentOS x86_64是必需的。
对于httpd-mmn = 20120211x8664来说mod_ssl-1: 2.4.6-80.el7.CentOS.x86_64是必需的。
#
#rpm - ivh --nodeps mod_ssl-2.4.6-80 .el7.CentOS.x86_64.rpm←❷
正在准备...    ################################# [100%]
更新/安装中...
1: mod_ssl-1: 2.4.6-80.el7.CentOS    ################# [100%]
警告：用户apache不存在-使用root
```

❶尝试安装指定的软件包，但由于没有其他软件包而无法安装
❷忽略依赖关系进行安装

另外，要卸载已安装的rpm软件包，请使用“-e”选项并指定软件包名称作为参数。

表6-1-4 rpm命令的选项（卸载）

选 项	说 明
e, --erase	删除软件包
--nodeps	忽略依赖关系并删除软件包
--allmatches	删除与软件包名称相匹配的所有软件包版本

卸载时，还将验证rpm软件包之间的依赖关系。如果尝试卸载的软件包依赖于另一个软件包，则卸载过程将中止。可以使用“--nodeps”选项忽略该依赖关系并

将其卸载，但这样做有可能会影响其他软件包的依赖关系。

软件包的卸载

```
# rpm -q zsh ←❶
zsh-5.0.2-28.el7.x86_64
# rpm -e zsh ←❷
# rpm -q zsh ←❸
未安装软件包zsh
```

❶已安装zsh软件包
❷zsh软件包的卸载
❸已卸载的确认

yum命令的使用

yum命令是管理rpm软件包的实用程序。它会自动解决软件包依赖关系并进行安装、删除和更新。yum命令可以与网络上的存储库进行通信（存储和管理软件包），用户可以利用该命令轻松地安装rpm软件包并获取最新信息。yum命令可以同子命令一起运行。

yum软件包管理

yum [选项] {命令} [软件包]

软件包信息的显示

用于搜索和显示yum软件包的主要子命令如下所示。

表6-1-5 有关搜索和显示的子命令

子　命　令	说　　明
list	显示所有可用rpm软件包的信息列表
list installed	显示已安装的rpm软件包的信息
info	显示有关指定rpm软件包的详细信息
search	使用指定关键字搜索rpm软件包并显示结果
deplist	显示指定rpm软件包的依赖信息
list updates	显示已安装的rpm软件包可以更新的信息
check-update	检查已安装的rpm软件包可以更新的信息

下面将描述一个执行示例，该示例将使用带有yum命令的各种子命令来显示软件包信息。

软件包信息的显示

```
# yum list installed ←❶
...(中间省略)...
GConf2.x86_64                    3.2.6-8.el7             @anaconda
GeoIP.x86_64                     1.5.0-11.el7            @anaconda
```

```
ModemManager.x86_64                 1.6.10-1.el7            @base
ModemManager-glib.x86_64            1.6.10-1.el7            @base
NetworkManager.x86_64               1:1.10.2-13.el7         @base
NetworkManager-adsl.x86_64          1:1.10.2-13.el7         @base
...(以下省略)...
#
# yum list updates ←❷
...(中间省略)...
NetworkManager.x86_64               1:1.10.2-16.el7_5       updates
NetworkManager-adsl.x86_64          1:1.10.2-16.el7_5       updates
NetworkManager-glib.x86_64          1:1.10.2-16.el7_5       updates
NetworkManager-libnm.x86_64         1:1.10.2-16.el7_5       updates
...(以下省略)...
#
# yum info bash ←❸
...(中间省略)...
名称:        bash
结构:        x86_64
版本:        4.2.46
版本:        30.el7
容量:        3.5 M
存储库:      installed
供应商存储库: base
...（下面省略）...
```

❶显示已安装的rpm软件包
❷使用list updates子命令或check-update子命令显示可以更新的已安装rpm软件包
❸info子命令通过指定软件包名称来显示软件包的详细信息

软件包的卸载与安装

以下子命令主要用于通过yum命令进行安装、更新和卸载。

表6-1-6 用于安装、更新和卸载的子命令

子命令	说　明
install	安装指定过的rpm软件包。自动解决依赖关系问题
update	更新所有已安装的可更新的rpm软件包，也可以指定单个rpm软件包进行更新
upgrade	执行整个系统的发行版本升级
remove	卸载指定的rpm软件包

下面是使用各种子命令执行yum命令，进行软件包安装等操作的执行实例。

软件包的安装

```
# yum install zsh ←❶
...（中间省略）...
================================================================================
 Package             架构                  版本          存储库         容量
================================================================================
安装中:
 zsh                 x86_64                5.0.2-28.el7  base           2.4 M
事务摘要
================================================================================
安装    1    软件包

总下载容量: 2.4M
```

```
安装容量: 5.6M
Is this ok [y/d/N]: y ←❷
Downloading packages:
zsh-5.0.2-28.el7.x86_64.rpm                                        | 2.4 MB
00: 00: 01
Running transaction check
Running transaction test
...(中间省略)...
安装中                          : zsh-5.0.2-28.el7.x86_64           1/1
验证中                           : zsh-5.0.2-28.el7.x86_64           1/1
安装:
zsh.x86_64 0: 5.0.2 -28.el7
已完成! ←❸
#
#yum list zsh←❹
...(中间省略)...
已安装的软件包
zsh.x86_64        5.0.2-28.el7 @base
#yum remove zsh←❺
...(中间省略)...
================================================================================
软件包              架构                      版本        存储库          容量
================================================================================
删除中:
 zsh                x86_64                 5.0.2-28.el7  @base           5.6 M
事务摘要
================================================================================
删除     1      软件包

安装容量: 5.6 M
执行上述操作。确定吗[y / N] y    ←❻
Downloading packages:
Running transaction check
Running transaction test
...(中间省略)...
删除中                         : zsh-5.0.2-28.el7.x86_64   1/1
验证中                           :  zsh-5.0.2-28.el7.x86_64  1/1

已删除:
zsh.x86_64 0: 5.0.2-28.el7
已完成! ←❼
#
```

❶使用install子命令安装指定的软件包
❷将会提示是否确认安装，输入“y”
❸显示完成消息
❹确认当前已安装zsh软件包
❺使用remove子命令卸载指定的软件包
❻将会提示是否确认卸载，输入“y”
❼显示完成消息

yum的配置

yum配置信息存储在/etc/yum.conf文件中。在/etc/yum.conf中，描述了基本设置信息，例如执行yum时日志文件的规范。可以在reposdir字段中指定存储库文件(xx.repo)的位置。如果未指定,则默认目录为“/etc/yum.repos.d”。该存储库将在后面描述。

表6-1-7 yum配置文件

文 件	说 明
etc / yum.conf	基本配置文件
/etc/yum.repos.d保存在目录下的文件	存储库配置文件

/etc / yum.conf文件的配置示例

```
# cat /etc/yum.conf
[main]
cachedir=/var/cache/yum/$basearch/$releasever
keepcache=0
debuglevel=2
logfile=/var/log/yum.log    ←日志文件名称
exactarch=1
obsoletes=1
gpgcheck=1
plugins=1
installonly_limit=5
bugtracker_url=http://bugs.centos.org/set_project.php?project_
id=23&ref=http://bugs.centos.org/bug_report_page.php?category=yum
distroverpkg=centos-release
...(以下省略)...
```

/etc / yum.conf文件中的[main]部分设置了可以影响整体的yum选项。还可以添加[repository]部分并设置存储库特定的选项。但是，建议在/etc/yum.repos.d目录中放置一个“.repo”文件，以定义各个**存储库服务器**的设置。

在以下示例中，显示了/etc/yum.repos.d目录下各个存储库服务器的配置文件。

/etc / yum.repos.d目录中的配置文件

```
# pwd
/etc/yum.repos.d
# ls
CentOS-Base.repo    CentOS-Debuginfo.repo    CentOS-Sources.repo  CentOS-
fasttrack.repo
CentOS-CR.repo      CentOS-Media.repo        CentOS-Vault.repo
```

CentOS存储库

存储库是要下载的文件的集合。如图6-1-2所示，除了在网络上使用服务器之外，还可以指定文件系统的特定目录作为存储库。

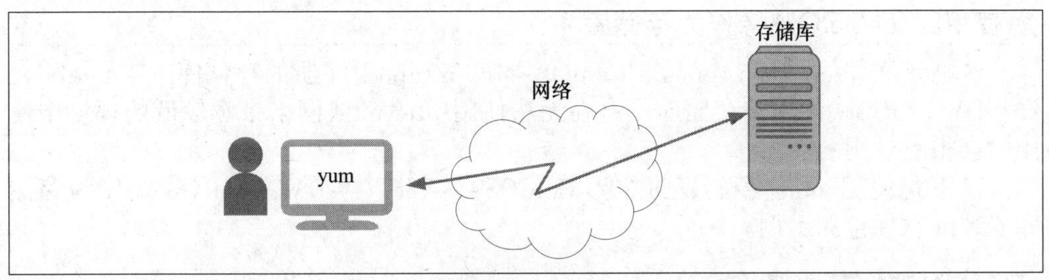

图6-1-2 存储库

存储库包括CentOS系统提供的软件包**标准存储库**，以及第三方其他软件包提供的**外部存储库**。标准存储库由CentOS镜像站点提供。

现在有以下类型的标准存储库，在安装CentOS时，配置文件将安装在/etc/yum.repos.d目录下。

表6-1-8 存储库的主要类型

存储库	说 明	配置文件
base	CentOS租用时的软件包 安装用的映像包含在ISO映像中	CentOS-Base.repo
updates	在CentOS租用之后更新的软件包	CentOS-Base.repo
extras	附加软件包和上游软件包	CentOS-Base.repo
cr	Continuous Release(CR)资源库。将在下一个版本中发布的软件包，用于版本发布前测试的存储库	CentOS-CR.repo
c7-media	DVD或使用ISO映像的存储库	CentOS-Media.repo

以“CentOS-Base.repo”为例确认文件的内容。

存储库服务器配置文件

```
# cat /etc/yum.repos.d/CentOS-Base.repo
...(中间省略)...
[base]
name=CentOS-$releasever - Base ←❶
mirrorlist=http://mirrorlist.centos.org/?release=$releasever&arch=$basear
ch&repo=os&infra=$infra ←❷
#baseurl=http://mirror.centos.org/centos/$releasever/os/$basearch/  ←❸
gpgcheck=1
gpgkey=file:///etc/pki/rpm-gpg/RPM-GPG-KEY-CentOS-7
...(以下省略)...
```

❶name字段代表存储库的名称
❷在mirrorlist中指定了包含存储库服务器列表（包括baseurl）文件的URL。对于CentOS 7系统来说，变量$ releasever的值为“7”，$ basearch的值为“x86_64”，而$ infra的值为“stock”。因此，mirrorlist的值将是“http://mirrorlist.centos.org/?release=7&arch=x86_64&repo=os&infra=stock”，并通过指定“release = 7”，以运行时CentOS 7的最新版本 访问存储库（截至2019年3月时版本为7.6.1810）
❸centos.org存储库的URL在baseurl中指定（默认情况下，该行是开头带有“ # ”的注释行）（例如：baseurl = http: //ftp.riken.jp/Linux/centos/7.6.1810/os/ x86_64）

有关选择镜像站点和存储库的信息，请参见本章中的专栏。

使用DVD / ISO映像作为存储库

在配置文件/etc/yum.repos.d/CentOS-Media.repo中注册的存储库[c7-media]允许将DVD / ISO映像用作存储库。这在无法使用Internet或网络带宽较低的环境中使用时会很有效用。

以下是使用yum命令将ISO映像“CentOS-7-x86_64-DVD-1804.iso”作为存储库安装bc软件包的示例。

使用ISO映像作为存储库进行安装

```
# ls
CentOS-7-x86_64-DVD-1804.iso
# mkdir /media/CentOS ←❶
# mount -o loop ./CentOS-7-x86_64-DVD-1804.iso /media/CentOS ←❷
# yum --disablerepo=/ * --enablerepo=c7-media install bc ←❸
```

❶为安装点创建目录
❷将iso介质挂载到❶创建的目录
❸使用“--disablerepo = / *” 禁用当前已启用的存储库
使用“--enablerepo = c7-media” 启用c7-media存储库

6-2

Ubuntu软件包管理

什么是软件包管理

本章将介绍Ubuntu / Debian系列的软件包管理。dpkg和apt都是软件包管理命令，但是区别如下。

◇dpkg命令

管理单个软件包。依赖关系不会自动解决，但是会显示所需的软件包信息。

◇apt命令

引用存储库并进行管理，包括依赖项。依赖关系将会被自动解决。

如果需要显式指定要使用的软件包的版本并进行安装，则dpkg命令是合适的。但是，必须单独指定所需的软件包，并了解安装顺序。另一方面，apt命令会根据当前使用的操作系统版本来安装适当的软件版本和有依赖关系的软件包。

dpkg命令的使用

dpkg命令用于管理dpkg软件包。可以根据目的通过多种操作组合来运行dpkg命令。

dpkg软件包的管理
dpkg [选项] 操作

软件包信息的显示

使用以下操作来检查和显示有关dpkg软件包的信息。

表6-2-1 dpkg命令(显示)的操作

操　作	说　明
l，--list	显示名称与指定模式匹配的软件包列表
-s，--status	显示指定软件包的信息
-L、--listfiles	在系统安装的文件中查找指定的软件包名称，并列出具有此名称的列表
-S、--search	搜索指定文件(可以指定通配符)是从哪个软件包安装的
-I、--info	显示有关软件包的各种信息
-c、--contents	显示包含deb软件包的列表

以下是一个运行示例，该示例通过dpkg命令使用各种操作来显示软件包信息。

以下示例通过指定软件包名称来显示软件包的详细信息。

显示软件包的详细信息

```
$ dpkg -s cups ←❶
Package: cups
Status: install ok installed ←❷
...（中间省略）...
Version: 2.2.7-1ubuntu2.1 ←❸
Replaces: cups-bsd (<< 1.7.2-3~), ghostscript-cups (<< 9.02~)
...（以下省略）...
$ dpkg -s vim ←❹
dpkg-query: 软件包'vim' 尚未安装，所以不能显示此信息
如果想查看存档文件并列出其中的内容，请将命令dpkg --info（= dpkg-deb --info）更改为dpkg --contents
（= dpkg-deb --contents）进行使用。
$ dpkg -L cups ←❺
/.
/etc
/etc/cups
/etc/cups/snmp.conf
/usr
/usr/lib
/usr/lib/cups
...（以下省略）...
$ dpkg -S *ssl* ←❻
openssl: /usr/share/man/man1/openssl-pkcs7.1ssl.gz
openssl: /usr/share/man/man1/openssl-rand.1ssl.gz
openssl: /usr/share/man/man1/mdc2.1ssl.gz
libio-socket-ssl-perl: /usr/share/doc/libio-socket-ssl-perl/debugging.txt
...（以下省略）...
```

❶cups是已安装软件包
❷❸显示安装完成信息，以及软件包的版本信息
❹未安装vim
❺将显示由“-L”操作指定的软件包中包含的所有文件
❻将检索以“-S”操作指定的文件（通配符“*”也可以用）是从哪一个软件包安装的

显示下载的软件包文件信息

使用“-I”操作来指定下载的预安装软件包文件并查询该软件包文件。“-I”操作将获取有关尚未安装的软件包的信息。在以下执行示例中，将显示与单独下载的zsh的deb文件有关的信息。

显示与已下载软件包有关的信息

```
$ dpkg -I zsh_5.2-5ubuntu1_amd64.deb
 new Debian package, version 2.0.
 size 665004 bytes: control archive=2588 bytes.
...（中间省略）...
 Package: zsh
 Version: 5.2-5ubuntu1
...（以下省略）...
```

安装和卸载软件包

以下操作主要用于deb软件包文件在系统中的安装和卸载。

表6-2-2 dpkg命令(安装和卸载)操作

操 作	说 明
i，--install	安装软件包
-r，--remove	保留配置文件，删除软件包
-P，--purge	强制删除包括配置文件在内的所有内容

另外，还提供了dpkg命令选项，这些选项可以与这些操作一起使用。

表6-2-3 dpkg命令的选项

选 项	说 明
-E	如果已经安装了相同版本的软件包，则不安装此软件包
-G	如果安装的软件包版本较新，则不安装此软件包
--force-depends	作为所有依赖性问题的警告进行处理
--force-conflicts	即使与其他软件包冲突也将进行安装
--no-act	仅检查应该被执行的处理

下面，将描述使用dpkg命令进行软件包安装的执行示例。另外，在以下执行示例中，还将安装具有依赖关系的软件包。

软件包的安装

```
$ dpkg -s zsh  ←❶
dpkg-query：尚未安装软件包"zsh"，所以没有可用信息
如果想查看存档文件并列出其中的内容，请将命令dpkg --info（= dpkg-deb --info）更改为dpkg --contents
（= dpkg-deb --contents）进行使用。
$
$ sudo dpkg -i zsh-common_5.4.2-3ubuntu3_all.deb  ←❷
选择先前未选择的软件包zsh-common
（正在安装数据库...当前已经安装130242个文件和目录。）
...(以下省略)...
$
$ sudo dpkg -i zsh_5.4.2-3ubuntu3_amd64.deb  ←❸
选择先前未选择的软件包zsh
（正在安装数据库...当前已经安装了131536个文件和目录。）
...（下面省略）...
$
$ dpkg -s zsh  ←❹
Package: zsh
Status: install ok installed
...(中间省略)...
Version: 5.4.2-3ubuntu3
...(以下省略)...
```

❶当前未安装zsh软件包
❷zsh软件包依赖于zsh-common软件包，因此请先安装zsh-common
❸安装zsh软件包
❹已安装zsh软件包

以下是在安装过程中添加了选项“-E”和“-G”的执行示例。

考虑版本进行安装　Ubuntu

```
$ sudo dpkg -iE zsh_5.4.2-3ubuntu3_amd64.deb  ←❶
[sudo] user01 的密码: ****
dpkg: 已安装zsh 5.4.2-3Ubuntu3版本。所以跳过此步骤。
$
$ sudo dpkg -iG zsh_5.2-5ubuntu1_amd64.deb  ←❷
dpkg: 不会将zsh从5.4.2-3Ubuntu3降级到5.2-5Ubuntu1。所以跳过此步骤
```

❶目前，软件包zsh已安装5.4.2版本，这里将指定相同版本的软件包并尝试安装。但是，这里指定了“-E”选项。由于已经安装了相同版本的软件包，因此将不会安装此软件包。
❷尝试安装旧版的5.2软件包。但是，这里指定了“-G”选项。由于已安装的软件包版本较新，因此未执行安装。

另外，要卸载软件包，请使用“-r”或“-P”操作。“-R”用于删除软件包，保留配置文件。“-P”则用于强制删除所有内容，包括配置文件。

卸载软件包

```
$ sudo dpkg -P zsh  ←❶
[sudo] user01的密码: ****
(正在加载数据库...当前已安装131588个文件和目录。)
删除zsh(5.4.2-3Ubuntu3)...
删除zsh(5.4.2-3Ubuntu3)配置文件...
正在处理man-db(2.8.3-2)
$ dpkg -s zsh  ←❷
dpkg-query: 尚未安装软件包“zsh”，并且没有可用信息
如果想查看存档文件并列出其中的内容，请将命令dpkg --info(= dpkg-deb --info)更改为dpkg --contents
(= dpkg-deb --contents)进行使用。
```

❶卸载zsh软件包。在此示例中，使用“-P”操作删除所有内容，包括配置文件
❷确认已卸载软件包

apt命令的使用

apt命令是用于管理deb软件包的实用程序。它会自动解决软件包依赖性并进行安装、删除和更新。apt命令可以与网络上的存储库(存储和管理软件包的地方)进行通信，用户可以利用该命令轻松地安装deb软件包并获取最新信息。apt命令通过使用子命令运行。

deb软件包管理
apt [选项] {子命令}

显示软件包信息

用于搜索和显示的主要子命令如下。

表6-2-4 与apt命令的搜索和显示相关的子命令

子　命　令	说　　明
list	显示所有可用的软件包
list-installed	显示已安装的软件包列表
list--upgradeable	显示可更新的软件包
search	显示指定关键字中的相关软件包
show	显示指定软件包的软件包信息

下面是一个执行示例，该示例使用apt命令，通过各种子命令来显示软件包信息。

软件包信息的显示

```
$ apt list --installed  ←❶
..(中间省略)...
adium-theme-ubuntu/bionic,bionic,now 0.3.4-0ubuntu4 all [已安装完成]
adwaita-icon-theme/bionic,bionic,now 3.28.0-1ubuntu1 all [已安装完成]
aisleriot/bionic,now 1:3.22.5-1 amd64 [已安装完成]
...(以下省略)...
$ apt list --upgradeable  ←❷
...(中间省略)...
avahi-daemon/bionic-updates 0.7-3.1ubuntu1.1 amd64 [可以从0.7-3.1ubuntu1更新]
avahi-utils/bionic-updates 0.7-3.1ubuntu1.1 amd64 [可以从0.7-3.1ubuntu1更新]
 base-files/bionic-updates 10.1ubuntu2.3 amd64 [可以从10.1ubuntu2.2更新]
 ...(以下省略)...
$ apt show bash  ←❸
Package: bash
Version: 4.4.18-2ubuntu1
...(以下省略)...
```

❶显示已安装的软件包
❷显示可更新的软件包
❸show子命令用来指定软件包名称并显示软件包的详细信息

软件包的安装和卸载

以下子命令主要用于使用apt命令进行安装、更新和卸载。

表6-2-5 apt与apt命令的安装，更新和卸载相关的子命令

子　命　令	说　　明
install	安装指定的软件包
update	将软件包索引文件与源文件同步
upgrade	将系统中当前安装的所有软件包升级到最新版本。但是，现有软件包不会删除
full-upgrade	与upgrade进行同样的更新软件包操作，但必要时会删除已安装的软件包
remove	保留配置文件，删除软件包
purge	进行强制删除，包括配置文件在内的全部文件

下面是一个执行示例，该示例通过apt命令与各种子命令一起使用以执行安装软件包等操作。

安装和卸载软件包

```
$ sudo apt install zsh ←❶
[sudo] user01的密码: ****
加载软件包列表... 完成
构建依赖关系树
读取状态信息... 完成
建议的软件包:
  zsh-doc
以下软件包将被重新安装:
    zsh
...(以下省略)...
$ apt list zsh ←❷
显示列表 ...完成
zsh / bionic, now 5.4.2-3Ubuntu3 amd64 [已安装完成]
$ sudo apt purge zsh ←❸
正在加载软件包列表... 完成
创建依赖关系树
读取状态信息... 完成
以下软件包将被"删除":
    zsh *
...(中间省略)...
是否要继续? [y / n] y ←❹
(正在安装数据库...现在正在安装131588个文件和目录。)
删除 zsh(5.4.2-3Ubuntu3)
...(以下省略)...
```

❶使用install子命令安装指定的软件包
❷确认当前已安装的zsh软件包
❸使用purge子命令卸载指定的软件包
❹确认卸载，因此这里输入“y”

apt的设置

apt的配置信息记录在/etc/apt/sources.list文件中。在Ubuntu上，此文件描述了要使用的存储库。

apt的配置信息记录在/etc/apt/sources.list文件中。在Ubuntu上，此文件描述了要使用的存储库。

/etc / apt / sources.list文件中的符号如下。

/etc / apt / sources.list文件

类型[选项] uri套件[组件1] [组件2...]

表6-2-6 /etc/apt/sources.list文件的记载内容

文 件	说 明
类型	指定存档类型 ・deb二进制软件包存档 ・deb-src源软件包存档 *下载源软件包时，请删除开头的“#”以启用此条目

（续）

文 件	说 明
uri	指定存储库的URI 示例，http://cn.archive.ubuntu.com 国家/地区代码是官方源软件地址的前两个字符。中国是cn，日本是jp，美国是us，加拿大是ca等。由于官方源的访问速度较慢，可以选用其他国内源软件地址，比如阿里源http://mirros.aliyun.com/ubuntu/
套件	指定Ubuntu发行代码的名称（包括软件类型）。Ubuntu的情况下，代码为bionic。 · bionic主档案库 · bionic-updates ※通过应用补丁程序更新的软件包（不包括安全补丁） · bionic-security ※通过应用安全补丁程序更新的软件包 · bionic-backports ※从新版本移植到此版本的软件包
组件	按发行许可证类型分类的存储库类型 · main Canonical支持的免费软件和开源软件 · universe社区维护的开源软件 · restricted专有的设备驱动程序 · multiverse受许可证限制的软件

以下是/etc/apt/sources.list文件的内容。

/etc / apt / sources.list文件

```
$ cat /etc/apt/sources.list | more
deb http://mirrors.aliyun.com/ubuntu/ bionic main multiverse restricted universe  ←❶
deb http://mirrors.aliyun.com/ubuntu/ bionic updates multiverse restricted universe
deb http://mirrors.aliyun.com/ubuntu/ bionic security multiverse restricted universe
deb http://mirrors.aliyun.com/ubuntu/ bionic proposed multiverse restricted universe
deb http://mirrors.aliyun.com/ubuntu/ bionic backports multiverse restricted universe
```

❶可以从http://mirros.aliyun.com/ubuntu//获取二进制软件包（deb）。该套件将安装包含bionic（Ubuntu 18.04的代码名称）的系统以及属于main和restricted的组件。

使用DVD / ISO映像作为存储库

https://www.ubuntu.com/cn/download提供的Ubuntu Desktop（ubuntu-18.04-desktop-amd64.iso）和Ubuntu服务器（ubuntu-18.04-live-server-amd64.iso）中的ISO映像中仅包含少量（46个）软件包，例如启用EFI的GRUB2引导加载程序和gcc。

与CentOS等RedHat 系列的Linux系统的安装软件包的方式不同，Ubuntu的软件包安装通过复制SquashFS的文件“filesystem.squashfs”（放在casper目录下）中的内容来完成。SquashFS是一种在嵌入式系统中广泛使用的压缩只读文件系统。因此，Ubuntu网站提供的ISO映像不能用作存储库。

为了将DVD / ISO映像用作存储库，用户需要从镜像站点的存储库下载软件包，并需要根据下面的步骤❶～❸自己创建存储库。

❶从镜像站点存储库下载软件包（在此示例中，使用debmirror命令）
❷使用mkisofs命令在下载软件包的目录下创建一个ISO映像
❸使用apt-cdrom命令将DVD / ISO映像注册为sources.list中的存储库

以上步骤中使用的命令语法和选项如下所示。

下载软件包
debmirror [选项]　镜像目录

表6-2-7 debmirror命令的选项

选　项	说　明
-a、--a	指定架构。示例：amd64
-d、--dist	指定发行版本。示例：bionic
-s、--section	指定小节。示例：main 可以指定多个小节，并用逗号分隔。示例：main，restricted
--nosource	不包括源软件包
-h、--host	指定要下载的远程主机
-p、--progress	显示下载进度
--ignore-release-gpg	不使用gpg公钥验证签名
--method	指定用于下载的方法（服务）。示例：-method = http 可以根据远程主机支持的方法指定ftp、https、rsync

创建ISO映像
mkisofs [选项] -o ISO文件名

mkisofs命令是genisoimage命令的符号链接。可以运行任意一个命令。

表6-2-8 mkisofs命令的选项

选　项	说　明
-J	将Joliet扩展添加到ISO9660，以便由Microsoft Windows读取
-R	添加用于UNIX / Linux（POSIX）文件系统的Rock Ridge扩展
-V	指定卷ID（标签名称）
-o	指定输出目标的文件名

注册存储库
apt-cdrom [选项]子命令

可以使用apt-cdrom命令的子命令“add”来注册条目。选项中包括可以指定挂载点的“-d”，以及不用进行挂载/卸载操作的ISO映像的“-m”。

以下是从archive.ubuntu.com主存储库下载amd64架构软件包，并通过DVD / ISO映像创建本地存储库的示例。

另外，通过事先执行“sudo su-”，以root权限执行以下操作。

为本地存储库创建ISO映像

```
# mkdir -p /data/Ubuntu18.04-repo-main  ←❶
# debmirror -a amd64 -d bionic -s main --nosource \
> -h archive.ubuntu.com --progress \
> --ignore-release-gpg \
> --method=http  /data/Ubuntu18.04-repo-main  ←❷
# cd /data/Ubuntu18.04-repo-main  ←❸
# ls -F
dists/  pool/  project/
# ls -F *
dists:
bionic/

pool:
main/

project:
trace/
# du -sh .
5.7G    .  ←❹
# find . -name "*deb" | wc -l
6391  ←❺
# mkisofs -J -R -V "Ubuntu18.04-bionic-main" -o ../Ubuntu18.04-main-repo.iso .  ←❻
# ls -lhF ..
合计 5.7G
-rw-r--r-- 1 root root 5.7G  9月 18 20:42 Ubuntu18.04-main-repo.iso  ←❼
drwxr-xr-x 6 root root 4.0K  9月 18 19:31 Ubuntu18.04-repo-main/
```

❶创建一个目录来作为存储库（在/data目录下大约需要13GB的可用空间）
❷下载存储库的软件包（需要时间）
❸移至下载的目录并检查内容
❹主存储库的容量约为 5.7GB
❺有6391个软件包
❻创建存储库的ISO映像
❼已创建存储库的ISO映像

有关“sudo su-”请参见第3章专栏中的相关内容。

以下是将创建的ISO映像直接用作存储库的示例（稍后将介绍使用DVD介质的示例）。

注册ISO映像条目

```
# mkdir /media/cdrom  ←❶
# vi /etc/fstab
/data/Ubuntu18.04-main-repo.iso  /media/cdrom  iso9660 loop  0  0  ←❷
# mount /media/cdrom  ←❸
# apt-cdrom -m -d /media/cdrom/ add  ←❹
# cat /etc/apt/sources.list
（部分显示）
deb cdrom:[Ubuntu18.04-main-repo]/ .temp/dists/bionic/main/binary-amd64/
↑❺
deb cdrom:[Ubuntu18.04-main-repo]/ bionic main  ←❻

deb http://jp.archive.ubuntu.com/ubuntu/ bionic main restricted
deb http://jp.archive.ubuntu.com/ubuntu/ bionic-updates main restricted
deb http://jp.archive.ubuntu.com/ubuntu/ bionic universe
deb http://jp.archive.ubuntu.com/ubuntu/ bionic-updates universe
...（以下省略）...
```

❶创建/ media / cdrom作为ISO映像的挂载点
❷将此行添加到/ etc / fstab文件的末尾
❸挂载ISO映像
❹注册CD-ROM条目。如果是ISO映像，请指定“-m”选项，这样就不会执行mount / umount
❺❻在文件的开头添加这两行。[]中是标签的名称

通过上述过程，ISO映像可以用作主存储库。

在下面的示例中将编辑sources.list，仅保留CD-ROM上的两行条目，以确保可以将ISO映像用作存储库。

确认可以将ISO映像用作存储库

```
# cd /etc/apt
# cp sources.list sources.list.back
# vi sources.list
deb cdrom:[Ubuntu18.04-main-repo]/ .temp/dists/bionic/main/binary-amd64/
deb cdrom:[Ubuntu18.04-main-repo]/ bionic main ←❶
# apt update -y ←❷
# dpkg --force-depends --purge bc ←❸
# bc
-su: /usr/bin/bc: 这样的文件或目录不存在 ←❹
# apt install bc ←❺
# bc ←❻
bc 1.07.1
...（以下省略）...
^D ←❼
# mv sources.list.back sources.list ←❽
# apt update -y ←❾
```

❶仅保留CD-ROM上的两行条目，然后删除其余条目
❷启用对sources.list的更新
❸忽略依赖关系并删除bc软件包
❹bc命令不起作用
❺安装bc软件包
❻运行bc命令
❼输入<Ctrl + D>退出
❽文件返回到原来状态
❾启用对sources.list的更新

要将mkisofs命令创建的ISO映像记录到DVD，请使用CUI中的cdrecord命令和GUI工具中的Brasero。

由于ISO映像大小约为5.7 GB，超过了DVD-R的4.7 GB的容量上限，因此应使用容量为8.5 GB的DVD-R DL（Dual Layer：双层）之类的储存介质。

将ISO映像录制到DVD介质

```
# cdrecord -v speed=6 dev=/dev/sr0 ../Ubuntu18.04-main-repo.iso
```

以下是将DVD介质插入DVD驱动器并将其用作存储库的示例。

注册DVD介质条目

```
# mkdir /media/apt ←❶
# vi /etc/fstab
/dev/sr0  /media/apt  iso9660 defaults  0  0 ←❷
# apt-cdrom -d /media/apt add ←❸
使用CD-ROM挂载点 /media/ apt / add
进行确认... [76b6ae7c991e3dfe1bd18fb8ae8a56e4-2]
扫描磁盘索引文件...
找到软件包索引为2，源索引为0，翻译索引为2，签名为2。
此磁盘的名称如下所示:
```

```
'Ubuntu18.04-main-repo'
...(中间省略)...
编辑新的源列表
该磁盘的源列表条目:
deb cdrom:[Ubuntu18.04-main-repo]/ .temp/dists/bionic/main/binary-amd64/
deb cdrom:[Ubuntu18.04-main-repo]/ bionic main
对于其余的cd集重复进行此操作
# cat /etc/apt/sources.list ←❹
(部分显示)
deb cdrom:[Ubuntu18.04-main-repo]/ .temp/dists/bionic/main/binary-amd64/
↑❺
deb cdrom:[Ubuntu18.04-main-repo]/ bionic main ←❻
deb http://jp.archive.ubuntu.com/ubuntu/ bionic main restricted
deb http://jp.archive.ubuntu.com/ubuntu/ bionic-updates main restricted
deb http://jp.archive.ubuntu.com/ubuntu/ bionic universe
deb http://jp.archive.ubuntu.com/ubuntu/ bionic-updates universe
...(以下省略)...
```

❶创建/ media / apt作为DVD介质的挂载点
❷将此行添加到/ etc / fstab文件的末尾
❸注册CD-ROM条目
❹内容与注册ISO映像时的内容相同
❺❻在文件的开头添加了这两行。[]中为标签的名称

现在，可以依照以上步骤将DVD介质用作主要存储库。

在下面的示例中，将DVD介质插入DVD驱动器后，确认是否可以将其用作存储库。

确认可以将DVD媒体用作存储库

```
# dpkg --force-depends --purge bc ←A
# bc
-su: /usr/bin/bc: 没有这样的文件或者目录 ←❷
# apt install bc ←❸
# bc ←❹
bc 1.07.1
...(以下省略)...
^D ←❺
```

❶忽略依赖关系并删除bc软件包
❷无法使用bc命令
❸安装bc软件包。自动执行DVD介质的安装和卸载
❹执行bc命令
❺输入<Ctrl + D>终止

6-3

进程管理

监控进程

进程是一个正在运行的程序。系统中始终有多个进程在运行。当用户执行命令时，进程便被创建，并随着程序的结束而消失。显示正在运行的进程的主要命令如下所示。

表6-3-1 显示进程的命令

命 令	说 明
ps	显示进程信息的基本命令
pstree	显示进程的阶段构造
top	周期性地实时显示进程的信息

进程的显示

要查看仅从当前Shell启动的进程，请运行不带参数的ps命令。

进程的显示

```
ps [选项]
```

进程的显示

```
# ps
  PID TTY          TIME    CMD
 5163 pts/1    00:00:00  bash ←❶
 5211 pts/1    00:00:00   ps ←❷
# firefox & ←❸
[1] 6604
# ps
  PID TTY          TIME    CMD
 5163 pts/1    00:00:00   bash
 6604 pts/1    00:00:07   firefox ←❹
 6787 pts/1    00:00:00   ps
```

❶❷进程由同一用户从当前终端启动
❸启动浏览器
❹添加了浏览器进程

ps命令可以使用的选项有多种类型。

◇UNIX选项

可以指定多个选项，并在选项前指定一条短横线“-”。

示例：**ps -p PID**

◇BSD选项

可以指定多个选项，而不指定短横线“-”。

示例：**ps p PID**

◇GNU长选项

在选项前面指定两条短横线“-”。

示例：**ps --pid PID**

主要选项如下。

表6-3-2 ps命令的选项

种类	选项	说明
UNIX	-p	指定PID（进程的ID）
	-e	显示全部进程
	-f	显示详细信息
	-l	以长的格式显示详细信息
	-o	以用户定义格式显示 示例：ps -o pid，comm，nice，pri
	-c	显示与进程有关的信息
BSD	p	指定PID（进程的ID）
	a	显示全部进程
	u	显示详细信息
	x	在没有控制终端的情况下显示进程信息

执行ps命令时显示的主要项目如下。PID是用于标识进程的数字。将不同的PID分配给每个进程，以便即使多次执行同一程序也可以识别它们。

表6-3-3 ps命令的显示项

项目	说明
PID	进程ID
TTY	控制的终端
TIME	运行时间
CMD	命令（运行文件名）

查看流程的父子关系

pstree命令以树结构显示进程的父子关系。

以树状结构显示进程
pstree [选项]

表6-3-4 pstree命令的选项

选 项	说 明
-h	突出显示当前进程及其祖进程
-p	PID的显示

以树状结构显示进程

```
# pstree
systemd─┬─ModemManager───2*[{ModemManager}]
        ├─NetworkManager─┬─dhclient
        │                └─2*[{NetworkManager}]
...(以下省略)...
# pstree -p
systemd(1)─┬─ModemManager(646)─┬─{ModemManager}(664)
           │                   └─{ModemManager}(684)
           ├─NetworkManager(688)─┬─dhclient(746)
           │                     ├─{NetworkManager}(712)
           │                     └─{NetworkManager}(722)
...(以下省略)...
```

可以看到/ lib / systemd / systemd已作为第一个用户进程启动。

有关systemd的内容请参见第2章2-1节中的相关内容。

显示进程信息

top命令是从上次更新到现在，以CPU使用率最高(CPU项目百分比)的顺序定期显示过程信息的命令。默认情况下，更新周期为3秒，但可以使用“-d”选项进行更改。例如，将2秒间隔指定为“-d 2”。请注意，按<q>键会终止执行并返回提示符中。

显示进程信息

```
top [选项]
```

表6-3-5 top命令选项

选 项	说 明
-d 秒数	将秒数作为单位指定更新间隔
-n 数值	指定显示次数的数值

显示进程的信息

```
# top
top -  16:48:26 up  6:06,  3 users,  load average: 0.00, 0.01, 0.05 ←❶
Tasks:  197 total,   2 running, 195 sleeping,   0 stopped,   0 zombie ←❷
%Cpu(s):  0.3 us,  1.0 sy,  0.0 ni, 98.7 id,  0.0 wa,  0.0 hi,  0.0 si,  0.0 st ←❸
KiB Mem :  1882836 total,   117660 free,   894520 used,   870656  buff/cache ←❹
KiB Swap:  1048572 total,   1048572 free,        0 used,   764904  avail Mem ←❺

 PID  USER    PR   NI     VIRT     RES    SHR  S  %CPU  %MEM    TIME+ COMMAND ←❻
6991  root    20    0   161972    2352   1584  R   1.0   0.1  0:04.81    top
6604 user01   20    0  2093012  183280  58496  S   0.3   9.7  0:22.30 firefox
...(以下省略)...
```

执行结果的第一行(❶)是时间的显示。将显示以下信息。

即使CPU使用率较低，但如果平均负载大于处理器数量或处理器核心数量，则负载也会很大。

- **16:48:26**：当前时间
- **up 6:06**：自启动以来的时间
- **3users**：已登录的用户数
- load average：0.00，0.01，0.05：从左到右分别为1、5、15分钟内的平均等待进程数

第二行(❷)显示进程数。将显示以下信息 。

僵尸状态表示该进程已终止，但无法释放资源。

- **Tasks**：显示进程数
- **197 total**:进程的合计数量
- **2running**：运行中的进程数量
- **195 sleeping**：休眠的进程数量
- **0 stopped**：停止状态的进程数量
- **0 zombie**：僵尸状态的进程数量

第三行(❸)显示CPU状态。将显示以下信息。

- **%Cpu(s)**:显示有关CPU的状态
- **0.3 us**：用户进程的使用时间
- **0.0 ni**：更改了执行优先级的用户进程的使用时间
- **98.7 id**：空闲状态的时间
- **0.0 wa**：I/O等待结束的时间
- **0.0 hi**：硬件终端请求的使用时间
- **0.0 si**：软件终端请求的使用时间
- **0.0 st**：使用虚拟化时等待其他虚拟CPU的计算所花费的时间

第4行(❹)显示内存状态。将显示以下信息。

- **KiB Mem**：显示内存状态
- **1882836 total**：内存总容量
- **117660 free**：未使用的内存容量
- **894520 used**：正在使用的内存容量
- **870656 buff /cache**：分配为缓冲区缓存/页面缓存的内存容量

第五行(❺)显示交换区域的使用状态。将显示以下信息。

- **KiB Swap**：显示交换区域的使用状态
- **1048572 total**：交换区域的总大小
- **1048572free**：未使用的交换区域的大小
- **0 used**：正在使用的交换区域的大小
- **764904 avail Mem**：新应用程序无须交换即可使用的内存容量

第六行(❻)是每个进程的显示。见下表所示。

表6-3-6 每个过程的显示字段

字段	说明
PID	任务的唯一进程ID
USER	任务所有者的有效用户名
PR	任务的优先级
NI	任务的nice值
VIRT	任务所使用的虚拟内存的总量 VIRT = SWAP + RES
RES	任务所使用的没有被交换的物理内存
SHR	任务正在使用的共有内存的总量
S	过程状态 D =不可中断的睡眠状态 R =运行中 S =睡眠状态 T =跟踪/已停止 Z =僵尸
%CPU	任务所需要CPU时间的占有率。表示为占总CPU时间的百分比
%MEM	任务现在所使用的可以利用的物理内存的占有率
TIME+	任务开始以后利用的CPU时间的总计
COMMAND	任务关联程序的名字

进程的优先级

在CPU的多个等待运行的进程中，基于**进程的优先级**（priority）来确定要执行的是哪一个进程。通过使用ps -l命令或top命令，显示“NI”项并可以确认优先级。NI将优先级显示为nice值，值越小优先级越高。

显示进程优先级

```
# ps -l
F S   UID   PID  PPID  C  PRI  NI  ADDR SZ   WCHAN    TTY        TIME CMD
4 S     0  5163  5157  0   80   0  - 29056   do_wai   pts/1  00:00:00 bash
0 R     0  7473  5163  0   80   0  - 38300   -        pts/1  00:00:00 ps
# top
...（中间省略）...
 PID  USER      PR    NI     VIRT     RES    SHR   S   %CPU  %MEM    TIME+
COMMAND
 6991 root      20     0   161972    2352   1584   R    1.0   0.1  0:04.81 top
 6604 user01    20     0  2093012  183280  58496   S    0.3   9.7  0:22.30 firefox
...（以下省略）...
```

除实时进程外，正常进程优先级具有**动态优先级**和**静态优先级**(实时进程仅具有静态优先级)。

表6-3-7 优先级类型

优 先 级	说 明
动态优先级	它是根据动态优先级和CPU使用时间计算的，并且随着CPU的使用，优先级会降低，内核内部的值在100到139之间
静态优先级	用户可以通过nice值在一定范围内进行设置。内核内部中的值在100到139之间

nice值的优先级（值越小优先级越高）

nice值	-20	0	19
优先级	高	默认	低

图6-3-1 进程的nice值

内核的调度程序会根据动态优先级选择下一个要执行的进程。静态优先级由进程的nice值决定。可以将“nice”值更改为“-20~19”，但是将其数值改成“100~139”，就会成为内核内部的优先级。

另外，内核中的优先级“0~99”将被分配给实时进程。同样，通过执行ps命令的“-c”选项(例如：ps -ec)或“-o”选项(例如：ps -eo pid，pri，comm)，或“-l”选项(例如：ps -eo)，可以确认PRI字段的优先级。

如表6-3-8所示，内核的内部优先级为“0(高)~139(低)”，而PRI值使用ps命令的“-c”还有“-o”选项表现为“139(高)~0(低)”。另外，ps命令的“-l”表现为“-40(高)~99(低)”。

下面示例中使用ps命令，显示bc进程的优先级。

ps命令执行期间优先级显示的差异

```
# ps  -eo pid,comm,pri   |   grep  bc
 2153  bc                    19
# ps  -ec
 PID   CLS PRI TTY                  TIME CMD
...(中间省略)...
 2153  TS  19  pts/0          00:00:00 bc
...(以下省略)...
# ps -l
F S   UID  PID   PID  C   PRI   NI   ADDR SZ WCHAN    TTY      TIME      CMD
...(中间省略)...
0 T     0  2153  2113  0   80    0  27034   do_sig   pts/0  00:00:00      ps
```

表6-3-8 内核中的优先级，ps命令显示的优先级(PRI值)与nice值之间的关系

优 先 级		高							低
内核内部的优先级		0	…	99	100	…	120	…	139
PRI值	"-c"或者"-o"的情况	139	…	40	39	…	19	…	0
	"-l"的情况	-40	…	59	60	…	80	…	99
nice值		—	—	—	-20	…	0	…	19

进程优先级的变更

使用nice命令将进程优先级更改为默认值

更改进程的优先级
nice [选项] [命令]

如果未指定数值作为选项，那么nice命令会将默认值(0)+10的值作为优先级。可以通过指定"-n"选项来设置指定的优先级。请注意，只有具有root权限的用户才能将优先级指定为一个负值。

以下是更改执行计算处理的bc命令的优先级的示例。

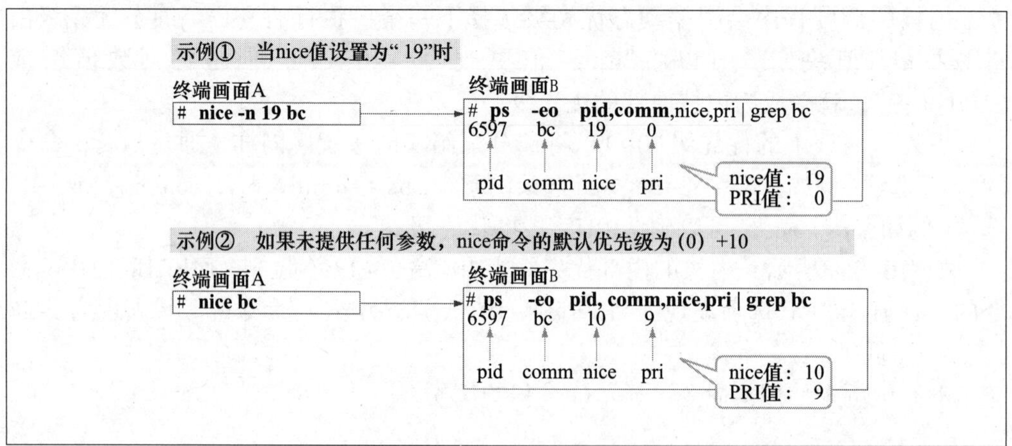

图6-3-2 确认更改和优先级的示例

另外，要更改正在运行的进程的优先级，请使用renice命令或top命令。

更改正在运行的进程的优先级
renice [选项]

用数字指定要赋予该选项的优先级，并使用"-p"选项指定PID以指定要更改的进程。可以仅通过数字值(省略"-n")来指定优先级。renice命令需要root权限才能设置负值。

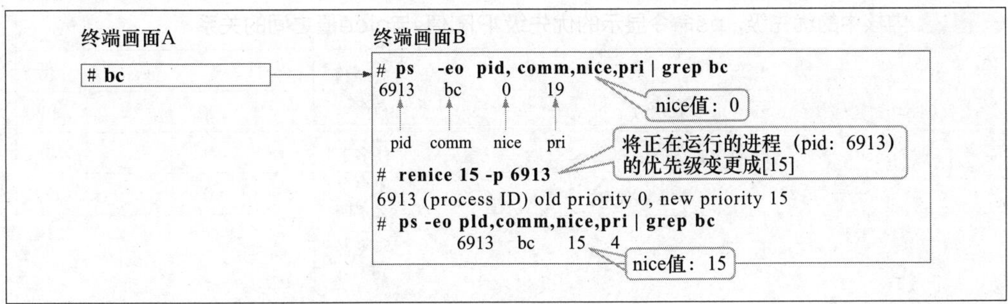

图6-3-3 使用renice命令更改优先级

可以使用top命令更改运行进程的优先级。使用top命令更改优先级的过程如下。

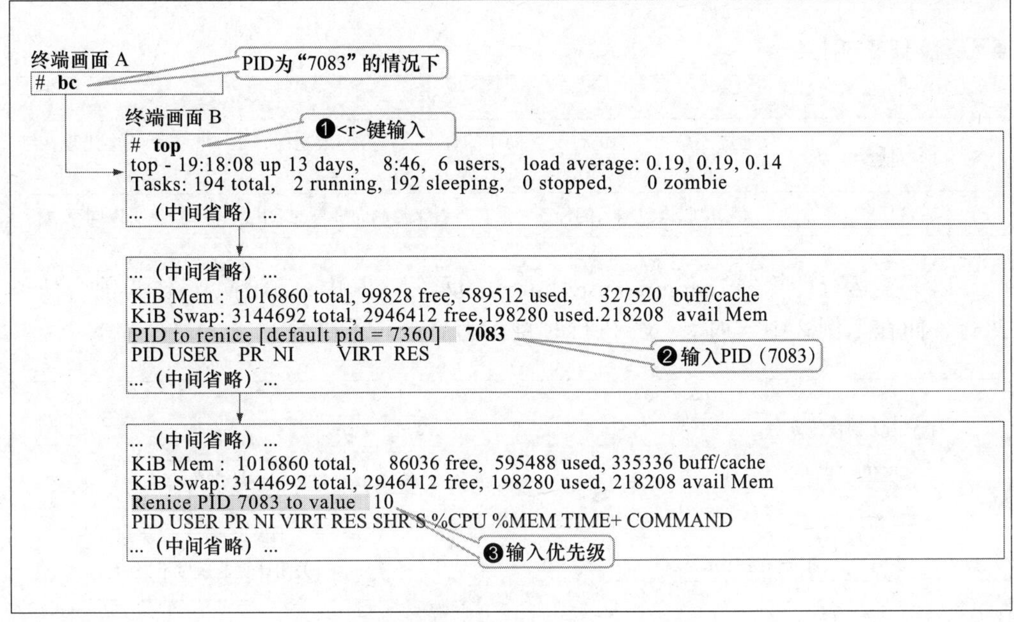

图6-3-4 使用top命令修改优先级

❶在执行top命令后显示进程信息时，请从键盘输入<r>

❷屏幕上会显示“PID to renice”。输入要更改的进程PID（上述示例中为7083），按<Enter>键。

❸屏幕上会显示“Renice PID（指定的PID）to value”。输入优先级（上述示例中为10），然后按<Enter>键。

任务管理

任务是在一个命令行上执行的处理单位。任务被每个Shell管理，并分配任务ID。即使在一个命令行中执行多个命令，整个过程也被视为一项任务。

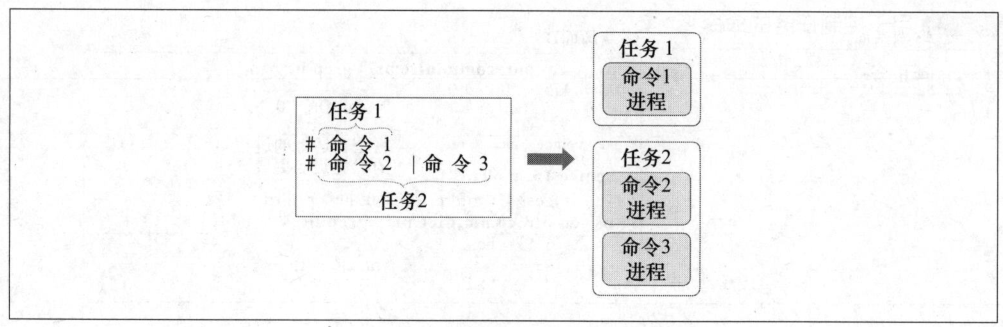

图6-3-5 任务概述

有两种类型的任务，**前台任务**和**后台任务**。

表6-3-9 任务的种类

任 务	说 明
前台任务	通过键盘和终端进行交互操作的任务。任务完成之前，下一个提示不会出现在终端上。每个Shell只能执行一个任务
后台任务	无法接收键盘输入的任务。通过设置来控制向屏幕的输出。多个任务可以同时执行

以下是运行计算器(gnome-calculator)的示例。其中，示例①将作为前台任务执行，而在示例②中，加上“&”执行时将作为后台任务执行。

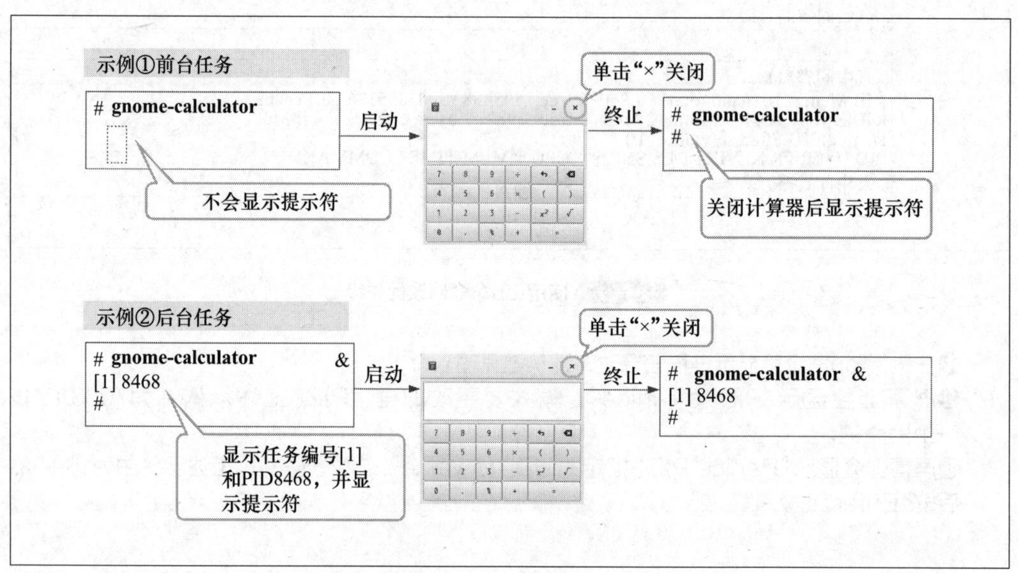

图6-3-6 前台任务和后台任务

如果将其作为后台任务运行，如示例②中所示，提示符将提示用户输入命令，因此可以在同一Shell中运行多个任务。

控制任务的主要命令如下。

表6-3-10 用于控制任务的命令

命 令	说 明
jobs	显示后台任务和暂停的任务
<Ctrl + z>	暂停正在运行的任务
bg %任务ID	将指定的任务移至后台
fg %任务ID	将指定任务移至前台

在下面的示例中，jobs命令用来显示后台任务和挂起的任务，而bg和fg命令则用来在后台和前台之间切换。

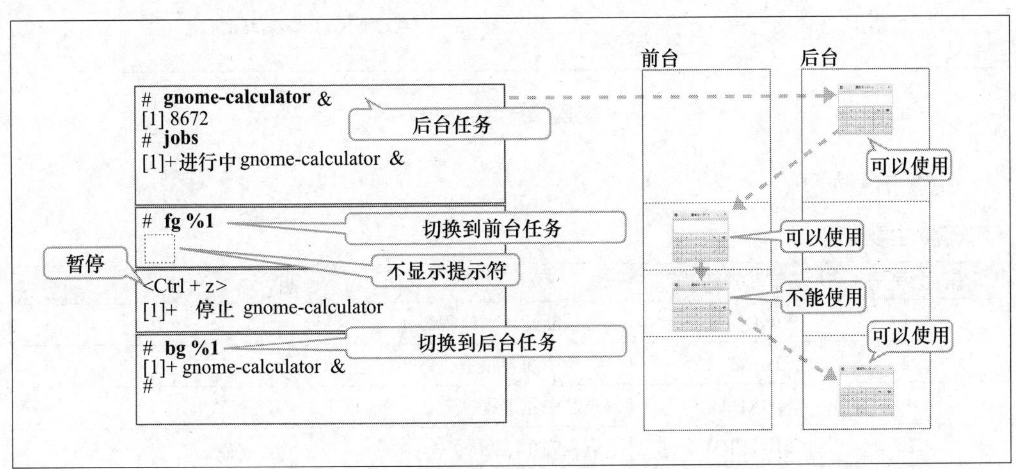

图6-3-7 任务控制

另外，这里将任务ID指定为控制任务的命令的参数，但是如果在运行的Shell中启动一个特定的程序，则可以指定名称而不是任务ID。但是，如果在同一Shell中多次运行同一程序，则指定名称会导致错误，因此必须指定任务ID。

启动一个计算器，并处于暂停状态的情况

```
# jobs
[1]+  停止     gnome-calculator
# bg gnome-calculator ←可以指定名称
[1]+ gnome-calculator &
#
```

启动两个计算器，并处于暂停状态的情况

```
# jobs
[1]+  停止        gnome-calculator
[2]-  停止        gnome-calculator
# bg gnome-calculator ←不能指定名称
-bash: bg: gnome-calculator: 意思不明的任务指定  ←错误信息
# bg %1  ←指定任务
[1]- gnome-calculator &
```

用信号控制进程

信号是通过不同程度的中断来通知进程执行特定操作的机制。通常，一个进程完成处理后会自动消失，但是可以通过向该进程发送信号来从外部终止该进程。信号通过操作键盘或执行kill命令被发送到正在运行的进程。

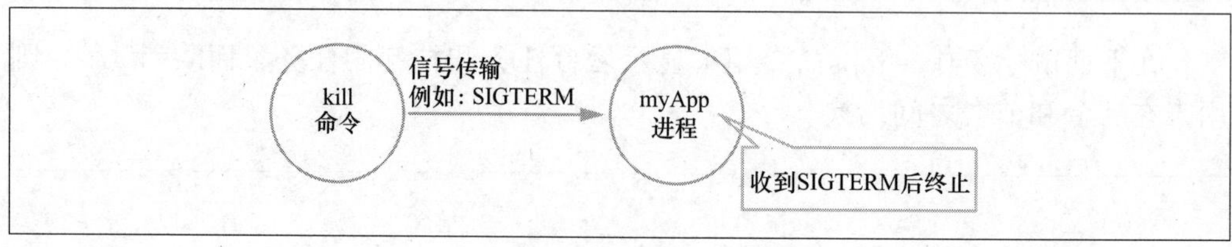

图6-3-8 信号传输

主要信号如下。

表6-3-11 主要信号

信号编号	信号名称	说明
1	SIGHUP	终端断开导致流程终止
2	SIGINT	由于中断导致进程终止（使用<Ctrl + c>)
9	SIGKILL	强制中止进程
15	SIGTERM	进程终止（默认）
18	SIGCONT	再次打开暂停的进程

SIGHUP和SIGINT具有上述默认行为，但是程序（安全程序等）也可以定义特定行为。例如，发送SIGHUP时，许多安全程序会重新加载其配置文件。

如上表所示，如果用户在执行kill命令时未指定特定信号，则会发送默认的SIGTERM（信号编号为15）。

终止进程

```
kill [选项] [信号名称|信号编号] 进程ID
kill [选项] [信号名称|信号编号] %任务ID
```

如果使用“-l”选项执行kill命令，将显示信号名称列表。

使用kill命令

```
# kill -l
 1) SIGHUP       2) SIGINT       3) SIGQUIT      4) SIGILL       5) SIGTRAP
 6) SIGABRT      7) SIGBUS       8) SIGFPE       9) SIGKILL     10) SIGUSR1
11) SIGSEGV     12) SIGUSR2     13) SIGPIPE     14) SIGALRM     15) SIGTERM
...（以下省略）...
```

在下图的示例中，执行bc命令后，检查bc的进程号，发送信号，并显式终止该进程。

示例①
终端画面A
```
# bc ←—— ❶
强制终止 ←—— ❹
```
终端画面B
```
# ps -eo pid,comm | grep bc ←—— ❷
  9398 bc
# kill -SIGKILL 9398 ←—— ❸
```

示例②
终端画面A
```
# bc ←—— ❶
已终止 ←—— ❹
```
终端画面B
```
# ps -eo pid,comm | grep bc ←—— ❷
  9452 bc
# kill 9398 ←—— ❸
```

图6-3-9 进程的中止

在示例①中，执行bc命令(❶)并在另一个终端上使用ps命令检查PID(❷)。然后使用kill命令(❸)发送SIGKILL信号。最后，在执行bc命令的终端屏幕上，接收信号并终止bc进程(❹)。

示例❷使用相同的过程发送信号。尽管未明确指定信号名称或信号编号，但会发送默认的SIGTERM信号(信号编号15)，因此可以确认该进程已终止。也可以省略“SIG”，并像“kill -TERM PID”一样指定它。

清理

默认信号SIGTERM(15)在退出程序之前会对每个应用程序进行必要的清除处理，然后再终止进程本身。在清理过程中，将删除进程使用的资源和锁定文件。

但是，为了使进程不会因为信号SIGTERM(15)而终止，需要使用SIGKILL(9)将其强制终止。如果向进程发送了信号SIGKILL(9)，则该进程将被内核强制终止，从而不会收到信号。因此，不需要做任何清理。

一次结束多个进程

通过指定进程名称，可以使用killall命令发送信号。即使多次执行同一程序，也会为每个进程分配不同的PID。因此，当存在多个具有相同名称的进程并且想一次强制终止它们时，killall命令会很有用。

另外，还提供了与执行killall命令效果相同的pkill命令和由进程名称搜索当前正在运行的进程的pgrep命令。

通过killall命令中止指定名称的进程

killall [选项] [信号名称|信号编号] 进程名称

通过killall命令中止指定名称的进程

```
# ps -eo pid,comm | grep bc ←确认bc进程的PID
 9808 bc
 9809 bc
# pgrep bc ←使用pgrep命令检查bc进程的PID
 9808
 9809
# killall -9 bc ←通过killall命令将编号为9908和9909的两个进程终止
```

6-4

备份和还原

档案文件管理

用户可以将多个文件合并为一个文件，并将其另存为备份数据。将多个文件组合成一个文件的数据称为**归档文件**。用户可以通过压缩归档文件来减少文件大小。此外，还可以通过解压缩将压缩文件恢复到其原始大小。

在这里介绍用于文件的创建和提取，以及压缩和解压缩的命令。

创建档案文件

tar命令的作用是归档该选项指定的文件，显示归档文件中的文件信息，然后提取该文件。“文件名|目录名...”表示输入文件名或目录名，并且可以指定多个名称。

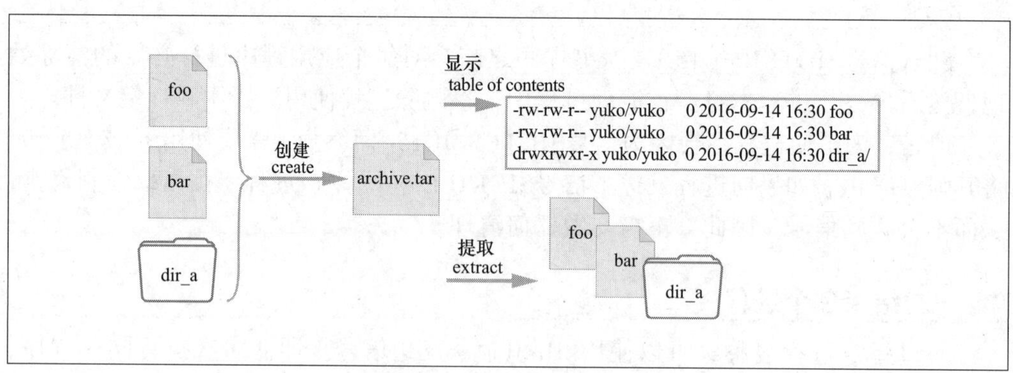

图6-4-1 使用tar命令管理归档文件

存档文件的创建/提取
tar [选项] 文件名|目录名...

表6-4-1 tar命令的选项

选 项	说 明
-c	创建归档文件
-t	显示归档文件的内容
-x	提取归档文件
-f	指定归档文件名字
-v	显示详细信息
-j	通过bzip2过滤归档
-z	通过gzip过滤归档

在下面的示例中，对图6-4-1的示例使用命令行。请注意，指定选项时可以省略“-”（连字符）。

创建存档文件并显示内容

```
$ ls ←❶
bar  dir_a foo
$ tar cf archive.tar foo bar dir_a/  ←❷
$ ls
archive.tar bar dir_a foo ←❸
$ tar tvf archive.tar ←❹
-rw-rw-r-- yuko/yuko         0 2018-09-14 15:05 foo
-rw-rw-r-- yuko/yuko         0 2018-09-14 15:05 bar
drwxrwxr-x yuko/yuko         0 2018-09-14 15:05 dir_a/
```

❶在当前目录中显示文件/目录
❷创建包含文件“foo”和“bar”以及目录“dir_a”的archive.tar
❸确保已创建archive.tar
❹显示archive.tar中的内容

还有一种是存档命令的cpio命令。cpio与tar一样，用于将多个文件和目录归档为一个。但是，tar和cpio具有不同的归档格式。

创建归档文件

```
$ find . | cpio -o > archive.cpio ←❶
$ cpio -it < archive.cpio ←❷
```

❶使用find命令搜索当前目录，并将搜索结果归档为archive.cpio文件
“o”选项表示在archive.cpio文件中创建归档
❷显示archive.cpio文件中的列表。“i”选项表示输入模式，“t”选项表示列表文件

压缩/解压缩命令

系统提供了许多用于压缩/解压缩的命令。在这里，我们介绍zip、compress、gzip和bzip2。

通常，以“zip，compress <gzip <bzip2”的顺序排列，并且右侧的命令具有较高的压缩率。

下表是压缩和解压缩的示例命令行。要压缩的文件名为“TestData”。

表6-4-2 压缩/解压缩命令

形　式	用　途	扩展名/语法
Zip	扩展名	“.zip”
	压缩	zip TestData.zip TestData
	解压缩	unzip　TestData.zip
compress	扩展名	“.Z”
	压缩	compress　TestData ↑压缩文件名为“TestData.Z”
	解压缩	uncompress TestData.Z compress -d TestData.Z

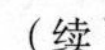
（续）

形 式	用 途	扩展名/语法
gzip	扩展名	".gz"
	压缩	gzip TestData ↑压缩文件名为"TestData.gz"
	解压缩	gunzip TestData.gz gzip -d TestData.gz
bzip2	扩展名	".bz2"
	压缩	bzip2 TestData ↑压缩文件名为"TestData.bz2"
	解压缩	bunzip2 TestData.bz2 bzip2 -d TestData.bz2

除了使用诸如gzip和bzip2之类的压缩命令外，还可以在执行tar命令时使用诸如"z"和"j"之类的选项同时执行存档和压缩/解压缩。

· tar：仅进行存档

· gzip，其他：只进行压缩（减少数据量而不更改内容）

以下执行示例将TestArchive目录压缩为tar.gz文件。

压缩为tar.gz文件

```
$ tar zcvf TestArchive.tar.gz TestArchive/  ←❶
$ ls
TestArchive  TestArchive.tar.gz
$ rm TestArchive.tar.gz  ←❷
$ tar cvf TestArchive.tar.gz TestArchive/  ←❸
$ ls
TestArchive  TestArchive.tar.gz
```

❶将压缩gzip格式的"z"选项显式添加到tar命令中
❷暂时删除TestArchive.tar.gz
❸tar命令自动确认压缩格式并对其进行解压缩或提取，因此指定"z"选项也是可以的

以下示例将TestArchive.tar.gz文件解压缩。

解压缩tar.gz文件

```
$ tar zxvf TestArchive.tar.gz←❶
...（执行结果略）...
$ tar xvf TestArchive.tar.gz←❷
...（执行结果略）...
```

❶将解压缩gzip格式的"z"选项显式添加到tar命令中
❷即使不指定"z"选项也是可以的

数据的复制

dd命令允许用户将设备指定为副本的输入或输出。换句话说，用户可以将磁盘分区中的数据原样复制到另一个分区。

数据的复制

```
dd [if =输入文件名] [of =输出文件名] [bs =块大小] [count =块数]
```

表6-4-3 dd命令的选项

选 项	说 明
if =输入文件名	指定输入文件
of =输出文件名	指定输出文件
bs =块大小	指定用于一次读/写的块大小
conv=转换选项	指定转换选项 noerror：读取错误后继续进行 sync：用NULL填充输入块，直到达到输入缓冲区的大小
count =块数	指定要输入的块数

以下是使用dd命令复制数据的示例。

```
dd if=/dev/sda of=/dev/sdb bs=4096
```

将/dev / sda数据复制到/ dev / sdb。

```
dd if=/dev/sda of=/dev/sdb bs=4096 conv=sync,noerror
```

/dev / sda存在问题，即使出现读取错误仍然想继续复制，请指定noerror。

```
dd if=/dev/zero of=/dev/sda bs=4096 conv=noerror
```

/dev/zero是一个文件，其中所有位均为0(NULL)。将该数据写入/dev/sda。即原始数据被NULL覆盖。

```
dd if=/dev/zero of=test bs=1M count=10
```

创建一个10MB的文件(文件名为test)作为虚拟文件。

备份(数据恢复)

在Linux中，提供了dump命令作为ext2 / ext3 / ext4文件系统的备份命令，也提供了用于还原备份的restore命令。Ubuntu使用ext4作为标准文件系统，因此使用dump和restore命令。另外，在CentOS中，将xfs用作标准文件系统，并提供xfsdump和xfsrestore命令作为备份/恢复的专用命令。接下来，我们将描述各个执行过程。

使用xfsdump和xfsrestore命令(CentOS)

下面通过df命令显示文件系统的磁盘使用情况。指定“-T”选项可以显示文件系统的类型。

有关df命令的更多信息，请参见第7章7-3节中的相关内容。

文件系统的磁盘使用情况

```
$ df -T
文件系统                  类型        1K-块     已使用      可用    已使用%     安装位置
/dev/mapper/centos-root  xfs        8374272  4330096   4044176     52%     /  ←xfs
devtmpfs                 devtmpfs   924672         0    924672      0%     /dev
tmpfs                    tmpfs      941416         0    941416      0%     /dev/shm
tmpfs                    tmpfs      941416      9364    932052      1%     /run
tmpfs                    tmpfs      941416         0    941416      0%     /sys/fs/cgroup
/dev/sda1                xfs        1038336   229392    808944     23%     /boot  ←xfs
tmpfs                    tmpfs      188284        12    188272      1%     /run/user/42
tmpfs                    tmpfs      188284         0    188284      0%     /run/user/1002
```

另外，要备份的文件系统必须是未使用的状态（不能读/写）。因此，将systemd目标切换为“rescue.target”（救援模式）。

切换至救援模式

```
# systemctl rescue
Broadcast message from root@localhost on pts/0 (Mon 2019-04-08 18:23:15 JST):
The system is going down to rescue mode NOW!
```

上面的示例类似于“systemctl isolate result.target”的情况，但是本例中还要向当前登录到系统的所有用户发送通知消息。在本书中，使用xfsdump命令以xfs文件系统为单位进行备份。使用xfsdump命令，可以创建完全备份和增量备份。

以文件系统为单位的备份

xfsdump [选项] -f备份目标 文件系统

表6-4-4 xfsdump命令的选项

选　项	说　明
-f 备份目标文件	指定备份目标文件
-l 级别	指定dump级别（0～9）
-p 间隔	以指定的时间间隔（秒）显示进度

完全备份是指有关文件系统中所有数据的备份。增量备份指仅备份上次备份中的更新。下图是每周备份计划的示例，该计划结合了完整备份和增量备份。

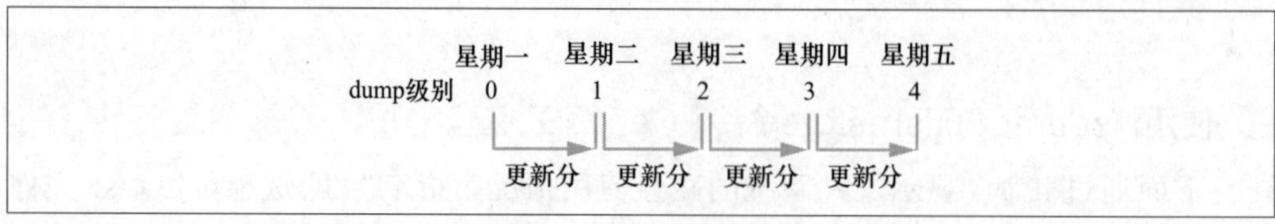

图6-4-2 完全备份和增量备份

要指定其中一个备份，请在dump级别使用“-l”选项进行指定。对于完整备份，请在运行xfsdump命令时将dump级别指定为0。对于增量备份，请指定一个高于先前dump级别的值。最高等级为9级。

在以下示例中，将“/ dumptest”文件系统设置为“backup.dmp”，并通过将dump级别指定为“0”以进行完全备份。

完全备份的例子

```
# df
文件系统类型           1K-块      已使用        可用         已使用%            安装位置
...（中间省略）...
/dev/sdb1       10474496      32948   10441548              1%   /dumptest ←❶
...(以下省略)...
# ls /dumptest  ←❷
memo
# cat /dumptest/memo ←❸
xfsdump backs up files and their attributes in a filesystem.
# xfsdump -l 0 -f backup.dmp /dumptest ←❹
...(中间省略)...
please enter label for this dump session (timeout in 300 sec)  -> full20180914 ←❺
session label entered: "full20180914"
...(中间省略)...
xfsdump: level 0 dump of centos7-1.localdomain:/dumptest
xfsdump: dump date: Fri Sep 14 16:10:06 2018
xfsdump: session id: 7015d50b-afa5-4b0b-a1a6-213336087bef
xfsdump: session label: "full20180914"
  ...(中间省略)...
please enter label for media in drive 0 (timeout in 300 sec)  -> full20180914media ←❻
media label entered: "full20180914media"
...(中间省略)...
xfsdump:   stream 0 /root/dump_test/backup.dmp OK (success)
xfsdump: Dump Status: SUCCESS ←❼
# ls ←❽
backup.dmp
```

❶要备份的文件系统
❷在/ dumptest目录下，存有memo文件
❸检查memo文件的内容
❹文件名为backup.dmp，并通过将dump级别指定为0进行完整备份
❺使用任何标签名进行标记
❻使用任何媒体标签名称进行标记
❼显示成功的信息
❽确认创建了backup.dmp文件

xfsdump的记录保存在/var / lib / xfsdump / inventory目录下。要检查其中的内容，请在xfsrestore命令中指定“-I”选项。

查看备份信息

```
# ls -la
合计 16
drwxr-xr-x. 2 root root  122   9月  14 16:10 .
drwxr-xr-x. 3 root root  23    9月  14 16:10 ..
-rw-r--r--. 1 root root  312   9月  14 16:10 48b7933c-3061-4986-ba29-3a09b8916cbc.InvIndex
-rw-r--r--. 1 root root  5080  9月  14 16:10 c00392fb-ea90-4879-a38a-e6d7616d6174.StObj
-rw-r--r--. 1 root root  576   9月  14 16:10 fstab
```

```
# xfsrestore -I
file system 0:
        fs id:          48b7933c-3061-4986-ba29-3a09b8916cbc
        session 0:
                mount point:    centos7-1.localdomain:/dumptest
                device:         centos7-1.localdomain:/dev/sdb1
                time:           Fri Sep 14 16:10:06 2018
                session label:  "full20180914"
                session id:     7015d50b-afa5-4b0b-a1a6-213336087bef
                level:          0
                resumed:        NO
                subtree:        NO
                streams:        1
                stream 0:
                        pathname:       /root/dump_test/backup.dmp
                        start:          ino 68 offset 0
                        end:            ino 69 offset 0
                        interrupted:    NO
                        media files:    1
                        media file 0:
                                mfile index:    0
                                mfile type:     data
                                mfile size:     22208
                                mfile start:    ino 68 offset 0
                                mfile end:      ino 69 offset 0
                                media label:    "full20180914media"
                                media id:       b19cffb6-5d67-4f18-afd4-938294b113ba
xfsrestore: Restore Status: SUCCESS
```

使用xfsrestore命令进行还原备份。

还原备份

xfsrestore [选项] -f 要进行还原操作的dump源 要进行还原的目标文件系统

要进行还原操作的dump源是通过“-f”选项指定的，要进行还原操作的dump则是通过“-S”或“-L”选项指定的。

表6-4-5 xfsrestore命令的选项

选 项	说 明
-f 源	指定源
-S	指定会话ID
-L	指定会话等级
-l	显示dump的会话ID和会话标签
-r	使用增量备份的过程中指定

以下示例中将使上一节创建的“backup.dmp”文件系统恢复到“/restoretest”文件系统。另外，“-S”选项指定了唯一分配的会话ID(7015d50b-afa5-4b0b-a1a6-213336087bef)。

恢复的示例

```
# xfsrestore -f backup.dmp -S 7015d50b-afa5-4b0b-a1a6-213336087bef /restoretest ←❶
...(中间省略)...
xfsrestore:   stream 0 /root/dump_test/backup.dmp OK (success)
xfsrestore: Restore Status: SUCCESS ←❷
#
# cat /restoretest/memo ←❸
xfsdump backs up files and their attributes in a filesystem.
```

❶将“backup.dmp”恢复到“/ restoretest”文件系统
❷显示成功的信息
❸检查/ restoretest下的memo文件的内容

使用dump和restore命令(Ubuntu)

下面将介绍dump和restore命令的使用。如果未安装dump软件包，请安装它。

安装dump包

```
$ sudo apt install dump
```

只有在救援模式下才能使用dump和restore命令(Ubuntu)，其操作类似于前面介绍的“使用xfsdump和xfsrestore命令(CentOS)”。在救援模式下，必须预先设置root密码，因此，如果未设置，请执行以下操作。

在Ubuntu上设置root密码

```
$ sudo passwd root
输入新的UNIX密码: ****←输入密码
重新输入新的UNIX密码: ****←重新输入密码
passwd: 密码已经更新成功
```

另外，有关在Ubuntu上启动救援模式的内容，请参见第2章专栏中的相关内容。在救援模式下启动时，还请参见有关处理乱码错误信息的说明。

作为dump和restore的示例，由ext4格式化的“/ dev / sdc1(/ dumptest)”将成为备份目标对象。在下面的示例中，将使用df命令显示ext4文件系统的分区。

文件系统的磁盘使用率

```
# df -t ext4
Filesystem      1K-blocks    Used    Available    Use%   Mounted on
/dev/sda1        10253588  6646036     3066984     69%   /
/dev/sdc1        10254612    36876     9677116      1%   /dumptest
```

在以下示例中，dump命令用于将“/ dumptest”文件系统完整备份到“backup.dmp”，此时dump级别指定为“0”。

完全备份的例子

```
# ls /dumptest ←❶
memo
# cat /dumptest/memo ←❷
dump test.
# dump 0uf backup.dmp /dumptest ←❸
...（结果省略）...
# ls ←❹
backup.dmp
# cat /var/lib/dumpdates ←❺
/dev/sdc1 0 Mon Apr  8 18:32:57 2019 +0900
```

❶/ dumptest 目录下当前存在的memo文件
❷确认memo文件的内容
❸dump命令中的选项“0”用于完整备份，“u”选项用于更新/ var / lib / dumpdates（记录执行dump命令日期的文件），“f”选项用于指定存档名称
❹确认已经创建了backup.dmp文件
❺备份记录存储在/ var / lib / dumpdates中

要还原备份，请使用restore命令。以下示例将“backup.dmp”文件系统还原到“/restoretest”文件系统。

恢复的示例

```
# cd /restoretest ←❶
# pwd
/restoretest
# restore rf /root/backup.dump ←❷
# ls ←❸
memo  restoresymtable
# cat memo ←❹
dump test.
```

❶移至/ restoretest
❷restore命令中的选项“r”用于还原，选项“f”用于指定存档名称
❸memo文件已还原到当前目录中
❹确认memo文件的内容

备份文件的传输

用户可以使用rsync命令在本地主机上的目录之间进行备份和同步，并从本地主机到远程主机，以及从远程主机到本地主机之间进行备份和同步。

要复制所有者、组和权限，请使用“-a”选项，并将远程主机账号指定为“用户名@主机名：目录”。

传输备份文件
rsync [选项]复制源 复制目标

表6-4-6 rsync命令的选项

选 项	说 明
-a、--archive	归档模式。等效于-rlptgoD（即同时指定-r、-l、-p、-t、-g、-o和-D选项）
-r、--recursive	递归复制目录
-l、--links	复制符号链接
-p、--perms	保持权限不变
-t、--times	保留文件修改时间
-g、--group	保持文件组完整
-o、--owner	保持文件所有者不变（仅在目标账户为root时有效）
-v、--verbose	显示传输文件名
-z、--compress	在传输过程中压缩文件数据
-u、--update	如果目标文件较新，将不会进行复制
--delete	在源处删除的文件也会在目标处删除
-e、--rsh=COMMAND	指定一个远程Shell。默认值为“-e ssh（--rsh = ssh）”

以下执行示例是将用户yuko的主目录复制到“/root/dump_test/yuko20180914”目录下的示例。

复制主目录

```
# rsync -av /home/yuko  /root/dump_test/yuko20180914
sending incremental file list
created directory yuko20180914
yuko/
...（以下省略）...
```

另外，如果复制源目录是“/ home / yuko /”（末尾带有斜杠），而不是本例中的“/ home / yuko”，则复制到yuko20180914下的目录将不包含yuko目录的文件和目录。

6-5

日志收集和调查

日志文件

管理员必须查看系统中发生的各种日志记录。有必要检查系统中是否存在严重问题，是否有任何迹象，或者说是否存在恶意攻击或其准备措施。这里将使用“各种各样的记录”来确认这一点。

日志记录了系统和应用程序的运行状态、使用状态以及发生的各种其他事件。因此，记录日志的文件称为**日志文件**。

主要日志文件

由于发行版本的类型、应用程序的类型和设置的不同，本书介绍的日志文件的名称和位置可能有所不同。另外，根据日志文件的类型，检查内容的方法也会有所不同。

◇**文本格式**

可以直接使用cat、less和tail等命令以文本格式浏览/确认日志文件的内容。但是，日志信息的格式取决于日志文件的类型。

◇**二进制格式**

可以使用专用命令查看/检查二进制日志文件的内容。

以下是CentOS和Ubuntu的主要日志文件。表中带阴影的行是“二进制格式”日志文件。

表6-5-1 CentOS的主要日志文件

文件名	说明
/var/run/utmp	存储当前登录到系统的用户的信息。使用who命令显示
/var/log/wtmp	存储登录用户、使用时间以及系统重启信息。使用last命令显示
/var/log/btmp	储存历史登录错误，例如密码认证失败。使用lastb命令来显示
/var/log/messages	存储很多主系统日志信息。有关详细信息，请参见后面的详细内容
/var/log/dmesg	在引导时存储从内核输出的消息
/var/log/maillog	存储有关邮件系统的信息，其中包括诸如检测到的硬件和引导顺序之类的信息
/var/log/secure	存储与安全性相关的信息，例如用户身份验证
/var/log/lastlog	存储每个用户的最后登录信息。使用lastlog命令显示
/var/log/yum.log	存储包管理系统的yum的历史记录信息
/var/log/cron	存储调度服务的cron的历史记录信息

表6-5-2 Ubuntu的主要日志文件

文件名	说明
/var/log/wtmp	存储登录用户，使用时间和系统重启信息使用最后一个命令来显示。
/var/log/btmp	存储无效的登录历史记录，例如密码认证失败。使用lastb命令显示
/var/log/auth.log	将登录历史记录信息存储到系统中
/var/log/syslog	存储大量系统日志信息。
/var/log/kern.log	存储从内核输出的消息信息
/var/log/boot.log	在系统启动时存储服务启动消息
/var/log/dmesg	包含在启动时从内核输出的消息
/var/log/maillog	包含有关邮件系统的信息，包括有关检测到的硬件和启动顺序的信息
/var/log/lastlog	包含每个用户的最后登录信息。使用lastlog命令显示
/var/log/apt/history.log	存储软件包管理系统的apt历史信息

在下面示例中，CentOS系统浏览文本格式和二进制格式的日志文件。

浏览各种日志（CentOS）

```
# cat /var/log/yum.log ←❶
...（中间省略）...
Sep 12 14:43:11 Installed: httpd-2.4.6-80.el7.centos.1.x86_64
...（以下省略）...
# who ←❷
yuko     pts/0     2018-09-17 10:57 (gateway)
# last ←❸
...（中间省略）...
user01   pts/1        10.0.2.15          Fri May  18  17:12 - 17:12  (00:00)
user01   pts/0        gateway            Fri May  18  17:11 - 18:06  (00:54)
reboot   system boot  3.10.0-862.2.3.e   Fri May  18  17:04 - 18:06  (01:02)
root     pts/0        gateway            Thu May  17  17:53 - down   (00:03)
reboot   system boot  3.10.0-862.2.3.e   Thu May  17  17:48 - 17:57  (00:08)
...（中间省略）...
wtmp begins Mon May 14 16:27:05 2018
# lastlog ←❹
用户名          端口      场所          最近登录
root            pts/0                   星期一  9月  17  11:41:06 +0900  2018
...（中间省略）...
yuko            pts/0     gateway       星期一  9月  17  10:57:08 +0900  2018
ryo             pts/1     localhost     星期一  8月  20  12:51:51 +0900  2018
...（以下省略）...
```

❶参见包管理系统的yum的历史记录信息
❷使用who命令查看/ var / run / utmp。显示当前登录到系统的用户信息
❸使用last命令查看/ var / log / wtmp。显示登录用户、使用时间和系统重启信息
❹使用lastlog命令查看/ var / log / lastlog。显示每个用户的最后登录信息。

收集和管理日志的软件

记录系统日志的主要目的是检测故障并调查故障原因。近年来，对多个服务器进行集中管理的情况日渐增多，并且还需要可靠性，以防止由于网络故障或机器故障而导致日志丢失的情况。有各种日志软件可以满足这些需求。

收集系统日志的Linux软件包括syslog、rsyslog、syslog-ng和systemd-journald。

表6-5-3 日志软件

种 类	概 述
syslog	这种软件是这四种类型中最古老的一种，并已由RFC5424标准化为syslog协议，其中包括“功能”（facility）、“优先级”（priority）等作为日志消息的定义
rsyslog	这种日志软件基于Syslog协议，具有诸如使用TCP、支持多线程、增强的安全性、支持各种数据库（MySQL、PostgreSQL、Oracle等）等功能。另外，其配置文件rsyslog.conf与syslog的配置文件syslog.conf向后兼容
syslog-ng	从3.0版开始，它支持RFC5424的syslog协议，并具有使用TCP和消息过滤等功能。由于主配置文件syslog-ng.conf与syslog的配置文件syslog.conf具有不同的格式，因此不兼容
systemd-journald	这是systemd提供的功能之一，在采用systemd的系统中，系统日志由systemd-journald（它是systemd日志安全程序）收集。可以使用journalctl命令以各种方式搜索和显示存储的日志。systemd-journald还具有与syslog协议兼容的接口，可以将收集的系统日志传输到其他Syslog安全程序（如rsyslogd）中进行存储

○ rsyslog和systemd-journald的集成

systemd-journald具有作为独立的日志管理系统进行收集、存储和管理日志的功能，并且可以通过journalctl命令显示存储的日志（稍后进行描述）。

另外，在CentOS和Ubuntu中，它被设置为与rsyslog一起使用，以便systemd-journald收集日志，以及rsyslog存储并管理收集的日志。此配置是通过rsyslogd配置文件/etc/rsyslogd.conf中的以下全局指令完成的。

在CentOS的默认设置中，rsyslogd在“$ ModLoad imjournal”命令的设置下从/ run / log / journal目录中获取数据。

在Ubuntu的默认设置中，基于有关“module（load ="imuxsock"）”的设置，rsyslogd从套接字文件/ run / systemd / journal / syslog中获取数据。

在本书中简单介绍了rsyslog和systemd-journald。

使用rsyslog收集和管理日志

rsyslog由rsyslogd安全程序控制。rsyslogd安全程序是sysklogd的增强版本，它提供增强的过滤功能、受密码保护的消息中继、各种配置选项、输入/输出模块，并支持通过TCP或UDP协议的传输。

在配置文件/etc/rsyslog.conf中可以找到rsyslogd维护的日志文件列表。

/etc / rsyslog.conf文件

```
# cat /etc/rsyslog.conf
...（中间省略）...
*.info;mail.none;authpriv.none;cron.none        /var/log/messages
authpriv.*                                      /var/log/secure
...（以下省略）...
```

大多数日志文件存储在/ var / log目录下。另外，在/etc/rsyslog.conf中描述了与日志相关的各种设置。文件中的条目由两个字段组成，一个是选择器，另一个是行动。

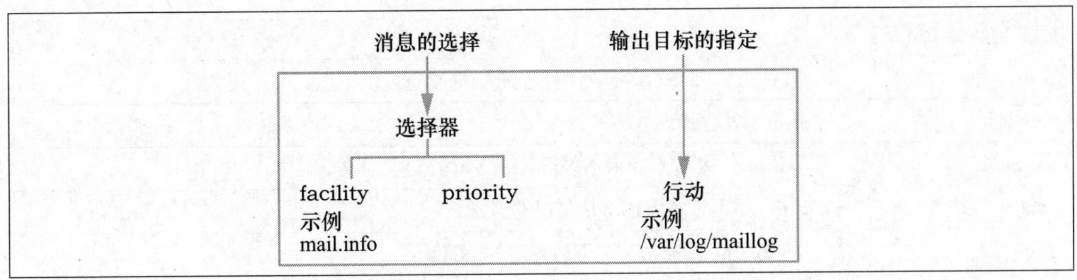

图6-5-1 /etc/rsyslog.conf中的条目

选择器字段由“**facility.priority**”指定，是用于选择要处理的消息的字段。facility表示消息的功能。priority表示消息的优先级。行动字段用于指定使用选择器字段所选择的信息的输出位置。

facility取kern（kernel）时表示发送的消息是内核消息。指定“facility.priority”时，将会记录指定优先级或更高优先级以上的所有消息。

要仅指定特定优先级，请使用“**facility = priority**”。“*”表示指定所有优先级。

facility可以由以下任意关键字表示。

表6-5-4 facility列表

facility	facility代码	说　明
kern	0	内核信息
user	1	用户等级信息
mail	2	邮件系统
daemon	3	系统安全程序
auth	4	安全/身份验证消息，最新的系统使用authpriv而不是auth
syslog	5	syslog的内部信息
lpr	6	Line Pinter子系统
news	7	news子系统
uucp	8	UUCP子系统
cron	9	cron安全程序
authpriv	10	安全/身份验证信息（私人的）
ftp	11	ftp安全程序
local0 ~ local 7	16 ~ 23	保留给本地用

priority代表消息的优先级。

表6-5-5 priority列表

priority	说　明
emerg	emergency：紧急情况下，系统将无法使用
alert	alert：需要进行紧急处理

（续）

priority	说　明
crit	critical: 需要进行紧急处理，比alert的紧急度低
err	error：发生错误
warning	warning：警告。如果不进行处理将可能发生错误
notice	notice：不正常但也不是错误的信息
info	information：通常情况下运行时的信息
debug	debug：调试信息
none	none：不记录日志信息

行动字段可以指定输出位置。

表6-5-6 行动字段

行　动	说　明
/文件的绝对路径	输出到绝对路径指定的文件或设备文件。如果以“-”（连字符）开头，则表示写入后不执行同步。这样可以提高性能
| 命名管道	将消息输出到指定的命名管道。具有命名管道输入的程序可以读取此消息
@ 主机名	指定要将日志传输到的远程主机
*	发送给所有已登录的用户（在用户终端上显示）
用户名	发送给由用户名指定的用户（在用户终端上显示）

以下是CentOS上/etc/rsyslog.conf的设置示例。

/etc / rsyslog.conf的设置示例（CentOS）

```
*.info;mail.none        /var/log/messages  ←❶
mail.*                  /var/log/maillog ←❷
```

❶与电子邮件相关的日志消息因为很频繁所以被排除，因此除此以外的所有信息都记录在/ var / log / messages中
❷所有与邮件相关的日志全部都记录在/ var / log / mailiOg的mail日志中

另外，默认的rsyslog.conf具有以下的描述。

```
*.info;mail.none;authpriv.none;cron.none        /var/log/messages
```

除mail、authpriv（专用身份验证）和cron的信息以外的所有消息都记录在“/ var / log / messages”中。在Ubuntu上，配置/etc/rsyslog.conf（全局设置）和/etc/rsyslog.d/50-default.conf（个别设置）。如以下执行示例的❶所示，除facility取auth和authpriv以外的所有消息都被记录在/ var / log / syslog中。

/etc / rsyslog.d / 50-default.conf的设置示例（Ubuntu）

```
$ cat /etc/rsyslog.d/50-default.conf
...（中间省略）...
auth,authpriv.*                 /var/log/auth.log
*.*;auth,authpriv.none          -/var/log/syslog ←❶
#cron.*                         /var/log/cron.log
#daemon.*                       -/var/log/daemon.log
kern.*                          -/var/log/kern.log
...（以下省略）...
```

发送facility和priority消息

logger命令可以将任何facility和priority的消息发送到rsyslogd安全程序。

在系统日志记录器中创建条目

```
logger [选项] [信息]
```

表6-5-7 logger命令的选项

选 项	说 明
-f	发送指定文件的内容
-p	指定facility priority，默认值为user.notice

以下是在CentOS上运行logger命令的示例。使用“-p”选项将消息“Syslog Test”发送到facility为“users”和priority为“info”的rsyslogd安全程序。

在系统日志中创建条目

```
# logger -p user.info "Syslog Test" ←❶
# tail /var/log/messages | grep Test ←❷
Sep 14 17:36:37 centos7-1 root: Syslog Test
```

❶使用logger命令向rsyslogd安全程序发送消息
❷检查条目❶的内容是否已经写在/ var / log / messages中

在下面的示例中将创建一个命名管道(FIFO)，并通过该命名管道读取写入到“/ var / log / messages”的消息。

使用命名管道读取消息

```
# mkfifo /var/log/syslog.err.fifo ←❶
# ls -l /var/log/syslog.err.fifo
prw-r--r--. 1 root root 0  9月 14 17:37 /var/log/syslog.err.fifo ←❷
# vi /etc/rsyslog.conf
*.err                | /var/log/syslog.err.fifo ←❸
# systemctl restart rsyslog ←❹
# logger -p user.err "Syslog Test2" ←❺
# cat < /var/log/syslog.err.fifo ←❻
2018-09-14T17:39:05.283933+09:00 centos7-1 root: Syslog Test2
```

❶创建FIFO（命名管道）
❷文件类型为“p”
❸添加这一行。这会将err以上的消息传递到/var/log/syslog.err.fifo（管道）
❹重新启动rsyslog服务
❺使用logger命令将消息发送到rsyslogd安全程序
❻从syslog.err.fifo管道中读取

命名管道(FIFO)是用于进程间通信的管道的扩展。

日志文件轮换

logrotate命令是一种可以用于轮换日志文件(切割日志文件，仅保留指定轮换次数为止的旧日志)的工具。它可以每周轮换一次，仅保留前4周的旧日志文件。

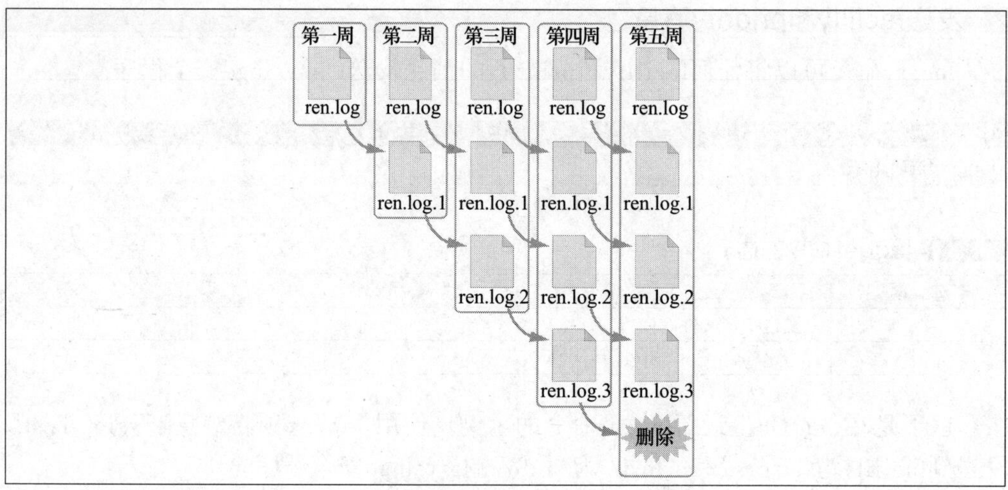

图6-5-2 日志文件的轮换

每个文件的轮换在/etc/logrotate.conf文件中定义。在此文件中，指定了默认设置和外部设置文件（/etc/logrotate.d目录下的文件）的读取。以下是CentOS上/etc/logrotate.conf的设置示例（已省略注释行）。

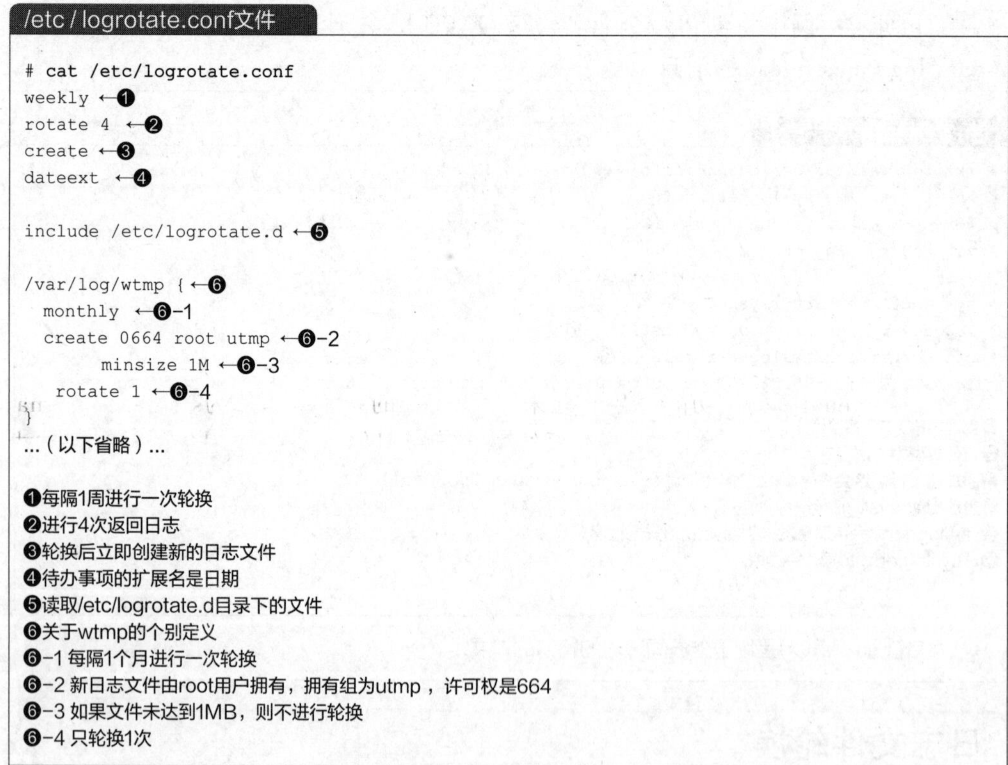

/etc / logrotate.conf文件

```
# cat /etc/logrotate.conf
weekly ←❶
rotate 4 ←❷
create ←❸
dateext ←❹

include /etc/logrotate.d ←❺

/var/log/wtmp { ←❻
  monthly ←❻-1
  create 0664 root utmp ←❻-2
       minsize 1M ←❻-3
   rotate 1 ←❻-4
}
...（以下省略）...
```

❶每隔1周进行一次轮换
❷进行4次返回日志
❸轮换后立即创建新的日志文件
❹待办事项的扩展名是日期
❺读取/etc/logrotate.d目录下的文件
❻关于wtmp的个别定义
❻-1 每隔1个月进行一次轮换
❻-2 新日志文件由root用户拥有，拥有组为utmp，许可权是664
❻-3 如果文件未达到1MB，则不进行轮换
❻-4 只轮换1次

使用logrotate命令，可以在配置文件中指定日志名称、间隔和循环次数。通常，logrotate命令每天由/etc/cron.daily/logrotate脚本运行一次。

日志文件轮换

logrotate [选项] 配置文件

通常，配置文件使用/etc/logrotate.conf，但是也可以指定任何文件。以下示例在CentOS中将/etc/logrotate.conf中定义的轮换间隔从“weekly”（每周）更改为“daily”（每天），并执行logrotate命令。

日志文件轮换（CentOS）

```
# head -5 /etc/logrotate.conf
       # see "man logrotate" for details
       # rotate log files weekly
       #weekly ←❶
       daily ←❷

# ls /var/log/messages* ←❸
/var/log/messages              /var/log/messages-20180907
/var/log/messages-20180914
# date ←❹
2018年  9月 16日 星期日 00:01:56 CST
# logrotate /etc/logrotate.conf ←❺
# ls /var/log/messages* ←❻
/var/log/messages              /var/log/messages-20180907
/var/log/messages-20180914     /var/log/messages-20180916
```

❶将weekly注释掉
❷添加daily
❸确认当前message文件
❹确认当前的日期
❺执行logrotate命令
❻添加已执行日期（20180916）文件

使用systemd-journald收集和管理日志

这是systemd提供的功能之一，在采用systemd的系统中，作为systemd-journal安全程序的systemd-journald将收集系统日志。可以使用journalctl命令以各种方式搜索和显示存储的日志。

systemd-journald从非易失性存储（/ var / log / journal / {machine-id} / *.journal）或易失性存储（/ run / log / journal / {machine-id} / *.journal）中将收集的日志作为结构化的二进制数据进行储存。

在非易失性存储中，文件将在系统重新引导后保留下来，但在易失性存储中，它们将在重新引导后消失。

tmpfs挂载在用于易失性存储的/ run目录中。tmpfs在内核的内部内存缓存区域中创建，有时也在交换区域中创建。

通过配置文件/etc/systemd/journald.conf中的参数Storage来指定是存储在易失性存储还是非易失性存储。

安装过程中的/etc/systemd/journald.conf文件（节选）

```
# cat /etc/systemd/journald.conf | grep Storage
#Storage=auto
```

可以使用以下三种方法来指定参数Storage的值，如下表所示。

表6-5-8 参数Storage的值

Storage的值	说　明
auto	如果目录/var / log / journal存在，则存储在该目录下，否则存储在/ run / log / journal下
persistent	存储在/var / log / journal下
volatile	存储在run/log/journal下

如果未在/etc / systemd / journald.conf中指定Storage的值，则默认值为auto。

通过journalctl命令显示日志。

通过journalctl命令，可以查看systemd-journald收集并结构化以后存储的二进制数据日志，但却无法查看其他安全程序（例如syslogd和rsyslogd）收集的日志。journalctl命令主要是通过指定选项并指定"字段 = 值"以各种形式搜索和查看日志。

搜索和查看日志

journalctl [选项] [字段=值]

表6-5-9 journalctl命令的选项

选　项	说　明
-b、--boot	显示以ID指定的从引导到停止的日志 示例1："-b 1"第一次引导。示例2："-b -1"先前引导
-e、--pager-end	跳到最新的部分并进行显示
-f、--follow	实时显示信息
-n、--lines	指定要显示的最新条目数。示例：用"-n 15"显示最新的15个条目
-o、--output	指定输出格式。示例：用"-o verbose"显示详细信息
-p、--priority	显示指定优先级的日志
-r、--reverse	以相反的顺序显示。最新的部分显示在顶部
--no-pager	显示时不使用程序分页工具
--since	显示指定日期时间以后的内容
--until	显示指定日期时间以前的内容

可以通过“--since =”和“--until =”来显示指定时间范围内的日志。通过指定“-p”或“--priority =”，可以指定并显示系统日志的优先级。

表6-5-10 journalctl命令的主要字段值

字 段	说 明
PRIORITY	syslog优先级。示例：PRIORITY = 4（警告）
SYSLOG_FACILITY	syslog工具。示例：SYSLOG_FACILITY = 2（邮件）
_PID	进程ID。示例：_PID = 588
_UID	用户ID。示例：_UID = 1000
_KERNEL_DEVICE	内核设备名称。示例：_KERNEL_DEVICE = c189：256
_KERNEL_SUBSYSTEM	内核子系统名称。示例：_KERNEL_SUBSYSTEM = usb

通过指定“SYSLOG_FACILITY =”，可以指定并显示syslog的facility代码。如果指定两个或多个不同的字段，则将显示与它们中任何一个匹配的条目（它将成为多个条件的AND）。此外，如果指定两个或多个相同类型的字段，则将显示与任何一个字段匹配的条目（它将是多个条件的OR）。

以下示例将使用journalctl命令显示符合条件的日志。

查看从2018年8月19日9:00到2018年8月21日17:00之前的日志（节选）

```
# journalctl --since="2018-08-19 09:00:00" --until="2018-08-21 17:00:00"
8月 20 23:02:39 localhost.localdomain systemd-journal[82]: Runtime journal is using 7.2M
...（省略）
...（中间省略）...
8月 21 14:30:01 centos7-1.localdomain systemd[1]: Started Session 110 of user root.
8月 21 14:30:01 centos7-1.localdomain CROND[21123]: (root) CMD (/usr/
lib64/sa/sa1 1 1)
```

显示优先级高于警告的日志（节选）

```
# journalctl -p warning
8月 20 23:02:50 centos7-1.localdomain chronyd[505]: System clock wrong by 0.858926
seconds, adjustment started
8月 20 23:02:50 centos7-1.localdomain kernel: Adjusting kvm-clock more
than 11% (9437186 vs 9311354)
```

显示facility取mail的日志（facility代码= 2）（节选）

```
# journalctl SYSLOG_FACILITY=2
8月 20 23:02:44 centos7-1.localdomain postfix/postfix-script[1306]: starting the Postfix
mail system
8月 20 23:02:44 centos7-1.localdomain postfix/master[1315]: daemon started
-- version 2.10.1, ...（省略）
```

6-6

调整系统时间

系统时钟

Linux系统上的时间由系统时钟进行管理。系统时钟将作为以下两个数据存储在Linux内核内存中，并且该时钟通过间隔计时器的中断进行计时。

- 自1970年1月1日0：00：00：01起经过的秒数
- 自当前秒起经过的纳秒数

间隔计时器是主板上的集成电路，使用中断向量IRQ0周期性地产生中断。生成并提前系统时钟的时间

- 主板（Mother Board）：是具有CPU和内存的主要硬件的电路板。
- 集成电路（Integrated Circuit, IC）
- IRQ0（Interrupt Request 0）：中断号0

所有的时间都将参照系统时钟时间，例如i-node中记录的文件访问时间和服务器进程，以及内核记录的事件发生时间。date命令会显示系统时钟的时间。

有关i-node的更多信息，请参见第3章3-3节中的相关内容。

显示系统时钟的时间

```
$ date
2018年  7月 17日 星期二 20:55:39 CST
```

时间显示有两种类型：**协调世界时**（UTC）和**本地时间**（地区标准时间）。

◇世界协调时（Coordinated Universal Time，UTC）

基于原子钟的通用标准时间设置，与基于天文观测的GMT（格林尼治时间）几乎相同。

◇本地时间

这是所有国家和地区通用的本地标准时间，在中国，它是CST（中国标准时间）。UTC与CST之间存在8个小时的时差，也就是说CST比UTC早8个小时。

时差信息存储在/usr/share/zoneinfo目录下与本地时间有关的文件中。

显示时差信息的示例

```
$ ls -F /usr/share/zoneinfo/
Africa/       Canada/   GB        Indian/   Mexico/   ROK         iso3166.tab
America/      Chile/    GB-Eire   Iran      NZ        Singapore   leapseconds
Antarctica/   Cuba      GMT       Israel    NZ-CHAT   Turkey      posix/
Arctic/       EET       GMT+0     Jamaica   Navajo    UCT         posixrules
Asia/         EST       GMT-0     Japan     PRC       US/         right/
...（以下省略）...
```

根据安装Linux系统时指定的时区，相应的文件将被复制到/ etc / localtime目录下并使用。

如果选择“亚洲/上海”作为时区，则/ usr / share / zoneinfo / Asia / Shanghai将被复制到/ etc / localtime目录下，本地时间将是CST。

查看本地时间

```
$ ls -l /etc/localtime
lrwxrwxrwx. 1 root root 32  7月  1  2018 /etc/localtime -> ../usr/share/
zoneinfo/Asia/Shanghai
```

系统时钟使用UTC。像date命令的执行示例一样，使用CST显示时，UTC会根据/ etc / localtime中的时差信息转换为CST显示。也可以使用date命令将其显示为UTC。

显示系统日期和时间

```
$data--utc   ←UTC（世界标准时间）的显示
2018年 7月17日 星期二 13:04:55 UTC
$ date ←CST（中国标准时间）的显示
2018 7月17日 星期二 21:04:56 CST
```

硬件时钟

硬件时钟是主板上的集成电路提供的时钟。该集成电路配有备用电池，因此即使PC关闭，时钟也会进行计时。也称为实时时钟（RTC）或CMOS时钟。

如果关机或关闭系统电源，则内存中的系统时钟的值将丢失。系统开始供电或引导时，硬件时钟将会被用于设置系统时钟值。

NTP

网络时间协议（NTP）是用于同步时间的协议。用户可以使用NTP设置系统时钟时间。

计算机可以通过NTP来引用网络上其他计算机的时间，并同步该时间。NTP在称为stratum（阶层）的层次结构中管理时间。原子钟、GPS和标准无线电波为最高阶层stratum0，使用它们作为时间源的NTP服务器成为stratum1。从stratum1 NTP

服务器接收时间的计算机（NTP服务器或NTP客户端）则成为stratum2。可以分层到最低的阶层为stratum16。

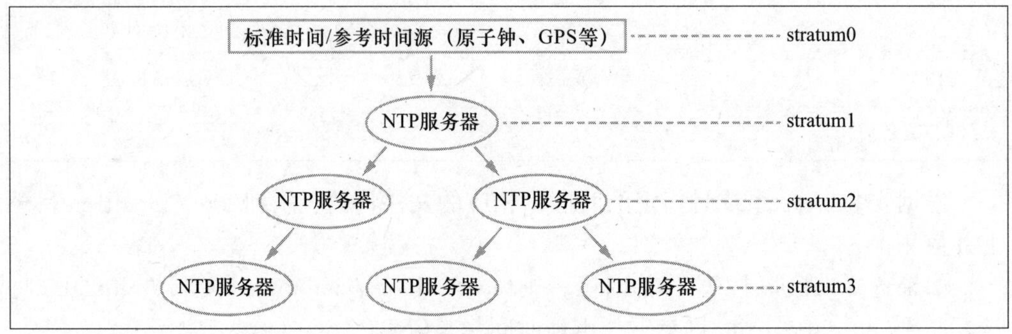

图6-6-1 NTP的时间层次

设置系统时钟时间

可以通过以下方法设置系统时钟时间。设置后，通过中断间隔计时器来计算时间。

- date命令或timedatectl命令（无网络连接、手动调整时间）
- 硬件时钟（在系统启动时将值设置为系统时钟）
- NTP（通过chronyd安全程序同步系统时钟）

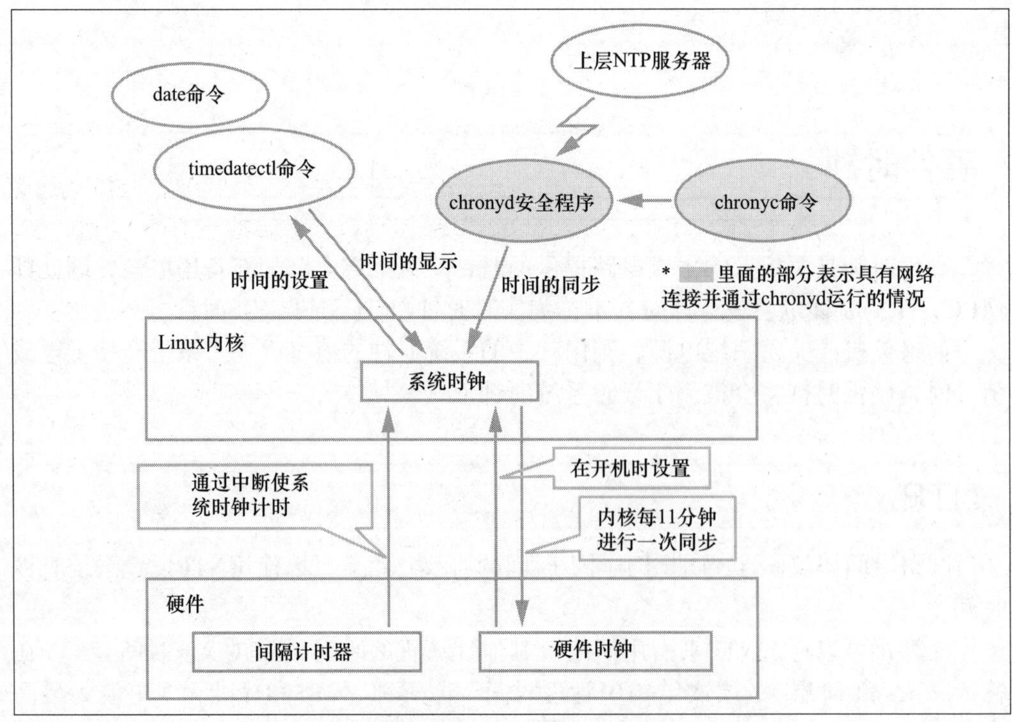

图6-6-2 Linux的时间管理

通过data命令或timedatectl命令进行设置

具有root权限的用户可以使用date命令或timedatectl命令(date命令在coreutils中，timedatectl命令在systemd软件包中)来设置系统时钟时间。

要使用date命令设置系统时钟时间时，请用以下格式指定参数。

设置系统时钟(date命令)

```
date MMDDhhmm  [[CC]YY] [.ss]
```

“月日时分年秒”都用两位数字指定。其中，MM是月份，DD是日期，hh是小时，mm是分钟，CC是年份的前两位数字，YY是年份的后两位数字，而ss是秒。年和秒([[CC] YY] [.ss])可以省略。

将系统时钟设置为“2018年8月18日16:30”

```
# date 08181630
2018年  8月 18日 星期六 16:30:00 CST
# date
2018年  8月 18日 星期六 16:30:01 CST
```

与date命令相比，timedatectl命令可以提供更详细的显示和设置。

设置系统时钟(timedatectl 命令)

```
timedatectl [选项] {子命令}
```

运行不带任何参数的timedatectl命令将显示有关当前时间的详细信息。

显示当前时间的详细信息

```
# timedatectl
            Local time: 星期三 2018-07-18  15:54:42 CST  ←以CST显示系统时钟时间
           Univer time: 星期三 2018-07-18  07:54:42 UTC  ←以UTC显示系统时钟时间
                                                        (较中国标准时间晚8小时)
              RTC time: 星期三 2018-07-18  07:54:42  ←显示硬件时钟(RTC)时间
             Time zone: Asia/Shanghai(CST, +0800)
           NTP enabled: no
      NTP synchronized: no
       RTC in local TZ: no
            DST active: n/a
```

设置timedatectl命令时间的主要子命令如下。

表6-6-1 timedatectl命令的子命令

子命令	说明
status	省略显示系统时钟和硬件时钟(RTC)时间以及其他详细信息的子命令时的默认设置
set-time[时间]	设置系统时钟时间和硬件时钟时间 仅当NTP无效时才能设置 时间格式如下。时(HH)、分(MM)、秒(SS)是两位数字。4位数字的年份(YYYY),2位数字的月份(MM)和2位数字的日期(DD)。“HH：MM：SS”或“YYYY-MM-DD HH：MM：SS”
set-ntp [布尔值]	启用或禁用NTP。如果布尔值为“0”，则禁用NTP。如果布尔值为“1”，则启用NTP

将当前时间更改为12:30:00（更改系统时钟和硬件时钟）

```
# timedatectl set-ntp 0 ←❶
# timedatectl set-time 12:30:00 ←❷
# timedatectl
      Local time: 星期四 2018-07-19 12:30:15 CST ←❸
  Universal time: 星期四 2018-07-19 04:30:15 UTC ←❹
        RTC time: 星期四 2018-07-19 04:30:15 ←❺
       Time zone: Asia/Shanghai (CST, +0800)
     NTP enabled: no ←❻
NTP synchronized: no ←❼
 RTC in local TZ: no
      DST active: n/a
```

❶禁用NTP
❷将时间设置为12:30:00
❸显示系统时钟本地时间（CST）
❹显示系统时钟UTC
❺显示硬件时钟
❻ NTP 无效
❼ NTP 不同步

将NTP从无效设置成有效

```
# timedatectl set-ntp 1
# systemctl restart systemd timedated ←❶
# systemctl restart chronyd ←❷
# timedatectl
      Local time: 星期四 2018-07-19 01:50:43 CST ←❸
  Universal time: 星期三 2018-07-18 17:50:43 UTC ←❹
        RTC time: 星期三 2018-07-18 17:50:43 ←❺
       Time zone: Asia/Shanghai (CST, +0800)
     NTP enabled: yes ←❻
NTP synchronized: yes ←❼
 RTC in local TZ: no
      DST active: n/a
```

❶启用NTP时重新启动systemd-timedated服务
❷启用NTP时重新启动chronyd服务
❸显示系统时钟本地时间（CST）
❹显示系统时钟UTC
❺显示硬件时钟
❻NTP有效
❼与NTP同步（chronyd从启动到同步需要一段时间）

使用硬件时钟进行设置

在系统启动时，内核读取硬件时钟时间，并以UTC设置系统时钟。在启动信息中显示以下消息。

系统启动时的消息

```
# dmesg |grep rtc  ←使用dmesg命令检查消息
...(中间省略)...
[    0.849020] rrtc_cmos 00:00: setting system clock to 2018-07-18
15:30:49 UTC (1531927849)
```

有关在运行chronyd时将系统时钟同步到硬件时钟的内容，请参见下面的介绍。

使用NTP进行设置

作为通过NTP进行时间同步的程序，许多发行版都采用chronyd安全程序和chronyc命令，它们都对传统的ntpd守护程序和ntpdate命令的功能进行了改进。chronyd和chronyc都是由 chrony软件包中提供的。

○ chronyd安全程序

chronyd是用于将时间与NTP进行同步的客户端和服务器安全程序。可以作为客户端接收并同步从上层NTP服务器发送的时间，也可以作为服务器向NTP客户端发送时间。

时间同步方法有两种，slew和step。

◇slew

逐步纠正与NTP服务器的时差。同步需要一些时间。通常是在时间差很小时使用的一种同步方法。

◇step

更正一次与NTP服务器的时差。通常是在时差较大时使用的一种同步方法。有两种同步硬件时钟（RTC）的方法：rtcsync和rtcfile。对于RedHat和Ubuntu，在安装chrony软件包时都会设置rtcsync。

◇rtcsync

一种通过系统时钟定期同步硬件时钟的方式。

◇rtcfile

Chronyd可以监视系统时钟和硬件时钟之间的偏差，并将其记录在driftfile指令所指定的文件中。使用“-s”选项启动chronyd时，它将引用此文件来更正硬件时钟时间并将其设置为系统时钟。

作为系统启动时的初始化过程之一，内核执行内核函数get_cmos_time( )来读取硬件时钟的时间，并将该值设置为系统时钟中的UTC。

如果指定了rtcsync（chrony.conf中的默认设置），则启动chronyd时，它将向内核发出系统调用函数adjtimex( )并清除其中的UNSYNC标志。当内核收到此系统调用时，每11分钟就会将硬件时钟与系统时钟时间同步一次。

为了使内核执行此同步过程，必须使用以下设置来构建内核。

· CONFIG_GENERIC_CMOS_UPDATE=y
· CONFIG_RTC_SYSTOHC=y
· CONFIG_RTC_SYSTOHC_DEVICE="rtc0"

CentOS内核“/boot/vmlinuz-3.10.0-862.3.2.el7.x86_64”和Ubuntu内核“/boot/vmlinuz-4.15.0-23-generic”都使用此设置（内核名称取决于操作系统版本）。

配置文件是/etc/chrony.conf（RedHat系列）或/etc/chrony/chrony.conf（Ubuntu系列）。两者具有相同的格式。

主要配置指令如下。

表6-6-2 主要指令

指　令	说　明	示　例
server 主机名	指定要用作时间源的NTP服务器。 如果指定了选项"iburst"，则启动后的前四个查询间隔为2秒。有效加速了启动后的同步。	示例① server 0.CentOS.pool.ntp.org iburst 示例② server ntp.nict.jp iburst
pool 池名	指定要用作时间源的多个NTP服务器 如果指定选项"maxsources"，则将指定数值作为要使用的最大服务器数	示例① pool ntp.ubuntu.com iburst maxsources 4 示例② pool ntp.nict.jp iburst
makestep 阈值次数	如果时间差大于阈值(单位：秒)，则指定的查询数量将逐步同步	makestep 1.0 3
rtcsync	定期同步硬件时钟	rtcsync
rtcfile	用漂移文件校正时间	rtcfile
driftfile 文件	指定一个漂移文件，该文件记录系统时钟和硬件时钟之间的差异	driftfile /var/lib/chrony/drift

编辑/etc/chrony.conf文件的示例(CentOS)

```
# vi  /etc/chrony.conf
# Use public servers from the pool.ntp.org project.
# Please consider joining the pool (http://www.pool.ntp.org/join.html).

# server 0.centos.pool.ntp.org iburst  ←❶
# server 1.centos.pool.ntp.org iburst  ←❷
# server 2.centos.pool.ntp.org iburst  ←❸
# server 3.centos.pool.ntp.org iburst  ←❹

server ntp.nict.jp iburst  ←添加此行

# Record the rate at which the system clock gains/losses time.
driftfile /var/lib/chrony/drift

# Allow the system clock to be stepped in the first three updates
# if its offset is larger than 1 second.
makestep 1.0 3

# Enable kernel synchronization of the real-time clock (RTC).
rtcsync

...(以下省略)...

# systemctl restart chronyd ←重新启动chronyd
```

❶对于暂时不使用的NTP服务器，在句首加上"#"进行注释
❷对于暂时不使用的NTP服务器，在句首加上"#"进行注释
❸对于暂时不使用的NTP服务器，在句首加上"#"进行注释
❹对于暂时不使用的NTP服务器，在句首加上"#"进行注释

对于CentOS和Ubuntu操作，在系统安装时无须编辑chrony.conf便可使用。在上面的编辑示例中，作为对ntp.org的NTP服务器(主要是stratum2)的替代，指定了情报通信研究机构(NICT)的stratum1的NTP服务器ntp.nict.jp，该机构负责管理与规范日本标准时间(Japan Standard Time，JST)。请读者指定使用中国标准时间(China Standard Time，CST)的NTP服务器。

编辑chrony.conf后，重新启动chronyd可使设置生效。

○ 关于NICT的NTP服务器

NICT的ntp.nict.jp是stratum 1 的NTP服务器，于2006年6月12日公开。它是世界上最快的服务器，采用FPGA(现场可编程逻辑门阵列)集成电路，与日本标准时间直接相连，时间精度在10纳秒以内，每秒可以处理100万次以上的请求。

> NICT
> http://jjy.nict.go.jp/tsp/PubNtp/index.html

○ chronyc命令

chronyc是chronyd控制命令。用户可以在命令行上使用子命令来运行它，也可以不使用任何参数来运行它，并在提示符“chronyc>”下交互式输入子命令。

chronyd控制

```
chronyc [选项] {子命令}
```

表6-6-3 chronyc命令的子命令

子命令	说明
sources	显示时间源信息
tracking	显示系统时钟性能信息
makestep 阈值 次数	如果时间差大于阈值(单位：秒)，则根据指定的查询次数分阶段进行同步。如果运行时未指定参数，则将立即调整时间

交互执行chronyc命令

```
# chronyc
chronyc> makestep ←立即调整时间
200 OK

chronyc> sources ←显示时间来源信息
210 Number of sources = 1
MS Name/IP address         Stratum  Poll   Reach  LastRx  Last   sample
===============================================================================
^* ntp-b2.nict.go.jp             1    6    377    64  -2466ns [ -118us] +/- 2970us

(从以上结果可以看出，时间源服务器为ntp-b2.nict.go.jp，层数为1)

chronyc> tracking  ←显示系统时钟性能信息
   Reference ID    : 85F3EEA3 (ntp-b2.nict.go.jp)
            Stratum: 2
     Ref time (UTC): Thu Jul 19 08:10:06 2018
        System time: 0.000125775 seconds fast of NTP time
↑系统时间快了0.000125775秒
        Last offset: +0.000127110 seconds
         RMS offset: 0.001854485 seconds
          Frequency: 4.894 ppm slow
      Residual freq: -0.566 ppm
               Skew: 0.399 ppm
         Root delay: 0.005937717 seconds
    Root dispersion: 0.000542941 seconds
    Update interval: 64.4 seconds
        Leap status: Normal
chronyc> quit
```

专 栏

选择镜像站点和存储库

安装Linux时，通常要访问目标发行版的站点，单击下载链接并下载镜像站点上的ISO映像。使用ISO映像（例如储存在DVD介质上的映像）安装Linux之后，需要将软件包更新为新版本。如果要安装其他软件包，请访问镜像站点上的存储库。在本专栏中，将介绍主要发行版的CentOS和Ubuntu的镜像发行版站点，以及存储库的选择机制。

CentOS镜像站点

CentOS的官方网站是“https://www.CentOS.org/”。为了避免站点负担和带宽负担，官方网站本身不提供下载服务，并且如果用户单击了下载链接，则会显示当前所在国家和地区的镜像站点及其邻近国家的镜像站点列表，此处点击中国的任意镜像站点即可下载。

关于CentOS官 方镜像站点，请参考“https://mirror-status.CentOS.org/#cn”，截至2020年8月，中国共有14个镜像站点。除HTTP之外，某些站点还支持HTTPS。

另外，“https://www.CentOS.org/download/mirrors/”具有按国家或地区细分的世界镜像站点列表。考虑到下载速度，下面列出了其中比较稳定的9个开源镜像站点。

中国国内常用CentOS镜像站点

	URL	机构名称
1	https://mirrors.aliyun.com/	阿里云
2	http://mirrors.shou.com/	搜狐
3	http://mirrors.163.com/（其前身为 cn99 镜像）	网易
4	http://mirrors.huaweicloud.com/	华为云
5	https://mirrors.tuna.tsinghua.edu.cn/	清华大学
6	http://mirrors.zju.edu.cn/	浙江大学
7	http://mirrors.ustc.edu.cn/	中国科学技术大学
8	http://mirrors.hust.edu.cn/	华中科技大学
9	http://mirrors.njupt.edu.cn/	南京邮电大学

Ubuntu镜像站点

Ubuntu的官方网站是“https://www.ubuntu.com/”。通过在顶部菜单中单击“下载”，并在显示的页面上指定ISO映像类型，就可以从Ubuntu站点一侧选择的镜像站点下载ISO映像。例如，如果ISO映像类型为“桌面”，请求的国家为中国，版本为18.04.2（截至2019年3月），而体系结构为AMD64，则请求将使用下面的URL发送，因此用户无法指定特定的镜像站点。

https://www.ubuntu.com/download/desktop/thank-you?country=CN&version=18.04.2&architecture=amd64

用户只有在访问存储库时才能指定特定的镜像站点。官方的Ubuntu镜像站点是“https://launchpad.net/Ubuntu/+archivemirrors”，其中包含按国家/地区分类的世界镜像站点列表。截至

2020年8月中国共有16个镜像站点。除HTTP之外，某些站点还支持HTTPS、FTP和RSYNC。考虑到下载速度，下面列出了其中比较稳定的6个开源镜像站点。

中国国内常用Ubuntu镜像站点

	URL	机构名称
1	http://mirrors.aliyun.com/ubuntu/	阿里云
2	http://mirrors.huaweicloud.com/repository/ubuntu/	华为云
3	https://mirrors.tuna.tsinghua.edu.cn/ubuntu/	清华大学
4	http://mirrors.nju.edu.cn/ubuntu/	南京大学
5	http://mirrors.ustc.edu.cn/ubuntu/	中国科学技术大学
6	http://mirrors.bfsu.edu.cn/ubuntu/	北京外国语大学

其他发行版的镜像站点

除了上面列出的镜像站点外，还有各种发行版的镜像，例如Fedora、openSUSE、Debian、Linux Mint，Gentoo Linux。在上述Linux目录下，每个发行版都有一个目录。对于软件包格式为rpm的发行版，例如Fedora和openSUSE，可以从发行版的官方网站或镜像站点下载ISO映像。此外，两者都可以作为存储库进行访问。

与Debian等大多数Ubuntu发行版一样，其软件包格式为deb，只能通过官方发行版的链接下载ISO映像。镜像站点仅作为存储库进行访问。但也有例外，比如Linux Mint在镜像站点上存有ISO映像。

CentOS储存库

在安装新软件包或将现有软件包更新为新版本时，yum命令可访问CentOS存储库。安装CentOS后，诸如CentOS-Base.repo和CentOS-Sources.repo之类的存储库配置文件将放置在/etc/yum.repos.d目录下。其中，默认使用的是CentOS-Base.repo文件，其中设置为enable的三个存储库分别是[base]、[updates]和[extras]。

显示/etc / yum.repos.d / CentOS-Base.repo文件（节选）

```
$ cat /etc/yum.repos.d/CentOS-Base.repo
[base]
mirrorlist=http://mirrorlist.centos.org/?release=$releasever&arch=$ba
search&repo=os&infra=$infra

[updates]
mirrorlist=http://mirrorlist.centos.org/?release=$releasever&arch=$ba
search&repo=updates&infra=$infra

[extras]
mirrorlist=http://mirrorlist.centos.org/?release=$releasever&arch=$ba
search&repo=extras&infra=$infra
```

当用户访问由“mirrorlist =”指定的URL时，mirrorlist.centos.org将列表显示国内外正在工作的镜像。该列表储存在每个存储库的子目录缓存目录下，名称为“mirrorlist.txt”。当CentOS版本为7（7.0.1406，…，7.6.1810）时，“mirrorlist =”指定的URL中所包含的变量$ releasever、$ basearch和$ infra将分别转换为以下值。

$releasever → 7
$basearch → x86_64
$infra → stock (/etc/yum/vars/infra文件的值)

此时，[base]、[updates]和[extras]的URL如下所示。三者之间的唯一区别在于“repo=”处指定的值。

· **base**：http://mirrorlist.centos.org/?release=7&arch=x86_64&repo=os&infra=stock
· **updates**：http://mirrorlist.centos.org/?release=7&arch=x86_64&repo=updates&infra=stock
· **extras**：http://mirrorlist.centos.org/?release=7&arch=x86_64&repo=extras&infra=stock

Ubuntu存储库

安装新软件包或将现有软件包更新为较新版本时，可通过apt命令访问Ubuntu存储库。

安装Ubuntu后，系统存储库配置文件sources.list将放置在/ etc / apt目录下。

sources.list文件包含存储库的URL和Ubuntu发行代号(例如，bionic)。每行是一个条目，条目的格式如下。

> 有关sources.list文件格式的更多信息，请参见本章6-2节中的“apt的设置”的相关内容。

以下是Ubuntu 18.04的sources.list文件的内容

显示/ etc / apt / sources.list文件

```
$ cat /etc/apt/sources.list
deb http://mirrors.aliyun.com/ubuntu bionic main multiverse restricted universe
deb http://mirrors.aliyun.com/ubuntu bionic-updates main multiverse restricted universe
deb http://mirrors.aliyun.com/ubuntu bionic-security main multiverse restricted universe
deb http://mirrors.aliyun.com/ubuntu bionic-proposed main multiverse restricted universe
deb http://mirrors.aliyun.com/ubuntu bionic-backports main multiverse restricted universe
```

因此，在安装Ubuntu时，不可能在客户端上使用/etc/apt/sources.list文件指定特定的镜像，但是可以通过替换sources.list文件的URL来使用特定的镜像。

第7章

添加和使用磁盘

7-1

添加新磁盘

分区

“分区”是一种可以将物理磁盘划分为多个区域，并且将每个区域视为独立逻辑磁盘的操作。划分的区域被称为**分区**。通过划分分区的操作，可以有效地备份每个分区并修复每个文件系统中的故障。

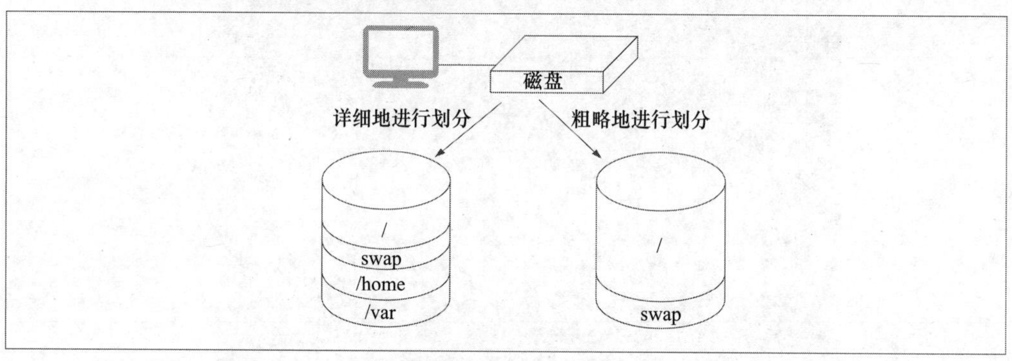

图7-1-1 如何划分分区

通过将分区划分为较小的区域，可以为每个分区分类和存储文件，从而简化了文件管理。但是，由于不能创建大于分区大小的文件，所以必须加以注意。另外，通过将分区划分为较大的分区，这样会使需要管理的单位变大，但优点是可以不受各个分区的容量限制而进行使用。

安装前，应该对分区进行一定程度的预估。

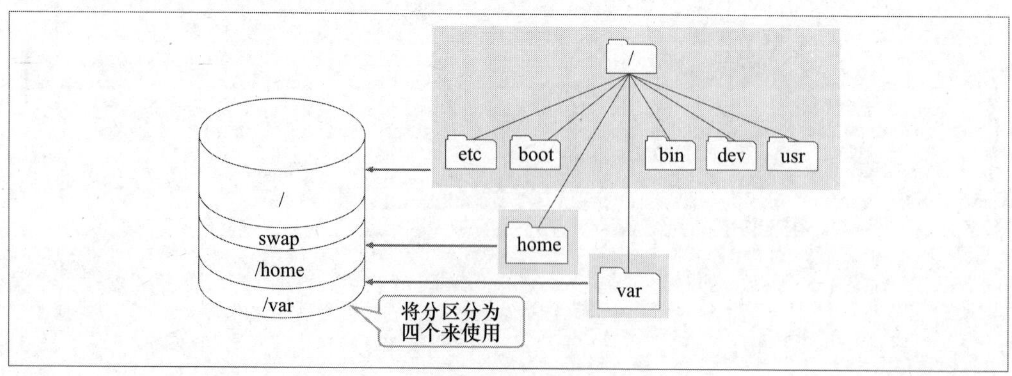

图7-1-2 分区

可以根据目的的不同自由划分分区，下表给出了一般的划分分区的方法。

表7-1-1 划分分区的方法

分　区	说　明
/分区	储存根目录的区域 必须放置在/ etc、/ bin、/ sbin、/ lib、/ dev目录下
/boot分区	放置系统启动时所需的、与启动程序相关的文件和内核映像
/usr分区	放置可以与其他主机共享的数据(静态的可共享数据) 由于可能有较大的分配容量，因此它通常是一个单独的分区
/home分区	放置用户主目录(可变数据)。由于容量往往很大并且备份频率很高，因此它通常是一个单独的分区
/opt分区	在安装Linux之后，将放置额外安装的软件包(软件)，因此，在可以安装大容量软件包的情况下，它通常是一个单独的分区
/var分区	放置大小会在系统运行期间发生变化的文件(可变数据)。考虑到由于文件大小突然增加，而导致磁盘已满的情况，所以它通常是一个独立的分区
/tmp分区	可读/可写共享数据的分配 在许多情况下，考虑到一般用户使用它的风险，将其设置为独立分区
swap分区	保存无法在实际内存中容纳的进程的区域 swap是一种使用分区或者文件进行保护的方法

Linux通常会创建一个被称为**swap**的分区。这是在硬盘上创建的虚拟内存区域。使用Linux并用完实际内存时，将使用硬盘上创建的交换区(虚拟内存)。通常，使用比实际内存容量多一倍的容量就足够了，但这取决于Linux系统的产品规格和预期用途。

设备文件

设备文件是用于操作设备(外围设备)的文件。添加设备时，将在/ dev目录下创建一个设备文件以访问检测到的设备(见图7-1-3)。

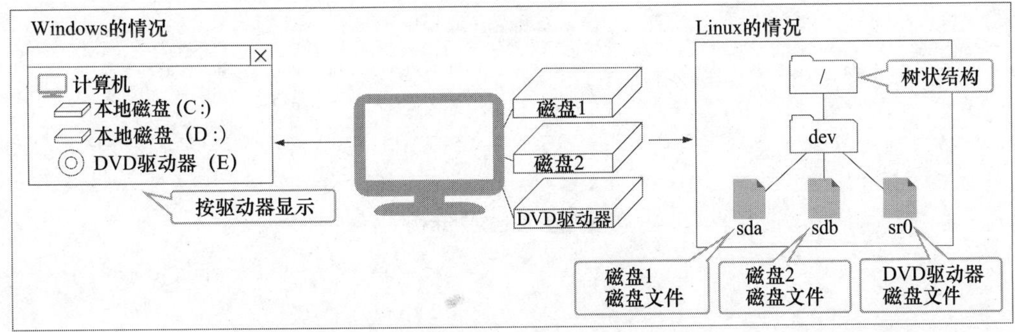

图7-1-3 设备和设备文件

硬盘具有多种规格，例如IDE、SATA、SCSI和ATA(PATA)，并且设备文件名与硬盘规格有关(见表7-1-2)。

表7-1-2 设备文件名的命名规则

设备规格	说明
SCSI/SATA	创建为dev/sd○。其中,○表示从第一台设备开始a,b,c,…的顺序
IDE/ATA (PATA)	创建为dev/hd○。其中,○表示从第一台设备开始a,b,c,…的顺序

对于SATA磁盘,一根SATA电缆连接到控制器上的端口。连接到第一个端口(Port0)的磁盘将是/dev/sda,连接到第二个端口(Port1)的磁盘将是/dev/sdb(见图7-1-4)。

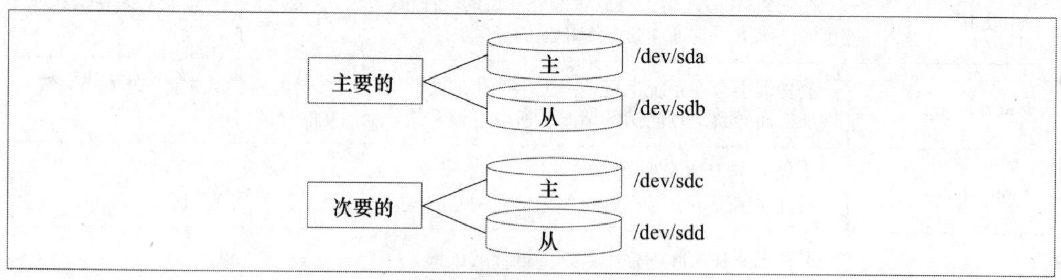

图7-1-4 设备文件名

以下是两个SATA磁盘的示例。磁盘1(sda)具有三个分区,磁盘2(sdb)具有两个分区。如果在目录/dev下查看,则可以找到该设备文件(见图7-1-5)。

每个分区的设备文件名都有一个整数值,用来指示该磁盘上的分区号。例如,/dev/sda的第一个分区的设备文件名是/dev/sda1。

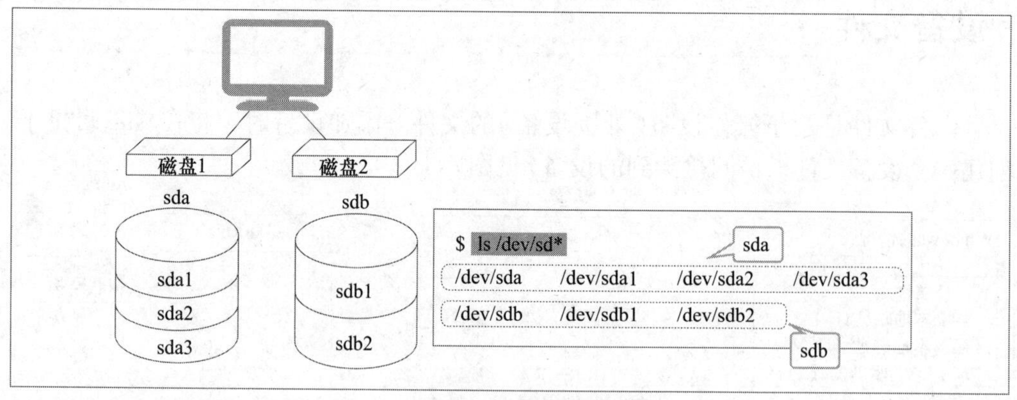

图7-1-5 设备文件示例

7-2

磁盘分区

MBR和GPT

磁盘分区有两种格式：传统的主启动记录（Master Boot Record，MBR）和新的GUID分区表（GUID Partition Table，GPT）。MBR分区也称为MS-DOS分区。

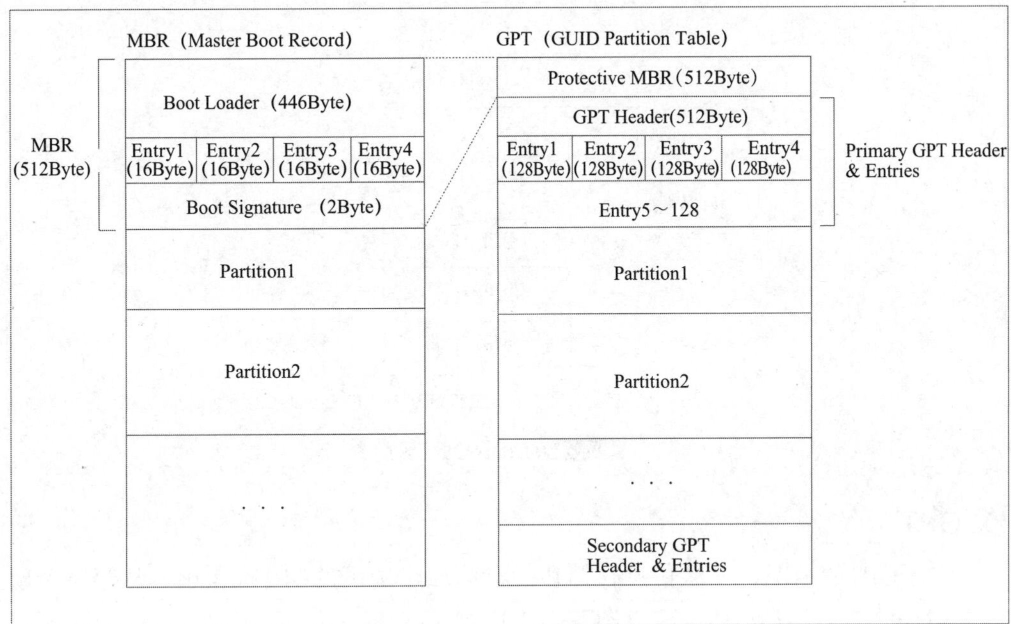

图7-2-1 MBR和GPT结构的比较

MBR

对于MBR的情况，分区信息存储在磁盘的第一扇区中。在每个条目中，分区（主分区）的第一个扇区和最后一个扇区的位置，以CHS（柱面/头/扇区）的形式储存在3字节的区域中。通过这种结构，当扇区大小为512字节时，可以管理高达2TiB的容量区域。在MBR中，即使是LBA（逻辑块地址），第一扇区的位置和扇区数也会被存储在4字节的节区域中。

MBR分区有三种类型：**主分区**（primary partition）、**扩展分区**（extended partition）和**逻辑分区**（logical partition）。

◇ 主分区

一个磁盘上最多可以创建四个主分区。分区号是1到4的其中之一。可以在一个主分区中创建一个文件系统，也可以将其用作交换区域。

◇ **扩展分区**

一个磁盘上只能建立一个扩展分区。分区号可以是1到4的其中之一。如果创建扩展分区，则主分区的最大数量为3。

扩展分区用于创建逻辑分区，不能直接用作文件系统或交换分区。

◇ **逻辑分区**

可以在扩展分区中创建多个分区。分区号为5以上。

可以在一个逻辑分区中创建一个文件系统，也可以将其用作交换分区。

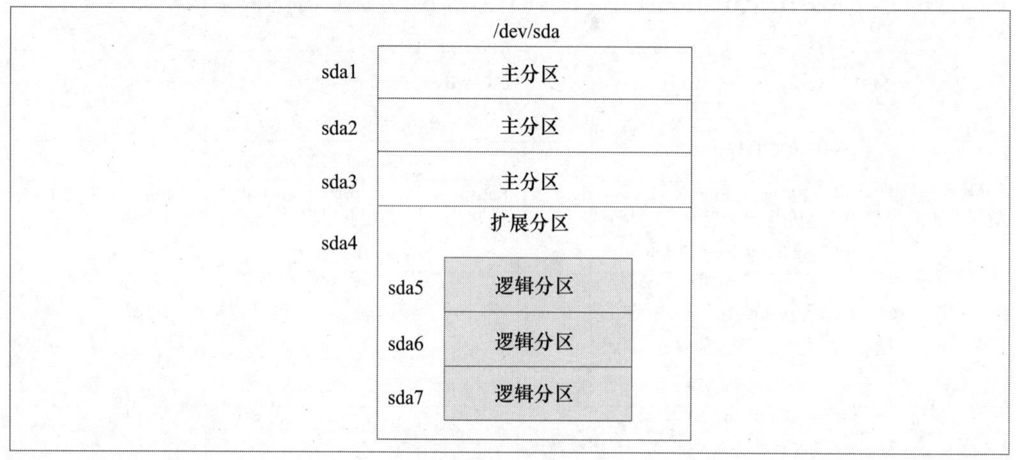

图7-2-2 MBR分区示例

GPT

对于GPT的情况，分区信息存储在磁盘第二个扇区的GPT标头中，从第三个扇区开始存储32个（默认）扇区（见图7-2-1）。

条目数（默认值：128）和大小（默认值：128字节）存储在第二个扇区的GPT标头中。

与每个分区相对应的条目位于第三个扇区中。在每个条目中，分区的第一个扇区和最后一个扇区的位置，通过LBA的形式存储在8字节的区域中。通过这种结构，默认情况下可以配置128个分区，并且当扇区大小为512字节时，最多可以管理8ZiB的容量区域。

GPT标头包含磁盘的GUID（全局唯一标识符），每个条目均包含一个标识分区类型的GUID和一个标识分区的GUID，这就是GPT名称的由来。

GPT标头和条目在磁盘末尾存储为次要文件（用于备份）。

GPT分区磁盘的第一个512字节区域是Protective MBR。因为不能识别GPT的旧分区管理工具，所以会错误地将其识别为未分区磁盘，并覆盖GPT数据。可以通过以下设置来避免上述问题。

· 设置MBR分区表
· 为整个磁盘设置一个分区
· 将分区类型值设置为0xee（GPT）

分区管理工具

主要的分区工具如下所示。

表7-2-1 主要分区工具

名 称	命 令	说 明
fdisk	fdisk	Linux早期以来提供的MBR分区管理工具
GPT fdisk	gdisk	GPT分区管理工具 采用类似于fdisk命令的用户界面
GNU Parted	parted	用于MBR和GPT分区的多功能分区管理工具
GNOME Partition Editor	gparted	用于GNOME桌面环境的图形分区管理工具，支持MBR和GPT分区 使用parted的库libparted

fdisk

fdisk是MBR分区管理工具。可以查看分区表，创建、删除和修改分区等。

MBR分区管理

```
fdisk [-l] [设备名称]
```

如果使用带有“-l”选项的fdisk命令，将会显示指定设备的分区。如果未指定设备，则通过查看/ proc / partitions文件，显示每个设备的分区。

如果不带“-l”选项运行fdisk命令，它将以交互的方式对指定的设备执行分区管理。

表7-2-2 交互模式命令

命 令	说 明
d	分区的删除
l	显示分区类型的列表
n	新分区的创建
p	查看分区表
q	分区表的变更
r	移至recovery & transformation菜单
w	保存分区表并退出
x	移至expert菜单
?	显示命令的列表

可以通过在交互模式命令提示符下输入“？”或“help”来获得命令列表。

以下显示的是安装了CentOS的10GB内部磁盘“/ dev / sda”的分区的示例。

通过“-l”选项显示分区（CentOS）

```
# fdisk -l
Disk /dev/sda: 10.7 GB, 10737418240 bytes, 20971520 sectors
Units = sectors of 1 * 512 = 512 bytes
Sector size (logical/physical): 512 bytes / 512 bytes
I/O 尺寸(最小 / 推荐): 512 字节 / 512 字节
Disk label type: dos  ←MBR分区(dos)
磁盘识别器: 0x000baa0e

设备          启动      起点      终点          块       Id        系统
/dev/sda1      *        2048   2099199      1048576      83        Linux
/dev/sda2            2099200  20971519      9436160      8e    Linux LVM
...(以下省略)...
```

以下是将10GB外部USB硬盘“/ dev / sdb”与CentOS连接，并以交互方式查看、创建和删除分区的示例。

查看、创建和删除分区（CentOS）

```
# fdisk /dev/sdb
Welcome to fdisk (util-linux 2.23.2).

Changes will remain in memory only, until you decide to write them.
Be careful before using the write command.

命令 (m 帮助): p ←❶
Disk /dev/sdb: 10.7 GB, 10737418240 bytes, 20971520 sectors
Units = sectors of 1 * 512 = 512 bytes
Sector size (logical/physical): 512 bytes / 512 bytes
I/O 大小 (最小 / 推荐): 512 字节 / 512 字节
Disk label type: dos

磁盘标识符: 0xf79ef79b
设备    启动      起点            终点            块     Id        系统

命令（m 帮助）: n←❷
分区类型:
p primary（0 primary, 0 extended, 4 free）
e extended
选择（默认p）: ←❸
分区号（1- 4, 默认值1）: ←❹
第一个扇区（2048-20971519, 初始值2048）: ←❺
使用初始值2048
Last sector, +sectors or +size{K,M,G}（2048-20971519, 初始值20971519）: +3G
↑❻
Partition 1 of type Linux and of size 3 GiB is set

命令（m帮助）: p←❼
...（中间省略）...

设备    启动      起点            终点            块     Id        系统
/dev / sdb1     2048          6293503        3145728     83       Linux

命令（m 帮助）: n←❽
```

```
分区类型:
p primary (1 primary, 0 extended, 3 free)
e  extended
选择 (默认p) : ←❾
Using default response p
分区号 (2-4, 默认2 ) : ←❿
第一个扇区 (6293504-20971519, 初始值6293504) : ←⓫
Last sector, +sectors or +size{K,M,G} (6293504-20971519, 初始值20971519) :
↑ ⓬
使用初始值20971519
Partition 2 of type Linux and of size 7 GiB is set
命令 (m 帮助) : p←⓭
... (中间省略) ...

设备       启动          起点                  终点         块     Id          系统
/ dev / sdb1           2048               6293503     3145728     83         Linux
/ dev / sdb2        6293504              20971519     7339008     83         Linux

命令 (m 帮助) : d←⓮
分区号 (1,2, 默认2) : 2←⓯
Partition 2 is deleted

命令 (m帮助) : p ←⓰
 ... (中间省略) ...

设备       启动          起点                  终点         块     Id          系统
/ dev / sdb1           2048               6293503     3145728     83         Linux

命令 (m 帮助) : w←⓱
分区表已更改!

调用ioctl ( ) 重新加载分区表。
同步磁盘。
```

❶输入“p”(使用p命令显示分区表)
❷用“n”命令创建新分区
❸按<Enter>键(默认分区类型为p:选择主分区)
❹按<Enter>键(选择默认分区号1)
❺按<Enter>键(选择默认位置2048(扇区))
❻输入“+3G”(大小指定为3GB)
❼输入“p”(使用p命令显示分区表)
❽输入“n”(使用n命令创建第二个新分区)
❾按<Enter>键(默认分区类型p:选择主分区)
❿按<Enter>键(分区号默认2)
⓫按<Enter>键(起始位置选择默认的6293504(扇区))
⓬按<Enter>键(结束扇区选择默认的20971519)
⓭输入“p”(使用p命令显示分区表)
⓮输入“d”(使用d命令删除分区)
⓯指定“2”作为要删除的分区
⓰输入“p”(使用p命令显示分区表)
⓱输入“w”(使用w命令将分区信息写入磁盘)

如上所述，在编辑的最后通过输入“w”来结束编辑(⓱)。

gdisk

gdisk(GPT fdisk)是GPT分区管理工具。它具有类似于fdisk命令的用户界面。它具有查看分区表，创建、删除、修改分区，转换MBR分区和GPT分区等功能。

GPT分区管理
gdisk [-l] 设备名称

如果使用带有“-l”选项的gdisk命令，它将显示指定设备的分区。

如果不带“-l”选项运行，它将以交互方式对指定的设备进行分区。交互模式下有3种菜单类型。

表7-2-3 交互模式下的菜单

菜 单	命令	说 明
主(main)菜单	-	主菜单模式。查看、创建和删除分区
	d	删除分区
	l	列出分区类型
	n	创建新分区
	p	查看分区表
	q	退出而不保存对分区表的更改
	r	进入恢复和转换(recovery & transformation)菜单
	w	保存分区表并退出
	x	显示专家(expert)菜单
	?	显示命令菜单
恢复和转换(recovery & transformation)菜单	-	恢复和分区表的转换模式。备份分区表，将GPT转换为MBR等操作。
	b	从备份GPT标头创建主GPT标头
	d	从主GPT标头创建备份GPT标头
	g	将GPT转换为MBR并退出
	m	返回主菜单
专家(expert)菜单	—	专家模式。更改磁盘GUID和分区GUID，显示每个分区的详细信息等
	c	更改分区GUID
	g	更改磁盘GUID
	I	显示指定分区的详细信息
	m	返回主菜单

可以通过在每种模式的命令提示符下输入“?”或“help”来显示命令列表。

显示分区表和创建/删除分区的步骤与fdisk命令相同。以下是在CentOS上将MBR分区转换为GPT分区的执行示例。

将MBR分区转换为GPT分区（CentOS）

```
# gdisk /dev/sdb
GPT fdisk (gdisk) version 0.8.6

Partition table scan:
  MBR: MBR only ←❶
   BSD: not present
   APM: not present
   GPT: not present ←❷

***************************************************************************
Found invalid GPT and valid MBR; converting MBR to GPT format.
THIS OPERATION IS POTENTIALLY DESTRUCTIVE! Exit by typing 'q' if
you don't want to convert your MBR partitions to GPT format!
***************************************************************************

Command (? for help): p ←❸
Disk /dev/sdb: 20971520 sectors, 10.0 GiB
Logical sector size: 512 bytes
Disk identifier (GUID): A0EEC002-97E9-485B-A8C0-F244AC86D920
Partition table holds up to 128 entries
First usable sector is 34, last usable sector is 20971486
Partitions will be aligned on 2048-sector boundaries
Total free space is 14679997 sectors (7.0 GiB)

Number  Start (sector)    End (sector)      Size       Code    Name
     1          2048          6293503     3.0 GiB      8300    Linux filesystem

Command (? for help): w ←❹

Final checks complete. About to write GPT data. THIS WILL OVERWRITE EXISTING PARTITIONS!!

Do you want to proceed? (Y/N): Y  ←❺
OK; writing new GUID partition table (GPT) to /dev/sdb.
The operation has completed successfully.

# gdisk -l /dev/sdb ←❻
GPT fdisk (gdisk) version 0.8.6

Partition table scan:
  MBR: protective
  BSD: not present
  APM: not present
  GPT: present ←❼
...（以下省略）...
```

❶这是MBR分区
❷不是GPT分区
❸用p命令显示分区表
❹用w命令写入分区信息时，它将从MBR转换为GPT
❺在确认信息中输入“Y”
❻显示指定的设备分区
❼分区管理已更改为GPT

以下是将GPT分区转换为MBR分区的示例。

将GPT分区转换为MBR分区（CentOS）

```
# gdisk /dev/sdb
GPT fdisk (gdisk) version 0.8.6

Partition table scan:
  MBR: protective
   BSD: not present
  APM: not present
   GPT: present ←❶

Found valid GPT with protective MBR; using GPT.

Command (? for help): p  ←❷
Disk /dev/sdb: 20971520 sectors, 10.0 GiB
Logical sector size: 512 bytes
Disk identifier (GUID): A0EEC002-97E9-485B-A8C0-F244AC86D920
Partition table holds up to 128 entries
First usable sector is 34, last usable sector is 20971486
Partitions will be aligned on 2048-sector boundaries
Total free space is 14679997 sectors (7.0 GiB)

Number  Start (sector)    End (sector)    Size       Code        Name
  1            2048         6293503     3.0 GiB    8300        Linux filesystem

Command (? for help): r ←❸

Recovery/transformation command (? for help): ?  ←❹
...（中间省略）...
g       convert GPT into MBR and exit
...（中间省略）....

Recovery/transformation command (? for help): g ←❺

MBR command (? for help): p  ←❻
** NOTE: Partition numbers do NOT indicate final primary/logical status,
** unlike in most MBR partitioning tools!

** Extended partitions are not displayed, but will be generated as required.

Disk size is 20971520 sectors (10.0 GiB)
MBR disk identifier: 0x00000000
MBR partitions:

                                                          Can    Be       Can    Be
Number     Boot   Start    Sector      End   Sector     Status     Logical     Primary
Code
   1                         2048             6293503    primary      Y             Y       0x83

MBR command (? for help): w ←❼

Converted 1 partitions. Finalize and exit? (Y/N): Y ←❽
GPT data structures destroyed! You may now partition the disk using fdisk or other
utilities.

# gdisk /dev/sdb
GPT fdisk (gdisk) version 0.8.6

Partition table scan:
  MBR: MBR only ←❾
  BSD: not present
```

```
  APM: not present
  GPT: not present
```
...（以下省略）...

❶变为GPT分区
❷用p命令显示分区表
❸用r命令移到恢复和转换菜单
❹用？命令显示菜单
❺使用g命令将GPT转换为MBR
❻用p命令显示分区表
❼使用w命令显示分区信息并写入磁盘
❽在确认信息中输入“Y”
❾分区管理已更改为MBR

parted

parted（GNU Parted）是一个分区管理工具，支持MBR和GPT。除了显示分区表、创建、删除和修改分区等基本功能外，还包括分区恢复、缩小/放大（已经适应了分区大小的文件系统无法缩小/放大）和创建文件系统等功能。

共享库libparted提供了parted命令的功能，parted命令的模式包括命令行模式和交互模式。

要在命令行模式下运行，请在命令行上指定parted命令。如果未指定命令，则进入交互模式，显示提示符“（parted）”，并等待命令输入。

MBR/GPT分区管理
parted [选项] [设备名称{命令}]

表7-2-4 parted命令的子命令

子 命 令	说　明
help（或者是“?”）	显示帮助信息
mklabel	指定分区表格式（可以是msdos（MBR分区）或GPT）此命令将初始化分区
mkpart 分区类型 [文件系统类型] 开始位置 结束位置	建立分区
print	显示分区列表
quit	parted的终止
rescue 开始位置 结束位置	丢失分区的恢复。用参数搜索指定的开始和结束位置
rm 分区	删除分区
select 磁盘	指定磁盘
unit 单位	指定位置和大小的表示单位

以下是在CentOS上使用parted命令显示分区的示例。

使用parted命令显示分区(命令行模式，CentOS)

```
# parted /dev/sda print
型号: ATA VBOX HARDDISK (scsi)
磁盘 /dev/sda: 10.7GB
扇区大小 (逻辑/物理): 512B/512B
分区表: msdos
磁盘标志:
编号  开始      终止      大小      类型      文件系统   标志
 1    1049KB   1075MB   1074MB   primary   xfs       boot
 2    1075MB   10.7GB   9663MB   primary             lvm
```

以下是在CentOS上使用parted命令创建分区的示例。

使用parted命令创建分区(命令行模式，CentOS)

```
# parted /dev/sdb mklabel gpt ←❶
警告: 现有的/ dev / sdb磁盘标志将被破坏，并且该磁盘上的所有数据都将丢失。是否要继续吗?
是(Y)/Yes/否(N)/No? Y ←❷
通知: 如有必要，请不要忘记更新/ etc / fstab。
#
#parted / dev / sdb mkpart Linux 1049kB 1GiB ←❸
通知: 如有必要，请不要忘记更新/ etc / fstab。

#parted / dev / sdb print ←❹
型号: ATA VBOX HARDDISK(scsi)
磁盘/ dev / sdb: 10.7GB
扇区大小(逻辑/物理): 512B / 512B
分区表: gpt
磁盘标志:

编号  开始     结束     大小     文件系统    名称    标志
 1    1049KB  1074MB  1073MB  xfs               Linux   ←❺
```

❶用mklabel命令指定GPT分区
❷在确认信息中输入“Y”
❸用mkpart命令创建分区(GPT的情况下，需要指定分区的名称(在本例中为Linux)
❹用print命令显示分区
❺已经创建了1GB分区

以下是在CentOS上使用parted命令删除分区的示例。

使用parted命令删除分区(命令行模式，CentOS)

```
# parted /dev/sdb rm 1 ←❶
# parted /dev/sdb print ←❷
型号: ATA VBOX HARDDISK(scsi)
磁盘/dev/sdb: 10.7GB
扇区大小(逻辑/物理): 512B / 512B
分区表: gpt
磁盘标志:

编号 开始 结束 大小 文件系统 名称 标志

                                              ←❸
```

❶使用rm命令删除分区
❷使用print命令显示分区
❸分区已删除

以下是在CentOS上以交互模式使用parted命令的示例。

使用parted命令查看、创建和删除分区（交互模式，CentOS）

```
# parted /dev/sdb
GNU Parted 3.1
使用/ dev / sdb
欢迎使用GNU Parted! 输入"help"以获取命令列表。
(parted) mklabel msdos  ←❶
警告: 现有的/ dev / sdb磁盘标志将被破坏，并且该磁盘上的所有数据都将丢失。是否要继续?
是(Y)/Yes/否(N)/No ? Y  ←❷
(parted) mkpart primary 1049kB 1GiB  ←❸
(parted) print  ←❹
型号: ATA VBOX HARDDISK (scsi)
磁盘: / dev / sdb : 10.7GB
扇区大小(逻辑/物理): 512B / 512B
分区表: msdos
磁盘标志:

编号  开始      结束      大小      类型      文件系统      标志
 1    1049KB   1074MB   1073MB   primary     xfs         ←❺

(parted) rm 1  ←❻
(parted) print  ←❼
型号: ATA VBOX HARDDISK (scsi)
磁盘/ dev / sdb: 10.7GB
扇区大小(逻辑/物理): 512B / 512B
分区表: msdos
磁盘标志:

编号  开始      结束      大小      类型      文件系统      标志
                                ←❽
(parted) quit  ←❾
注意: 如果需要，请不要忘记更新/ etc / fstab。
```

❶指定msdos（MBR）分区
❷在确认信息中输入“Y”
❸用mkpart命令创建分区（在MBR中可以指定为primary、logical、extended）
❹用print命令显示分区表
❺已创建1GB分区
❻用rm命令删除分区1
❼用print命令显示分区
❽分区已经被删除
❾用quit命令结束parted命令

gparted

gparted（GNOME分区编辑器）是基于GUI的分区管理工具。它支持MBR和GPT。gparted使用part的libparted库，该库为GNOME桌面环境提供了图形配置画面。

以下是在CentOS上启动gparted后的画面示例。在此示例中，显示了20GB的内部磁盘分区。

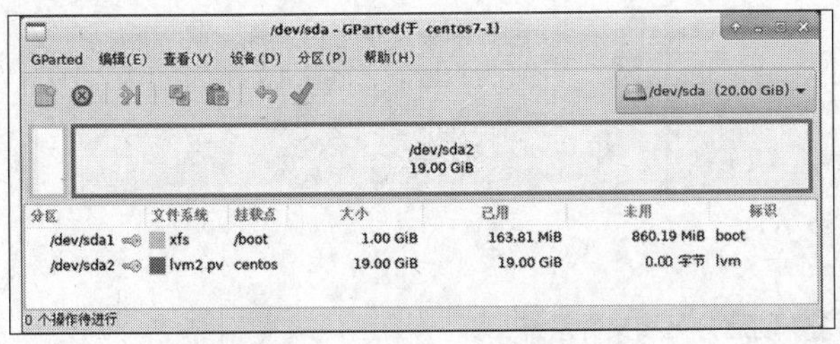

图7-2-3 gparted启动后的画面示例

如果主机上未安装gparted，请安装用于Enterprise Linux的扩展软件包(EPEL)，然后安装gparted。以下是在CentOS上的安装示例。

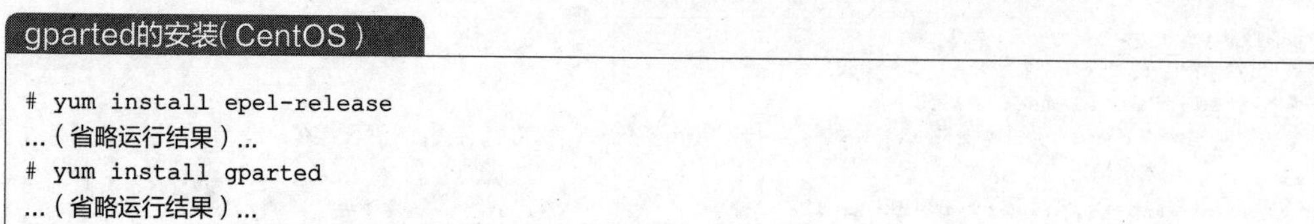
gparted的安装(CentOS)

```
# yum install epel-release
...(省略运行结果)...
# yum install gparted
...(省略运行结果)...
```

以下是在10GB外部磁盘上创建1GB的GPT分区并在其中构建ext4文件系统的示例。

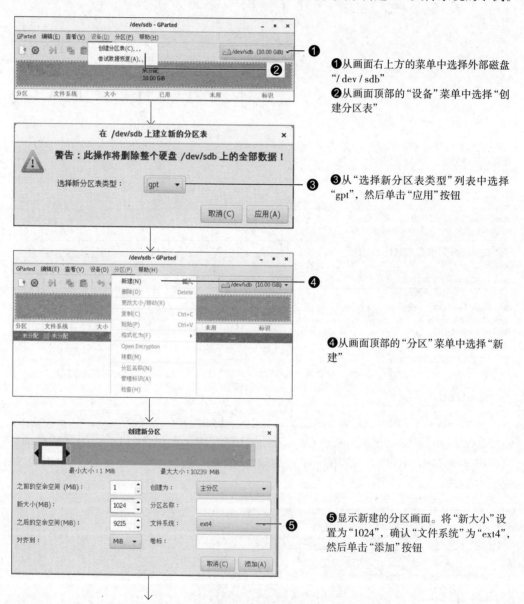

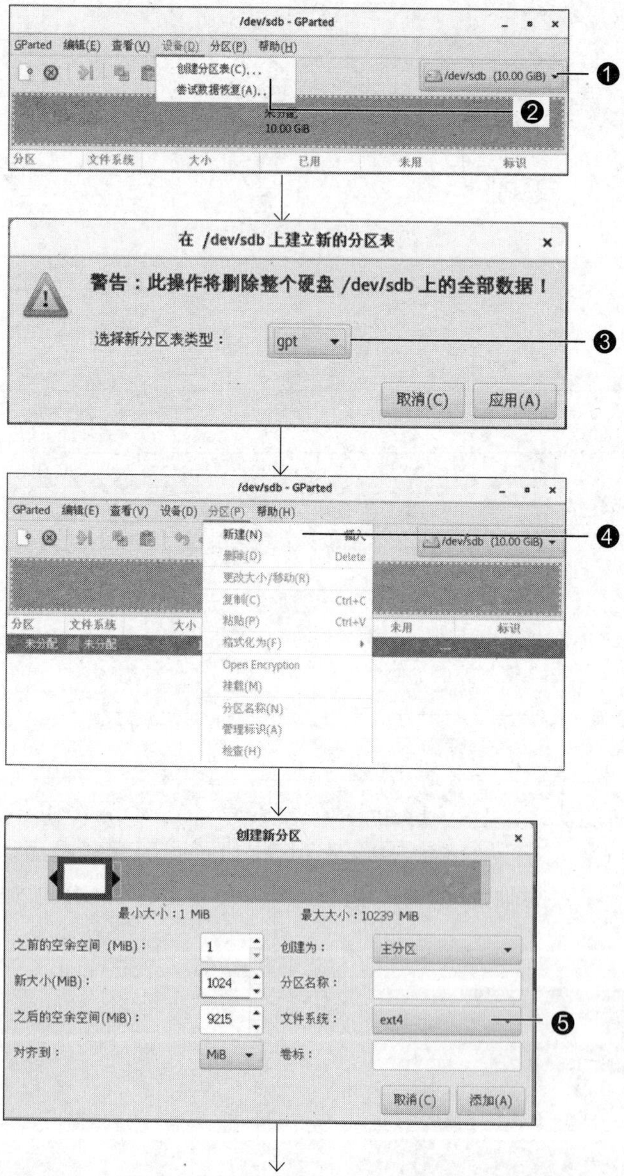

❶从画面右上方的菜单中选择外部磁盘“/ dev / sdb”

❷从画面顶部的“设备”菜单中选择“创建分区表”

❸从“选择新分区表类型”列表中选择“gpt”，然后单击“应用”按钮

❹从画面顶部的“分区”菜单中选择“新建”

❺显示新建的分区画面。将“新大小”设置为“1024”，确认“文件系统”为“ext4”，然后单击“添加”按钮

图7-2-4 创建分区和文件系统

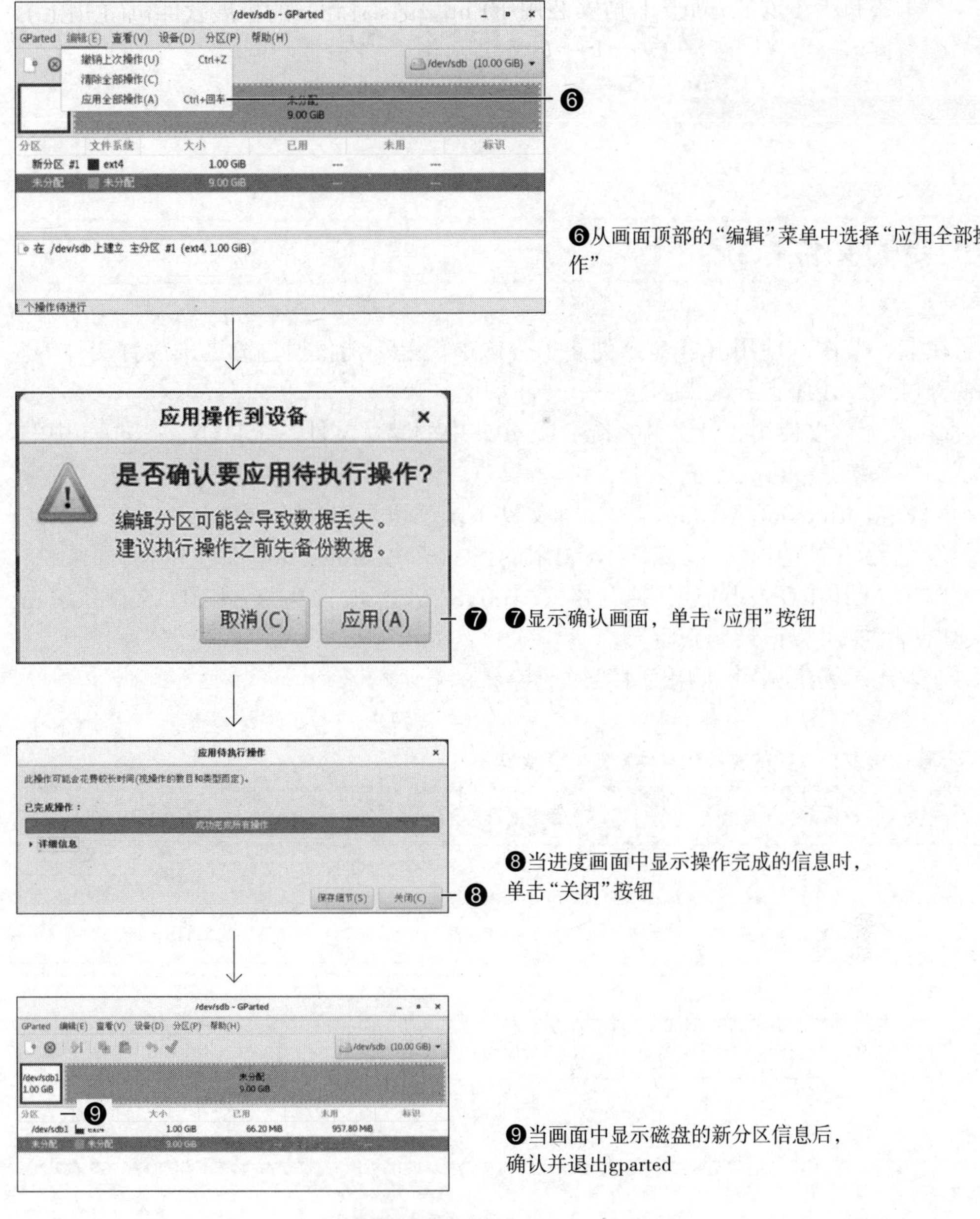

❻从画面顶部的“编辑”菜单中选择“应用全部操作”

❼显示确认画面，单击“应用”按钮

❽当进度画面中显示操作完成的信息时，单击“关闭”按钮

❾当画面中显示磁盘的新分区信息后，确认并退出gparted

图7-2-4 创建分区和文件系统(续)

7-3

创建文件系统

主要的文件系统

在上一节中，使用fdisk命令创建了分区。但是不能仅通过分区来放置文件等。要使其可用，还应在分区中创建一个文件系统。

Linux上可以使用各种文件系统。CentOS中的默认文件系统是xfs。Ubuntu中的默认文件系统是ext4。

NTFS是Microsoft Windows的标准文件系统，也可以作为本地文件系统进行访问，但是无法创建。另外，CD-ROM用的ISO9660、RockRidge和Joliet文件系统，以及DVD / CD-ROM用的通用磁盘格式(Universal Disk Format，UDF)文件系统在创建以后，都可以记录在介质上。

下表比较了Linux上可用的主要文件系统的最大容量。

表7-3-1 主要文件系统的文件和文件系统的最大容量

文件系统	文件系统的最大容量	文件的最大容量
xfs	8EiB	8EiB
ext3	16TiB	2TiB
ext4	1EiB	16TiB
btrfs	16EiB	16EiB

xfs

xfs可以处理大型文件，并且可以并行处理文件。xfs具有以下特征。

· 在单个文件系统中有多个具有独立索引节点和数据区域的分配组，并且每个分配组都可以并行处理。

· 使用扩展数据块来分配数据区域。

· 可以当作大文件处理（文件和文件系统的最大容量都是8Eib）

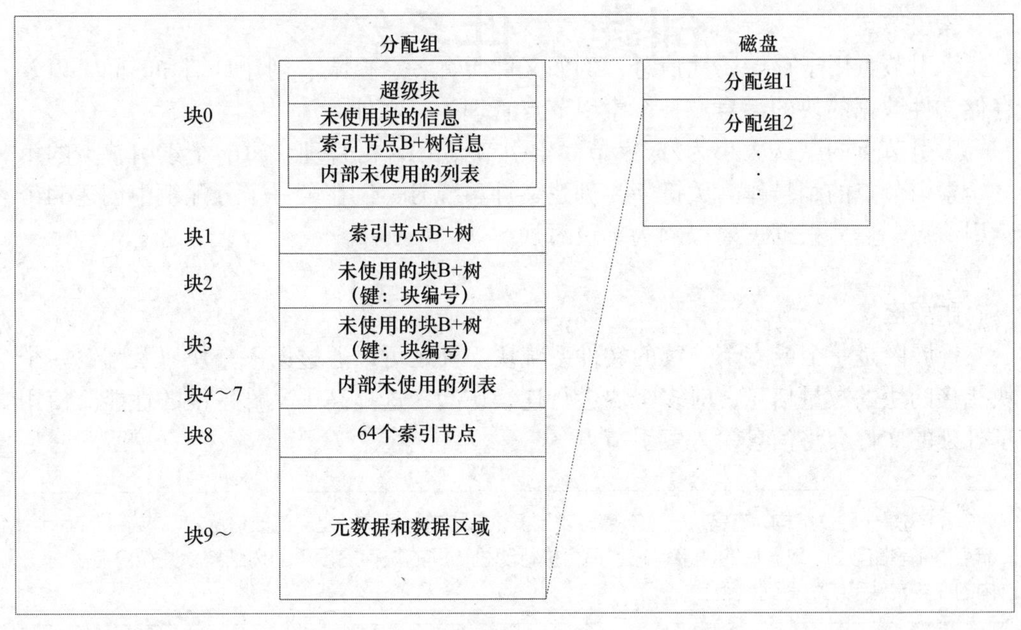

图7-3-1 xfs的构造

组成xfs的主要元素如下所示。

◇ 分配组

分配组可以看作是几乎独立的文件系统，每个文件系统都有自己的区域和管理该区域的信息。在xfs文件系统中，通过划分大小相等的分配组来创建。分配组的最小值为16MB，最大值为1TB。

每个分配组都可以并行处理，特别是当由多个设备组成时可以提高性能，例如RAID条带化。并行性会随着分配组数量的增加而增加。

◇ 超级块

超级块可以管理与整个文件系统有关的信息，例如可用空间信息和索引节点总数。第一个分配组中的超级块是主块，第二个及后续分配组中的超级块是备用块。

◇ 块

块是文件管理信息元数据单位，或者是文件实体数据的储存单位。一个块的默认大小为4096字节。

空块由B+树管理。B+树可以通过指定关键字来有效地插入、搜索、删除。在块2中创建以块的编号为关键字的B+树，在块3中创建以连续块数为关键字的B+树。这样就可以搜索其附近的空块，或所需大小的空块。

◇ **索引节点**

索引节点用于存储属性信息，例如文件所有者、权限、创建日期和时间，以及存储文件数据的块的编号。一个索引节点管理一个文件。

索引节点的默认大小为256字节。索引节点由B+树管理。每64个索引节点的第一个索引节点的编号作为关键字。创建文件系统时，仅在第一个分配组中创建64个索引节点。然后根据需要以64为单位添加。

◇ **扩展区**

扩展区是一个或多个连续的文件系统块。外延可以通过第一个块以及与第一个块相接的块的数量信息，对多个块进行连续访问，这提高了文件系统的性能。使用了外延的文件会将信息写入索引节点。

B+树是一种树结构，它是从一个节点分支到多个节点的平衡树，是树的改进版本。末端节点（叶节点）拥有指向多个数据块的链接。它是适合执行随机访问的块存储设备的树结构，并在包括xfs在内的许多文件系统中得到运用。

xfs的创建

可以使用mkfs.xfs命令创建xfs文件系统。

创建xfs文件系统
mkfs.xfs [选项] 设备名称

表7-3-2 mfks.xfs命令的选项

选　项	说　明
-b 块大小	指定块大小。默认值是4096字节，最小值是512字节，最大值是65536字节
-d 参数=值	指定与数据有关的参数 agcout =值：指定要创建的分配组的数量 agsize =值：指定要创建的分配组的大小 最小分配组大小为16MiB，最大分配组大小为1Tib
-f	如果检测到已有文件系统，则默认情况下不允许覆盖
-I 参数=值	指定创建的索引节点的参数，例如索引节点的大小 size = value：指定索引节点的大小。默认值为256字节，最小值为256字节，最大值为2048字节
-L 标签	文件系统标签规范。最多12个字符。创建后也可以使用xfs_admin命令进行设置

以下执行示例是在CentOS中使用带有“-f”选项的命令执行并覆盖（即使已经创建了文件系统）文件系统的示例。

创建一个xfs文件系统（CentOS）

```
# mkfs.xfs -f /dev/sdb1
meta-data=/dev/sdb1      isize=512    agcount=4, agsize=65536 blks
         =               sectsz=512   attr=2, projid32bit=1
         =               crc=1        finobt=0, sparse=0
data     =               bsize=4096   blocks=262144, imaxpct=25
         =               sunit=0      swidth=0 blks
naming   =version 2      bsize=4096   ascii-ci=0 ftype=1
log      =internal log   bsize=4096   blocks=2560, version=2
         =               sectsz=512   sunit=0 blks, lazy-count=1
realtime =none           extsz=4096   blocks=0, rtextents=0
```

创建文件系统时，仅在第一个分配组中创建64个索引节点。与ext2、ext3、ext4不同，整个文件系统的索引节点不会初始化，因此命令的执行会在很短的时间内完成。以后需要时会以64为单位添加索引节点。

ext2、ext3、ext4

ext文件系统的初始版本于1992年发布，从那时起，它已被修改为Linux的标准文件系统，即“ext”→“ext2”→“ext3”→“ext4”。

表7-3-3 ext、ext2、ext3、ext4文件系统的功能

文件系统	发布日期	内核版本	最大文件大小	最大文件系统大小	说　明
ext	1992年4月	0.96	2GiB	2GiB	早期的Linux文件系统，用于扩展Minix文件系统。不支持2.1.21和更高版本的内核
ext2	1993年1月	0.99	2TiB	32TiB	从ext扩展 ・可变块大小 ・3种时间戳（ctime / mtime / atime） ・通过位图进行块和索引节点管理 ・块组的导入
ext3	2001年11月	2.4.15	2TiB	32TiB	向ext2添加了日记功能，并且向后兼容ext2
ext4	2008年12月	2.6.28	16TiB	1EiB	从ext2、ext3扩展 ・通过采用extent提高了性能 ・以纳秒为单位的时间戳 ・碎片整理功能 向后兼容ext2、ext3

ext2、ext3文件系统通过直接映射、间接映射、双间接映射和三重间接映射支持最大2Tib文件大小作为数据块的指针。ext3可以在ext2的备用区域中创建日志。其数据结构与ext2相同，因此与ext2向后兼容。

日志是一项功能，用于记录文件系统中数据的更新。如果发生意外的电源故障，可以通过检查修改的历史记录，并重建管理数据来缩短文件系统检查（检查文件系统完整性）时间。

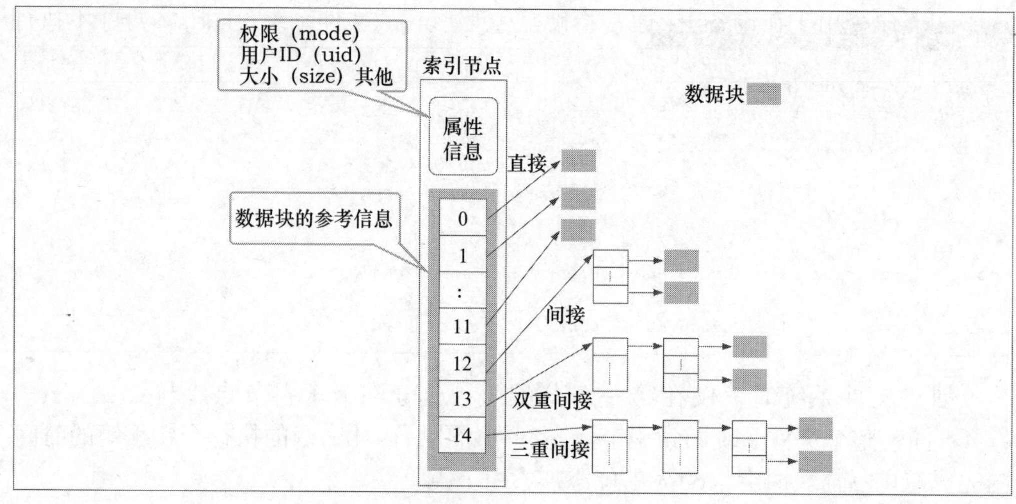

图7-3-2 ext2、ext3的结构

对于ext2、ext3，在大文件上应用具有间接映射的块，将会降低性能。ext4使用外延来改善此问题。外延可以基于第一个块，以及与第一个块相邻的块的数量信息进行连续访问，而不用像ext2、ext3那样针对每个块引用间接映射。另外，对于仅使用外延不能处理的大容量文件来说，通过内部具有外延的索引节点和叶节点连续的块来进行处理。

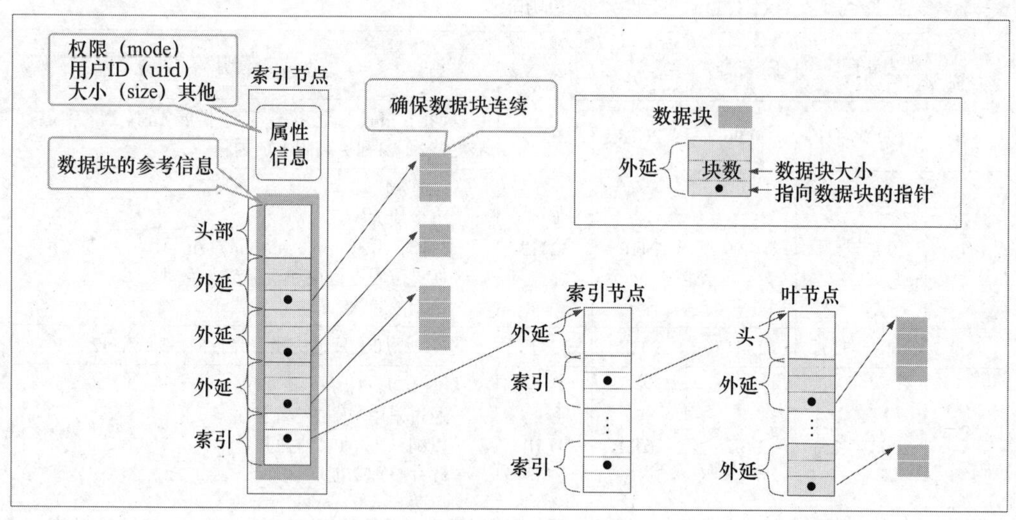

图7-3-3 ext4的结构

创建ext2、ext3、ext4

ext2、ext3、ext4文件系统可以使用mkfs或mke2fs命令创建。

创建ext2、ext3、ext4文件系统①
mkfs -t 文件系统类型设备名称

mkfs命令用于在设备上(通常指硬盘)创建Linux文件系统。mkfs本身并不执行创建文件系统的工作，而是调用相关程序来执行。通过“-t”选项指定文件系统类型的扩展名来运行mkfs命令。如果不指定“-t”选项，请运行mkfs.ext2，该命令可创建ext2文件系统。

表7-3-4 mkfs命令的选项指定的文件系统类型

命 令 行	要执行的命令	已经创建的文件系统
mkfs	mkfs.ext2	ext2
mkfs -j	mkfs.ext2 -j	ext3
mkfs -t ext2	mkfs.ext2	ext2
mkfs -t ext3	mkfs.ext3	ext3
mkfs -t ext4	mkfs.ext4	ext4

mkfs.ext2、mkfs.ext3、mkfs.ext4硬链接到mke2fs命令。可以使用带有“-V”选项的mkfs命令来查看要运行的命令和选项。以下是CentOS上的执行示例。

检查要执行的命令(CentOS)

```
# mkfs -V -j /dev/sdb1
mkfs from util-linux 2.23.2
mkfs.ext2 -j /dev/sdb1     ←显示要执行的命令和选项
mke2fs 1.42.9 (28-Dec-2013)
...(以下省略)...
```

mke2fs是用于创建ext2、ext3、ext4文件系统的命令。通过指定“-t ext3”或“-j”选项来创建ext3文件系统。

创建ext2、ext3、ext4文件系统②

mke2fs [选项] 设备

表7-3-5 mke2fs命令的选项

选 项	说 明
-b 块的大小	指定块大小(以字节为单位)。可以指定的块大小为1024字节、2048字节和4096字节。在/etc/mke2fs.conf中设置默认值
-i 每个索引节点的字节数	指定每个索引节点的字节数。默认值在/etc/mke2fs.conf中设置
-j	添加日志并创建ext3文件系统
-m 预留块的比例	指定预留块(minfree)的百分比，以%为单位。默认值为5
-t 文件系统类型	指定ext2、ext3或ext4
-O 追加功能	指定其他功能，例如has_journal、extent等。

mke2fs命令通过引用/etc/mke2fs.conf文件来设置默认值并添加功能，从而创建文件系统。

/etc/mke2fs.conf文件（节选）

```
[defaults]  ←ext2、ext3、ext4默认设置
        base_features = sparse_super,filetype,resize_inode,dir_index,ext_attr ←❶
        default_mntopts = acl,user_xattr
        enable_periodic_fsck = 0
        blocksize = 4096
        inode_size = 256
        inode_ratio = 16384

[fs_types]
        ext3 = {
                features = has_journal  ←❷
        }
        ext4 = {
                features = has_journal,extent,huge_file,flex_bg,uninit_bg,dir_
nlink,extra_isize,64bit  ←❸
                inode_size = 256
        }
        ext4dev = {  ←❹
                features = has_journal,extent,huge_file,flex_bg,uninit_bg,dir_
nlink,extra_isize
                inode_size = 256
                options = test_fs=1
        }
...（以下省略）...
```

❶ext2、ext3、ext4合并的基本功能
❷指定“-j”或“-t ext3”时合并
❸指定“-t ext4”时合并
❹ext4dev是用于ext4测试的文件系统

以下使用mke2fs命令的“-t ext3”选项在CentOS上创建文件系统。

使用mke2fs命令创建文件系统（CentOS）

```
# mke2fs -t ext3 /dev/sdb1
mke2fs 1.42.9 (28-Dec-2013)
Filesystem label=
OS type: Linux
Block size=4096 (log=2)  ←❶
Fragment size=4096 (log=2)
Stride=0 blocks, Stripe width=0 blocks
65536 inodes, 262144 blocks  ←❷
13107 blocks (5.00%) reserved for the super user  ←❸
First data block=0
Maximum filesystem blocks=268435456
8 block groups
32768 blocks per group, 32768 fragments per group
8192 inodes per group
Superblock backups stored on blocks:
        32768, 98304, 163840, 229376  ←❹
Allocating group tables: done
Writing inode tables: done
Creating journal (8192 blocks): done  ←❺
Writing superblocks and filesystem accounting information: done
```

❶块大小为4096字节
❷索引节点数为65536，块数为262144
❸权限用户的保留区域为5%
❹超级块的备份中储存的块的编号
❺创建日志区域

挂载

挂载是将分区连接到目录的过程。在图7-3-4中，在磁盘1的/ dev / sda1分区中创建了存储“/”（根目录）的根文件系统。然后将/ dev / sdb1分区挂载到磁盘2上，以使其可从“/”（根）访问。

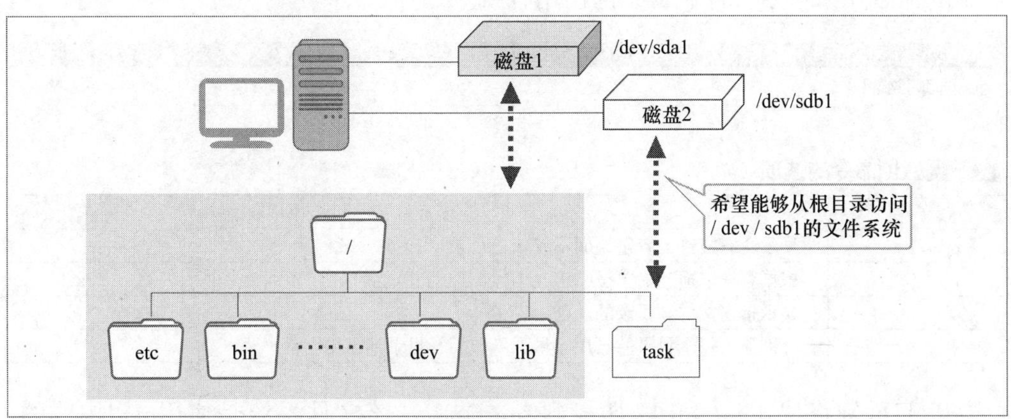

图7-3-4 挂载的概要

挂载文件系统

要挂载文件系统，请首先创建要连接的目录（挂载点）并执行mount命令。在图7-3-4的示例中，创建将成为安装点的/ task目录之后，可以通过执行mount命令从/（根）访问磁盘2的/ dev / sdb1分区。

挂载文件系统
mount [选项] [设备文件名（文件系统）] [挂载点]

表7-3-6 mount命令的选项

选项	说明
-a	挂载/etc / fstab文件中列出的所有文件系统
-r	挂载文件系统为只读。和“-o ro”是同一个意思
-w	挂载文件系统的读/写（默认）。和“-o rw”是同一个意思
-t	通过指定文件系统类型进行挂载
-o	指定挂载选项

执行mount命令时，请指定设备文件名（文件系统）和挂载点。也可以使用UUID或LABEL指定文件系统。

检查文件系统信息的重要命令是df和du命令。

df命令用来显示文件系统的磁盘使用情况。

显示文件系统磁盘使用率
df [选项] [文件]

表7-3-7 df命令的选项

选　项	说　明
-k	以千字节为单位显示。1 KB等于1024字节
-h	根据容量以适当的单位（KB、MB、GB、TB）显示
-i	列出inode的使用情况
-t	显示文件系统类型

du命令用来显示文件和目录的已用容量。

显示文件和目录的已用容量

```
du [选项] [文件]
```

表7-3-8 du命令的选项

选　项	说　明
-a	显示所有文件的容量，而不仅仅是目录
-h	根据容量以适当的单位（KB、MB、GB、TB）显示
-s	显示指定文件和目录的总已用容量
-S	分别显示每个目录的已用容量，不包括子目录的已用容量

以下示例将“/ dev / sdb1”挂载到CentOS上，该文件系统是使用ext4构建的，并挂载在“/ task”目录中。

挂载文件系统（CentOS）

```
# df -h ←❶
文件系统                    大小    使用     剩余   使用%    挂载位置
/dev/mapper/centos-root    8.0G    5.5G     2.6G    68%    /
devtmpfs                   903M       0     903M     0%    /dev
tmpfs                      920M     24M     896M     3%    /dev/shm
tmpfs                      920M    9.5M     910M     2%    /run
tmpfs                      920M       0     920M     0%    /sys/fs/cgroup
/dev/sda1                 1014M    225M     790M    23%    /boot
tmpfs                      184M    8.0K     184M     1%    /run/user/42
tmpfs                      184M       0     184M     0%    /run/user/0
tmpfs                      184M     36K     184M     1%    /run/user/1002
# mkdir /task ←❷
# mount /dev/sdb1 /task ←❸
# df -h ←❹
文件系统                    大小    使用     剩余   使用%    挂载位置
/dev/mapper/centos-root    8.0G    5.5G     2.6G    68%    /
devtmpfs                   903M       0     903M     0%    /dev
tmpfs                      920M     24M     896M     3%    /dev/shm
tmpfs                      920M    9.5M     910M     2%    /run
tmpfs                      920M       0     920M     0%    /sys/fs/cgroup
/dev/sda1                 1014M    225M     790M    23%    /boot
tmpfs                      184M    8.0K     184M     1%    /run/user/42
tmpfs                      184M       0     184M     0%    /run/user/0
tmpfs                      184M     36K     184M     1%    /run/user/1002
/dev/sdb1                  976M    2.6M     907M     1%    /task ←❺
```

❶显示当前挂载信息
❷创建挂载点
❸将/ dev / sdb1挂载到/ task
❹再次显示挂载信息
❺已添加

如上面的执行结果所示，当前的安装信息可以用df命令确认，但是也可以通过执行mount命令来执行，而无须指定选项或参数。另外，如果执行通过“-t”选项指定文件系统类型的mount命令或df命令，则只能显示相应文件系统的安装信息。

显示安装信息

```
# mount ←❶
...（中间省略）...
/dev/sdb1 on /task type ext4 (rw,relatime,seclabel,data=ordered)
# mount -t ext4 ←❷
/dev/sdb1 on /task type ext4 (rw,relatime,seclabel,data=ordered)
# df -t ext4 ←❸
文件系统         1K-块      使用    可用           使用%      挂载位置
/dev/sdb1        999320      2564   927944            1%        /task

❶显示当前挂载信息
❷将“-t”选项用于安装命令
❸将“-t”选项用于df命令
```

要查找当前已挂载的文件系统和挂载选项，请运行不带任何参数的mount命令，但是/ proc / mounts文件和/ proc / self / mounts文件也包含有挂载信息。另外，/ proc / mounts是/ proc / self / mounts的符号链接。

包含安装信息的文件

```
# ls -l /proc/mounts
lrwxrwxrwx. 1 root root 11 10月  1 14:32 /proc/mounts -> self/mounts
# ls -l /proc/self/mounts
-r--r--r--. 1 root root 0 10月  1 14:32 /proc/self/mounts
```

解除挂载文件系统

使用umount命令从根文件系统分离（解除挂载）特定文件系统。

解除挂载文件系统

umount [选项] 挂载点|设备文件名（文件系统）

表7-3-9 umount命令的选项

选 项	说 明
-a	解除挂载/etc / fstab文件中列出的所有文件系统
-r	如果解除挂载失败，请尝试只读重新挂载
-t	仅解除挂载指定类型的文件系统

解除挂载后，将无法从根文件系统访问该文件系统上的文件和目录。

下面的示例为解除挂载目录“/ task”。

解除挂载文件系统

```
# df /dev/sdb1 ←❶
文件系统        1K 块     使用     可用       使用%      安装位置
/dev/sdb1      999320   2564    927944       1%        /task
# ls /task ←❷
memo
# umount /task ←❸
# ls /task ←❹
          ←❺
```

❶确认已挂载的信息
❷确认/task目录下有一个memo文件
❸“umount / dev / sdb1”也可以解除挂载
❹/task目录本身存在但是与/ dev / sdb1分离，因此无法访问memo
❺不能显示memo文件

即使系统正在运行multi-user.target或graphical.target，如果不使用文件系统，也可以将其解除挂载。如果正在使用它，则无法将其解除挂载。使用中主要分为以下几种情况。

· 用户正在访问文件系统中的文件
· 用户正在移动到文件系统中的目录
· 该过程正在访问文件系统中的文件

系统启动时自动挂载

使用mount命令的手动挂载是临时的。重新启动系统后，它将被解除。要使其在系统启动时自动挂载，请在/ etc / fstab文件中注册设置。

同样，在解除挂载时，使用umount命令进行的解除挂载也是临时的。如果不希望在系统重新启动时进行挂载，可从/ etc / fstab文件中删除设置。

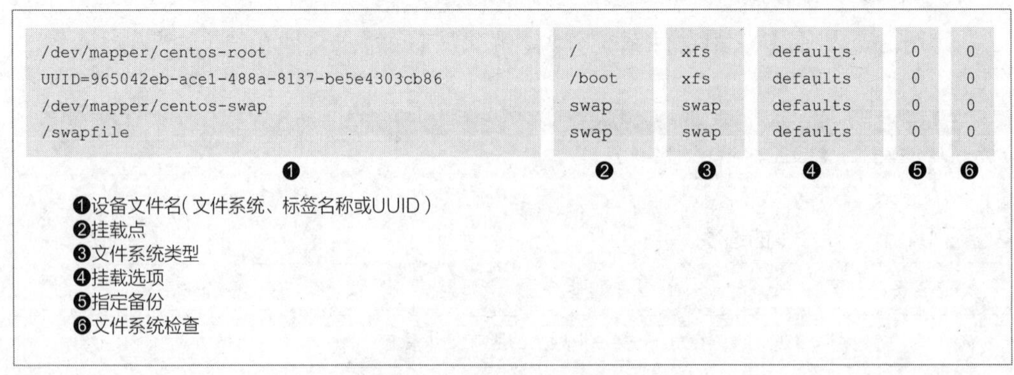

/dev/mapper/centos-root / xfs defaults 0 0
UUID=965042eb-ace1-488a-8137-be5e4303cb86 /boot xfs defaults 0 0
/dev/mapper/centos-swap swap swap defaults 0 0
/swapfile swap swap defaults 0 0
❶ ❷ ❸ ❹ ❺ ❻
❶设备文件名(文件系统、标签名称或UUID)
❷挂载点
❸文件系统类型
❹挂载选项
❺指定备份
❻文件系统检查

图7-3-5 /etc/fstab文件设置示例

上图中的❹用来指定挂载选项。例如，如果将user指定为挂载选项，则普通用户也可以安装。另外，设置多个选项时，应使用逗号分隔。可以设置的主要挂载选项如下。

表7-3-10 挂载选项

挂载选项	说明
async	异步写入文件系统
sync	同步写入文件系统
auto	-a被指定的时候将被挂载
noauto	-a被指定的时候将不被挂载
dev	使存储在文件系统中的设备文件可用
exec	允许执行存储在文件系统中的二进制文件
noexec	禁止执行存储在文件系统中的二进制文件
nodev	在文件系统上禁用字符特殊设备的使用并阻止特殊设备
suid	启用SUID和SGID设置※1
nosuid	禁用SUID和SGID设置
ro	挂载文件系统为只读
rw	以读写方式挂载文件系统
user	允许挂载到普通用户。只有挂载的用户可以解除挂载，同时指定noexec、nosuid和nodev
users	允许挂载到普通用户。使已挂载用户以外的用户也可以解除挂载，同时指定了noexec、nosuid和nodev
nouser	禁止普通用户安装
owner	只允许对设备文件所有者进行挂载操作
usrquota	对于用户，将磁盘进行限制
grpquota	对于组，将磁盘进行限制
defaults	启用默认选项rw、suid、dev、exec、auto、nouser、async

可执行文件(程序或脚本)通常以执行该文件的用户的权限运行。但是，如果设置了SUID(表7-3-10中的※1)，它将以可执行文件所有者的用户权限执行。同样，如果设置了SGID，将使用在可执行文件的所有者组中设置的组权限来执行它。

默认情况下，即使关闭了已启用写入缓存的设备的电源，xfs也会使用写入屏障(barrier)来确认文件系统的完整性。对于没有写入缓存的设备或带有电池供电的写入缓存的设备，请使用“nobarrier”选项禁用该屏障。

```
# mount -o nobarrier /dev/device /mount/point
```

交换区管理

在Linux上运行各种服务可能会耗尽内存。因此，Linux允许用户使用存储设备代替内存。**交换区**是在系统没有足够的物理内存时，在其数据临时写入内存区域的系统区域。

通过这种机制，不仅可以将系统中搭载的物理内存视为虚拟内存，也可以将交换区域视为虚拟内存，并且可以使用更大的内存。通常，将专用分区分配给交换区，但是也可以使用特定文件作为交换区。使用以下命令创建和管理交换区。

表7-3-11 创建和管理交换区的命令

命 令	说 明
mkswap	初始化交换区
swapon	激活交换区
swapoff	禁用交换区

初始化交换区

mkswap命令用来初始化交换区。

交换区的初始化

```
mkswap [选项] 设备|文件
```

表7-3-12 mkswap命令的选项

选 项	说 明
-c	检查坏块
-L 标签名称	指定标签并启用带有该标签的swapon

下面的示例使用dd命令创建交换文件，并使用mkswap命令初始化交换区。

创建并初始化交换区（文件）

```
# dd if=/dev/zero of=/swapfile  bs=1M count=1024
1024+0 记录输入
1024+0 记录输出
1073741824字节（1.1 GB）已复制，2.24322秒，479 MB /秒
# chmod 600 /swapfile
# mkswap /swapfile
设置交换空间版本1，大小= 1048572 KiB
无标签，UUID = 43acb32d-2dbd-47e0-8eeb-c4510b3bc812
```

在上面的示例中，/swapfile文件的权限已被更改。如果不进行更改，则在执行swapon命令时将显示以下信息。

显示的信息

```
# ls -la /swapfile
-rw-r--r--. 1 root root 1073741824 10月  1  13:52 /swapfile
# swapon /swapfile
swapon: /swapfile: 具有不安全的权限0644。建议使用0600。
swapon: /swapfile: 读取交换头失败：无效参数
```

下面的示例使用fdisk命令作为交换区初始化预先准备的分区。

创建并初始化交换区(设备)

```
# fdisk -l /dev/sdb
...(中间省略)...
设备          启动    开始      结束     块   ID      系统
/dev/sdb1     2048   2097151   1047552  82   Linux swap / Solaris
# mkswap /dev/sdb1
...(中间省略)...
设置交换空间版本1, 大小= 1047548 KiB
没有标签, UUID = 60c9d67c-38c5-443f-aa85-07e5fbb1da78
```

激活交换区

使用swapon命令激活交换区。

激活交换区

```
swapon [选项] 设备|文件
```

表7-3-13 swapon命令的选项

选 项	说 明
-a	在/etc / fstab中启用所有带有swap标记的设备
-L 标签名	启用具有指定标签的分区
-s	按设备显示交换的使用情况。等同于“cat / proc / swaps”

激活交换区

```
# free -m       ←❶
          total     used       free     shared    buff/cache    available
Mem:      1838      1026       83       42        729           572
Swap:     1023      0          1023
# swapon -s ←❷
Filename                              Type        Size      Used    Priority
/dev/dm-1                             partition   1048572   776     -1
# swapon /swapfile    ←❸
# swapon /dev/sdb1    ←❹
# swapon-s ←❺
Filename       Type        Size       Used     Priority
/dev/dm-1      partition   1048572    776      -1
/swapfile      file        1048572    0        -2
/dev/sdb1      partition   1048572    0        -3
# free -m
            total      used       free     shared    buff/cache    available
Mem:        1838       1028       80       42        729           570
Swap:       3071       0          3071  ←❻
```

❶检查内存使用情况
❷交换使用情况
❸启用/ swapfile文件
❹启用/ dev / sdb1设备
❺确认已添加/ swapfile和/ dev / sdb1
❻确认总容量是否已增加

重新启动系统后，通过swapon命令进行的启动将无效。如果要始终启用它，则需要按以下方式编辑/ etc / fstab文件。

始终启用交换区

```
# vi /etc/fstab
...（中间省略）...
/swapfile  swap swap defaults 0 0
/dev/sdb1 swap swap defaults 0 0
```

禁用交换区

swapoff命令用来禁用指定设备或文件上的交换区。

禁用交换区

swapoff [选项] 设备|文件

指定“a”选项将禁用/ proc / swap或/ etc / fstab文件中文件的交换设备和交换区域。以下示例分别禁用了交换文件(/ swapfile)和交换分区(/ dev / sdb1)。

禁用交换区

```
# swapoff /swapfile
# swapoff /dev/sdb1
# swapon -s
Filename        Type            Size        Used     Priority
/dev/dm-1       partition       1048572     552      -1
```

文件系统实用程序命令

ext2、ext3、ext4文件系统和xfs文件系统中使用的实用程序命令如下。

表7-3-14 文件系统实用程序命令

ext2、ext3、ext4	xfs	说　明
fsck(e2fsck)	xfs_repair	检查文件系统是否不一致
resize2fs	xfs_growfs	修改文件系统的大小
e2image	xfs_metadump、xfs_mdrestore	文件系统映像的存储
tune2fs	xfs_admin	文件系统参数的调整
dump、restore	xfsdump、xfsrestore	文件系统备份和列出

文件系统不一致检查

文件系统不一致可能是由电源切断引起的，例如突然断电。fsck命令用于检查和修复ext2、ext3、ext4文件系统的完整性，此命令是对每个文件系统中的单独fsck命令的前端程序。通过“-t”选项指定文件系统类型，执行带有扩展名的fsck命令。该机制类似于本节“创建ext2、ext3、ext4”中描述的mkfs命令。通过从fsck执行的e2fsck命令检查并修复ext2、ext3、ext4文件系统。

文件系统的不一致检查
fsck [选项] [设备]

表7-3-15 fsck命令的选项

选项	说　明
-t 系统类型	指定要检查的文件系统类型
-s	fsck命令的操作按照顺序执行。用于交互式检查多个文件系统
-A	检查/etc / fstab中列出的所有文件系统

文件系统的检查和修复
e2fsck [选项] 设备

表7-3-16 e2fsck命令的选项

选 项	说　明
-p	较小的错误（参考计数差异等）将自动修正，而不进行询问；其他的错误将不进行修正就被终止
-a	与-p相同。向后兼容的选项。建议使用-p
-n	使用no回答所有fsck的问题。 使用此命令可在不修改文件系统的情况下找出有什么样的错误
-y	使用yes回答所有fsck的问题。 通过保全一致性的操作可以修正所有文件系统错误。其结果会导致不一致的文件可能会被删除
-r	可选的兼容性选项，通过询问是/否，以交互方式修复检测到的任何错误，这是默认操作
-f	如果日志功能确定文件是干净的（没有不一致），则将设置clean标志，但是即使在这种情况下，如果指定了-f（强制）选项，也会执行fsck检查

如果在运行fsck命令时未指定设备，并且也未指定“-A”选项，则会依次检查/ etc / fstab文件中列出的文件系统。

执行fsck命令时，应解除对文件系统的挂载。如果在已安装的文件系统上运行此命令，则可能会删除没有问题的文件。

另外，启动ext2、ext3、ext4文件系统时，请检查在/ etc / fstab中注册的文件系统的clean标志，如果设置了该标志，则将不执行fsck（即使系统没有进行正确的sync操作而被关闭时，如果日志对其进行了补正，也会设置clean标志）。即使设置了clean标志，也可能存在一些细微的不一致，并且可以使用fsck的“-f”（强制）选项运行fsck。如果未设置clean标志，则将执行fsck。

另一方面，xfs不会在系统启动时进行检查或修复。因此，如果要修复，请运行xfs_repair命令。

修复xfs文件系统
xfs_repair [选项] 设备

表7-3-17 xfs_repair命令的选项

选 项	说 明
-n	仅检查，不进行修复
-L	将元数据日志清零，但可能会导致数据丢失 在文件系统无法挂载，或者没有备份情况下使用
-v	显示详细信息
-m最大的内存量	指定运行时要使用的近似最大内存量（MB）

使用“-n”选项以检查模式读取文件系统，而不对文件系统进行任何更改。另外，如果无法成功解除挂载，此时请使用“-L”选项。但是，“-L”选项会导致元数据为零。因此，某些文件可能会丢失。

修复xfs文件系统

```
# xfs_repair -n /dev/sdc1
...（省略执行结果）...
# xfs_repair -Lv
```

7-4

使用iSCSI

什么是iSCSI

iSCSI(Internet Small Computer System Interface)是一种在TCP / IP网络上使用SCSI协议的标准。随着千兆以太网的普及，有可能基于iSCSI构建一个比光纤通道价格更低廉的**存储区域网络**(SAN)。

提供存储的一方就是**目标**(target)，它等效于SCSI磁盘或SCSI磁带设备。使用存储的那一方是**启动器**(initiator)，它等效于SCSI主机。

目标和启动器的配置示例如下所示。

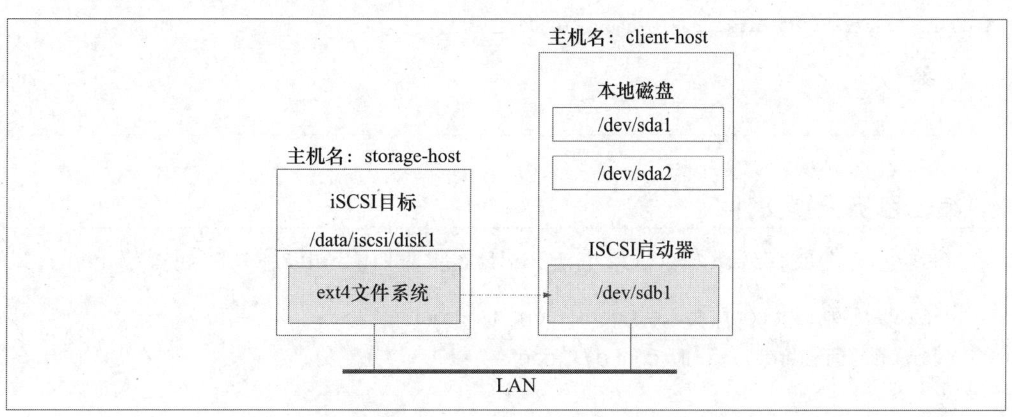

图7-4-1 iSCSI目标和启动器的配置示例

iSCSI目标的设置步骤

目标设置步骤如下。

❶安装目标软件包
❷准备目标存储区
❸编辑目标配置文件
❹启动SCSI目标安全程序(tgtd)

安装目标软件包

为目标安装软件包，其中包括SCSI目标安全程序(tgtd)和管理命令。

· RedHat系列:scsi-target-utils
· Ubuntu系列:tgt

安装目标软件包(RedHat系列)

```
# yum install scsi-target-utils
```

安装目标软件包(Ubuntu系列)

```
# apt install tgt
```

准备目标存储区

存储区可以是常规文件或设备(磁盘分区)。以下示例将存储区设置为10GB常规文件"/ data / iscsi / disk1"。

设置储存区

```
# mkdir -p /data/iscsi
# cd /data/iscsi
# dd if=/dev/zero of=disk1 bs=1M count=10000
# ls -lh
合计 9.8G
-rw-r--r-- 1 root root 9.8G  8月 30  2018 disk1
```

编辑目标配置文件

将配置文件放在/ etc / tgt目录下。RedHat系列和Ubuntu系列的配置如下。

· RedHat系列：tgt.conf，targets.conf，conf.d / *.conf

· Ubuntu系列：targets.conf，conf.d / * .conf

对于RedHat系列和Ubuntu系列，都可以直接编辑target.conf。其中一种方法是在conf.d下创建一个".conf"文件。

在配置文件中描述目标定义。目标定义的格式如下。

目标定义的格式

```
<target 目标名>
    backing-store  存储区的路径
</target>
```

指定iqn(iSCSI Qualified Name)作为目标名称。

iqn可以作为在全世界统一识别的名称，它由类型标识符iqn、域名获取日期、域名和标识字符串组成。

iqn的格式

```
iqn. 年(4位数字)-月(2位数字). 域名[: 识别名]
```

对于域名，就是将元素名称以相反的顺序记述。可以给识别名添加以任何名称。

以下是域名获取日期为“2018-08”、域名为“localdomain.strage-host”、识别名为“disk1”的示例。如果在局域网中使用iSCSI，则只需具有正确的格式，并且域名获取日期和域名应适合在局域网中使用。

iqn.2018-08.localdomain.storage-host:disk1

以下示例在/etc/tgt/conf.d目录下创建my-targets.conf文件。

创建配置文件

```
# vi  /etc/tgt/conf.d/my-targets.conf
<target iqn.2018-08.localdomain.storage-host:disk1>
   backing-store /data/iscsi/disk1
</target>
```

启动SCSI目标安全程序(tgtd)

在步骤❸中编辑配置文件(编辑目标配置文件)之后，使用systemctl命令启动SCSI目标安全程序。

此步骤将启动tgtd安全程序，然后tgt-admin命令将读取配置文件。有关tgt-admin命令的更多信息，请参见后面介绍的“管理iSCSI目标”中的相关内容。

启动SCSI目标安全程序tgtd(Red Hat系列)

```
# systemctl start tgtd
```

启动SCSI目标安全程序tgtd(Ubuntu系列)

```
# systemctl start tgt
```

这样就完成了目标设置。

iSCSI启动器的设置步骤

启动器的设置步骤如下。

❶安装启动器的软件包

❷编辑配置文件(iscsid.conf)

❸目标的检测

❹登录到目标

❺对iSCSI磁盘进行分区、初始化文件系统、挂载

安装启动器的软件包

安装包含iSCSI安全程序(iscsid)启动器的软件包。

· RedHat系列：iscsi-initiator-utils

· Ubuntu系列：open-iscsi

启动器软件包的安装（RedHat系列）

```
# yum install iscsi-initiator-utils
```

启动器软件包的安装（Ubuntu系列）

```
# apt install open-iscsi
```

编辑配置文件（iscsid.conf）

在配置文件/etc/iscsi/iscsid.conf中，设置是通过自动还是手动方式登录到检测到的目标。

· 自动登录：node.startup =automatic
· 手动登录：node.startup = manual

默认情况下，CentOS设置为自动登录，而Ubuntu设置为手动登录。如下所述，将在iSCSI存储器中创建一个文件系统，然后将在/ etc / fstab中记述并使用该文件系统，因此将其设置为自动登录更为方便。

设置为自动登录（Ubuntu系列）

```
# vi /etc/iscsi/iscsid.conf
node.startup =automatic   ←将manual更改为automatic
```

另外，根据“node.startup = automatic”的描述，将在系统启动时启动iscsid安全程序。即便将iscsid.service设置为启用，也会启动iscsid安全程序。

CentOS和Ubuntu上的安装设置如下。

· CentOS:iscsid.conf设置为“node.startup = automatic”、iscsid.service设置为“disable ”

· Ubuntu :iscsid.conf设置为“node.startup = manual”、iscsid.service设置为“enable”

像这样，CentOS和Ubuntu都被设置为在系统启动时启动iscsid安全程序。

但是，即使iscsid安全程序没有启动也没有问题，因为iscsid安全程序也可以由在以下步骤❸（目标的检测）或步骤❹（登录到目标）中执行的iscsiadm命令启动。

目标检测

作为初始设置，启动程序将使用iscsiadm命令来检测目标。

在使用iscsiadm命令检测目标时，将模式（-m）改为“discovery”，检测协议类型（-t）改为“sendtargets”或缩写形式的“st”，以及将目标门户（-p）指定为主机名或IP地址并执行。

通过运行“-t sendtargets”或“-t st”，将会从由“-p”指定的目标门户（目标主机）中获取可用目标的列表。

目标的检测

```
# iscsiadm -m discovery -t st -p storage-host
```

执行此命令时，获取的目标列表和配置文件iscsid.conf中的设置内容，将保存在CentOS的/ var / lib / iscsi / nodes目录下和Ubuntu的/ etc / iscsi / nodes目录下。用户不必每次登录到目标时都运行它。以下情况下，需要执行此命令。

· 在安装后，首次设置iSCSI启动器时
· 要检测新目标时
· 更改iscsid.conf的内容时

登录到目标

必须登录到目标才能访问目标的存储器。要登录到目标，请将模式(-m)改为“node”，将“--login”(-l)选项和目标门户(-p)分别指定为主机名或IP地址，然后运行iscsiadm命令。

登录到目标

```
# iscsiadm -m node -l -p storage-host
```

登录后，目标的存储器将添加SCSI设备。

如果在iscsid.conf中设置“node.startup = automatic”,则下次不必执行上述命令，因为在系统启动时执行的iscsi.service将会自动登录。

在下面的示例中，已将SCSI设备添加到/ proc / partitions文件中。

检查添加的SCSI设备

```
# cat / proc / partitions
major     minor        #blocks      name


   8         0        10485760      sda
   8         1        1048576       sda1
   8         2        9436160       sda2
   8        16        10240000      sdb     ←添加的SCSI设备
```

另外，还可以通过在iscsiadm命令的session模式下使用“-P”选项，将打印级别指定为“3”来检查所添加的SCSI设备名称。在下面的示例中，设备名称为“sdb”。

检查添加的SCSI设备

```
# iscsiadm -m session -P 3 | grep disk
        Attached scsi disk sdb              State: running
```

iSCSI磁盘分区，文件系统初始化，挂载

对于由iSCSI目标连接的SCSI磁盘，文件系统的初始化和挂载方式，与本地连接的SCSI设备相同。

以下是使用/ dev / sdb的示例。有关命令的详细信息，请参见本章7-2节中“磁盘分区”和7-3节中“创建文件系统”的相关内容。

使用磁盘中的/ dev / sdb(节选)

```
# gdisk /dev/sdb
Command ( ? for help ) : n ←创建新的分区
... ( 全部按<Enter>键 ) ...
Command (? for help) : p  ←显示分区
Number start  (sector)   End (sector)        Slze        Code     Name
  1        2048          20479966            9.8 GiB     8300     Linux filesystem
Command ( ? for help ) : w ←将分区信息写入磁盘
Do you want to proceed? ( Y / N ) : Y ←回答Yes终止进程

#mkfs -t ext4 / dev / sdb1  ←创建ext4文件
#mkdir / iscsi-fs  ←创建安装点
#mount / dev / sdb1 / iscsi-fs  ←挂载
#df -T / iscsi-fs ←检查
文件系统       类型     大小     使用     剩余        使用%     安装位置
/dev/sdb1     ext4     9.5GB    37MB    9.0GB        1%      1iscsi-fs
```

在/ etc / fstab文件中添加一个条目，以便在系统启动时挂载。

指定“_netdev”作为挂载选项。“_netdev”是在访问诸如iSCSI之类的网络存储之后挂载的选项。

在/etc / fstab中添加一个条目

```
# vi /etc/fstab
/dev/sdb1  /iscsi-fs  ext4  _netdev  0 0
```

管理iSCSI目标

tgt-admin和tgtadm命令可以作为iSCSI目标管理命令。

启动tgtd安全程序后，在CentOS的tgtd.service和Ubuntu的tgt.service中执行tgt-admin命令读取配置文件(CentOS中是/etc/tgt/tgtd.conf、Ubuntu中是/etc/ tgt/targets.conf/)。

tgt-admin命令是Perl脚本。tgtadm是在tgt-admin命令中执行的命令。

在下面的示例中，设置了两个目标(两个磁盘)，并使用指定的选项“--s”(--show)执行“tgt-admin -s”命令以检查设置状态。

检查目标设定和状态

```
# dd if=/dev/zero of=/data/iscsi/disk1 bs=1M count=10000  ←❶
# dd if=/dev/zero of=/data/iscsi/disk2 bs=1M count=5000  ←❷
# vi /etc/tgt/conf.d/my-targets.conf
<target iqn.2018-08.localdomain.storage-host:disk1>  ←❸
      backing-store /data/iscsi/disk1
</target>

<target iqn.2018-08.localdomain.storage-host:disk2>  ←❹
```

```
        backing-store /data/iscsi/disk2
</target>

# systemctl restart tgtd ←❺
↑对于Ubuntu，执行"systemctl restart tgt"

# tgt-admin -s ←❻
Target 1: iqn.2018-08.localdomain.storage-host:disk1  ←目标编号1
...
LUN information:
         LUN: 0
           Type:controller
...
         LUN: 1  ←单位编号1
                   Type:disk
                   Size: 10486 MB, Block size: 512
                   Backing store path: /data/iscsi/disk2
Target 2: iqn.2018-08.localdomain.storage-host:disk2  ←目标编号2
...
 LUN information:
         LUN: 0
                   Type: controller ...
...
         LUN: 1  ←单元编号1
                   Type: disk
                   Size: 5234 MB, Block size: 512
                   Backing store path: /data/iscsi/disk2
...
```

❶创建存储区（已完成的）
❷创建存储区（新创建的）
❸目标定义（已设置）
❹目标定义（新定义）
❺重新启动tgtd安全程序（CentOS）
❻显示目标状态

如果定义了多个目标，则将根据目标名称的排序来分配目标编号。单元编号1已分配给磁盘。

iSCSI启动器的管理

iscsiadm命令可以作为iSCSI启动器管理命令。

检测目标

要检测目标，请将iscsiadm命令的模式（-m）指定为"discovery"。

将检测协议类型（-t）指定为"sendtarget"或缩写形式的"st"。

在目标端设置默认检测协议类型为sendtargets。还可以在目标端设置iSNS（Internet存储名称服务）或SLP（服务位置协议）。

通过主机名或IP地址指定目标门户（-p）。如果有多个目标门户（目标主机），则每次用"-p"选项多次运行。

在以下示例中，目标门户（IP地址：192.168.122.1）提供了多个目标。

检测目标

```
# iscsiadm -m discovery -t st -p 192.168.122.1 ←检测目标
192.168.122.1:3260,1 iqn.2018-08.localdomain.storage-host: disk1
192.168.122.1:3260,1 iqn.2018-08.localdomain .storage-host: disk2

# iscsiadm -m node ←显示已保存的检测结果
192.168.122.1:3260,1 iqn.2018-08.localdomain.storage-host: disk1
192.168.122.1:3260,1 iqn.2018- 08.localdomain.storage-host: disk2

# iscsiadm -m node -o show ←通过指定"-o show"显示检测后保存的信息
#BEGIN RECORD 6.2.0.874-7
node.name = iqn.2018- 08.localdomain.storage-host: disk1
node.tpgt = 1
node.startup =automatic ←设置为自动登录
...
```

目标检测结果存储在CentOS的/var/lib/iscsi/nodes目录中和Ubuntu的/etc/iscsi/nodes目录中。

登录到目标，然后从目标注销

要访问目标存储，需要使用以下选项登录到目标。

- 要登录到检测到的目标，请使用选项"-m"（--mode）将模式指定为"node"。
- 指定选项"-l"（--login）以登录到目标。
- 目标门户（主机）的主机名或IP地址，可使用选项"-p"（--portal）来指定。
- 要登录到检测目标中的特定目标，请使用选项"-T"来指定目标名称（--targetname）。

登录到目标

```
# iscsiadm -m node -l -p 192.168.122.1  ←❶

# iscsiadm -m session  ←❷
tcp: [2] 192.168.122.1:3260,1 iqn.2018-08.localdomain.storage-host:disk1 (non-flash)
tcp: [3] 192.168.122.1:3260,1 iqn.2018-08.localdomain.storage-host:disk2 (non-flash)

# iscsiadm -m node -u  ←❸

# iscsiadm -m node -l -T iqn.2018-08.localdomain.storage-host:disk1 -p 192.168.122.1
# iscsiadm -m session  ←❹
tcp: [4] 192.168.122.1:3260,1 iqn.2018-08.localdomain.storage-host:disk1 (non-flash)

# iscsiadm -m session -P 3  ←❺
...
Target: iqn.2018-08.localdomain.storage-host:disk1 (non-flash)
        Current Portal: 192.168.122.1:3260,1
        Persistent Portal: 192.168.122.1:3260,1
...
                *************************
                Attached SCSI devices:
                *************************
                Host Number: 11  State: running
                scsi11 Channel 00 Id 0 Lun: 0
                scsi11 Channel 00 Id 0 Lun: 1
```

```
            Attached scsi disk sdb  State: running  ←❻
```

❶登录到由“-p”指定的主机的所有目标
❷显示已登录的目标
❸从所有已登录的目标中注销
❹显示已登录的目标
❺通过“-P”（--print）将打印级别指定为3并显示所登录目标的详细信息
❻连接的设备名称为sdb

要从已登录的目标注销，应将iscsiadm命令的模式(-m)指定为“node”，并指定“-u”选项。

从目标中注销

```
# iscsiadm - m node -u  ←从所有已登录目标中注销

# iscsiadm -m session  ←确认您已注销
iscsiadm: No active sessions.
```

删除保存的目标信息和设置信息

要删除已保存的目标信息和iscsid.conf中的配置信息，请将模式(-m)设置为“node”，并且指定“-o delete”选项，来运行iscsiadm命令。

必须注销目标才能执行此命令。保存的信息被删除或者是在目标检测后重新创建信息的情况下会执行此命令。

删除已保存的目标信息和配置信息

```
#iscsiadm -m node -o delete  ←删除已保存的信息

#iscsiadm -m node  ←确认已删除已保存的信息
iscsiadm: No records found
```

专栏

使用LVM

在安装过程中，CentOS和Ubuntu都可以将LVM逻辑卷用于根文件系统和交换区。对于CentOS系统来说，在安装时将默认选择LVM；对于Ubuntu系统来说，将选择LVM。用户也可以选择在安装后使用LVM，而无须在安装过程中选择LVM。

如果使用LVM，并且在后续的系统操作中容量不足，则可以添加新磁盘并扩展文件系统的大小，这对于管理来说非常方便。

什么是LVM

逻辑卷管理器（Logical Volume Manager，LVM）由包含多个磁盘分区的弹性逻辑卷（LV）组成，不受分区限制。用户可以在此逻辑卷上创建文件系统。

卷（volume）通常表示卷、容量或体积的意思，但是在计算机存储环境中使用时，它表示存储程序和数据的区域。DVD / CD-ROM、USB存储器、硬盘分区等均为卷。通过执行pvcreate命令，硬盘分区将成为LVM的物理卷。

· DVD / CD-ROM→卷
· USB存储器→卷
· 硬盘分区→卷
· 硬盘分区→执行pvcreate命令→LVM物理卷

LVM“卷组”是（一个以上）LVM“物理卷”的集合。

“物理盘区”是在一个卷组中收集的物理卷中的许多小区域（默认大小为4MB），并且是“逻辑卷”的组成元素。

LVM的“逻辑卷”由许多“物理卷”组成。它替代了磁盘分区，并用于文件系统存储和交换空间。

如果Linux安装在磁盘分区上，由于空间不足等原因，则必须增加特定分区的大小或创建新的分区，但是这样做还必须更改其他分区。因此，通常无法做出此操作。针对这个问题，LVM的逻辑卷由被称为物理盘区的小单元组成，因此可以通过增加或减少物理盘区的数量来扩展或缩小逻辑卷的大小。

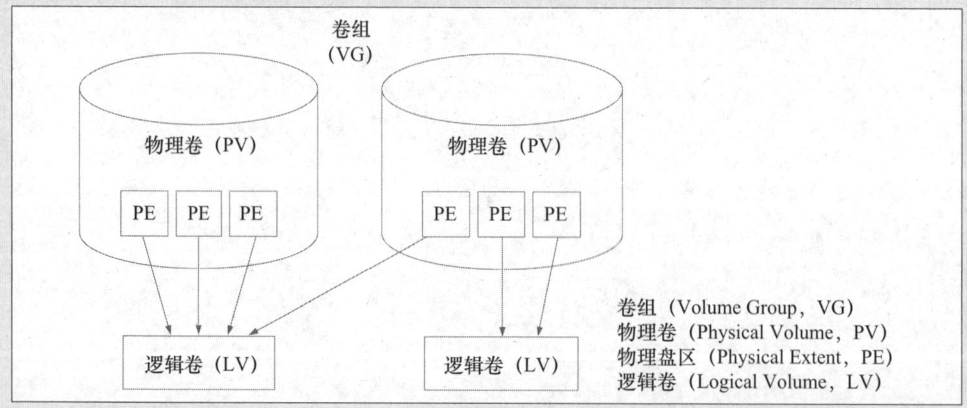

LVM的构成

在本专栏中，我们首先说明LVM的配置步骤，然后介绍以下两个LVM的使用示例。

❶使用LVM在根文件系统(标准分区)下配置/var和/home目录。
❷添加新磁盘，并扩展使用LVM配置的根文件系统的大小。

LVM配置步骤

创建新的LVM以及在LVM上创建和使用文件系统的过程如下。

❶安装LVM软件包(LVM2)
❷通过pvcreate命令从分区创建物理卷(PV)
❸通过vgcreate命令从物理卷(PV)创建卷组(VG)
❹通过lvcreate命令从卷组(VG)创建逻辑卷(LV)
❺通过mkfs命令在逻辑卷(LV)上创建文件系统
❻挂载创建的文件系统

在下表的"备注"列中，LVM配置过程中使用的LVM命令标有"※"。另外，在本专栏的最后部分(使用LVM扩展根文件系统的大小)中，除使用上述命令以外，也使用了带有"※2"标志的命令。

LVM命令

命 令	说 明	备注
	物理卷(PV)管理	
pvcreate	物理卷(PV)创建	※
pvremove	物理卷(PV)删除	
pvdisplay	物理卷(PV)显示	
	卷组(VG)管理	
vgcreate	创建一个卷组	※
vgextend	扩展一个卷组	※2
vgreduce	缩小一个卷组	
vgremove	删除一个卷组	
vgdisplay	显示一个卷组	※
	逻辑卷(LV)管理	
lvcreate	创建一个逻辑卷	※
lvextend	扩展一个逻辑卷	※2
lvreduce	缩小一个逻辑卷	
lvremove	删除一个逻辑卷	
lvdisplay	显示一个逻辑卷	※

○ 安装LVM软件包(LVM2)

要使用LVM，请安装LVM2(LVM版本2)软件包。此专栏中的所有操作都将以root权限执行。

对于Ubuntu，通过"$ sudo su-"在根Shell中执行"# 命令"，然后在完成所有工作后，使用"# exit"退出根Shell，或者将每一个命令以"$ sudo命令"的形式运行。

安装LVM2软件包(CentOS)

```
# yum install lvm2
```

安装LVM2软件包(Ubuntu)

```
apt install lvm2
```

○ 从分区创建物理卷(PV)

可以通过从现有磁盘分区中选择一个或多个未使用的分区来配置LVM。还可以使用新添加的磁盘来配置LVM。

如果PC硬件是台式机，则通常可以在机箱(主体机箱)中添加SATA磁盘等。对于虚拟机，则可以使用管理工具轻松创建其他磁盘。

以下是将增设磁盘/ dev / vdb配置为LVM，并在两个创建的逻辑卷lv01和lv02上构建文件系统，以及分别挂载和使用/ data1和/ data2目录的示例。

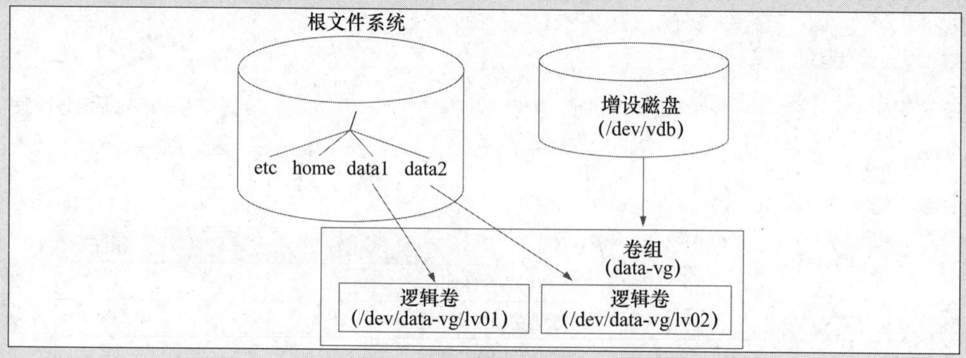

LVM的构成示例

首先，对增设磁盘/ dev / vdb进行分区。如果使用gdisk，请将分区类型指定为8e00(LVM)。使用fdisk时则将分区类型指定为8e(LVM)。

> 有关gdisk和fdisk命令的更多信息，请参见本章7-2节“磁盘分区”和7-3节“创建文件系统”中的相关内容。

对增设磁盘/ dev / vdb进行分区(节选)

```
# gdisk /dev/vdb
Command (? for help): n ←创建新的分区
...(全部按<Enter>键)...
Command (? for help): t ←指定分区类型
Hex code or GUID (L to show codes, Enter = 8300): 8e00 ←指定LVM类型
Command (? for help): p ←显示分区
Number Start (sector)   End (sector)   Size      Code    Name
   1         2048       20971486       10.0 GiB  8E00    Linux LVM
Command (? for help): w ←将分区信息写入磁盘
Do you want go proceed? (Y/N): Y ←回答Yes终止
```

使用pvcreate命令从分区创建物理卷(PV)。

创建物理卷

```
pvcreate 分区 [划分]...
```

通过增设磁盘/ dev / vdb1创建物理卷(PV)

```
# pvcreate /dev/vdb1
```

可以像“pvcreate / dev / vdb1 / dev / vdc1”那样将多个分区设置为PV。

○ 从物理卷(PV)创建卷组(VG)

使用vgcreate命令创建以物理卷(PV)为元素的卷组(VG)。

创建卷组

```
vgcreate 卷组名 物理卷 [物理卷]...
```

创建一个增设磁盘/ dev / vdb1为元素创建一个卷组data-vg

```
# vgcreate date-vg/dev/vdb1
# vgdisplay
--- Volume group ---
VG Name          data-vg
...
VG Size          <10.00 GiB
                         ↑大小为10GB。“<”表示该值已四舍五入
PE Size          4.00 MiB
...
```

还可以将多个PV作为元素，例如“vgcreate / dev / vdb1 / dev / vdc1”。

○ 通过卷组(VG)创建逻辑卷(LV)

通过lvcreate命令从卷组(VG)创建逻辑卷(LV)。

创建逻辑卷

```
lvcreate [选项] 卷名
```

“--size”(-L)或“- - extents”(-l)选项用于指定要创建的LV的大小。

“--size”(-L)的单位为字节，可指定MB(m或M)、GB(g或G)、TB(t或T)或PB(p或P)。

“--extents”(-l)可指定VG大小的百分比，例如% VG和% FREE(例：100%VG表示占VG大小的100%，100% FREE则表示占剩余VG可用空间的100%)。

使用“--name”(-n)选项用于指定LV的名称。

从VG(data-vg)创建逻辑卷lv01和lv02

```
# lvcreate -L 5G -n lv01 data-vg
↑由卷组data-vg创建大小为5GB的逻辑卷lv01

# lvcreate -l 100%FREE -n lv02 data-vg

↑由卷组data-vg的剩余部分创建逻辑卷lv02
# lvdisplay
--- Logical volume ---
LV Path       / dev / data-vg / lv02
LV Name       lv01
```

```
VG Name       data-vg
...
LV Size       5.00 GiB
...
--- Logical volume ---
LV Path       /dev/data-vg/lv02
LV Name       lv02
VG Name       data-vg
...
LV Size       <5.00 GiB
...
```

○ 在逻辑卷(LV)上创建文件系统

使用mkfs命令在逻辑卷(LV)上创建文件系统。

以下示例在逻辑卷上创建ext4文件系统。所指定的逻辑卷的设备名称为"/dev/VG名称/LV名称"。

在逻辑卷(LV)上创建文件系统

```
# mkfs -t ext4 /dev/data-vg/lv01
# mkfs -t ext4 /dev/data-vg/lv02
```

○ 挂载创建的文件系统

挂载创建的文件系统后，编辑/etc/fstab文件，以便在重新启动后也可以挂载它。

将创建的文件系统分别挂载在/data1和/data2上

```
# mkdir /data1 /data2
# mount /dev/data-vg/lv01 /data1
# mount /dev/data-vg/lv02 /data2
# df -Th /data1 /data2
Filesystem                  Type    Size    Used    Avail   Use%    Mounted on
/dev/mapper/data--vg-lv01   ext4    4.9G    20M     4.6G    1%      / data1
/dev/mapper/data--vg-lv02   ext4    4.9G    20M     4.6G    1%      /data2

# vi /etc/fstab
/dev/data-vg/lv01 /data1  ext4  defaults  0 2
/dev/data-vg/lv02 /data2  ext4  defaults  0 2
```

通过上述过程，用户便可以使用/data1和/data2目录下大小可以改变的LVM。

在LVM下配置/var和/home目录

安装Linux时，可以选择是否使用LVM配置文件系统，但是即使没有安装LVM，也可以稍后安装LVM。

在前面介绍的"LVM配置步骤"中，我们为数据区域创建了逻辑卷lv01和lv02，将它们配置为分别挂载在/data1和/data2目录中并且可用。

下面介绍在安装过程中，在配置了标准分区的根文件系统中的/var和/home目录下，如何使用LVM来更改设置的过程。

特别是对那些用于服务器的Linux，如果出于以下原因用LVM配置了/var和/home目录，则会由于安装过程中无法预料的数据使用量增加而导致容量不足，此时应添加磁盘。这可以通过扩展文件系统的大小来完成。

· 日志、数据库、邮件卷、Web内容等都位于/ var目录下。因此，使用量随着时间的流逝而增加。
· 用户的主目录位于/ home目录下。使用量随着用户数量的增加和用户创建文件的使用而增加。
· / var和/ home目录是别的分区或卷时，可以很容易地通过备份文件系统进行管理。

迁移到LVM后，以下过程将删除根文件系统中/ var和/ home目录下的所有内容。

如果可能的话，建议备份/ var和/ home目录，因为如果操作错误，可能会造成系统无法启动或数据无法恢复。如果系统无法启动，可从DVD或ISO映像的应急模式启动安装程序，然后使用备份进行修复。

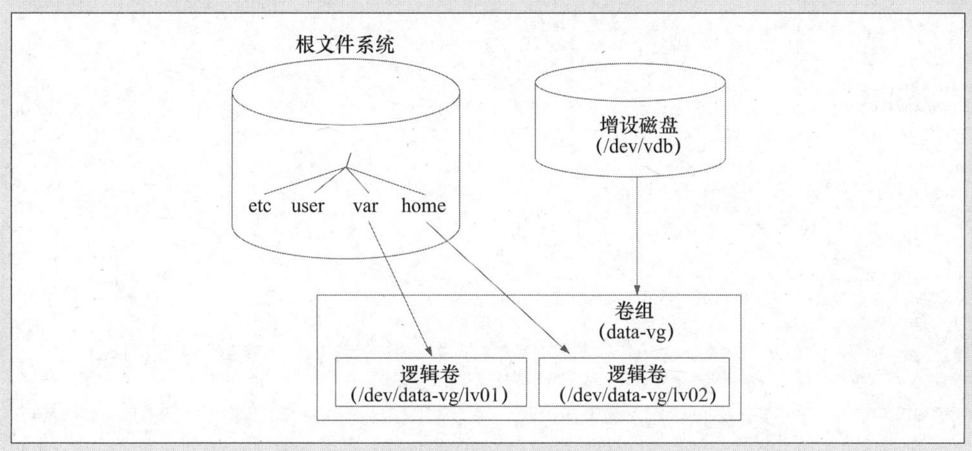

使用LVM配置var和/ home根文件系统

以下示例是在迁移到LVM之前检查根文件系统及其中的/ var和/ home目录的使用情况。

检查根文件系统的当前使用状态

```
# df -Th /
Filesystem     Type    Size   Used   Avail   Use%   Mounted on
/dev/vda1      ext4    9.8G   8.5G   843M    92%    /

# du -sh /home /var
157M    /home
2.0G    /var
```

对于使用LVM的逻辑卷，我们将使用前面在“LVM配置过程”中介绍的为/ var和/ home创建的逻辑卷lv01。

根据以下过程，在Rescue模式下执行/ var和/ home目录的数据迁移，以避免在迁移工作期间由于来自安全程序或网络的访问而导致数据被修改。

❶通过“systemctl reboot”或“init 6”重启系统后，在启动时显示的GRUB菜单界面中输入“e”，然后编辑以下内容。
❷在相关菜单项（例如CentOS或Ubuntu）的linux行末尾添加“1”，从而将启动设置为Rescue模式。
❸按下<Ctrl + x>键开始。
以下画面是在Rescue模式下启动Ubuntu并输入root密码登录的示例。有关Ubuntu在Rescue模式下的启动过程，请参见第2章专栏中的相关内容。

```
/dev/vda1: recovering journal
/dev/vda1: clean, 146892/655360 files, 1498277/2620928 blocks
You are in rescue mode. After logging in, type "journalctl -xb" to view
system logs, "systemctl reboot" to reboot, "systemctl default" or "exit"
to boot into default mode.
Give root password for maintenance
(or press Control-D to continue):   输入root密码
```

Rescue模式

登录后，在Rescue 模式的命令提示符下输入以下命令以执行迁移。LVM在Rescue模式下启用。逻辑卷lv01和lv02分别安装在/ data1和/ data2目录中。

逻辑卷迁移

```
# cd /var
# tar cv - . |(cd /data1; tar xv -) ←❶
# cd /home
# tar cv - . |(cd /data2; tar xv -) ←❷
# vi /etc/fstab
/dev/data-vg/lv01  /var   ext4   defaults   0 2
/dev/data-vg/lv02  /home  ext4   defaults   0 2
```

❶ ❷ 使用tar命令在当前目录“.”（/var或/home）下创建归档文件，并将其输出到标准输出。移至目标目录（/data1或/data2）后，通过管道“|”从标准输入中获取标准输出，并提取tar归档文件

因此，删除此目录以释放空间(如果不删除它，则不需要在下面执行“init = / bin / bash”)。

但是，在Rescue模式下，systemd-journald正在运行，因此无法取消挂载/ var目录并删除根文件系统中的/ var。因此，需要重新启动系统，并在启动时在GRUB菜单中进行编辑，然后启动。

在Rescue模式下启动时不用在linux行上添加“1”，而是添加“init = / bin / bash”。如果使用“init = / bin / bash”启动它，则不会要求输入密码。由于未启用LVM，因此无法使用LVM。

```
/dev/vda1: clean, 291500/655360 files, 2280230/2620928 blocks
bash: cannot set terminal process group (-1): Inappropriate ioctl for device
bash: no job control in this shell
root@(none):/# df
Filesystem     1K-blocks    Used Available Use% Mounted on
udev              990072       0    990072   0% /dev
tmpfs             204124     528    203596   1% /run
/dev/vda1       10253588 8890796    822224  92% /
root@(none):/#
```

通过“init = / bin / bash”启动

以下是删除根文件系统中/ var目录和/ home目录下所有内容的示例。

删除/var和/ home下的所有内容

```
# df  ←确认未安装lx01和lx02
# mount -o remount, rw / ←启动时为只读，因此这里设置为可读写
# cd / var
# rm -rf *
# cd / home
# rm -rf *
# exit
```

之后，关闭电源，然后重新启动。

系统启动后，登录并使用df命令检查文件系统的大小和使用情况。

检查文件系统大小

```
# df -Th / /var /home
Filesystem                    Type    Size    Used    Avail    Use%    Mounted on
/dev/vda1                     ext4    9.8G    6.4G    3.0G     69%     /
                                                               ↑使用率从92%降低至69%
/dev/mapper/data--vg-lv01     ext4    4.9G    2.1G    2.6G     45%     /var
/dev/mapper/data--vg-lv02     ext4    4.9G    177M    4.5G     4%      /home
```

这样就完成了将/ var和/ home目录迁移到LVM的工作。将来，如果/ var和/ home目录的使用量超出了最初的估计，并且可用空间不足，则可以通过添加磁盘来扩展文件系统的大小。

使用LVM扩展根文件系统的大小

在CentOS中，如果安装过程中在分区设置中选择“自动分区”，则LVM逻辑卷将用于根文件系统和交换区(如果磁盘大小足够大，则根文件系统将有大约50 GB，交换区有大约6GB，剩余空间将分配到/ home目录)。

CentOS的“安装信息摘要”画面(节选)

在Ubuntu中，如果安装过程中在“安装类型”画面上选中“在Ubuntu新安装中使用LVM”，则根文件系统和交换区将使用LVM逻辑卷。

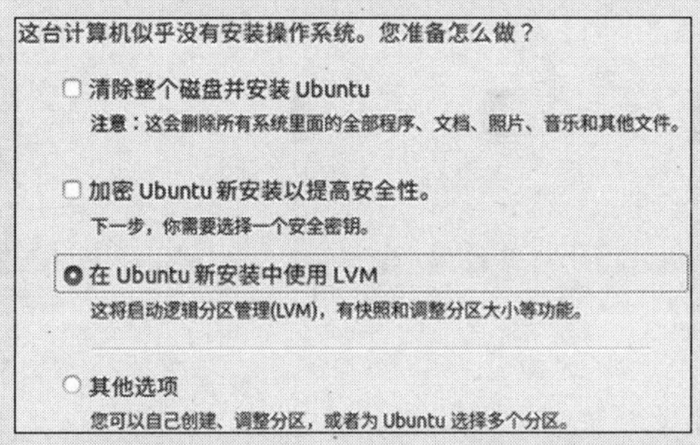

Ubuntu的“安装类型”画面(节选)

当LVM逻辑分区用于根文件系统时，如果使用的空间量增加并且可用空间在系统的后续操作中变得不足时，则可以通过添加新磁盘的方法来扩展文件系统的大小。

○ 扩展根文件系统(CentOS)

当选择“自动分区”并将其安装在CentOS中时，LVM逻辑卷将用于根文件系统。如果使用LVM，则在后续系统操作期间文件系统容量不足时，可以通过添加新磁盘来扩展文件系统大小。

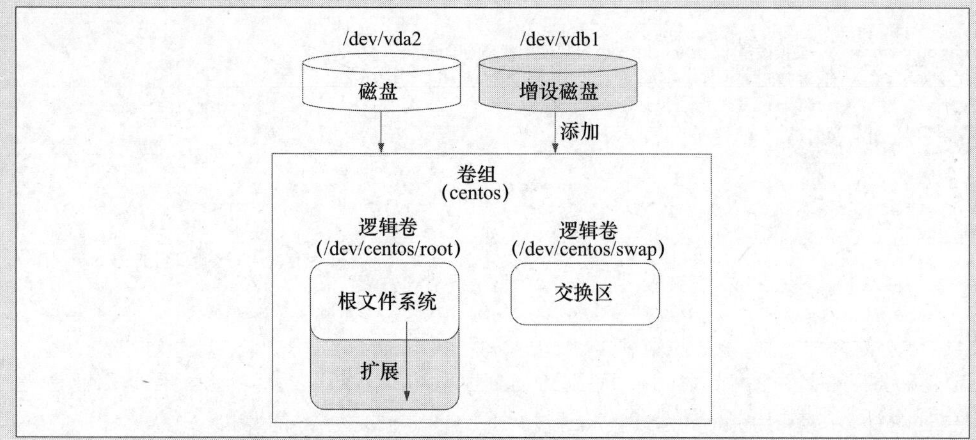

扩展根文件系统（CentOS）

> 如果在安装CentOS时选择“自动分区”，则系统磁盘的第一个分区将分配给/ boot，第二个分区将分配给LVM。

以下是使用自动分区检查LVM设置的示例。

检查LVM设置

```
# vgdisplay -v
  --- Volume group ---
  VG Name           centos
…
  VG Size           <10.00 GiB
  PE Size           4.00 MiB
…
  --- Logical volume ---
  LV Path           /dev/centos/swap
  LV Name           swap
  VG Name           centos
…
  LV Size           1.10 GiB
…
  --- Logical volume ---
  LV Path           /dev/centos/root
  LV Name           root
  VG Name           centos
…
LV Size             8.89 GiB
…
  --- Physical volumes ---
  PV Name           /dev/vda2
…

# df -Th /boot
文件系统        类型    大小      使用     剩余     使用%    挂载位置
/ dev / vda1    xfs     1014MB    157MB    858MB    16%      / boot

#df -Th /
文件系统                        类型   大小    使用    剩余    使用%   挂载位置
/ dev / mapper / centos-root    xfs    8.9GB   3.8GB   5.2GB   43%     /
                                       ↑根文件系统大小为8.9GB
```

```
# swapon -show  ←交换设备(/dev/dm-1)及其使用状态的确认
NAME              TYPE          SIZE        USED        PRIO
/dev/dm-1     partition         1.1G        6.6M        -1

# ls -l / dev / centos / root
lrwxrwxrwx.1 root root 8 Aug 8 16:52 / dev / centos / root -> ../dm-0
# ls -l / dev / centos / swap
lrwxrwxrwx.1 root root 7 Aug 8 16:52 / dev / centos / swap-> ../dm-1

# ls -l / dev / mapper / centos *
lrwxrwxrwx.1 root root 7 Aug 8 16:52 / dev / mapper / centos-root -> ../dm-0
lrwxrwxrwx.1 root root 7 Aug 8 16:52 / dev / mapper / centos-swap -> ../dm-1
```

可以按照以下步骤添加增设磁盘/ dev / vdb并扩展根文件系统。

❶将分区/ dev / vdb1设置为增设磁盘/ dev / vdb
❷使用pvcreate命令将vdb1设置为物理卷(PV)
❸使用vgextend命令将vdb1添加到卷组centos并扩展卷组
❹使用lvextend命令将逻辑卷/ dev/ centos / root扩展
❺根据扩展的逻辑卷的大小，使用xfs_growfs命令扩展根文件系统

扩展根文件系统

```
# cat /proc/partitions
major minor  #blocks   name
…
 252   16   10485760   vdb  ←检查添加的磁盘vdb

# gdisk /dev/vdb
Command (? for help): n

Hex code or GUID (L to show codes, Enter = 8300): 8e00

Command (? for help): p
Number    Start (sector)     End (sector)      Size        Code      Name
   1          2048          20971486        10.0 GiB      8E00      Linux LVM

Command (? for help): w

Do you want to proceed? (Y/N): Y

# pvcreate /dev/vdb1

# vgextend centos /dev/vdb1
↑VG的扩展。"vgextend 卷组名 添加的物理卷"

#vgdisplay
--- Volume group ---
VG Name                            centos
…

VG Size              19.99 GiB ←将VG扩展到19.99 GiB
…
# lvextend --extents 100%VG / dev / centos / root
↑LV的扩展。"--extents 100%VG"将在VG区域中全部使用

#lvdisplay / dev / centos / root
--- Logical volume ---
```

```
LV   Path                      / dev / centos / root
LV   Name                      root
VG  Name                       centos
...
LV  Size            18.89 GiB ←将LV扩展到18.89 GiB
...
# xfs_growfs /
↑根据LV的大小扩展文件系统（xfs）并指定挂载点“/”作为参数

# df -Th /
 文件系统                        类型     大小      使用      剩余     使用 %    挂载位置
/ dev / mapper / centos-root   xfs      19G      3.8G      16G       20%       /
                                              ↑根文件已扩展到19GB
```

通过上述过程，根文件系统从8.9GB扩展到19GB。之后，重新启动操作系统并确认其启动。

○ 扩展根文件系统(Ubuntu)

在Ubuntu上，如果在安装过程中在“安装类型”画面选中“使用LVM安装新的Ubuntu”，则LVM逻辑卷将用于根文件系统。

使用LVM时，如果文件系统容量在随后的系统操作中变得不足，则可以添加新磁盘并扩展文件系统大小。

> 在Ubuntu中，安装时由LVM配置的根分区包含/ boot，因此，在扩展根分区时，需要使所添加的磁盘的分区类型与存储根文件系统的磁盘的分区类型相同。如果不同，例如“一个是MBR分区，另一个是GPT分区”，则GRUB将无法识别LVM卷，并且操作系统将无法启动。

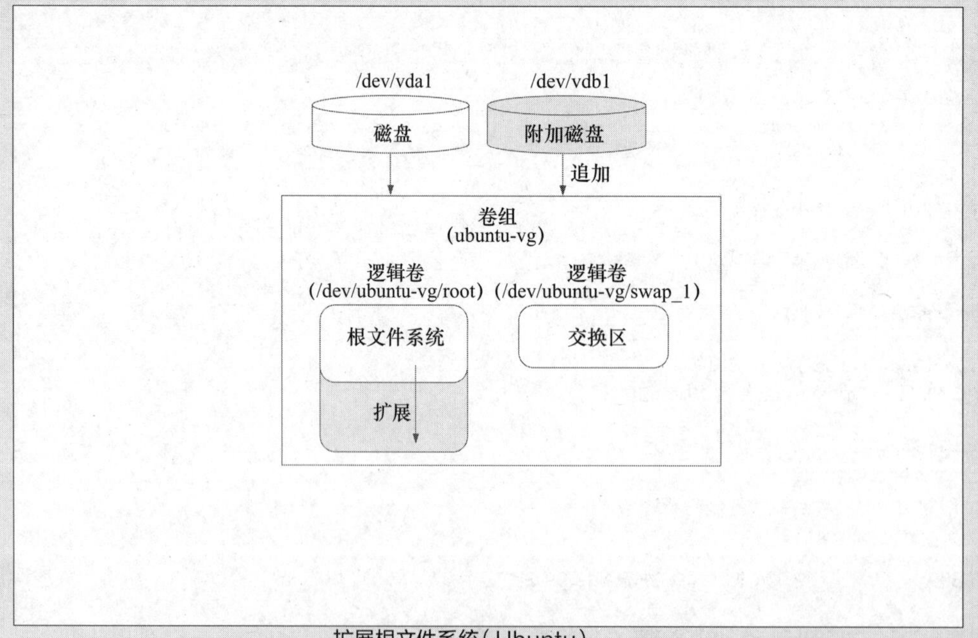

扩展根文件系统(Ubuntu)

以下是在安装Ubuntu时选中“使用LVM安装新的Ubuntu”时检查LVM设置的示例。

检查LVM设置

```
# gdisk -l /dev/vda ←检查分区类型
GPT fdisk (gdisk) version 1.0.3

partition table scan:
 MBR: MBR only ←在此示例中，分区类型为MBR
  BSD: not present
  APM: not present
  GPT: not present
...（以下省略）...

# vgdisplay -v
  --- Volume group ---
  VG Name               ubuntu-vg

  VG Size               <12.00 GiB
  PE Size               4.00 MiB
...
  --- Logical volume ---
  LV Path               /dev/ubuntu-vg/root
  LV Name               root
  VG Name               ubuntu-vg
...
  LV Size               <11.04 GiB
...
  --- Logical volume ---
  LV Path               /dev/ubuntu-vg/swap_1
  LV Name               swap_1
  VG Name               ubuntu-vg
...
  LV Size               980.00 MiB
...
  --- Physical volumes ---
  PV Name               /dev/vda1
...
# df -Th /
Filesystem                     Type    Size   Used   Avail   Use%   Mounted  on
/dev/mapper/ubuntu--vg-root    ext4    11G    5.1G   5.3G    49%    /
                                       ↑根文件系统的大小为11GB
# swapon --show
NAME         TYPE        SIZE    USED    PRIO
/dev/dm-1    partition   980M    327M    -2

# ls -l /dev/ubuntu-vg/
合计 0
lrwxrwxrwx 1 root root 7  8月  8 14:16 root -> ../dm-0
lrwxrwxrwx 1 root root 7  8月  8 14:16 swap_1 -> ../dm-1

# ls -l /dev/mapper/ubuntu--vg*
lrwxrwxrwx 1 root root 7  8月  8 14:16 /dev/mapper/ubuntu--vg-root -> ../dm-0
lrwxrwxrwx 1 root root 7  8月  8 14:16 /dev/mapper/ubuntu--vg-swap_1 -> ../dm-1
```

请按照以下步骤添加增设磁盘/ dev / vdb并扩展根文件系统。

❶将分区/ dev / vdb1设置为增设磁盘/ dev / vdb
❷使用pvcreate命令将vdb1设置为物理卷(PV)
❸使用vgextend命令将vdb1添加到卷组ubuntu-vg，并扩展卷组
❹使用lvextend命令扩展逻辑卷/ dev / ubuntu-vg / root
❺根据扩展的逻辑卷的大小，使用resize2fs命令扩展根文件系统

扩展根文件系统

```
# cat /proc/partitions
major minor  #blocks  name
...
 252      16   10485760 vdb ←检查添加的磁盘vdb
```

```
#fdisk / dev / vdb  ←使用fdisk命令设置与第一个磁盘相同的MBR分区
命令（帮助m）：n
分区类型
p基本分区（0个主分区，0个扩展，4个空闲分区）
e扩展区域（包含逻辑分区）
选择（默认值p）：p
分区号（1-4，默认1）：
最初扇区（2048-20971519，默认2048）：
最终扇区，+扇区号或+大小{KB，MB，GB，TB，PB}（2048-20971519，默认20971519）：
类型为Linux，大小为10 GiB的新的分区1创建完成。

命令（使用m帮助）：t
选择分区1
十六进制代码（列出L的可用代码）：8e
将分区类型从"Linux"更改为"Linux LVM"。

命令（m帮助）：p
磁盘/ dev / vdb：10 GiB，10737418240字节，20971520扇区
单位：扇区（1 * 512 = 512字节）
扇区大小（逻辑/物理）：512字节/ 512字节
I / O大小 （最小/推荐）：512字节/ 512字节
磁盘标签类型：dos ←分区类型为MBR（dos）
磁盘标识符：0xb41ad1ea
设备        启动       开始位置    最后开始          扇区           大小     ID        类型
/ dev / vdb1          2048     20971519       20969472        10G      8e      Linux  LVM
命令（m帮助）：w
# pvcreate / dev / vdb1

# vgextend ubuntu-vg / dev / vdb1
↑VG的扩展。"vgextend 卷组名称 添加的物理卷"

# vgdisplay
--- Volume group ---
VG Name                    ubuntu-vg
...
VG Size            21.99 GiB ←将VG扩展到21.99 GiB
...

 # lvextend --extents 100 %VG / dev / ubuntu-vg / root
↑LV的扩展"--extents 100%VG"将在VG区域中全部使用

# lvdisplay / dev / ubuntu-vg / root
 --- Logical volume ---
LV Path                   / dev / ubuntu-vg / root
 LV Name                  root
VG Name                   ubuntu- vg
...
LV Size           <21.04 GiB ←将LV扩展到21.04GiB

# resize2fs / dev / ubuntu-vg / root
↑根据LV的大小扩展文件系统（ext4），并通过参数指定LV的设备名称

# df -Th /
Filesystem                           Type    Size   Used   Avail  Use%   Mounted  on
/ dev / mapper / ubuntu上--vg-root  ext4    21G    5.1G   15G    26%     /
                                                  ↑根文件系统已扩展到21GB
```

通过上述过程，根文件系统从11GB扩展到21GB。之后，重新启动操作系统并确认其启动。

第8章

网络管理

8-1　了解网络相关的配置文件

8-2　NetworkManager的使用

8-3　掌握和调查网络状态的命令

8-4　执行路由（路径控制）

8-5　使用Linux网桥执行以太网桥接

专　栏

设置IPv6的网络

8-1

了解网络相关的配置文件

软件包和配置文件

此前，在Linux中通常使用网络脚本(/etc/init.d/network脚本和其他已安装的脚本)来配置网络。但是，随着各种发行版的发展，已经出现了用于管理网络的各种软件。在管理网络并在CentOS和Ubuntu上设置接口时，默认情况下使用以下软件。

表8-1-1 默认使用的软件

发行版本	默认使用的软件包
CentOS 7	NetworkManager(软件包：NetworkManager)
Ubuntu 18.04 Desktop	NetworkManager(软件包：network-manager)
Ubuntu 18.04 Server	systemd-networkd(软件包：systemd)+ netplan(软件包：netplan.io)

◇ NetworkManager

对于NetworkManager，使用GUI工具或命令行工具nmcli进行设置时，将同时自动生成设置文件。也可以使用编辑器来创建或编辑配置文件。

◇ systemd-networkd

systemd-networkd是systemd版本210提供的新软件。与NetworkManager不同，systemd-networkd没有自动生成配置文件的工具，而是由编辑器创建和编辑的。

在CentOS中，systemd-networkd不是由systemd软件包而是由systemd-networkd软件包提供。

◇ netplan

可以通过netplan来设置systemd-networked或NetworkManager。使用netplan时，不需要systemd-networked或NetworkManager配置文件。netplan配置文件以YAML(YAML非标记语言)编写。但是，CentOS中未提供netplan。

NetworkManager用于动态配置多个有线或无线网络环境(例如台式机)，而systemd-networkd用于静态配置网络环境(例如服务器)。

各软件及其配置文件如下。

表8-1-2 默认软件和配置文件

发行版本	默认	配置文件
CentOS 7	NetworkManager	/etc/sysconfig/network-scripts/ifcfg-*
Ubuntu 18.04 Desktop	NetworkManager	/etc/NetworkManager/system-connections/*
Ubuntu 18.04 Server	systemd-networkd + netplan	/etc/netplan/*.yaml

表8-1-3 非默认软件和配置文件

发行版本	其他选项	配置文件
CentOS 7	systemd-networkd	/etc/systemd/network/*.network /etc/systemd/network/*.netdev
Ubuntu 18.04 Desktop	systemd-networkd + netplan	/etc/netplan/*.yaml
	systemd-networkd	/etc/systemd/network/*.network /etc/systemd/network/*.netdev
Ubuntu 18.04 Server	systemd-networkd	/etc/systemd/network/*.network /etc/systemd/network/*.netdev
	NetworkManager	/etc/NetworkManager/system-connections/*

如果使用默认软件进行设置，GUI或CUI都可以达到目的。下面，将介绍**GNOME控制中心**的设置界面。GNOME控制中心是GNOME桌面环境的GUI工具。

> 本章的8-2节“NetworkManager的使用”中详细说明了CentOS和Ubuntu通用的NetworkManager的设置方法。

通过CentOS的GNOME控制中心进行设置

❶在GNOME桌面上选择“应用程序”→“❷系统工具”→“❸设置”。❹在下一个画面的左侧选择“网络”。❺从右侧显示的网络设置列表中，选择需要修改的设置项之后的“齿轮图标”，然后可以查看和修改设置。❻在“详细信息”选项卡中显示了当前设置。用户可以通过选择要修改的选项卡(例如“IPv4”)来修改设置。

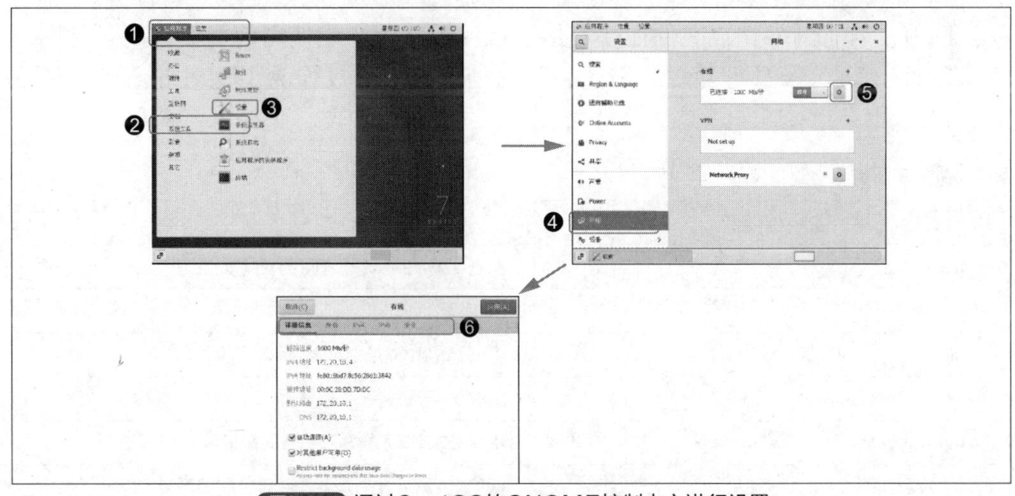

图8-1-1 通过CentOS的GNOME控制中心进行设置

通过Ubuntu的GNOME控制中心进行设置

❶在左侧的仪表板上选择“应用程序显示图标”→“❷设置”。❸在下一个画面的左侧选择“网络”。❹从右侧显示的网络设置列表中，选择想要修改的设置项之

后的“齿轮图标”，然后可以查看或修改设置。❺在“详细信息”选项卡中显示了当前设置。用户可以通过选择要修改的选项卡(例如“IPv4”)来修改设置。

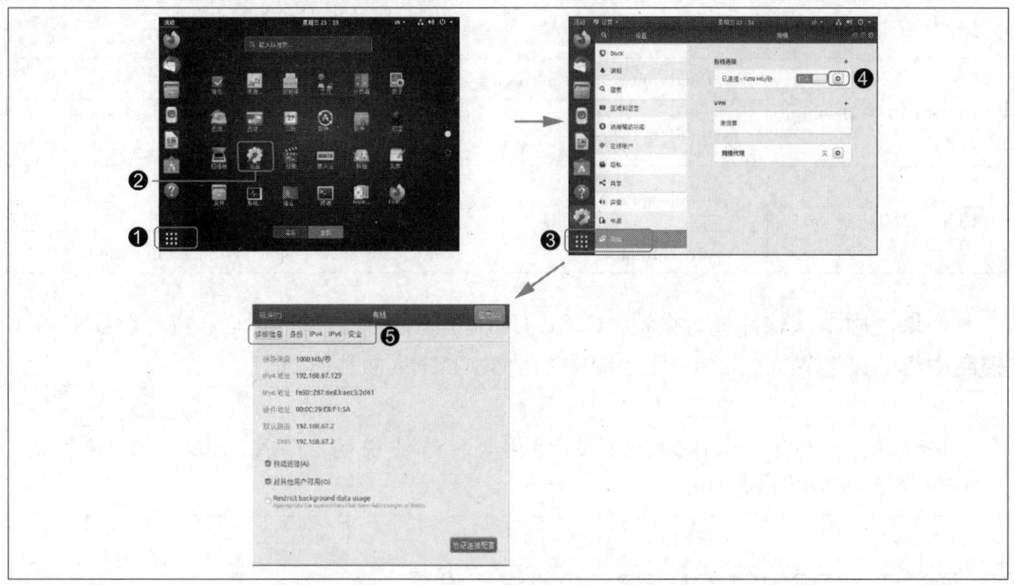

图8-1-2 通过Ubuntu的GNOME控制中心进行设置

网络配置文件

此前，对于网络配置文件往往直接进行编辑，现在则使用前面提到的各种网络管理软件(命令等)进行配置。因此，下面列出的文件仅作为引用时的参考，请不要直接编辑。

表8-1-4 主要的网络配置文件

文 件 名	说 明
/etc/services	服务名称和端口号之间的对应关系
/etc/protocols	协议编号列表
/etc/hosts	主机名和IP地址之间的对应关系
/etc/nsswitch.conf	名称解析顺序
/etc/resolv.conf	指定要查询的DNS服务器的IP地址
/etc/networks	网络名称和网络地址之间的对应关系
/etc/sysconfig/network-scripts/ifcfg-<设备>	CentOS：设备的设置
/etc/NetworkManager/system-connections/*	Ubuntu：设备的设置
/etc/netplan/*.yaml	Ubuntu：设备的设置

/etc/services文件

服务名称和端口号之间的对应关系记录在/etc/services文件中。对于服务提供方（服务器端）来说，主机上运行着各种服务。例如，假设图8-1-3中的host01.knowd.co.jp主机（服务器）正在运行ssh服务和http服务。从客户机端使用ssh远程登录到该主机时，应指定"ssh登录名@主机名"以表明要与之通信的主机和服务。找到相应的主机后，接受该服务的主机（服务器）将通过与ssh服务关联的端口号进行通信。

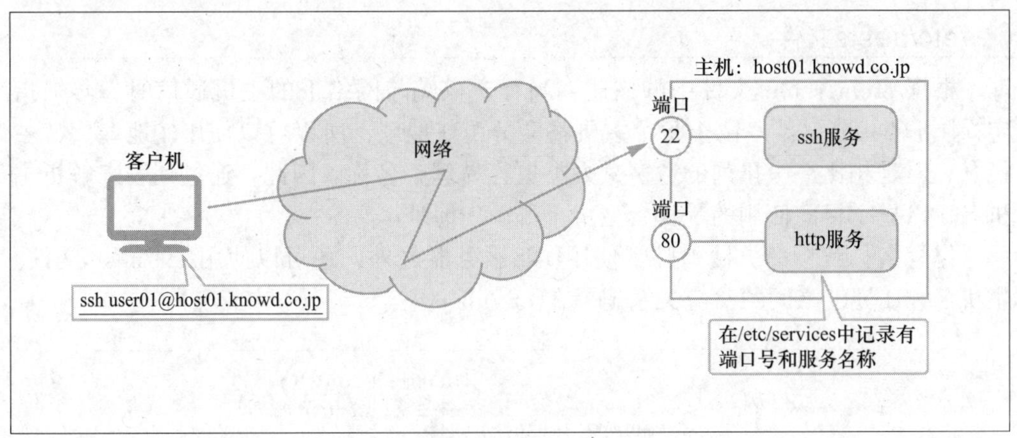

图8-1-3 服务和端口号

/etc/services文件（节选）

```
...（中间省略）...
ftp-data        20/tcp
ftp-data        20/udp
# 21 is registered to ftp, but also used by fsp
ftp             21/tcp
ftp             21/udp          fsp fspd
ssh             22/tcp                          # The Secure Shell (SSH) Protocol
ssh             22/udp                          # The Secure Shell (SSH) Protocol
telnet          23/tcp
telnet          23/udp
# 24 - private mail system
lmtp            24/tcp                          # LMTP Mail Delivery
lmtp            24/udp                          # LMTP Mail Delivery
smtp            25/tcp          mail
smtp            25/udp          mail
...（以下省略）...
```

要启用通信，除了将服务与端口号相关联之外，还需要打开端口号并设置是允许还是拒绝通信。有关更多信息，请参见第10章10-4节中的相关内容。

/etc/protocols文件

协议编号记录在/etc/protocols文件中。

/etc/protocols文件（节选）

```
...（中间省略）...
ip        0      IP           # internet protocol, pseudo protocol number
hopopt    0      HOPOPT       # hop-by-hop options for ipv6
icmp      1      ICMP         # internet control message protocol
igmp      2      IGMP         # internet group management protocol
ggp       3      GGP          # gateway-gateway protocol
ipv4      4      IPv4         # IPv4 encapsulation
...（以下省略）...
```

/etc/hosts文件

根据/etc/services文件中的描述，当客户机端与网络上的主机通信时，必须指定“主机名+端口号”。由于每个主机都会分配IP地址，所以可以使用IP地址代替主机名，但是相比一串排列的数字，人类更容易理解名称。因此，通过列表来解析主机名，以显示目前使用的是哪台主机、哪个IP地址。

作为名称解析的方法，除了使用DNS服务器之外，还可以使用/etc/hosts文件。主机名和IP地址之间的对应关系记录在/etc/hosts中。

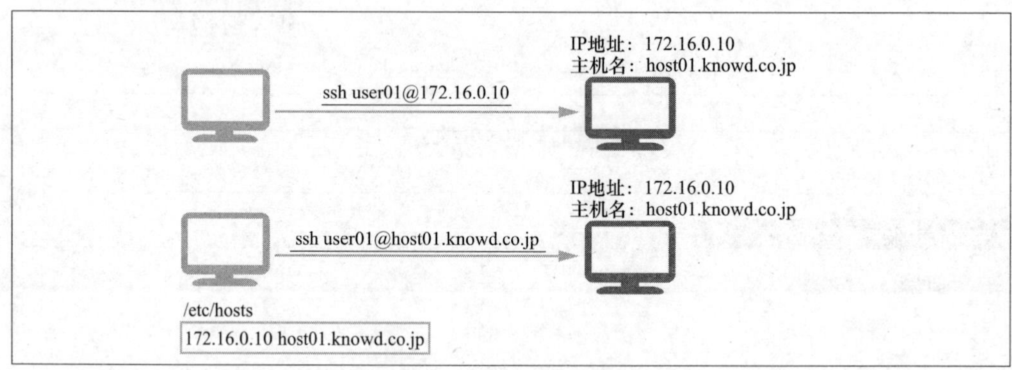

图8-1-4 主机和IP地址的名称解析

/etc/hosts文件（节选）

```
127.0.0.1 localhost   ←输入本地回送接口
172.18.0.71 linux1
172.18.0.72 linux2 linux2.sr2.knowd.co.jp nfsserver   ←输入主机名的别称
```

/etc/nsswitch.conf文件

主机名的名称解析方法有多种，包括本地文件（/etc/hosts）和DNS等。通过/etc/nsswitch.conf文件可以指定这些方法的使用顺序。

/etc/nsswitch.conf文件（节选）

```
...（中间省略）...
#hosts:     db files nisplus nis dns
hosts:      files dns
↑首先搜索/etc/hosts，如果找不到，则获取DNS服务...
...（以下省略）...
```

/etc/resolv.conf文件

在/etc/resolv.conf文件中指定要查询的DNS服务器的IP地址。

/etc/resolv.conf文件（节选）

```
...（中间省略）...
search my-centos.com     ←将此处指定的域名添加到主机名进行搜索
namesever 172.18.0.70    ←输入接收服务的DNS服务器的IP地址
...（以下省略）...
```

/etc/networks文件

/etc/networks文件记录了网络名称和网络地址之间的对应关系。

/etc/networks文件（节选）

```
default 0.0.0.0   ←将0.0.0.0的网络名称设置为default
loopback127.0.0.0   ←将127.0.0.0网络名称设置为loopback
link-local 169.254.0.0   ←将169.254.0.0的网络名称设置为link-local
```

/etc/sysconfig/network-scripts/ifcfg-<设备>文件

在CentOS中，使用NetworkManager进行设置时，需要在/etc/sysconfig/network-scripts/ifcfg- <设备>文件中输入IP地址或子网掩码等个别设置。每个设备的配置文件都不同。例如，在"/etc/sysconfig/network-scripts/ifcfg-enp0s3"中记录了enp0s3设备中设置的信息。

ifcfg-<设备>文件（在CentOS上运行）

```
# cd /etc/sysconfig/network-scripts/
# ls
ifcfg-enp0s3      ifdown-ib       ifdown-sit      ifup-eth     ifup-post network-functions
ifcfg-lo          ifdown-ippp     ifdown-tunnel   ifup-ib      ifup-ppp  network-functions-ipv6
ifdown            ifdown-ipv6     ifup            ifup-ippp    ifup-routes
ifdown-Team       ifdown-isdn     ifup-Team       ifup-ipv6    ifup-sit
ifdown-TeamPort   ifdown-post     ifup-TeamPort   ifup-isdn    ifup-tunnel
ifdown-bnep       ifdown-ppp      ifup-aliases    ifup-plip    ifup-wireless
ifdown-eth        ifdown-routes   ifup-bnep       ifup-plusb   init.ipv6- global
# cat ifcfg-enp0s3
TYPE=Ethernet
PROXY_METHOD=none
BROWSER_ONLY=no
BOOTPROTO=none
DEFROUTE=yes
IPV4_FAILURE_FATAL=no
IPV6INIT=yes
IPV6_AUTOCONF=yes
IPV6_DEFROUTE=yes
IPV6_FAILURE_FATAL=no
IPV6_ADDR_GEN_MODE=stable-privacy
NAME=enp0s3
UUID=a3638f59-e7d4-4418-98a7-85fba626efdc
DEVICE=enp0s3
ONBOOT=yes
IPADDR=172.16.255.254
PREFIX=16
```

主要设置信息如下所示。

表8-1-5 ifcfg- <Device>的设置信息

参数	说明
TYPE	指定网络设备的类型 Ethernet：有线Ethernet Wireless：无线局域网 Bridge：网桥
BOOTPROTO	指定网络的启动方法 none：启动时不使用协议 bootp：使用BOOTP协议 dhcp：使用DHCP协议
DEFROUTE	指定此接口是否作为IPV4中的默认路径
IPV4_FAILURE_FATAL	如果IPV4初始化失败时，是否作为此接口初始化本身的失败
IPV6INIT	指定是否启用IPV6设置
IPV6_AUTOCONF	指定是否启用IPV6的自动配置
IPV6_DEFROUTE	指定此接口是否作为IPV6中的默认路径
IPV6_FAILURE_FATAL	如果IPV6初始化失败时，是否作为此接口初始化本身的失败
NAME	指定赋予该接口的名称
UUID	指定赋予该接口的UUID（唯一标识符）
DEVICE	指定设备的物理名称
ONBOOT	指定此接口是否随系统启动而启动
IPADDR	指定IP地址
PREFIX	指定子网掩码值
IPV6_PEERDNS	指定在IPV6中获取的DNS服务器的IP地址是否反映到/etc/resolv.conf中
IPV6_PEERROUTES	指定是否使用在IPV6中获取的路由信息

/etc/NetworkManager/system-connections/*文件

在Ubuntu上，使用NetworkManager进行设置时，可在/etc/NetworkManager/systemconnections/下的<设备>文件中输入IP地址或子网掩码等个别设置。每个设备的配置文件都不同。例如，在“/etc/NetworkManager/system-connections/enp0s3”中记录了enp0s3设备的设置信息。

<设备>文件（在Ubuntu桌面上运行）

```
$ cd /etc/NetworkManager/system-connections/
$ ls
enp0s3
$ sudo cat enp0s3
[connection]
id=enp0s3
uuid=b9c44941-8fac-3e30-9f50-e60a3650dab0
type=ethernet
autoconnect-priority=-999
permissions=
timestamp=1539490865

[ethernet]
mac-address=08:00:27:01:11:99
```

```
mac-address-blacklist=

[ipv4]
address1=172.16.0.20/16,172.16.255.254
dns-search=
method=manual

[ipv6]
addr-gen-mode=stable-privacy
dns-search=
method=auto
```

/etc/netplan/*.yaml文件

在Ubuntu中，使用systemd-networkd + netplan进行设置时，可在/etc/netplan/50-cloud-init.yaml文件中输入IP地址或子网掩码等个别设置。也可以在此文件中输入多个设备的设置。

以下内容节选自安装结束后的配置文件。

50-cloud-init.yaml文件（在Ubuntu服务器上运行）

```
$ ls /etc/netplan/50-cloud-init.yaml
/etc/netplan/50-cloud-init.yaml
$ cat /etc/netplan/50-cloud-init.yaml  ←❶
...（中间省略）...
network:
  ethernets:
    ens3:
      addresses: []
      dhcp4: true
      optional: true
  version: 2
$ sudo lshw -C network  ←❷
  *-network
...（中间省略）...
   bus info: pci@0000:00:03.0
   logical name: enp0s3  ←❸
   version: 02
...（以下省略）...
$ sudo vi 50-cloud-init.yaml  ←❹
...（中间省略）...
network:
  ethernets:
     enp0s3:  ←❺
  addresses: []
      dhcp4: true
   optional: true
    version: 2
$ sudo netplan apply  ←❻
$ sudo dhclient enp0s3  ←❼
$ ip a  ←❽
...（中间省略）...
2: enp0s3: <BROADCAST,MULTICAST,UP,LOWER_UP> mtu 1500 qdisc fq_codel state UP group
default qlen 1000
  link/ether 08:00:27:ae:72:72 brd ff:ff:ff:ff:ff:ff
  inet 10.0.2.15/24 brd 10.0.2.255 scope global enp0s3
     valid_lft forever preferred_lft forever
```

```
    inet6 fe80::a00:27ff:feae:7272/64 scope link
       valid_lft forever preferred_lft forever
```

❶检查当前设置
❷检查硬件信息
❸检查网络设备名称为enp0s3
❹编辑50-cloud-init.yaml
❺修改ens3至enp0s3，覆盖并保存此文件
❻运行命令使配置生效
❼由于在此设置中使用了DHCP，需要执行dhclient命令并立即获取IP地址
❽检查已分配的IP地址

NIC(网络接口卡)的命名

此前，通常使用ethX等作为网络设备名称，而目前udev(Linux内核的设备管理工具)会根据规范为不同的设备命名。命名规范称为“可预测的网络接口名称”(Predictable Network Interface Names)，借助udev的帮助程序biosdevname，可以指定新的名称。

请注意，biosdevname使用来自BIOS(SMBIOS)中存储的type9(系统插槽)字段和type41(板载设备扩展信息)字段的信息。要禁用biosdevname，请将“biosdevname = 0”选项传递到启动命令行。

以下是通过biosdevname命名的示例。

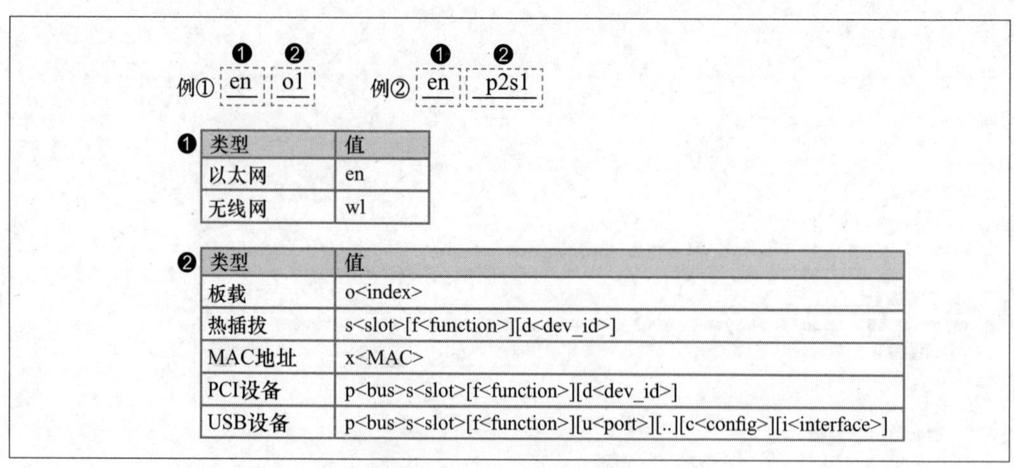

❶

类型	值
以太网	en
无线网	wl

❷

类型	值
板载	o<index>
热插拔	s<slot>[f<function>][d<dev_id>]
MAC地址	x<MAC>
PCI设备	p<bus>s<slot>[f<function>][d<dev_id>]
USB设备	p<bus>s<slot>[f<function>][u<port>][..][c<config>][i<interface>]

图8-1-5 网络设备的命名示例

如例①所示，如果固件(用于控制硬件的软件)或BIOS中嵌有固定编号，则基于该编号命名为“eno1”“ens1”等。此时的第三个字符表示它是板载或是PCI Express热插拔的插槽。

如例②所示，如果固件或BIOS中没有嵌入固定编号，则基于PCI或USB物理总线和插槽编号命名为“enp2s1”。此示例中第二个字符以后的p2s1，代表PCI。

8-2 NetworkManager的使用

使用NetworkManager管理网络

通过NetworkManager管理网络时，采用以下两种方法进行设置。

· 使用nmtui(NetworkManager文本用户界面)进行设置
· 使用nmcli(NetworkManager命令行界面)进行设置

使用nmtui(NetworkManager文本用户界面)进行设置

nmtui是一种用于控制台和终端的基于curses的TUI(文本用户界面)工具。通过执行nmtui命令可以启动nmtui工具。

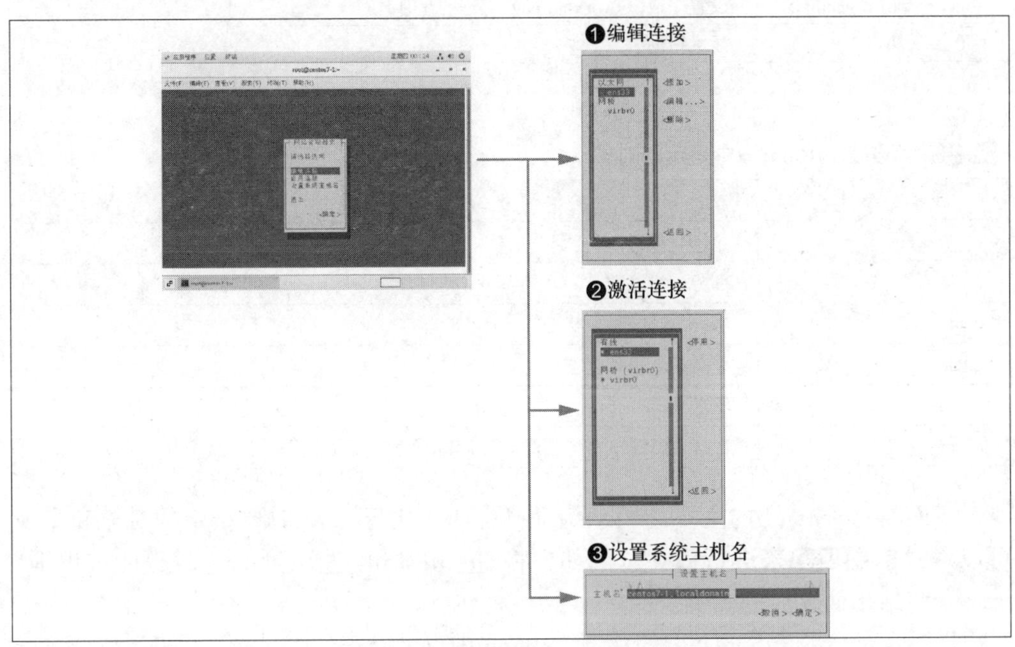

图8-2-1 nmtui

设置界面中显示以下三个菜单。

◇ **编辑连接**

设置每个连接的接口。

◇ **激活连接**

启用和禁用每个连接的接口。

◇ 设置系统主机名

设置主机名。

使用nmcli(NetworkManager命令行界面)进行设置

nmcli是一种命令行工具，可使用控制台或终端上的命令来控制NetworkManager。nmcli命令的基本格式、主要选项和可以指定的对象如下所示。由于nmcli命令中指定的“命令”因对象而异，后面将做详细说明。

使用nmcli进行设置
nmcli [选项] 对象 {命令 | 帮助}

表8-2-1 nmcli命令的选项

选　项	说　明
-t、--terse	输出轨迹
-p、--pretty	以可读格式输出
-w、--wait <seconds>	设置完成NetworkManager处理的超时时间
-h、--help	显示帮助

表8-2-2 可以在nmcli命令中指定的对象

对　象	说　明
networking	全网管理
radio	部分网络管理
general	NetworkManager状态的显示和管理
device	设备的显示和管理
connection	管理连接
agent	NetworkManager秘密代理、polkit代理的操作

下面将基于nmcli的主要使用示例进行说明。执行nmcli时要指定的对象和命令可以**通过前缀匹配来进行简化**。例如，将“networking”指定为“n”时也能被识别。下文中将给出简化后的示例。

以下运行结果是CentOS中的示例。Ubuntu中也可以按照相同的步骤来运行，不过，引用类的操作只需普通用户的权限即可，而修改类的操作则需要赋予sudo权限。

NetworkManager配置文件

如本章8-1节“了解网络相关的配置文件”中所述，如果使用nmtui或nmcli设置连接，将保存为以下配置文件名。

· CentOS : /etc/sysconfig/network-scripts/ifcfg-{连接名称}

· Ubuntu : /etc/NetworkManager/system-connection /连接名称

无论在CentOS还是Ubuntu中，使用编辑器创建时，ifcfg-{xx}的“xx”部分不必是连接名称，用户可以将其指定为任何便于理解的名称。

全网管理(networking)

通过nmcil networking，可以启用和禁用全体网络。

启用和禁用全体网络

```
nmcli networking {命令}
```

表8-2-3 networking命令

命令	说明
on	有效化
off	无效化
connectivity	显示现在的状态

下面显示了启用和禁用全体网络后的状态。在此示例中，“networking”被简化为“n”。

启用和禁用全体网络

```
# nmcli n c  ←状态显示
full←已启用
#nmcli n off  ←切换为禁用
#nmcli n c
none  ←已禁用
#nmcli n on  ←切换为启用
#nmcli n c
full  ←已启用
```

connectivity(c)命令可以显示以下状态类型。

表8-2-4 connectivity显示的状态

状态	说明
none(没有)	没有连接到任何网络
portal(门户)	验证之前无法访问互联网
limited (有限制)	尽管已连接到网络，但无法访问网络
full(完全)	已连接到网络并且可以访问网络
unknown(未知)	无法连接到网络

部分网络管理(radio)

使用nmcli radio，可以启用和禁用部分网络。

启用和禁用部分网络

nmcli radio {命令}

表8-2-5 radio命令

命 令	说 明
wifi	启用和禁用Wi-Fi功能
wwan	启用和禁用无线WAN功能
wimax	启用和禁用WiMAX功能
all	同时启用和禁用Wi-Fi、WAN、WiMAX

NetworkManager状态的显示和管理(general)

通过nmcli general，可以显示NetworkManager的状态和权限。此外，用户还可以获取主机名、Network-Manager日志记录级别和域并进行修改。

显示NetworkManager的状态和权限

nmcli general {命令}

表8-2-6 general命令

命 令	说 明
status	显示NetworkManager的全体状态
hostname	显示和设置主机名
permissions	对于NetworkManager提供的已验证操作，显示调用者具有的权限
logging	显示与修改日志级别和域

下面将显示和修改主机名。

显示和修改主机名

```
# nmcli g ho  ←❶
host01.localdomain
# nmcli g ho host01.knowd.co.jp  ←❷
# nmcli g ho
host01.knowd.co.jp
# cat /etc/hostname  ←❸
host01.knowd.co.jp
# hostname  ←❹
host01.knowd.co.jp
# hostnamectl  ←❺
  Static hostname: host01.knowd.co.jp  ←❻
        Icon name: computer-vm
          Chassis: vm
       Machine ID: dc1b1a8444ac4ee780eef8e5a43d004e
          Boot ID: 12e80f9cbcdd45d986be132c056c2054
   Virtualization: kvm
 Operating System: CentOS Linux 7 (Core)
      CPE OS Name: cpe:/o:centos:centos:7
```

```
        Kernel: Linux 3.10.0-862.el7.x86_64
  Architecture: x86-64
```

❶显示当前主机名
❷指定host01.knowd.co.jp来修改主机名
❸修改后的主机名记录在/ etc / hostname文件中
❹通过hostname命令显示主机名
❺通过hostnamectl命令显示主机名
❻主机名

另外，下面将显示status（状态）和permission（权限）。

显示主机状态和权限

```
# nmcli g s  ←显示NetworkManager的全体状态
STATE     CONNECTIVITY  WIFI-HW   WIFI      WWAN-HW   WWAN
已连接    完全          已启用    已启用    已启用    已启用
# nmcli g p  ←显示权限
权限                                                            值
org.freedesktop.NetworkManager.enable-disable-network          是
org .freedesktop.NetworkManager.enable-disable-wifi            是
org.freedesktop.NetworkManager.enable-disable-wwan             是
org.freedesktop.NetworkManager.enable-disable-wimax            是
...（中间省略）...
org.freedesktop.NetworkManager .settings.modify.hostname       是
...（以下省略）...
```

设备的显示和管理（device）

使用nmcli device可以显示和管理设备。

设备的显示和管理

```
nmcli device {命令}
```

表8-2-7 device命令

命 令	说 明
status	显示网络设备的状态
show	显示网络设备的详细状态
connect	连接到指定的网络设备
disconnect	切断指定的网络设备
delete	删除指定的网络设备
wifi	查看可用的接入点
wimax	查看可用的WiMAX NSP（网络服务提供商）

以下示例中，将列出所有连接（网络接口），显示其详细信息，并进行断开和连接操作。

设备的显示和管理

```
# nmcli d
设备            类型          状态        连接
enp0s3          以太网        已连接      enp0s3      ←enp0s3已连接
virbr0          网桥          已连接      virbr0
lo              loopback      无管理      --
virbr0-nic      tun           无管理      --
# nmcli dd enp0s3                 ←切断enp0s3
设备'enp0s3'成功断开连接。
# nmcli d
设备            类型          状态        连接
virbr0          网桥          已连接      virbr0
enp0s3          以太网        已断开      --         ←enp0s3已断开
lo              loopback      无管理      --
virbr0-nic      tun           无管理      --
# nmcli d c enp0s3  ←重新连接enp0s3
设备'enp0s3'已在“afa4811d-fe77-4f35-bf77-0baf27cda575”上激活。
# nmcli device
设备            类型          状态        连接
enp0s3          以太网        已连接      enp0s3     ←enp0s3已连接
virbr0          网桥          已连接      virbr0
lo              loopback      无管理      --
virbr0-nic      tun           无管理      --
# nmcli d show enp0s3  ←显示enp0s3的详情
          GENERAL.DEVICE:  enp0s3
            GENERAL.TYPE: ethernet
          GENERAL.HWADDR: 08: 00: 27: FE: 26: 6F
             GENERAL.MTU: 1500
           GENERAL.STATE: 100（已连接）
      GENERAL.CONNECTION: enp0s3
        GENERAL.CON-PATH: / org / freedesktop / NetworkManager / ActiveConnection / 4
WIRED-PROPERTIES.CARRIER: ON
         IP4.ADDRESS [1]: 10.0.2.15/24
             IP4.GATEWAY: 10.0.2.2
...（以下省略）...
```

管理连接(connection)

使用nmcli connection,可以添加、修改和删除连接。

添加、修改和删除连接

nmcli connection {命令}

表8-2-8 connection命令

命　令	说　明
show	列出所有的连接信息
up	启用指定的连接
down	禁用指定的连接
add	添加新的连接
edit	交互式编辑现有的连接
modify	编辑现有的连接
delete	删除现有的连接
reload	再次读取全部的连接
load	再次读取指定的文件

以下示例中，将列出所有的连接及其详细信息。nmcli device命令也具有相同的功能，但却能显示更为详细的信息。

显示连接

```
# nmcli con show  ←列出所有的连接信息
NAME    UUID                                  TYPE      DEVICE
enp0s3  afa4811d-fe77-4f35-bf77-0baf27cda575  ethernet  enp0s3
virbr0  38c3ea68-9d59-4f1f-b36a-36b88a75386f  bridge    virbr0
# nmcli con show --active  ←仅显示激活的连接
NAME    UUID                                  TYPE      DEVICE
enp0s3  afa4811d-fe77-4f35-bf77-0baf27cda575  ethernet  enp0s3
virbr0  38c3ea68-9d59-4f1f-b36a-36b88a75386f  bridge    virbr0 1
# nmcli con show enp0s3  ←显示指定连接的详细信息
connection.id:                  enp0s3
connection.uuid:                afa4811d-fe77-4f35-bf77- 0baf27cda575
connection.stable-id:           --
connection.type:                802-3-ethernet
...(中间省略)...
GENERAL.NAME:                   enp0s3
GENERAL.UUID:                   afa4811d-fe77-4f35-bf77- 0baf27cda575
GENERAL.DEVICES:                enp0s3
GENERAL.STATE:                  已激活
GENERAL.DEFAULT:                是
GENERAL.DEFAULT6:               否
GENERAL.SPEC-OBJECT:            --
GENERAL.VPN:                    否
GENERAL.DBUS-PATH:              /org/freedesktop/NetworkManager/
ActiveConnection/4
GENERAL.CON-PATH:               /org/freedesktop/NetworkManager/
Settings/1
GENERAL.ZONE:                   --
GENERAL.MASTER-PATH:            --
IP4.ADDRESS[1]:                 10.0.2.15/24
IP4.GATEWAY:                    10.0.2.2
...(以下省略)...
```

以下示例中，将启用和禁用连接。如果在连接状态下修改了连接信息，则不会按照修改生效。此时，将通过重新激活来重新加载设置。

启用和禁用连接

```
# nmcli con d enp0s3  ←通过down禁用
'enp0s3'连接已成功停用（D-Bus激活路径：/ org / freedesktop / NetworkManager /
ActiveConnection / 4）
# nmcli con u p0s3  ←通过up启用
连接已成功激活（D-Bus激活路径：/ org / freedesktop / NetworkManager / ActiveConnection / 5）
```

以下示例中，使用Modify命令来编辑现有的连接。在示例①中，由于enp0s3被设置为不随操作系统启动而自动启动，因此将其修改为自动启动。

编辑连接示例①

```
# nmcli con show enp0s3 | grep connection.autoconnect  ←❶
connection.autoconnect:                 否  ←❷
connection.autoconnect-priority:        0
connection.autoconnect-retries:         -1 (default)
 connection.autoconnect-slaves:         -1 (default)
# nmcli con mod enp0s3 connection.autoconnect yes  ←❸
```

```
# nmcli con show enp0s3 | grep connection.autoconnect ←❹
connection.autoconnect:                    是 ←❺
connection.autoconnect-priority:           0
connection.autoconnect-retries:            -1 (default)
connection.autoconnect-slaves:             -1 (default)
```

❶检查enp0s3的设置
❷connection.autoconnect为“否”
❸将enp0s3的connection.autoconnect设置为yes
❹检查enp0s3的设置
❺connection.autoconnect为“是”

在示例②中，设置了固定的IP地址和网关，而非DHCP。

编辑连接示例②

```
# nmcli con show enp0s3 | grep ipv4 ←❶
ipv4.method:                   auto ←❷
ipv4.dns:                      --
ipv4.dns-search:               --
ipv4.dns-options:
ipv4.dns-priority:             0
ipv4.addresses:                -- ←❸
ipv4.gateway:                  -- ←❹
ipv4.routes:                   --
...（以下省略）...
# nmcli con modify enp0s3 ipv4.method manual ipv4.addresses 172.16.0.10/16 ipv4.gateway
172.16.255.254 ←❺
#
# nmcli con show enp0s3 | grep ipv4
ipv4.method:                   manual ←❻
ipv4.dns:                      --
ipv4.dns-search:               --
ipv4.dns-options:
ipv4.dns-priority:             0
ipv4.addresses:                172.16.0.10/16 ←❼
ipv4.gateway:                  172.16.255.254 ←❽
ipv4.routes:                   --
...（以下省略）...
```

❶检查enp0s3的ipv4设置
❷如果ipv4.method为auto，表示DHCP
❸ipv4.addresses（IP地址）未设置
❹ipv4.gateway（网关）未设置
❺通过ipv4.method manual指定静态IP，IP地址为172.16 .0.10 / 16，网关为172.16.255.254
❻如果ipv4.method为manual，则表示静态IP
❼ipv4.addresses（IP地址）已设置
❽ipv4.gateway（网关）已设置

在示例③中，对已设置的字段，使用“+”和“-”来添加和删除值。此外，使用“ ”使其成为未设置的值。

编辑连接示例③

```
# nmcli con modify enp0s3 ipv4.method manual +ipv4.addresses 172.16.0.20/16 ←❶
# nmcli con show enp0s3 | grep ipv4
ipv4.method:                   manual
ipv4.dns:
ipv4.dns-search:
ipv4.addresses:                172.16.0.10/16, 172.16.0.20/16 ←❷
ipv4.gateway:                  172.16.255.254
ipv4.routes:
```

```
...（以下省略）...
# nmcli con modify enp0s3 ipv4.method manual -ipv4.addresses 172.16.0.20/16  ←❸
# nmcli con show enp0s3 | grep ipv4
ipv4.method:                manual
ipv4.dns:                   --
ipv4.dns-search:            --
ipv4.dns-options:
ipv4.dns-priority:          0
ipv4.addresses:             172.16.0.10/16  ←❹
ipv4.gateway:               172.16.255.254
ipv4.routes:                --
...（以下省略）...
# nmcli con modify enp0s3 ipv4.method auto ipv4.addresses  ipv4.gateway   ←❺
# nmcli con show enp0s3 | grep ipv4
ipv4.method:                auto  ←❻
ipv4.dns:                   --
ipv4.dns-search:            --
ipv4.dns-options:
ipv4.dns-priority:          0
ipv4.addresses:             --  ←❼
ipv4.gateway:               --  ←❽
ipv4.routes:                --
...（以下省略）...
```

❶添加IP地址
❷显示2个IP地址
❸仅删除172.16.0.20/16
❹显示1个IP地址
❺设置ipv4.method为auto，IP地址和网关为未设置的值
❻ipv4.method已修改为auto
❼ipv4.addresses（IP地址）未设置
❽ipv4.gateway（网关）未设置

下面使用edit命令来编辑现有的连接。与modify命令不同，用户可以进行交互式编辑。运行nmcli con edit时，将显示“nmcli>”提示。

首先，在示例①中，显示现有连接的设置内容。

编辑现有的连接示例①

```
# nmcli con edit enp0s3

===| nmcli 交互式连接编辑器 |===

编辑现有的'802-3-ethernet'连接：'enp0s3'

输入'help'或 '?' 查看可用命令。
输入'describe [<setting> <Prop>]'以查看属性的详细信息。

可以修改以下设置： connection, 802-3-ethernet (ethernet), 802-1x, dcb, ipv4, ipv6, tc, proxy
nmcli> print all  ←❶
===============================================================================
                         连接配置文件详细信息 (enp0s3)
===============================================================================
connection.id:                      enp0s3
connection.uuid:                    a3638f59-e7d4-4418-98a7-85fba626efdc
connection.stable-id:               --
connection.type:                    802-3-ethernet
...（以下省略）...
nmcli> print ipv4  ←❷
['ipv4' 设置值]
ipv4.method:                        auto
ipv4.dns:                           --
```

```
ipv4.dns-search:                        --
...(以下省略)...
nmcli> goto ipv4  ←❸
可以修改的属性如下所示: method, dns, dns-search, dns-options,
dns-priority, addresses, gateway, routes, route-metric, route-table,
ignore-auto-routes, ignore-auto-dns, dhcp-hostname, dhcp-send-hostname,
never-default, may-fail, dad-timeout, dhcp-timeout, dhcp-client-id, dhcp-fqdn
nmcli ipv4> print  ←❹
['ipv4' 设置值]
ipv4.method:                            auto
ipv4.dns:
ipv4.dns-search:
...(以下省略)...
nmcli ipv4> back  ←❺
nmcli>
```

❶使用“print all”显示所有设置
❷使用“print 项目名称”仅显示指定的项目
❸使用“goto 项目名称”移至指定的项目
❹提示符变成“nmcli 项目名称”
❺使用back返回顶部

在示例②中，以交互方式编辑现有的连接。使用“set”为指定的项目设置值，使用“remove”则可以删除值。

编辑现有的连接示例②

```
# nmcli con edit enp0s3
...(以下省略)...
nmcli> print ipv4
...(中间省略)...
ipv4.dhcp-hostname:               --  ←❶
...(以下省略)...
nmcli> set ipv4.dhcp-hostname vm0  ←❷
nmcli> print ipv4
...(中间省略)...
ipv4.dhcp-hostname:            vm0  ←❸
...(以下省略)...
nmcli> remove ipv4.dhcp-hostname   ←❹
nmcli> print ipv4
...(中间省略)...
ipv4.dhcp-hostname:               --  ←❺
...(以下省略)...
```

❶dhcp服务器未设置
❷将vm0主机指定为dhcp服务器
❸dhcp服务器为vm0主机
❹删除dhcp服务器的设置值
❺dhcp服务器未设置

此外，修改设置后使用“save”保存，结束对话时则使用“quit”。

保存设置和结束对话

```
# nmcli con edit enp0s3
...(中间省略)...
nmcli> save
nmcli> quit
```

以下是使用add命令（添加连接）和delete命令（删除连接）的示例。在以下示例中指定并创建了连接名称和设备名称。对于其他设置，请使用“nmcli connection modify（或edit）”。

添加和删除连接（CentOS）

```
# nmcli con show
NAME    UUID                                  TYPE      DEVICE
enp0s3  a3638f59-e7d4-4418-98a7-85fba626efdc  ethernet  enp0s3
#
# nmcli con add type ethernet con-name enp0s8 ifname enp0s8  ←❶
连接 'enp0s8' (c3052adb-560b-4a42-9fb8-657321479578) 已正常添加。
# nmcli con show  ←❷
NAME    UUID                                  TYPE      DEVICE
enp0s3  a3638f59-e7d4-4418-98a7-85fba626efdc  ethernet  enp0s3
enp0s8  c3052adb-560b-4a42-9fb8-657321479578  ethernet  --
# ls /etc/sysconfig/network-scripts/ifcfg-*
/etc/sysconfig/network-scripts/ifcfg-enp0s3
/etc/sysconfig/network-scripts/ifcfg-enp0s8  ←❸
/etc/sysconfig/network-scripts/ifcfg-lo
# cat /etc/sysconfig/network-scripts/ifcfg-enp0s8  ←❹
TYPE=Ethernet
PROXY_METHOD=none
...（中间省略）...
NAME=enp0s8
UUID=c3052adb-560b-4a42-9fb8-657321479578
DEVICE=enp0s8
ONBOOT=yes
# nmcli con del enp0s8  ←❺
连接 'enp0s8' (c3052adb-560b-4a42-9fb8-657321479578) 已正常删除。
# nmcli con show  ←❻
NAME    UUID                                  TYPE      DEVICE
enp0s3  a3638f59-e7d4-4418-98a7-85fba626efdc  ethernet  enp0s3
# ls /etc/sysconfig/network-scripts/ifcfg-*  ←❼
/etc/sysconfig/network-scripts/ifcfg-enp0s3
/etc/sysconfig/network-scripts/ifcfg-lo
```

❶连接名称为enp0s8，将enp0s8添加到新设备
❷确认已添加
❸确认已在/etc/sysconfig/network-scripts/下创建了ifcfg-enp0s8文件
❹确认ifcfg-enp0s8的内容
❺删除创建的enp0s8
❻确认已删除
❼确认已从/etc/sysconfig/network-scripts/下删除了ifcfg-enp0s8文件

以下是在Ubuntu上执行上述“add命令（添加连接）和delete命令（删除连接）”的示例。

添加和删除连接（Ubuntu）

```
$ nmcli con show
NAME        UUID                                  TYPE      DEVICE
有线连接 1  b9c44941-8fac-3e30-9f50-e60a3650dab0  ethernet  enp0s3
$
$ sudo nmcli con add type ethernet con-name enp0s8 ifname enp0s8  ←❶
[sudo] user01 的密码: ****
连接 'enp0s8' (39dd8991-79cb-455c-84c3-5fb40017d071) 已正常添加。
$ nmcli con show  ←❷
NAME        UUID                                  TYPE      DEVICE
有线连接 1  b9c44941-8fac-3e30-9f50-e60a3650dab0  ethernet  enp0s3
enp0s8      39dd8991-79cb-455c-84c3-5fb40017d071  ethernet  --
$ ls /etc/NetworkManager/system-connections
```

```
enp0s8  ←❸
$ sudo cat /etc/NetworkManager/system-connections/enp0s8  ←❹
[connection]
id=enp0s8
uuid=39dd8991-79cb-455c-84c3-5fb40017d071
type=ethernet
interface-name=enp0s8
permissions=

[ethernet]
mac-address-blacklist=

[ipv4]
dns-search=
method=auto

[ipv6]
addr-gen-mode=stable-privacy
dns-search=
method=auto
$ sudo nmcli con del enp0s8  ←❺
连接 'enp0s8' (39dd8991-79cb-455c-84c3-5fb40017d071)已正常删除。
$ nmcli con show  ←❻
NAME        UUID                                  TYPE     DEVICE
有线连接 1  b9c44941-8fac-3e30-9f50-e60a3650dab0  ethernet  enp0s3
$ ls /etc/NetworkManager/system-connections  ←❼
```

运行示例中❶~❼的处理与CentOS基本相同。只不过，❸、❹、❼对配置文件的确认有所不同，Ubuntu是在/etc/NetworkManager/system-connections下创建的。

nmcli中所使用的术语“连接”“设备”和“接口”具有以下含义。

· 设备(device)和接口(interface)是同义词。

· 连接(connection)，通常是指包含接口名称、接口IP地址和连接名称的信息(档案)，存储在内存或配置文件中。

· 接口名称是由内核检测并通过udev命名指定的名称。

例如，上述示例中的参数指定了“con-name连接名称”和“ifname接口名称”。这些信息在运行后的配置文件中仍会留下记录。

CentOS	Ubuntu
NAME=连接名	id=连接名
DEVICE=接口名	interface-name=接口名

图8-2-2 运行后的配置文件

以下示例使用reload和load命令重新加载配置文件。通常情况下，使用modify(或edit)参数修改连接信息，然后执行“nmcli connection up”以重新加载设置。如果直接编辑了连接的配置文件，请使用reload和load。

重新加载配置文件

```
# nmcli con reload  ←❶
# nmcli con load /etc/sysconfig/network-scripts/ifcfg-enp0s3  ←❷
```

❶使用reload重载所有连接信息
❷使用“load 文件名”加载指定的文件

Wifi接口管理

以下示例中将为NetworkManager安装Wifi插件软件包NetworkManager-wifi。使用NetworkManager配置Wifi I / F时需要此软件包。

安装NetworkManager-wifi软件包

```
# yum install NetworkManager-wifi
...（以下省略）...
```

以下示例将执行iwlist命令，通过Wifi I / F名称（例如：wlp2s0）和参数scan来扫描（搜索）要使用的接入点的ESSID。

扫描接入点

```
# iwlist wlp2s0 scan |grep ESSID
  ESSID:Sample-KDC
```

iwlist是用于扫描无线LAN接口的命令。它用于检查在周围区域运行的接入点的ESSID。

iwlist命令由wireless-tools软件包提供。如果尚未安装，请执行以下安装。

安装wireless-tools软件包

```
# yum install epel-release
...（以下省略）...
# yum install wireless-tools
...（以下省略）...
```

以下示例使用nmcli命令连接到接入点Sample-KDC。根据用户的使用环境输入“接入点密码”。

指定接入点和密码进行连接

```
# nmcli d wifi connect Sample-KDC password 接入点密码
```

以下示例使用nmcli命令检查与接入点Sample-KDC的连接状态。

检查接入点的连接状态

```
#nmcli d show wlp2s0
GENERAL.状态: 100（已连接）
GENERAL.连接: Sample-KDC
IP4地址[1]: 192.168.111.107/24
IP4网关: 192.168.111.1
IP4.DNS [1]: 8.8.8.8
```

8-3

掌握和调查网络状态的命令

网络管理和监控命令(ip)

本节介绍如何掌握网络状态。对于CentOS和Ubuntu，此前为止一直使用包括route和ifconfig命令在内的net-tools软件包，目前则建议使用ip命令等iproute2实用程序(软件包名称为iproute)。

这里主要介绍ip命令，作为对比，也在示例中介绍了net-tools相关命令的用法。

> 如果未安装net-tools软件包，请首先进行安装。
>
> · CentOS：yum install net-tools
> · Ubuntu：apt install net-tools

表8-3-1 net-tools软件包与iproute2软件包的比较

net-tools	iproute2
ifconfig -a	ip addr
ifconfig enp0s3 down	ip link set enp0s3 down
ifconfig enp0s3 up	ip link set enp0s3 up
ifconfig enp0s9 192.168.20.15 netmask 255.255.255.0	ip addr add 192.168.20.15/24 dev enp0s9
ifconfig enp0s3 mtu 5000	ip link set enp0s3 mtu 5000
arp -a	ip neigh
arp -v	ip -s neigh
arp -s 172.16.0.10 08:00:27:69:93:25	ip neigh add 172.16.0.10 lladdr 08:00:27:69:93:25 dev enp0s3
arp -i enp0s3 -d 172.16.0.10	ip neigh del 172.16.0.10 dev enp0s3
netstat	ss
netstat -g	ip maddr

ip命令用于设置和显示网络接口、路由、ARP缓存、网络名称空间等。该命令代替了常规的ifconfig所具有的各种功能。ifconfig使用“INET套接字+ ioctl”与内核进行通信，而ip命令则使用NETLINK套接字(ioctl的后续版本)。

网络管理和监控
ip ［选项］ 对象 ｛命令 ｜ 帮助｝

ip命令先将操作对象指定为目标，然后在命令中指定要给予对象的指令。表8-3-2显示了主要对象。另外，指定对象时，可以通过前缀匹配使用其简化名称。

表8-3-2 ip命令的对象

对 象	说 明
address	显示并修改IP地址和属性信息
link	显示和管理网络接口状态
maddress	管理组播IP地址
neighbour	显示和管理相邻的arp表
help	显示每个目标的帮助

表8-3-3 ip命令的选项

选 项	说 明
-s	显示详细信息
-r	用DNS代替地址并显示

下面列出了各种对象的用法示例。

显示并修改IP地址和属性信息(address)

通过ip address命令，可以显示并修改IP地址和属性信息。

在下面的示例中，将会显示所有地址信息。如果使用net-tools软件包，则通过ifconfig命令显示。另外，在之后的示例中，将使用简化名称后的命令。

显示并修改IP地址和属性信息

```
# ip addr  ←❶
...(中间省略)...
2: enp0s3: <BROADCAST,MULTICAST,UP,LOWER_UP> mtu 1500 qdisc pfifo_fast state UP group
default qlen 1000
  link/ether 08:00:27:2b:2a:ff brd ff:ff:ff:ff:ff:ff  ←❷
  inet 172.16.0.10/16 brd 172.16.255.255 scope global noprefixroute enp0s3  ←❸
    valid_lft forever preferred_lft forever
  inet6 fe80::4f03:c3d8:fa79:bba6/64 scope link noprefixroute
    valid_lft forever preferred_lft forever
  inet6 fe80::e9f5:ceb2:6ad0:4e15/64 scope link tentative noprefixroute dadfailed
    valid_lft forever preferred_lft forever
...(以下省略)...
#
# ip addr show dev enp0s3  ←❹
2: enp0s3: <BROADCAST,MULTICAST,UP,LOWER_UP> mtu 1500 qdisc pfifo_fast state UP group
default qlen 1000
  link/ether 08:00:27:fe:26:6f brd ff:ff:ff:ff:ff:ff
  inet 10.0.2.15/24 brd 10.0.2.255 scope global noprefixroute dynamic enp0s3
    valid_lft 86153sec preferred_lft 86153sec
  inet6 fe80::1c26:2f09:1f34:bd7b/64 scope link noprefixroute
    valid_lft forever preferred_lft forever
#
# ifconfig -a  ←❺
enp0s3: flags=4163<UP,BROADCAST,RUNNING,MULTICAST>  mtu 1500
    inet 172.16.0.10  netmask 255.255.0.0  broadcast 172.16.255.255
    ↑❻
```

```
    inet6 fe80::e9f5:ceb2:6ad0:4e15  prefixlen 64  scopeid 0x20<link>
    inet6 fe80::4f03:c3d8:fa79:bba6  prefixlen 64  scopeid 0x20<link>
    ether 08:00:27:2b:2a:ff  txqueuelen 1000  (Ethernet) ←❼
    ...（以下省略）...
#
# ifconfig -v enp0s3  ←❽
enp0s3: flags=4163<UP,BROADCAST,RUNNING,MULTICAST>  mtu 1500
    inet 172.16.0.10  netmask 255.255.0.0  broadcast 172.16.255.255
    inet6 fe80::e9f5:ceb2:6ad0:4e15  prefixlen 64  scopeid 0x20<link>
    inet6 fe80::4f03:c3d8:fa79:bba6  prefixlen 64  scopeid 0x20<link>
    ether 08:00:27:2b:2a:ff  txqueuelen 1000  (Ethernet)
    ...（以下省略）...
```

❶通过ip命令显示
❷MAC地址为08:00:27:2b:2a:ff
❸IP地址为172.16.0.10/16
❹显示指定设备的详细信息
❺通过ifconfig命令显示
❻IP地址为172.16.0.10，网络掩码255.255.0.0（用前缀表示为172.16.0.10/16）
❼MAC地址为08:00:27:2b:2a:ff
❽显示指定设备的详细信息

在下面的示例中，将添加和删除地址。通过ip命令将多个地址分配给同一接口。

添加和删除IP地址

```
# ip addr add 172.16.0.20/16 dev enp0s3  ←❶
# ip addr show dev enp0s3  ←❷
2: enp0s3: <BROADCAST,MULTICAST,UP,LOWER_UP> mtu 1500 qdisc pfifo_fast state UP group
default qlen 1000
  link/ether 08:00:27:2b:2a:ff brd ff:ff:ff:ff:ff:ff
  inet 172.16.0.10/16 brd 172.16.255.255 scope global noprefixroute enp0s3
    valid_lft forever preferred_lft forever
  inet 172.16.0.20/16 scope global secondary enp0s3  ←❸
    valid_lft forever preferred_lft forever
  inet6 fe80::4f03:c3d8:fa79:bba6/64 scope link noprefixroute
    valid_lft forever preferred_lft forever
  inet6 fe80::e9f5:ceb2:6ad0:4e15/64 scope link tentative noprefixroute dadfailed
    valid_lft forever preferred_lft forever
# ip addr del 172.16.0.20/16 dev enp0s3  ←❹
```

❶将IP地址172.16.0.20/16添加到enp0s3
❷显示指定设备（enp0s3）的详细信息
❸172.16.0.20/16已添加
❹将IP地址172.16.0.20/16从enp0s3中删除

显示和管理网络接口状态(link)

通过ip link可以显示和管理网络接口的状态。

在下面的示例①中，将介绍如何打开和关闭接口。使用net-tools软件包时，请运行ifconfig命令。

显示和管理网络接口状态示例①

```
# ip link show dev enp0s3  ←❶
2: enp0s3: <BROADCAST,MULTICAST,UP,LOWER_UP> mtu 1500 qdisc pfifo_fast state UP  ←❷
```

```
mode DEFAULT group default qlen 1000
    link/ether 08:00:27:2b:2a:ff brd ff:ff:ff:ff:ff:ff
# ip link set enp0s3 down  ←❸
# ip link show dev enp0s3  ←❹
2: enp0s3: <BROADCAST,MULTICAST> mtu 1500 qdisc pfifo_fast state DOWN
                                                                   ↑❺
mode DEFAULT group default qlen 1000
    link/ether 08:00:27:2b:2a:ff brd ff:ff:ff:ff:ff:ff
# ip link set enp0s3 up  ←❻
# ip link show dev enp0s3
2: enp0s3: <BROADCAST,MULTICAST,UP,LOWER_UP> mtu 1500 qdisc pfifo_fast state UP  ←❼
mode DEFAULT group default qlen 1000
    link/ether 08:00:27:2b:2a:ff brd ff:ff:ff:ff:ff:ff
#
# ifconfig enp0s3  ←❽
enp0s3: flags=4163<UP,BROADCAST,RUNNING,MULTICAST>  mtu 1500
        inet 172.16.0.10  netmask 255.255.0.0  broadcast 172.16.255.255
        inet6 fe80::e9f5:ceb2:6ad0:4e15  prefixlen 64  scopeid 0x20<link>
        inet6 fe80::4f03:c3d8:fa79:bba6  prefixlen 64  scopeid 0x20<link>
        ether 08:00:27:2b:2a:ff  txqueuelen 1000  (Ethernet)
        ...（以下省略）...
#
# ifconfig enp0s3 down  ←❾
# ifconfig enp0s3
enp0s3: flags=4098<BROADCAST,MULTICAST>  mtu 1500  ←❿
        ether 08:00:27:2b:2a:ff  txqueuelen 1000  (Ethernet)
        ...（以下省略）...
# ifconfig enp0s3 up  ←⓫
```

❶当前enp0s3的设备状态
❷UP表示在线
❸切换enp0s3为离线
❹当前enp0s3的设备状态
❺Down表示离线
❻切换enp0s3为在线
❼ UP表示在线
❽使用ifconfig命令显示当前enp0s3的设备状态
❾使用ifconfig命令切换为离线
❿没有显示UP，表示离线状态
⓫使用ifconfig命令切换为在线

在示例②中，将mtu（显示一帧中可以发送的数据最大值的传输单位）设置为1400。

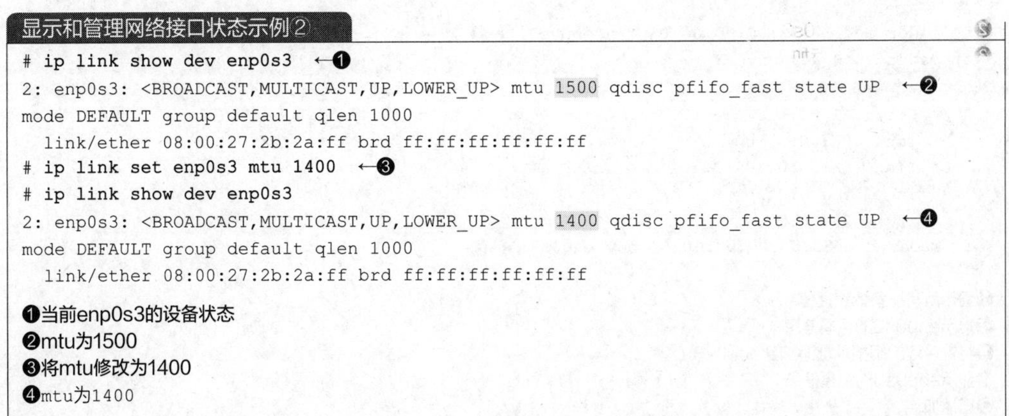

显示和管理网络接口状态示例②

```
# ip link show dev enp0s3  ←❶
2: enp0s3: <BROADCAST,MULTICAST,UP,LOWER_UP> mtu 1500 qdisc pfifo_fast state UP  ←❷
mode DEFAULT group default qlen 1000
  link/ether 08:00:27:2b:2a:ff brd ff:ff:ff:ff:ff:ff
# ip link set enp0s3 mtu 1400  ←❸
# ip link show dev enp0s3
2: enp0s3: <BROADCAST,MULTICAST,UP,LOWER_UP> mtu 1400 qdisc pfifo_fast state UP  ←❹
mode DEFAULT group default qlen 1000
  link/ether 08:00:27:2b:2a:ff brd ff:ff:ff:ff:ff:ff
```

❶当前enp0s3的设备状态
❷mtu为1500
❸将mtu修改为1400
❹mtu为1400

管理组播IP地址(maddress)

除了1对1通信之外，还有多种通信模式。主要的通信模式如下。

◇单播

此类型通过指定1台计算机来进行数据传输。大多数计算机通信都采用单播。

◇组播

此类型通过指定由多个终端构成的组来进行数据传输。组播可用于视频分发。组播地址是D类IP地址，其范围是“224.0.0.0~239.255.255.255”。

◇广播

此类型可与同一网络的所有计算机进行数据传输。通过广播，计算机可以向同一网络上的其他计算机告知自身的存在，也可以检索信息等。

通过ip maddress命令，可以对组播地址进行管理。

管理组播地址

```
# ip maddr  ←❶
1:      lo
        inet  224.0.0.1
        inet6 ff02::1
        inet6 ff01::1
2:      enp0s3
        link  01:00:5e:00:00:01
        link  01:00:5e:00:00:fb
        inet  224.0.0.251
        inet  224.0.0.1
...(以下省略)...
# ip maddr show dev enp0s3  ←❷
2:      enp0s3
        link  01:00:5e:00:00:01
        link  01:00:5e:00:00:fb
        inet  224.0.0.251
        inet  224.0.0.1
# ip maddr add 33:33:00:00:00:01 dev enp0s3  ←❸
# ip maddr show dev enp0s3  ←❹
2:      enp0s3
        link  01:00:5e:00:00:01
        link  01:00:5e:00:00:fb
        link  33:33:00:00:00:01 static  ←❺
        inet  224.0.0.251
        inet  224.0.0.1
# ip maddr del 33:33:00:00:00:01 dev enp0s3  ←❻
```

❶显示所有设备的组播信息
❷显示enp0s3的组播信息
❸将链接层的组播地址添加到enp0s3
❹显示enp0s3的组播信息
❺已添加
❻从enp0s3删除组播地址

显示和管理apr表(neighbour)

通过ip neighbour命令，可以显示apr表。

在以下示例中，将显示arp表。使用net-tools软件包时，请运行arp命令。稍后将介绍arp表和arp命令的详细信息。

显示arp表

```
# ip neigh  ←❶
192.168.20.254 dev enp0s9 lladdr 68:05:ca:1d:5d:62 STALE  ←❷
172.16.0.10 dev enp0s3 lladdr 08:00:27:2b:2a:ff REACHABLE  ←❸
192.168.20.236 dev enp0s9 lladdr 34:95:db:2d:54:49 REACHABLE
172.16.0.11 dev enp0s3 lladdr 08:00:27:33:0b:3b STALE
#
# ping 192.168.20.254  ←❹
PING 192.168.20.254 (192.168.20.254) 56(84) bytes of data.
64 bytes from 192.168.20.254: icmp_seq=1 ttl=64 time=1.20 ms
64 bytes from 192.168.20.254: icmp_seq=2 ttl=64 time=1.07 ms
^C
--- 192.168.20.254 ping statistics ---
2 packets transmitted, 2 received, 0% packet loss, time 1002ms
rtt min/avg/max/mdev = 1.079/1.139/1.200/0.069 ms
#
# ip neigh  ←❺
192.168.20.254 dev enp0s9 lladdr 68:05:ca:1d:5d:62 REACHABLE  ←❻
172.16.0.10 dev enp0s3 lladdr 08:00:27:2b:2a:ff STALE
192.168.20.236 dev enp0s9 lladdr 34:95:db:2d:54:49 REACHABLE
172.16.0.11 dev enp0s3 lladdr 08:00:27:33:0b:3b STALE
#
# arp  ←❼
Address          HWtype  HWaddress            Flags Mask   Iface
192.168.20.236   ether   34:95:db:2d:54:49    C            enp0s9
172.16.0.10      ether   08:00:27:2b:2a:ff    C            enp0s3
172.16.0.11      ether   08:00:27:33:0b:3b    C            enp0s3
192.168.20.254   ether   68:05:ca:1d:5d:62    C            enp0s9
```

❶显示arp表
❷“STALE”表示地址解析之后的一段时间，暂时未与邻居进行通信
❸“REACHABLE”表示已完成地址解析
❹使用ping命令检查192.168.20.254
❺再次显示arp表
❻状态从“STALE”变为“REACHABLE”
❼使用arp命令

以下示例将介绍如何在arp表中添加和删除条目。

在arp表中添加和删除条目

```
# ip neigh  ←❶
192.168.20.254 dev enp0s9 lladdr 68:05:ca:1d:5d:62 STALE
172.16.0.10 dev enp0s3 lladdr 08:00:27:2b:2a:ff STALE
192.168.20.236 dev enp0s9 lladdr 34:95:db:2d:54:49 REACHABLE
172.16.0.11 dev enp0s3 lladdr 08:00:27:33:0b:3b STALE
#
# ip neigh add 192.168.20.2 lladdr 00:1b:a9:bb:f1:52 dev enp0s3  ←❷
# ip neigh
192.168.20.254 dev enp0s9 lladdr 68:05:ca:1d:5d:62 STALE
192.168.20.2 dev enp0s3 lladdr 00:1b:a9:bb:f1:52 PERMANENT  ←❸
172.16.0.10 dev enp0s3 lladdr 08:00:27:2b:2a:ff STALE
192.168.20.236 dev enp0s9 lladdr 34:95:db:2d:54:49 REACHABLE
```

```
172.16.0.11 dev enp0s3 lladdr 08:00:27:33:0b:3b STALE
#
# ip neigh del 192.168.20.2 dev enp0s3  ←❹
```

❶显示apr表
❷添加ip地址为192.168.20.2，MAC地址为00:1b:a9:bb:f1:52的条目
❸手动添加后，可以看到“PERMANENT”，表示静态注册
❹删除之前添加的条目

网络管理和监控的基本命令(其他)

本节将介绍ip命令以外的网络管理和监控命令。

显示端口、套接字和路由信息(netstat)

通过netstat命令，可以显示TCP和UDP服务端口状态、UNIX域套接字状态、路由信息等。

显示端口、套接字和路由信息

```
netstat [选项]
```

表8-3-4 netstat命令的选项

选　项	说　明
-a、--all	显示所有协议(TCP、UDP、UNIX套接字)。包含套接字的等待连接(LISTEN)在内，全部显示
-l、--listening	显示等待连接的套接字(LISTEN)
-n、--numeric	不解析主机、端口、用户等名称，以数字地址显示
-r、--route	显示路由表
-s、--statistics	显示统计信息
-g、--groups	显示有关组播组的信息
-t、--tcp	显示TCP套接字
-u、--udp	显示UDP套接字
-x、--unix	显示UNIX套接字

如果未指定任何选项，则显示TCP端口LISTEN(等待)以外的状态，例如ESTABLISHED(建立连接)等的状态以及UNIX域套接字的状态。

显示端口、套接字和路由信息

```
# netstat
Active Internet connections (w/o servers)
Proto  Recv-Q  Send-Q  Local Address             Foreign Address          State
tcp    0       0       host00.knowd.co.jp:ssh    192.168.20.236:50224     ESTABLISHED  ←❶
...(中间省略)...
Active UNIX domain sockets (w/o servers)
Proto  RefCnt  Flags   Type   State   I-Node   Path
unix   5       [ ]     DGRAM          6669     /run/systemd/journal/socket
...(以下省略)...
```

上述运行示例❶的部分，表示使用ssh从本地host00.knowd.co.jp远程登录到"192.168.20.236"，并建立了连接(ESTABLISHED)。另外，"Active UNIX domain sockets"中出现的"UNIX"是指同一本地主机上运行的服务器进程和客户机端进程借助套接字文件实现进程间通信的机制。

表8-3-5 TCP和UDP的各种字段名

字段名	说明
Proto	套接字使用的协议
Recv-Q	未传输到与套接字连接的进程的数据字节数
Send-Q	远程主机未接受的数据字节数
Local Address	使用本地IP地址和端口号DNS等时，通过名称解析将其转换为主机名和服务名后显示
Foreign Address	使用远程IP地址和端口号DNS等时，通过名称解析将其转换为主机名和服务名后显示
State	套接字的状态。主要状态如下。 ESTABLISHED：连接已建立 LISTEN：等候请求到达(等待状态) CLOSE_WAIT：远程套接字已经关闭，正在等待关闭这个套接字

显示套接字统计信息(ss)

与netstat命令一样，ss命令也可以显示套接字统计信息。作为netstat命令的后续版本，ss命令的选项与netstat的选项相似。如果未指定任何选项，则显示已建立(ESTABLISHED)的连接。

显示套接字统计信息

ss [选项] [过滤器]

表8-3-6 ss命令的选项

选项	说明
-n、--numeric	服务名称未解析，以数字显示
-r、--resolve	解析地址和端口名称
-a、--all	显示包含listening(待机)状态在内的所有套接字
-l、--listening	仅显示处于listening(待机)状态的套接字
-p、--processes	显示正在使用套接字的进程
-t、--tcp	显示TCP套接字
-u、--udp	显示UDP套接字
-x、--unix	显示UNIX域套接字

表8-3-7 ss命令的过滤器

过滤器类型	过滤器	说　明
基于状态(state)的过滤器	all	所有状态 例如，ss -t state all
	connected	除待机或关闭以外的所有状态 例如，ss -t state connected
	synchronized	除syn-sent以外的所有连接状态 例如，ss -t state synchronized
基于表达式(expression)的过滤器	sport =	基于源端口的过滤器 例如，ss -t'(sport = : ssh)'
	dport =	基于目标端口的过滤器 例如，ss -t'(dport = : http)'

TCP套接字状态包括以下内容。

established、syn-sent、syn-recv、fin-wait-1、fin-wait-2、time-wait closed、close-wait、last-ack、listen、closing

显示套接字统计信息

```
# ss  ←❶
Netid  State   Recv-Q Send-Q Local Address:Port                Peer Address:Port
u_str  ESTAB    0      0     /run/systemd/journal/stdout 14966      * 14965
u_str  ESTAB    0      0     * 18213            * 18214
u_str  ESTAB    0      0     /run/dbus/system_bus_socket 18348      * 18347
u_str  ESTAB    0      0     * 18133            * 18134
u_str  ESTAB    0      0     * 18214            * 18213
u_str  ESTAB    0      0     * 18166            * 18165
u_str  ESTAB    0      0     * 14965            * 14966
u_str  ESTAB    0      0     /run/systemd/journal/stdout 14681      * 14680
...(以下省略)...
# netstat -ta  ←❷
Active Internet connections (servers and established)
Proto Recv-Q Send-Q Local Address          Foreign Address             State
tcp        0      0 0.0.0.0:ssh            0.0.0.0:*
LISTEN
tcp        0      0 localhost:smtp         0.0.0.0:*
LISTEN
tcp        0      0 host00.knowd.co.jp:ssh  192.168.20.236:50224     ESTABLISHED
...(中间省略)...
tcp6       0      0 [::]:ssh               [::]:*
LISTEN
tcp6       0      0 localhost:smtp         [::]:*                     LISTEN
LISTEN
# ss -ta  ←❸
State      Recv-Q    Send-Q     Local Address:Port            Peer Address:Port
LISTEN     0         128                   *:ssh                          *:*
LISTEN     0         100          127.0.0.1:smtp                          *:*
ESTAB      0         0         192.168.20.235:ssh          192.168.20.236:50224
...(中间省略)...
LISTEN     0         128                 :::ssh                         :::*
LISTEN     0         100               ::1:smtp                         :::*
```

❶显示已建立（ESTABLISHED）的连接
❷显示TCP，包括连接等待（LISTEN）
❸显示TCP，包括连接等待（LISTEN）

检查主机之间的通信(ping)

ping命令将Internet控制信息协议(ICMP)的数据包发送给主机，通过检查其应答，测试IP主机之间的连接性。

ICMP是一种基于IP工作的协议，它可以在数据传输期间提供通知异常以及检查主机和网络状态的功能。ping命令将ICMP的"echo request"请求包发送到远程主机，并通过来自远程主机的"echo reply"应答包来测试连接性。

检查主机之间的通信
ping [选项] 传输目标主机

表8-3-8 ping命令的选项

命令的选项	说 明
-c 传输包数	指定要发送的数据包数量。发送指定的数量后，ping命令结束 默认情况下，直到以<Ctrl + c>结束之前，ping会持续发送数据包
-i 传输间隔	指定传输间隔(以秒为单位)。默认值为1秒

检查主机之间的通信

```
# ping 172.16.0.10  ←❶
PING 172.16.0.10 (172.16.0.10) 56(84) bytes of data.
64 bytes from 172.16.0.10: icmp_seq=1 ttl=64 time=0.447 ms
64 bytes from 172.16.0.10: icmp_seq=2 ttl=64 time=0.933 ms
...(中间省略)...
^C
--- 172.16.0.10 ping statistics ---
2 packets transmitted, 2 received, 0% packet loss, time 1000ms  ←❷
rtt min/avg/max/mdev = 0.511/0.680/0.850/0.171 ms
#
# ping -c 1 172.16.0.10  ←❸
PING 172.16.0.10 (172.16.0.10) 56(84) bytes of data.
64 bytes from 172.16.0.10: icmp_seq=1 ttl=64 time=0.277 ms

--- 172.16.0.10 ping statistics ---
1 packets transmitted, 1 received, 0% packet loss, time 0ms
rtt min/avg/max/mdev = 0.277/0.277/0.277/0.000 ms
# ping -c 1 kwd-corp.com  ←❹
PING kwd-corp.com (133.242.128.165) 56(84) bytes of data.
64 bytes from www1151ui.sakura.ne.jp (133.242.128.165): icmp_seq=1 ttl=52 time=29.2 ms

--- kwd-corp.com ping statistics ---
1 packets transmitted, 1 received, 0% packet loss, time 0ms
rtt min/avg/max/mdev = 29.236/29.236/29.236/0.000 ms
#
# ping 172.16.0.12
PING 172.16.0.12 (172.16.0.12) 56(84) bytes of data.
From 172.16.255.254 icmp_seq=1 Destination Host Unreachable  ←❺
From 172.16.255.254 icmp_seq=2 Destination Host Unreachable
From 172.16.255.254 icmp_seq=3 Destination Host Unreachable
From 172.16.255.254 icmp_seq=4 Destination Host Unreachable
^C
--- 172.16.0.12 ping statistics ---
4 packets transmitted, 0 received, +4 errors, 100% packet loss, time 2999ms
                                                                      ↑❻
```

```
pipe 4
```

❶对主机172.16.0.10使用ping命令
❷从“2 packets transmitted, 2 received, 0% packet loss”来看，两个数据包有应答，数据包的丢失（packet loss）为零。要终止ping操作，请输入<Ctrl + c>
❸通过指定“-c 1”选项仅发送一个数据包
❹对域名使用ping命令
❺❻从“Destination Host Unreachable”和“100% packet los”来看，172.16.0.12没有应答

导致通信失败的原因有很多，这里列举了其中四个。

◇IP地址设置有误

如果通信源和通信目标属于同一网络，则网络地址应该相同。当通信源根据目标主机IP地址的网络掩码值判断目标的网络地址与自身不同时，将显示一条错误信息，即“无法访问目标主机”。另外，如果在同一网络中找不到目标主机的IP地址，也会显示相同的信息。上面的执行结果❺和❻就是这种情况。

◇默认网关设置有误

如果通信源和通信目标属于不同的网络，由于未设置默认网关或者设置的IP地址与路由器/L3交换机的IP地址不同等原因，都会导致通信失败。

◇物理网络故障

即使正确设置了IP地址、子网掩码和默认网关，如果以太网电缆或交换机出现故障，也将无法通信。

◇无法解析名称

如果无法解析名称，则指定IP地址时有应答，但指定域名时不会有应答。

显示进程打开的文件(lsof)

lsof命令用于列出所有由进程打开的文件。如果将文件名指定为自变量，则显示打开该文件的进程。此外，通过添加“-i:端口号”选项可以查找打开指定端口的进程。

另外，只有root才能显示所有文件和端口。

如果未安装lsof，首先请进行安装。

- **CentOS**：yum install lsof
- **Ubuntu**：apt install lsof

显示进程打开的文件

lsof [选项] [文件名]

表8-3-9 lsof命令的选项

选 项	说 明
-i	显示打开的网络文件（端口）和进程 或者以“-i:端口号”或“-i:服务名”指定特定的端口或服务
-p 进程ID	显示指定进程已打开的文件
-P	不将端口号转换为服务名，仅以数字显示

显示进程打开的文件

```
# lsof  ←❶
COMMAND    PID TID USER    FD     TYPE    DEVICE   SIZE/OFF
NODE  NAME
systemd    1        root    cwd    DIR     253,0    224
64  /
systemd    1        root    rtd    DIR     253,0    224
64  /
systemd    1        root    txt    REG     253,0    1612152
6574664  /usr/lib/  systemd/systemd
…（以下省略）…
# lsof /var/log/messages  ←❷
COMMAND    PID      USER    FD     TYPE    DEVICE   SIZE/OFF   NODE    NAME
rsyslogd   607      root    3w     REG     253,0    595053     9512    /var/log/messages
tail       3993     roo     3r     REG     253,0    595053     9512    /var/log/messages
# lsof -i:ssh  ←❸
COMMAND    PID      USER    FD     TYPE    DEVICE   SIZE/OFF   NODE    NAME
sshd       1070     root    3u     IPv4    17474    0t0        TCP     *:ssh (LISTEN)
sshd       1070     root    4u     IPv6    17483    0t0        TCP     *:ssh (LISTEN)
sshd       1328     root    3u     IPv4    18511    0t0        TCP     host00.knowd.co.
jp:ssh->192.168.20.236:50031 (ESTABLISHED)
# lsof -i:22  ←❹
COMMAND    PID USERFD       TYPE    DEVICE   SIZE/OFFNODE          NAME
sshd       1070 root        3u     IPv4     17474    0t0           TCP     *:ssh (LISTEN)
sshd       1070 root        4u     IPv6     17483    0t0           TCP     *:ssh (LISTEN)
sshd       1328 root        3u     IPv4     18511    0t0           TCP     host00.knowd.co.
jp:ssh->192.168.20.236:50031 (ESTABLISHED)
```

❶不带参数执行。显示所有打开的文件
❷指定/var/log/messages作为参数。可以看到打开此文件的进程是rsyslogd和tail命令
❸指定服务名显示正在运行的进程
❹指定端口号显示正在运行的进程

显示端口状态(nmap)

通过nmap命令可以搜索网络主机打开的端口并显示其状态。拥有这种功能的程序被称为“端口扫描器”。

如果未安装nmap，首先请进行安装。

- **CentOS**:yum install nmap
- **Ubuntu**:apt install nmap

显示端口状态

nmap [选项] 主机名 | IP地址

表8-3-10 nmap命令的选项

选　项	说　明
-sT	扫描TCP端口。默认
-sU	扫描UDP端口。此选项需要root权限
-p 端口范围	指定要扫描的端口范围。例如，-p22; -p1-65535; -p53,123
-O	搜索OS
-T 模板编号	指定时序模板的编号。数字越大，速度越快。默认为-T3

显示端口状态

```
# nmap 172.16.0.10  ←❶
Starting Nmap 6.40 ( http://nmap.org ) at 2018-10-12 14:09 JST
Nmap scan report for 172.16.0.10
Host is up (0.00045s latency).
Not shown: 999 filtered ports
PORT    STATE SERVICE
22/tcp  open  ssh  ←❷
MAC Address: 08:00:27:2B:2A:FF (Cadmus Computer Systems)

Nmap done: 1 IP address (1 host up) scanned in 5.18 seconds
#
# nmap -sU -p 53,123 172.16.0.10  ←❸
Starting Nmap 6.40 ( http://nmap.org ) at 2018-10-12 14:11 JST
Nmap scan report for 172.16.0.10
Host is up (0.00034s latency).
PORT     STATE    SERVICE
53/udp   filtered domain  ←❹
123/udp  filtered ntp  ←❺
MAC Address: 08:00:27:2B:2A:FF (Cadmus Computer Systems)

Nmap done: 1 IP address (1 host up) scanned in 0.07 seconds
```

❶扫描172.16.0.10的TCP端口
❷仅打开1个端口（端口22 / tcp）
❸检查172.16.0.10的UDP端口53和123
❹❺端口53 / udp和123 / udp的状态显示为filtered
这意味着该端口被过滤器等网络屏障阻塞，nmap无法确定该端口是打开还是关闭

显示和编辑条目(arp)

arp命令用于显示ARP缓存，以及添加和删除条目。

当主机通过指定网络上另一主机的IP地址进行通信时，需要获取另一主机的MAC地址作为数据链路层的目标地址。为此需要用到ARP(地址解析协议)。

ARP通过广播来查询与该IP地址相对应的MAC地址，拥有该IP地址的主机将返回MAC地址。以这种方式获得的IP地址和MAC地址的对应信息将在一定时间内缓存在存储器中。在缓存信息存在期间无须进行ARP广播解析。

显示ARP缓存，以及添加和删除条目

arp [选项]

表8-3-11 arp命令的选项

选 项	说 明
-n	不以主机名，而是以IP地址表示
-a [主机名I IP地址]	显示指定的主机名或IP地址条目 如果未指定主机名或IP地址，则显示所有条目
-d [主机名I IP地址	删除指定的主机名或IP地址条目。运行需要root权限
-f [文件名]	删除指定的主机名或IP地址条目 未指定文件名的情况下将使用/ etc / ethers。运行需要root权限
s 主机名I IP地址 MAC地址	通过指定IP地址和MAC地址的映射来添加条目。运行需要root权限

如果未指定任何选项，将显示所有条目。

显示和编辑条目

```
# arp  ←❶
Address          HWtype    HWaddress            Flags Mask        Iface
172.16.0.10      ether     08:00:27:2b:2a:ff    C                 enp0s3
192.168.20.236   ether     34:95:db:2d:54:49    C                 enp0s9
#
# ping -c 1 172.16.0.11  ←❷
PING 172.16.0.11 (172.16.0.11) 56(84) bytes of data.
64 bytes from 172.16.0.11: icmp_seq=1 ttl=64 time=0.458 ms

--- 172.16.0.11 ping statistics ---
1 packets transmitted, 1 received, 0% packet loss, time 0ms
rtt min/avg/max/mdev = 0.458/0.458/0.458/0.000 ms
#
# arp  ←❸
Address          HWtype   HWaddress            Flags Mask        Iface
172.16.0.10      ether    08:00:27:2b:2a:ff    C                 enp0s3
192.168.20.236   ether    34:95:db:2d:54:49    C                 enp0s9
172.16.0.11      ether    08:00:27:33:0b:3b    C                 enp0s3  ←❹
#
# arp -d 172.16.0.11  ←❺
# arp  ←❻
Address          HWtype   HWaddress            Flags Mask        Iface
172.16.0.10      ether    08:00:27:2b:2a:ff    C                 enp0s3
192.168.20.236   ether    34:95:db:2d:54:49    C                 enp0s9
```

❶显示所有条目
❷对172.16.0.11主机使用ping命令
❸显示所有条目
❹条目已添加
❺删除172.16.0.11条目
❻确认172.16.0.11条目已删除

流量转储(tcpdump)

tcpdump命令可以通过将网络流量转储到标准输出的方式来监控。通过选项指定主机名和协议，显示指定的数据。

如果未安装tcpdump，首先请进行安装。

- **CentOS**:yum install tcpdump
- **Ubuntu**:apt install tcpdump

流量转储

tcpdump [选项]

表8-3-12 tcpdump命令的选项

选　项	说　明
-c 数量	收到指定数量的数据包时停止运行
-e	显示数据层协议头信息

（续）

选　项	说　　明
-i 接口名称	监控指定的网络接口
-n	不转换地址，以数字显示
-nn	不转换地址和端口号，以数字显示
-v	输出详细信息
expression	选择要监控的数据包 协议: ether、ip、arp、tcp、udp、icmp 目标主机/源主机 : host主机名

输出结果如下。

时间 源主机(IP地址.端口号)>目标主机(IP地址.端口号):数据包内容

转储数据中“>”的右侧是数据包的目标主机，即提供服务的“主机IP地址.端口号”。

流量转储

```
# tcpdump host 172.16.0.10  ←❶
14:33:36.758452 IP host00.knowd.co.jp.51262 > 172.16.0.10.ssh: Flags [P.], seq 2434:2470,
ack 2878, win 291, options [nop,nop,TS val 13683117 ecr
8424488], length 36  ←❷
14:33:36.759064 IP 172.16.0.10.ssh > host00.knowd.co.jp.51262: Flags [P.], seq 2878:2954,
ack 2470, win 240, options [nop,nop,TS val 8453802 ecr
13683117], length 76
14:33:36.759081 IP host00.knowd.co.jp.51262 > 172.16.0.10.ssh: Flags [.], ack 2954, win
291, options [nop,nop,TS val 13683117 ecr 8453802], length 0
...(以下省略)...
#
# tcpdump src host 172.16.0.10  ←❸
14:36:31.886851 IP 172.16.0.10.ssh > host00.knowd.co.jp.51262: Flags [P.], seq
3802172319:3802172395, ack 3176924193, win 240, options [nop,nop,TS val
8628929 ecr 13858245], length 76
...(以下省略)...
#
# tcpdump icmp  ←❹
14:38:12.273179 IP 172.16.0.10 > host00.knowd.co.jp: ICMP echo request, id 1573, seq 1,
length 64
14:38:12.273357 IP host00.knowd.co.jp > 172.16.0.10: ICMP echo reply, id 1573, seq 1,
length 64
...(以下省略)...
#
# tcpdump -i enp0s3  ←❺
14:39:34.285827 IP host00.knowd.co.jp.51262 > 172.16.0.10.ssh: Flags [P.], seq 108:144,
ack 229, win 461, options [nop,nop,TS val 14040644 ecr 8806312],
length 36
14:39:34.286562 IP 172.16.0.10.ssh > host00.knowd.co.jp.51262: Flags [P.], seq 229:305,
ack 144, win 240, options [nop,nop,TS val 8811329 ecr 14040644],
length 76
14:39:34.286578 IP host00.knowd.co.jp.51262 > 172.16.0.10.ssh: Flags [.], ack 305, win
461, options [nop,nop,TS val 14040645 ecr 8811329], length 0
...(以下省略)...
```

❶指定主机172.16.0.10
❷可以看到源主机是host00.knowd.co.jp（端口号51262），目标主机是172.16.0.10（ssh:端口号22）
❸指定主机172.16.0.10为src（源主机）
❹指定icmp协议
❺指定enp0s3

8-4

执行路由(路径控制)

路由的管理

在网络中，将数据包发送给另一个网络中的主机时，要通过多个路由器/ L3交换机才能到达其最终目的地。由该路由器或L3交换机执行的IP数据包转发称为**路由**。

对于路由的管理，目前推荐使用ip命令代替以往的route命令。表8-4-1比较了目前和以往的路由使用案例。

表8-4-1 路由相关命令的比较

net-tools	iproute2
netstat -r	ip route show
route	ip route show
route add default gw 172.16.0.254	ip route add default via 172.16.0.254
route add -net 172.17.0.0 netmask 255.255.0.0 gw 172.16.0.254	ip route add 172.17.0.0/24 via 172.16.0.254
route del -net 172.17.0.0	ip route delete 172.17.0.0/24

使用ip命令管理路由的语句如下。

显示路由表

```
ip route show
```

通过网关添加和删除默认路由条目

```
ip route {add | del} default via 网关
```

添加和删除路由表条目

```
ip route {add | del} 目标 via 网关
```

删除默认路由时，可以省略“via 网关”，输入“ip route del default”即可。

使用route命令管理路由的语句如下。

显示路由表

```
route [-n]
```

通过“-n”选项可以在不解析主机名的情况下以数字方式显示地址。

添加路由条目
route add [-net | -host] 目标 [netmask 网络掩码] [gw网关] [接口名]

删除路由条目
route del [-net | -host] 目标 [netmask 网络掩码] [gw网关] [接口名]

route命令的主要选项如表8-4-2所示。

表8-4-2 route命令的选项

选　项	说　明
add	添加条目
del	删除条目
-net	将目标设置为网络
-host	将目标设置为主机
目标	目标网络或主机。在路由表中对应于Destination
netmask 网络掩码	当目标是网络时，指定目标网络的网络掩码
gw 网关	下一个可到达的目的地网关
接口	要使用的网络接口 gw指定的网关地址通常由I/F自动确定，无须指定也可

此处以图8-4-1所示的网络配置为例检查每个命令。

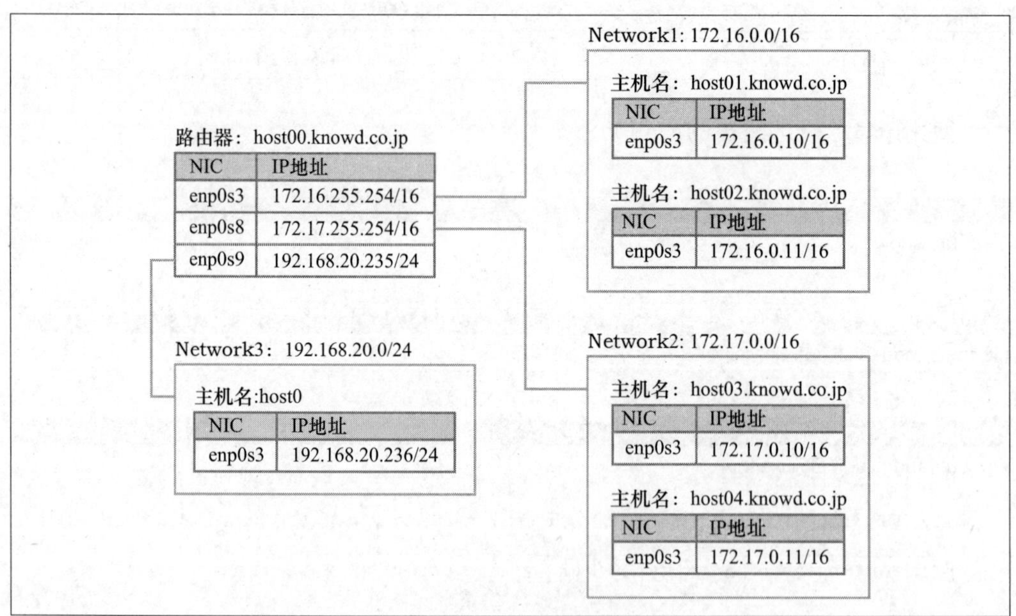

图8-4-1 网络配置示例

有关在KVM或VirtualBox上创建图8-4-1中网络配置的过程，请分别参见附录A-2和A-3中的相关内容。

在下面的示例①中，显示主机host00的路由表。

路由的管理示例①(在主机host00上运行)

```
# ip r  ←❶
default via 192.168.20.254 dev enp0s9 proto static metric 102  ←❷
172.16.0.0/16 dev enp0s3 proto kernel scope link src 172.16.255.254 metric 100  ←❸
172.17.0.0/16 dev enp0s8 proto kernel scope link src 172.17.255.254 metric 101
192.168.20.0/24 dev enp0s9 proto kernel scope link src 192.168.20.235 metric 102
#
# route  ←❹
Kernel IP routing table
Destination     Gateway         Genmask         Flags  Metric  Ref    Use Iface
default         app.n-mark.org  0.0.0.0         UG     102     0        0 enp0s9
172.16.0.0      0.0.0.0         255.255.0.0     U      100     0        0 enp0s3
172.17.0.0      0.0.0.0         255.255.0.0     U      101     0        0 enp0s8
192.168.20.0    0.0.0.0         255.255.255.0   U      102     0        0 enp0s9
```

❶通过ip route show也可以得到相同的结果
❷可以看到默认网关为192.168.20.254
❸分配给enp0s3的IP地址为172.16.255.254，目标网络为172.16.0.0/16
❹使用route命令

在上述示例中，执行了route命令(❹的部分)。所显示的路由表条目中每个字段的含义如下。此外，也可以使用“netstat -r”命令显示路由表。

表8-4-3 路由表的字段名称

字段名	说明
Destination	目标网络或目标主机
Gateway	网关(路由器)。如果直接连接的网络无网关，显示0.0.0.0(或“*”),
Genmask	目标地址的网络掩码。如果是默认路由，显示0.0.0.0或(或“*”)
Flags	主要标识如下 U：路由有效(Up)， H：目标为主机(Host) G：使用网关(Gateway)，!：拒绝路由(Reject)
Metric	到目标的距离。通常是跳数(所经过路由器的数量)
Ref	路由条目的引用数(Linux内核中不会使用)
Use	路由条目被引用次数
Iface	此路由要使用的网络接口

在下面的示例②和示例③中，设置“172.16.255.254”作为主机host01的默认网关。示例②使用的是ip命令，示例③使用的是route命令。

路由的管理示例②(在主机host01上运行)

```
# ip r
172.16.0.0/16 dev enp0s3 proto kernel scope link src 172.16.0.10 metric 100
# ip route add default via 172.16.255.254 dev enp0s3  ←❶
# ip r
default via 172.16.255.254 dev enp0s3 proto static metric 100  ←❷
172.16.0.0/16 dev enp0s3 proto kernel scope link src 172.16.0.10 metric 100
```

❶添加默认网关
❷网关已添加

路由的管理示例③（在主机host01上执行）

```
# route -n
Kernel IP routing table
Destination  Gateway         Genmask      Flags   Metric  Ref   Use    Iface
172.16.0.0   0.0.0.0         255.255.0.0  U       100     0     0      enp0s3
# route add default gw 172.16.255.254  ←❶
# route -n
Kernel IP routing table
Destination  Gateway         Genmask      Flags    Metric    Ref     Use Iface
0.0.0.0      172.16.255.254  0.0.0.0      UG       100       0       0 enp0s3  ←❷
172.16.0.0   0.0.0.0         255.255.0.0  U        100       0       0 enp0s3
```

❶添加默认网关
❷网关已添加

在下面的示例④和示例⑤中，在主机host01上添加和删除了通过“172.16.255.254”网关到“172.17.0.0/16”的路由。示例④使用的是ip命令，示例⑤使用的是route命令。

路由的管理示例④（在主机host01上运行）

```
# ip route add 172.17.0.0/16 via 172.16.255.254  ←❶
# ip r
default via 172.16.255.254 dev enp0s3 proto static metric 100
172.16.0.0/16 dev enp0s3 proto kernel scope link src 172.16.0.10 metric 100
172.17.0.0/16 via 172.16.255.254 dev enp0s3  ←❷
# ip route delete 172.17.0.0/16  ←❸
# ip r  ←❹
default via 172.16.255.254 dev enp0s3 proto static metric 100
172.16.0.0/16 dev enp0s3 proto kernel scope link src 172.16.0.10 metric 100
```

❶为172.17.0.0/16设置路由
❷路由已添加
❸删除到172.17.0.0/16的路由
❹确认路由已删除

路由的管理示例⑤（在主机host01上运行）

```
# route add -net 172.17.0.0 netmask 255.255.0.0 gw 172.16.255.254  ←❶
# route -n
Kernel IP routing table
Destination   Gateway          Genmask       Flags  Metric  Ref    Use Iface
0.0.0.0       172.16.255.254   0.0.0.0       UG     100     0      0 enp0s3
172.16.0.0    0.0.0.0          255.255.0.0   U      100     0      0 enp0s3
172.17.0.0    172.16.255.254   255.255.0.0   UG     0       0      0 enp0s3  ←❷
# route del -net 172.17.0.0 netmask 255.255.0.0  ←❸
# route -n  ←❹
Kernel IP routing table
Destination   Gateway          Genmask       Flags  Metric  Ref    Use Iface
0.0.0.0       172.16.255.254   0.0.0.0       UG     100     0      0 enp0s3
172.16.0.0    0.0.0.0          255.255.0.0   U      100     0      0 enp0s3
```

❶为172.17.0.0/16设置路由
❷路由已添加
❸删除到172.17.0.0/16的路由
❹确认路由已删除

请注意，当系统关闭或重新启动时，以上示例②~示例⑤中执行的路由设置将丢失。如果要设置系统重启后仍可保留的静态路由，请参照8-2节介绍的nmcli进行设置。

转发

要使Linux成为路由器，除了设置路由表外，还需要设置允许将数据包从一个网络I/F**转发**到另一网络I/F。

转发将在内核变量ip_forward的值设置为“1”时打开，为“0”时关闭。如下所示，通过访问/ proc目录下存储内核信息的/ proc / sys / net / ipv4 / ip_forward文件可以修改或显示ip_forward的值。

设置ip_forward示例①（在主机host00上执行）

```
# cat /proc/sys/net/ipv4/ip_forward   ←❶
0
# echo 1 > /proc/sys/net/ipv4/ip_forward   ←❷
# cat /proc/sys/net/ipv4/ip_forward   ←❸
1
```

❶显示ip_forward的值。值为“0”，表示转发处于关闭状态
❷将“1”写入ip_forward
❸显示ip_forward的值。值为“1”，表示转发处于打开状态

在本章的环境中，按照此设置可以实现从host01（IP：172.16.0.10/16）到host03（172.17.0.10/16）的通信。

确认从host01到host03的通信

```
# hostname
host01.knowd.co.jp
# ip address show enp0s3
2: enp0s3: <BROADCAST,MULTICAST,UP,LOWER_UP> mtu 5000 qdisc pfifo_fast state UP group
default qlen 1000
  link/ether 08:00:27:2b:2a:ff brd ff:ff:ff:ff:ff:ff
  inet 172.16.0.10/16 brd 172.16.255.255 scope global noprefixroute enp0s3
    valid_lft forever preferred_lft forever
...（以下省略）...
#
# ping  172.17.0.10
PING 172.17.0.10 (172.17.0.10) 56(84) bytes of data.
64 bytes from 172.17.0.10: icmp_seq=1 ttl=63 time=0.788 ms
64 bytes from 172.17.0.10: icmp_seq=1 ttl=63 time=0.806 ms
^C
--- 172.17.0.10 ping statistics ---
2 packets transmitted, 2 received, 0% packet loss, time 1002ms
rtt min/avg/max/mdev = 0.788/0.797/0.806/0.009 ms
```

此外，使用sysctl命令也可以设置或显示ip_forward值。

设置ip_forward示例②（在主机host00上执行）

```
# sysctl net.ipv4.ip_forward  ←❶
net.ipv4.ip_forward = 0
# sysctl net.ipv4.ip_forward=1  ←❷
net.ipv4.ip_forward = 1
```

❶显示ip_forward的值。值为“0”
❷将“1”写入ip_forward

由于上述命令所做的修改位于内核内存中，因此在系统重启时它将变为“0”。通过在/etc/sysctl.conf文件中的设置，可以在系统启动时也可以设置ip_forward的值。

/etc/sysctl.conf文件（节选）

```
net.ipv4.ip_forward = 1
```

显示路由

traceroute命令用来跟踪并显示IP数据包到达其最终目标主机的路由。traceroute命令不断向目标主机传输TTL值（生存时间）递增（以1，2，3，…的方式加1递增）的数据包，当经过的路由器数量超过TTL的值时，路由上的路由器或主机将返回表示ICMP错误的TIME_EXCEEDED。通过依次跟踪此错误数据包的源地址来确定路由。

traceroute命令默认使用UDP协议发送数据包。为了在路由中不被主机应用程序所处理，使用不常用的端口号作为目标地址。由于发送包和应答包之间有对应关系，所以每次发送数据包时，目标UDP端口号都会增加1。目标UDP端口的默认初始值为33434。

通过添加“-I”选项还可以发送ICMP数据包。不过，只有root用户才能使用“-I”选项。

如果未安装traceroute，首先请进行安装。

· **CentOS**:yum install traceroute
· **Ubuntu**:apt install traceroute

显示路由

traceroute [选项] 目标主机

表8-4-4 traceroute命令的选项

选项	说　明
-I	发送ICMP ECHO数据包。默认为UDP数据包
-f TTL 初始值	指定TTL（生存时间）的初始值。默认为1

下面可以看到host01（172.16.0.10/16）主机经过路由器host00（172.16.255.254）到达了目标host03（172.17.0.10）。

显示路由（在主机host01上执行）

```
# traceroute 172.17.0.10
traceroute to 172.17.0.10 (172.17.0.10), 30 hops max, 60 byte packets
 1  gateway (172.16.255.254)  0.341 ms  0.259 ms  0.257 ms
 2  172.17.0.10 (172.17.0.10)  1.049 ms  0.908 ms  0.847 ms
```

指定IPv6地址时，请使用traceroute6命令。其语句与traceroute命令相同。

另外，从以下执行结果可以看到，无法显示“172.17.0.10”处的路由。

显示路由（在主机host01上执行）

```
# traceroute 172.17.0.10
traceroute to 172.17.0.10 (172.17.0.10), 30 hops max, 60 byte packets
 1  gateway (172.16.255.254)  0.272 ms  0.174 ms  0.339 ms
 2  gateway (172.16.255.254)  0.330 ms !X  0.234 ms !X  0.251 ms !X  ←❶
```

执行结果中❶处的“! X”表示，出于管理原因而禁止通信。在上面的执行示例中，host00主机上启用了防火墙，并且不允许使用traceroute。

如果要关闭防火墙，请参见第1章1-4节中的相关内容。另外，有关防火墙单独设置等详细信息，请参见第10章10-4节中的相关内容。

与traceroute类似的命令是tracepath。tracepath的功能不如traceroute强大，并且没有生成RAW数据包的权限选项。用于tracepath发送数据包的协议是UDP。如果要为目标主机指定IPv6地址，请使用tracepath6命令。

显示路由

tracepath [选项] 目标主机

使用tracepath命令显示路由（在主机host01上执行）

```
# tracepath 172.17.0.10
 1?: [LOCALHOST]                                 pmtu 1500
 1:  gateway                                     0.251ms
 1:  gateway                                     1.110ms
 2:  172.17.0.10                                 0.851ms reached
     Resume: pmtu 1500 hops 2 back 2
```

8-5

使用Linux网桥执行以太网桥接

什么是网桥

网桥是将不同的网段（物理层和数据链路层，例如以太网）连接到同一段的网络设备。

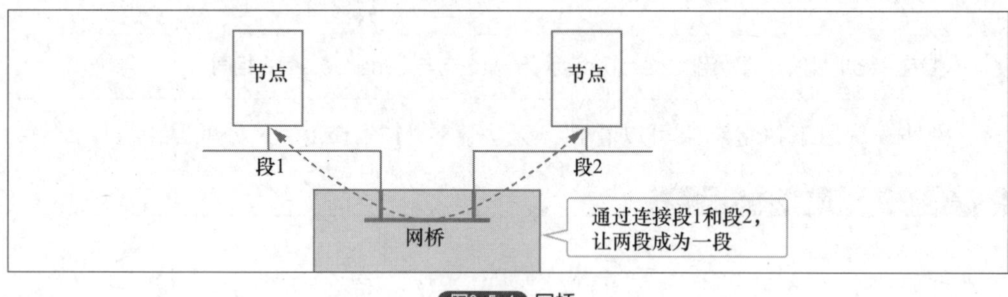

图8-5-1 网桥

Linux网桥

Linux网桥是由内核模块网桥在内核内存中创建的虚拟设备，可以静态链接（CONFIG_BRIDGE = y），也可作为可加载模块加载（CONFIG_BRIDGE = m）。

Linux网桥可由NetworkManager、systemd-networked、brctl命令创建，或在KVM或Docker等虚拟化环境中创建。

由KVM自动创建的virbr0和由Docker自动创建的docker0是连接虚拟化主机的内部网络所用的Linux网桥。通过网络地址转换（NAT）连接到主机网络。

使用独自的Linux网桥通过NetworkManager、systemd-networkd和brctl命令创建另一个内部网络，或者通过将创建的Linux网桥连接到主机的网络接口，直接将连接到该网桥的虚拟化主机连接到主机的网络。

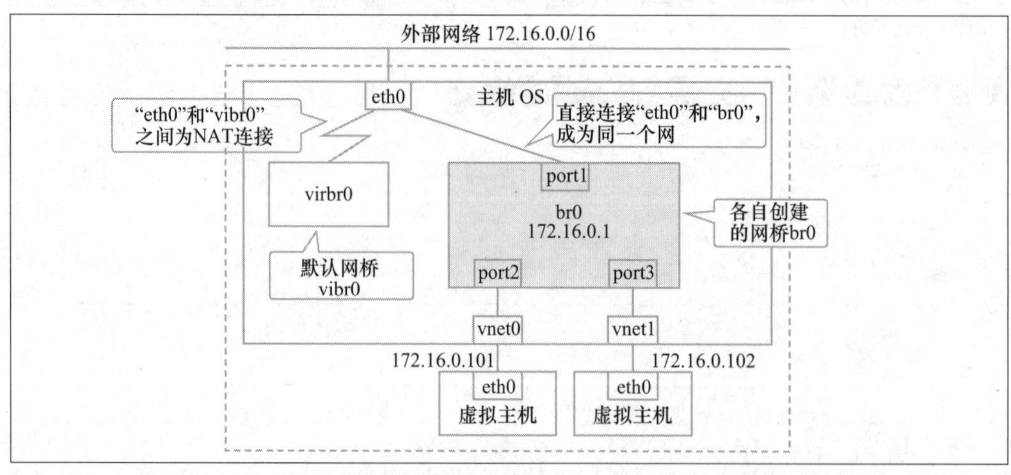

图8-5-2 Linux网桥（KVM示例）

在NetworkManager问世之前，主要是通过在系统启动时运行的RC脚本中运行brctl命令，从而引用配置文件来创建Linux网桥。虽然使用NetworkManager或systemd-networkd时，并不需要brctl命令，不过它对于网桥设置的检查仍然相当实用。

在CentOS和Ubuntu中，brctl命令均由bridge-utils软件包提供。

NetworkManager和systemd-networkd

下面介绍如何使用NetworkManager和systemd-networkd创建Linux网桥，NetworkManager是CentOS和Ubuntu(Desktop)默认网络管理安全程序的主要发行版，而systemd-networkd则是Ubuntu(Server)默认网络管理安全程序的主要发行版。

NetworkManager设置

使用NetworkManager时，可以通过NetworkManager安全程序的控制命令nmcli创建网桥。

接下来介绍的步骤是基于以下设置的示例。

· 以太网接口名称：eth0
· 使用过eth0的连接名称：eth0-con1(使用br0之前的连接)
· eth0的IP地址由DHCP分配
· eth0连接到网桥时的连接名称：eth0-con2(eth0-con2是激活的，eth0-con1是未激活的，并且br0可用于网络连接)
· 要创建的网桥名称：br0
· 使用过br0的连接名称：br0-con1
· 给br0网桥分配静态IP地址172.16.0.1

创建网桥br0，使用br0创建连接br0-con1，在创建连接eth0-con2时，通过连接的优先等级使eth0-con2处于激活状态，eth0-con1处于未激活状态，从而允许br0连接到网络。

虽然也可以不创建eth0-con2而直接修改eth0-con1的设置，但考虑到需要恢复设置来检查操作的情况，此处创建两个eth0连接。

使用nmcli命令创建网桥br0(节选)

```
# nmcli con  ←❶
NAME            UUID                                  TYPE        DEVICE
eth-con1        3b4ee8c9-09a6-4604-b99d-52de8800d16b  ethernet     eth0

# nmcli con show eth0-con1  ←❷
connection.id:                       eth0-con1
connection.type:                     802-3-ethernet
connection.interface-name:           eth0
connection.autoconnect:              是
```

```
connection.autoconnect-priority:     -999
ipv4.method:                  auto  ←❸

# nmcli con add type bridge con-name br0-con1 ifname br0 \  ←❹
> ipv4.method manual \  ←❺
> ipv4.addresses 172.16.0.1/16 \
> ipv4.gateway 172.16.255.254

# nmcli con
NAME           UUID                                  TYPE       DEVICE
br0-con1       6c835149-589b-47e2-87e9-932046d8d53c  bridge     br0  ←❻
eth-con1       3b4ee8c9-09a6-4604-b99d-52de8800d16b  ethernet   eth0

# nmcli device
DEVICE         TYPE         STATE     CONNECTION
br0            bridge       已连接     br0-con1
eth0           ethernet     已连接     eth-con1

# brctl show
bridge name    bridge id            STP enabled     interfaces
br0            8000.84afec73f688    yes  ←❼

# nmcli con show br0-con1
connection.id:                       br0-con1
connection.type:                     bridge
connection.interface-name:           br0
connection.autoconnect:              是
connection.autoconnect-priority:     0
ipv4.method:                               manual
ipv4.addresses:                            172.16.0.1/16
ipv4.gateway:                              172.16.255.254

# nmcli con add type bridge-slave con-name eth0-con2 \  ←❽
> ifname eth0 master br0-con1

# nmcli con
NAME           UUID                                  TYPE        DEVICE
br0-con1       6c835149-589b-47e2-87e9-932046d8d53c  bridge      br0
eth-con2       3b4ee8c9-09a6-4604-b99d-52de8800d16b  ethernet    eth0
eth-con1       8a699b3b-879e-30ea-8fb2-160119915508  ethernet    -  ←❾

# brctl show
bridge name    bridge id           STP enabled    interfaces
br0            8000.84afec73f688   yes            eth0  ←❿

# nmcli con show eth0-con2
connection.id:                       eth0-con2
connection.type:                     802-3-ethernet
connection.interface-name:           eth0
connection.autoconnect:              是
connection.autoconnect-priority:     0  ←⓫
connection.master:                   br0  ←⓬
connection.slave-type:               bridge

# ip a
3: br0: <BROADCAST,MULTICAST,UP,LOWER_UP> mtu 1500 qdisc noqueue state UP group default
qlen 1000
  link/ether 84:af:ec:73:f6:88 brd ff:ff:ff:ff:ff:ff
  inet 172.16.0.1/16 brd 172.16.255.255 scope global noprefixroute br0
    valid_lft forever preferred_lft forever
```

```
6: eth0: <BROADCAST,MULTICAST,UP,LOWER_UP> mtu 1500 qdisc fq_codel master br0 state UP
group default qlen 1000
  link/ether 84:af:ec:73:f6:88 brd ff:ff:ff:ff:ff:ff
```

❶检查当前连接
❷检查当前使用的接口eth0（连接名称：eth0-con1）的设置
❸自动设置IP地址（DHCP）
❹创建网桥br0。连接名称为br0-con1
❺设置静态IP地址
❻网桥br0已创建
❼没有接口连接到br0
❽创建eth0-con2，将eth0连接到br0
❾非激活状态
❿br0已连接到eth0
⓫优先等级比eth0-con1（-999）高
⓬已连接到网桥br0

完成上述步骤后，CentOS和Ubuntu（Desktop）中的连接配置文件将分别如下。

◇CentOS

配置文件位于/etc/sysconfig/network-scripts目录下，以“ifcfg-连接名称”的文件名方式创建。

检查配置文件（节选）

```
# cd /etc/sysconfig/network-scripts
# ls ifcfg-*
ifcfg-br0-con1  ifcfg-eth0-con1  ifcfg-eth0-con2

# cat ifcfg-br0-con1
TYPE=Bridge
BOOTPROTO=none
NAME=br0-con1
DEVICE=br0
ONBOOT=yes
IPADDR=172.16.0.1
GATEWAY=172.16.255.254

# cat ifcfg-eth0-con1
TYPE=Ethernet
BOOTPROTO=dhcp
NAME=eth0-con1
DEVICE=eth0
ONBOOT=yes
AUTOCONNECT_PRIORITY=-999

# cat ifcfg-eth0-con2
TYPE=Ethernet
NAME=eth0-con2
DEVICE=eth0
ONBOOT=yes
BRIDGE=br0  ←连接到网桥br0
```

◇Ubuntu（Desktop）

配置文件位于/etc/NetworkManager/system-connections目录下，以连接名称作为文件名。

配置文件的内容格式与使用“nmcli con 连接名称”显示的内容几乎相同。

检查配置文件(节选)

```
# cd /etc/NetworkManager/system-connections/
# ls
br0-con1  eth0-con1  eth0-con2

# cat br0-con1
[connection]
id=br0-con1
uuid=6c835149-589b-47e2-87e9-932046d8d53c
type=bridge
…

# cat eth0-con1
[connection]
id=eth0-con1
uuid=8a699b3b-879e-30ea-8fb2-160119915508
type=ethernet
…

# cat eth0-con2
[connection]
id=eth0-con2
uuid=3b4ee8c9-09a6-4604-b99d-52de8800d16b
type=ethernet
…
```

将虚拟化主机(客户机OS)连接到网桥

如果创建虚拟化主机，并指定网桥br0代替默认的NAT作为网络连接，则虚拟化主机的网络接口将连接到网桥br0，并通过网桥直接连接到主机网络。

每次连接虚拟主机时，都会将vnet0，vnet1，…添加到网桥接口。

以下示例中，在KVM环境中连接两台虚拟化主机后，通过主机OS确认与网桥的连接。

将两台虚拟化主机连接到网桥br0(KVM示例)

```
# brctl show
bridge name     bridge id               STP enabled     interfaces
br0             8000.84afec73f688       yes             eth0
                                                        vnet0  ←第一台客户机的连接
                                                        vnet1  ←第二台客户机的连接
```

systemd-networkd以及“systemd-networkd+netplan”的设置

在CentOS和Ubuntu(Desktop)中，除了默认的NetworkManager之外，还有以下设置方法。

· 通过systemd-networkd进行设置(CentOS，Ubuntu(Desktop))

· 组合systemd-networkd和netplan进行设置(Ubuntu(Desktop)))

在Ubuntu(Server)中，默认设置方法是采用systemd-network和netplan的组合。本节介绍Ubuntu(Server)中的默认设置方法。

> 有关systemd-network的详细信息，请参见本章8-1节“了解网络相关的配置文件”中的相关内容。

Ubuntu(Server)中的“systemd-networkd + netplan”设置

首先，在/etc/netplan目录下创建“.yaml”文件，然后运行netplan apply命令创建网桥(例如br0)。

创建网桥br0

```
# systemctl status systemd-networkd  ←❶
● systemd-networkd.service - Network Service
   Loaded: loaded (/lib/systemd/system/systemd-networkd.service; enabled; vendor preset:
enabled)
   Active: active (running) since Sat 2018-08-18 13:53:27 UTC; 1min 9s ago
     Docs: man:systemd-networkd.service(8)
 Main PID: 709 (systemd-network)
   Status: Processing requests...
    Tasks: 1 (limit: 1112)
   CGroup: /system.slice/systemd-networkd.service
           └─709 /lib/systemd/systemd-networkd
...

# cd /etc/netplan
# mv 50-cloud-init.yaml 50-cloud-init.yaml-  ←❷
# vi 50-cloud-init.yaml  ←❸
network:
  ethernets:
    ens3:
      addresses: []
      dhcp4: false
  bridges:
   br0:
      interfaces: [eth0]
      addresses: [172.16.0.1/16]
      dhcp4: false
      gateway4: 172.16.255.254
      nameservers:
        addresses: [8.8.8.8]

# netplan apply  ←❹
# brctl show  ←❺
bridge name     bridge id           STP enabled     interfaces
br0             8000.4e6b3f0a4f78   no              eth0
```

❶检查systemd-networkd是否运行（NetworkManager未运行）
❷在安装时重命名文件
❸输入网桥br0的设置（文件名任意，扩展名为“.yaml”）
❹应用编辑后的设置文件
❺确认网桥br0

专栏

设置IPv6的网络

IPv6协议拥有128位地址空间，它的出现是为了解决因网络普及而导致的32位IPv4地址空间不足的问题。Linux内核2.2以后的版本均支持IPv6。此外，DNS、邮件和Web等大多数主要的网络应用程序也支持IPv6。在本专栏中，我们将通过实验用IPv6网络示例介绍其设置过程。

网络由1台主机（CentOS或Ubuntu）和主机上安装的虚拟环境（VirtualBox或KVM）中的2台客户机OS（CentOS或Ubuntu）组成。有关虚拟环境的详细信息，请参见附录A-1中的相关内容。

使用1台主机OS和两台客户机OS配置以下IPv6网络。

假定example.com和example.org分别由ISP分配了一个拥有2^64个IPv6地址的子网。

· example.com:2001:db8:0:101::/64
（IP地址：2001：db8：0：101::/64～2001：db8：0：101：ffff：ffff：ffff：ffff/64）
· example.org:2001:db8:0:102::/64
（IP地址：2001：db8：0：102::/64～2001：db8：0：102：ffff：ffff：ffff：ffff/64）

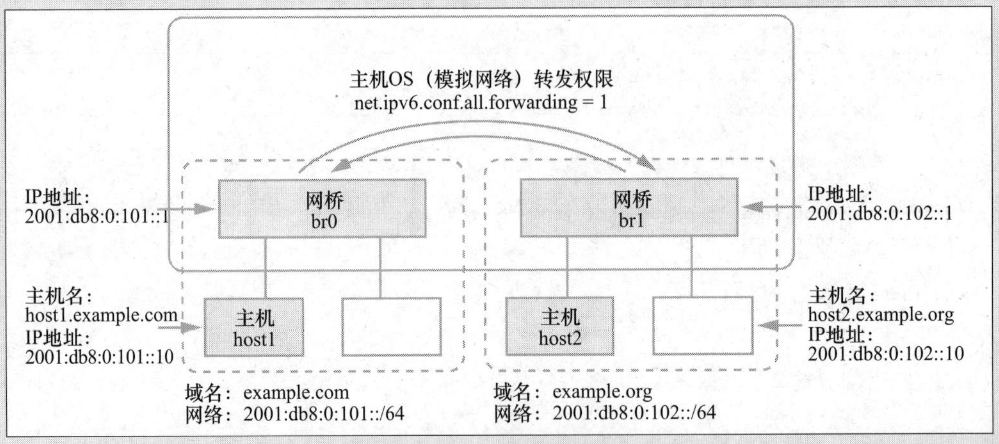

实验用IPv6网络的配置

根据上图中的配置，设置主机OS和两台客户机OS（主机名：host1、主机名：host2）。

设置IPv6地址时使用nmcli，它是NetworkManager的控制命令。

由于这是IPv6基本网络配置示例，因此未进行防火墙设置。

> 有关IPv6全局单播地址（GUA）和链路本地地址（LLA）的地址格式，请参见接下来介绍的"IPv6地址格式"。

用于配置的网络命令包括与IPv4共用的命令，这些命令根据需要通过选项和参数来指定IPv6，另外还有IPv6的专用命令。

· IPv4/IPv6共用的命令：nmcli、brctl、ip、sysctl

· IPv6专用命令 ：ip6tables（iptables的IPv6版本），ping6（ping 的IPv6版本），traceroute6（traceroute 的IPv6版本）

此专栏中的所有操作均以root权限执行。对于Ubuntu，在“# 命令”处执行“$ sudo su-”进入root Shell中操作，完成所有操作后，使用“# exit”退出root Shell。又或者是每个命令都以“$ sudo 命令”的方式来执行。

在以下执行示例中，brctl命令仅用于检查网桥设置。在CentOS和Ubuntu中，brctl命令均由bridge-utils软件包提供。如果未安装，请在CentOS和Ubuntu上分别使用yum install bridge-utils和apt install bridge-utils进行安装。

主机OS端的设置

```
# nmcli con add type bridge con-name br0-con1 ifname br0 \  ←创建网桥br0
> ipv6.method manual \
> ipv6.addresses 2001:db8:0:101::1/64

# nmcli con add type bridge con-name br1-con1 ifname br1 \  ←创建网桥br1
> ipv6.method manual \
> ipv6.addresses 2001:db8:0:102::1/64

# brctl show  ←确认创建了网桥br0和br1（STP是Yes也可以）
bridge name   bridge id           STP    enabled    interfaces
br0           8000.fe5400bcdbdb   no
br1           8000.fe54002f23db   no

# ip a  ←确认br0和br1的IPv6地址
3: br0: <BROADCAST,MULTICAST,UP,LOWER_UP> mtu 1500 qdisc noqueue state UP
group default qlen 1000
...
  inet6 2001:db8:0:101::1/64 scope global noprefixroute
  ↑IPv6全局单播地址（GUA）
    valid_lft forever preferred_lft forever
  inet6 fe80::2e9e:ed5a:e582:e9ee/64 scope link
 ↑IPv6链路本地地址（LLA）
    valid_lft forever preferred_lft forever
4: br1: <BROADCAST,MULTICAST,UP,LOWER_UP> mtu 1500 qdisc noqueue state UP
group default qlen 1000
...
  inet6 2001:db8:0:102::1/64 scope global noprefixroute
 ↑IPv6全局单播地址（GUA）
    valid_lft forever preferred_lft forever
  inet6 fe80::1976:aa8c:9560:9d1e/64 scope link
 ↑IPv6链路本地地址（LLA）
    valid_lft forever preferred_lft forever

# vi /usr/lib/sysctl.d/70-ipv6-forward.conf  ←新建（仅适用于CentOS）
net.ipv6.conf.all.forwarding = 1  ←IPv6允许转发IPv6数据包
# sysctl -p  /usr/lib/sysctl.d/70-ipv6-forward.conf
↑启用文件内容（仅适用于CentOS）
net.ipv6.conf.all.forwarding = 1

# vi /etc/sysctl.conf  ←编辑（仅适用于Ubuntu）
net.ipv6.conf.all.forwarding = 1
↑在此行的开头加上“#”，并允许转发IPv6数据包
# sysctl -p /etc/sysctl.conf  ←启用编辑的内容（仅适用于Ubuntu）
net.ipv6.conf.all.forwarding = 1
```

```
# sysctl net.ipv6.conf.all.forwarding  ←确认已允许转发
net.ipv6.conf.all.forwarding = 1

# ip6tables -F  ←由于只是基本过程，因此不过滤IPv6数据包

# ip -6 route show | grep -e br0 -e br1
2001:db8:0:101::/64 dev br0 proto kernel metric 425     ←br0连接到2001: db8: 0: 101 :: / 64
2001:db8:0:102::/64 dev br1 proto kernel metric 426     ←br1连接到2001: db8: 0: 102 :: / 64
fe80::/64 dev br0 proto kernel metric 256
fe80::/64 dev br1 proto kernel metric 256

# brctl show  ←启动客户机OS的host1和host2后，确认它们已连接到网桥
bridge name    bridge id              STP enabled      interfaces
br0            8000.fe5400bcdbdb      no               vnet0
br1            8000.fe54002f23db      no               vnet1
```

当网络处于环路配置时，需要生成树协议(Spanning Tree Protocol，STP)，由于这里的网络不是环路配置，因此设置值可以为yes或no。

在执行以下命令之前，需要将客户机OS网络I/F重新连接到主机的网桥br0。

- **在VirtualBox中**："VirtualBox Manager"→选择客户机OS→"网络"→"适配器1"→"分配：网桥适配器，名称：br0"
- **在KVM中**："Virtual Machine Manager"→选择客户机OS→"显示"→"详细信息"→"NIC"→"网络源"→"指定共享设备名称"→"br0"

客户机OS(阴影区域)的网络I/F的名称因环境而异。指定通过"ip a"命令显示的I/F名称(例如eth0、ens3等)。

客户机OS(host1)端的设置

```
# nmcli con add type ethernet con-name eth0-con1 ifname eth0\
↑创建eth0-con1连接
> ipv6.method manual \
> ipv6.addresses 2001:db8:0:101::10/64 \  ←手动设置IP地址
> ipv6.gateway 2001:db8:0:101::1  ←指定默认网关

# ip a show dev eth0
2: eth0: <BROADCAST,MULTICAST,UP,LOWER_UP> mtu 1500 qdisc pfifo_fast
state UP qlen 1000
...
 inet6 2001:db8:0:101::10/64 scope global  ←IPv6 GUA
   valid_lft forever preferred_lft forever
 inet6 fe80::4274:25bf:24a4:886d/64 scope link  ←IPv6 LLA
   valid_lft forever preferred_lft forever

# ip -6 route show | grep default  ←确认默认网关
default via 2001:db8:0:101::1 dev eth0 proto static metric 100
```

在Ubuntu中，客户机OS的第一项工作是通过"apt install openssh-server"命令安装SSH服务器。

在执行以下命令之前，需要将客户机OS的网络I/F重新连接到主机的网桥br1。

· **在VirtualBox中**："VirtualBox Manager"→选择客户机OS→"网络"→"适配器1"→"分配：网桥适配器，名称：br1"

· **在KVM中**："Virtual Machine Manager"→选择客户机OS→"显示"→"详细信息"→"NIC"→"网络源"→"指定共享设备名称"→"br1"

客户机OS（阴影区域）的网络I/F名称因环境而异。指定通过"ip a"命令显示的I/F名称（例如eth0、ens3等）。

客户机OS（host2）端的设置

```
# nmcli con add type ethernet con-name eth0-con1 ifname eth0\
↑创建eth0-con1连接
> ipv6.method manual \
> ipv6.addresses 2001:db8:0:102::10 / 64 \  ←手动设置IP地址
> ipv6.gateway 2001:db8:0:102::1  ←指定默认网关

# ip a show dev eth0
2: eth0: <BROADCAST,MULTICAST,UP,LOWER_UP> mtu 1500 qdisc pfifo_fast
state UP qlen 1000
…
 inet6 2001:db8:0:102::10/64 scope global  ←IPv6 GUA
   valid_lft forever preferred_lft forever
 inet6 fe80::4274:25bf:24a4:886d/64 scope link  ←IPv6 LLA
   valid_lft forever preferred_lft forever

# ip -6 route show | grep default  ←确认默认网关
default via 2001:db8:0:102::1 dev eth0 proto static metric 100
```

通过上述步骤设置主机OS和两个客户机OS后，检查从host1到host2的通信。

从客户机OS（host1）访问客户机OS（host2）

```
# vi /etc/hosts
…
2001:db8:0:101::10  host1.example.com host1
2001:db8:0:102::10  host2.example.org host2

# ping6 -c1 host2.example.org
PING host2(host2.example.org (2001:db8:0:102::10)) 56 data bytes
64 bytes from host2.example.org (2001:db8:0:102::10): icmp_seq=1
ttl=63 time=0.234 ms
…

# traceroute6 host2.example.org
traceroute to host2 (2001:db8:0:102::10), 30 hops max, 80 byte packets
 1  gateway (2001:db8:0:101::1)  0.409 ms  0.352 ms  0.319 ms
 2  host2.example.org (2001:db8:0:102::10)  0.742 ms !X  0.725 ms !X 0.696 ms !X

# ssh host2.example.org -l user01  ←以host02的普通用户身份登录
root@host2's password:
Last login: Mon Aug 20 21:15:19 2018 from 2001:db8:0:101::10
[root@host2 ~]#
```

IPv6地址格式

IPv6地址和作用域有多种类型，通常是**全局单播地址**（GUA）和**链路本地地址**（LLA）。全局单播地址在网络上均可使用。而链路本地地址仅在同一链接上有效。

此外，在2005年，RFC4193定义了**唯一本地地址**（ULA）作为站点内使用的本地地址，它等效于IPv4专用地址。通过在地址中引入一些随机值，可以避免与其他站点的ULA重复。

关于地址格式，GUA在RFC3587中，LLA在RFC4291中，ULA在RFC4193中均有各自的规定。

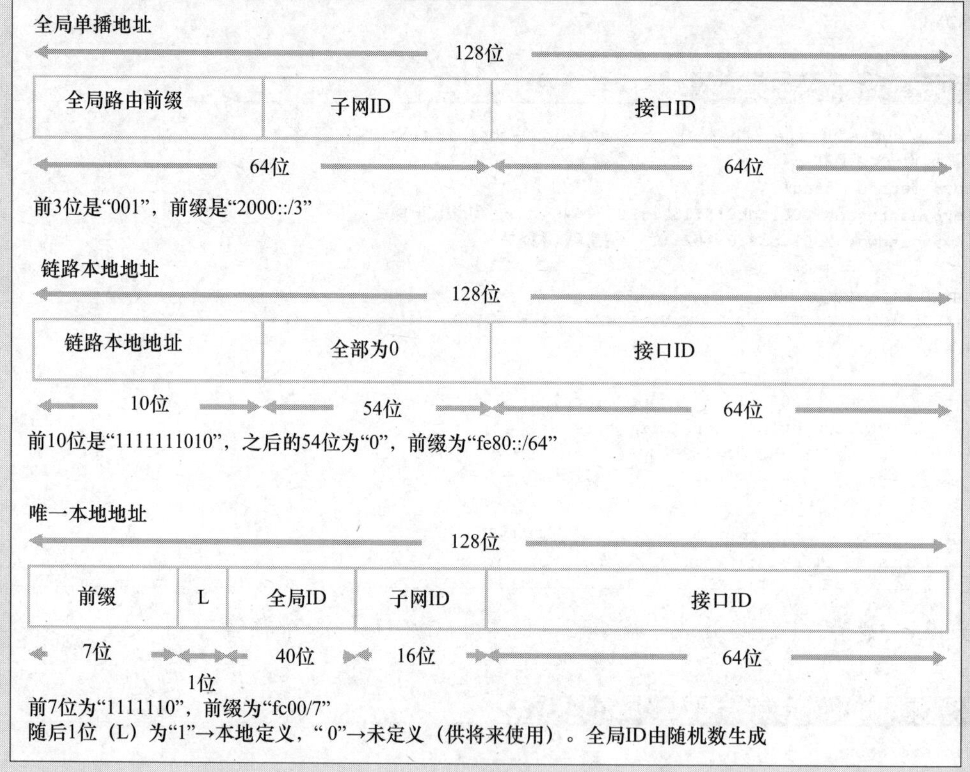

IPv6地址格式

64位的接口ID对应于IPv4主机部分。以太网的接口ID通常从48位以太网地址生成64位接口ID。

IPv6地址以十六进制表示，是通过冒号“:”将128位划分为8个16位的字段。以下情况可以简化表示。

· 字段开头的0和从头开始连续的0可以省略

例如，0225→225

· 如果字段中出现连续的0，则可以简化为一个“::”

例如，fe80:0000:0000:0000:0225:64ff:fe49:ee2f→fe80::225:64ff:fe49:ee2f

可以从ISP分配给GUA（全局单播地址）。例如，如果ISP分配的IPv6地址为“2001 : db8 : 0 : 100 :: / 56”，则分配的子网数为“64-56 = 8”，8位即2 ^ 8 = 256个。

子网地址从“2001:db8:0:100::/64”到“2001:db8:0:1ff::/64”。除了网络流量和主机管理等问题外，理论上可以在每个子网连接2 ^ 64个主机。

作为选择，ISP向用户提供/48、56和/64，大多数情况下采用/56作为标准。此外，IPv6通常不需要像IPv4一样，使用内部地址配置内部子网，然后通过网络地址转换（NAT）连接到Internet的形式。

但是，应该在Internet和内部网络之间建立防火墙，以限制内部网络的流量。此外，基于GUA的一个子网和基于ULA的多个内部网络也可以通过NAT来连接。

第9章

系统维护

9-1

系统状态查询命令

系统状态查询

为了使系统保持良好的性能和资源状态，有必要掌握如何对系统的日常运行状态进行查询，以及在发生问题时调查原因和采取应对措施的方法。

前几章中介绍的命令对于系统的启动、网络、应用程序和文件系统等方面的系统运行非常有帮助，除了这些命令之外，在这一章中我们还引入了新的命令。

系统启动相关命令

从按下电源开关开始到账户登录的一系列操作过程中的配置与管理，可以使用以下命令。

表9-1-1 系统启动相关命令

功　能	命令（请参见括号中的“章-节”）	说　　明
grub的配置与管理	grub	在Linux启动时，在GRUB画面同时按下<Ctrl + c>键，显示GRUB命令提示符。 输入“help”，显示命令列表。 例如，grub>help 使用“lsmod”命令可以显示GRUB模块列表，“vbeinfo”（BIOS）或者“videoinfo”（EFI）可以显示GRUB的屏幕分辨率等
grub的安装	CentOS：grub2-install Ubuntu：grub-install	在grub损坏时，将grub写入指定的设备
GRUB配置文件的生成	CentOS：grub2-mkconfig（2-1） Ubuntu：grub-mkconfig（2-1）	生成GRUB的配置文件grub.cfg
systemd的管理	systemctl（2-1）	服务的启动与停止、systemd目标的变更等
系统的修复	(ISO镜像、CD-ROM、DVD)	引导加载程序修复、文件系统修复、root密码恢复

网络相关命令

在网络方面，主要进行以下设置。

❶网络接口
❷路由
❸名称解析

如果在网络中发生任何问题，使用下表中的命令从协议堆栈的下层到上层进行检查，然后按❶、❷、❸的顺序进行检查，按照这样的顺序检查比较简单易懂。

表9-1-2 网络相关命令

功 能	命 令 （请参见括号中的“章-节”）	说 明
网络I / F状态的显示和设置	nmcli（8-2） ip（8-2） ifconfig（8-2） iwconfig iwlist（8-2）	显示网络I / F是否处于激活状态 将网络I / F设置为激活状态 显示网络I / F的IP地址 设置网络I / F的IP地址
与远程主机通信	ping（8-3）	确认与远程主机的通信情况 显示远程主机的周转时间
检查服务端口状态	nmap（8-3）	显示主机开放的端口
检查连接状态	ss（8-3） netstat（8-3）	显示远程主机的连接状态
路由状态的显示和设置	ip（8-4） route（8-4） traceroute（8-4）	显示路由表 设置路由表 显示到远程主机的路由
名称解析	dig host	显示名称解析（主机名⇔IP地址）

与系统状态和活动有关的命令

应用程序性能主要取决于诸如CPU、内存以及磁盘I/O活动之类的资源状态。对于网络应用程序，其性能还取决于网络的状态。

可以使用以下命令检查CPU和内存使用状态以及磁盘I/O活动

表9-1-3 与系统状态和活动有关的命令

功 能	命 令 （请参见括号中的“章-节”）	说 明
进程状态的显示	ps（6-3） top（6-3）	ps命令可以显示CPU和内存的使用状态 top命令可以按从高到低的顺序显示CPU使用率和内存使用率
系统使用状态和活动的显示	vmstat	定期、实时显示系统状态和活动
内存使用状态的显示	free	显示内存容量、使用情况和可用空间
swap交换分区使用情况的显示	free swapon（7-3）	free命令可以显示swap交换分区状态 swapon命令可以显示swap交换设备的状态

文件系统有关的命令

使用以下命令来检查和修复文件系统的状态。

表9-1-4 文件系统有关的命令

功　能	命　令 （请参见括号中的"章-节"）	说　　明
显示文件系统的状态	df（7-3）	显示文件系统的容量、使用情况、可用空间
显示文件夹/文件的使用情况	du（7-3）	显示文件夹下的总容量、文件大小
文件系统的检查及修复	fsck（7-3）	检查文件系统。自动修复轻微的不一致

9-2

无法登录账户情况下的处理方法

启动安装程序并执行修复工作

如果在从打开电源到账户登录的过程中出现问题，往往会出现诸如登录屏幕或登录提示不显示的问题，或者出现即使在屏幕或提示中输入了用户名和密码也无法登录的情况。

在这种情况下，将无法登录系统执行修复工作，此时可以通过DVD / CD-ROM或ISO映像启动安装程序并执行修复工作。

针对使用CentOS和Ubuntu的情况，将介绍修复以下问题的过程。

· 忘记root密码导致的无法登录（CentOS）
· 忘记sudo用户密码导致的无法登录（Ubuntu）
· 引导加载程序GRUB2已损坏导致的无法启动

引导BIOS时，GRUB2存储在磁盘的扇区0（第一个扇区）中，并从磁盘中调用扇区1～扇区63。如果使用EFI引导，它将存储在EFI分区的shim.efi和grubx64.efi文件中。

有关引导加载程序所需的文件的介绍，请参见第2章2-1节中的内容。

如果其中有任何一个损坏，根据位置的不同，屏幕上的消息也会有所不同，但是在任何一种情况下，都不会出现GRUB引导菜单屏幕。

以下是在BIOS中损坏扇区1～扇区63时的屏幕示例。"Booting from Hard Disk..."（从硬盘启动）的提示后面没有任何显示。

```
Booting from Hard Disk...
```

图9-2-1 GRUB2无法启动

启动并修复安装程序（CentOS）

准备CentOS的ISO映像对于（CentOS 7.5，其镜像为CentOS-7-x86_64-DVD-1804.iso）。

对于物理机，将刻录有ISO映像的DVD介质插入DVD驱动器并启动。对于虚拟机，请连接主机操作系统中准备的ISO映像并启动它。

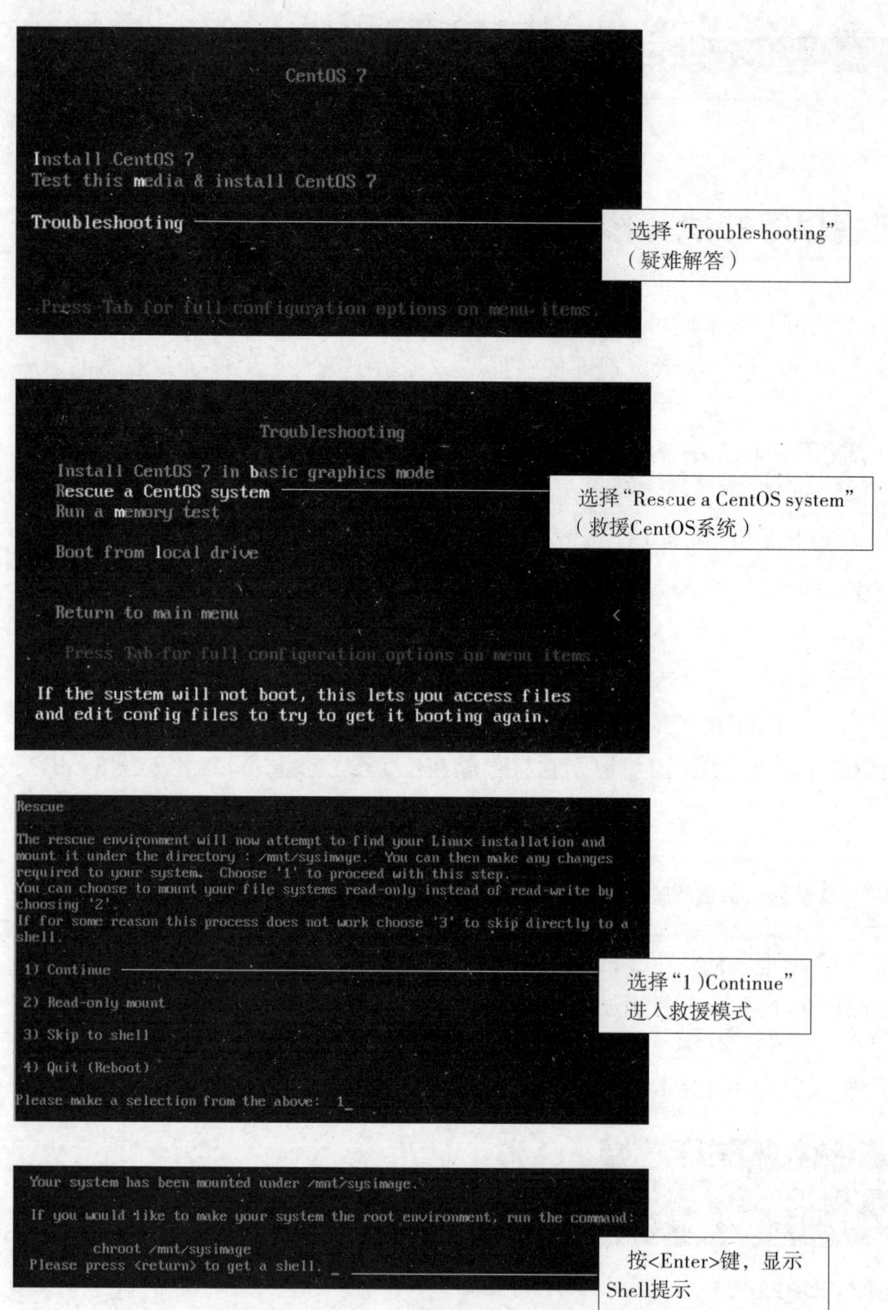

表9-2-2 启动安装程序

显示Shell提示后，将根目录(/)更改为/ mnt / sysimage文件夹(chroot)，其中已安装了硬盘上的根文件系统，然后执行修复工作。

chroot命令是将根目录更改为参数指定的文件夹的命令。通过将根目录从安装程序的根目录更改为硬盘的根目录，可以像往常一样使用相同的文件夹路径(Path)。

chroot到/ mnt / sysimage

```
sh-4.2#df
Filesystem            1K-blocks      Used   Available   Use%          Mounted on
/dev/mapper/live-rw     2030899   1366963      659840    68%                   /
devtmpfs                 996292         0      996292     0%                /dev
tmpfs                   1023804         4     1023800     1%            /dev/shm
tmpfs                   1023804     16840     1006964     2%                /run
tmpfs                   1023804         0     1023804     0%      /sys/fs/cgroup
/dev/sr0                4364408   4364408           0   100%   /run/install/repo
tmpfs                   1023804       280     1023524     1%                /tmp
/dev/mapper/centos-root8374272    4559912     3814360    55%       /mnt/sysimage
↑根FS已挂载
/dev/vda1               1038336    234872      803464    23%  /mnt/sysimage/boot
tmpfs                   1023804         0     1023804     0% /mnt/sysimage/dev/shm

sh-4.2# chroot/mnt/sysimage ←对/ mnt / sysimage执行chroot操作
bash-4.2# pwd
/
bash-4.2# ls
bin   dev   home  lib64  mnt  proc  run   srv  tmp  var
boot  etc   lib   media  opt  root  sbin  sys  usr
```

○ 重置root密码

以下是重置忘记的root密码的示例。

重置root密码

```
bash-4.2# head -1 /etc/shadow  ←确认当前加密的密码
root:$6$4epzjacZ$4jm2RwBhgb6ZElwxffNqPLC/2mgkfX2l0b ...（中间省略）...
:16982:0:99999:7:::
bash-4.2# passwd  ←更改密码
Changing password for user root.
New password: ****  ←输入新密码
Retype new password: ****  ←重新输入新密码
passwd: all authentication tokens updated successfully.
bash-4.2# head -1 /etc/shadow  ←确认更改后加密的密码
root:$6$Q1pOwHJO$WLYBkRLIfYqMrrMp0uuXgoycAMym3zSpG ...（中间省略）...
:17841:0:99999:7:::
```

○ GRUB2修复

以下是重新安装GRUB2的示例。

重新安装GRUB2

```
bash-4.2# cat /proc/partitions  ←检查分区
major minor  #blocks  name


 11      0     4365312 sr0
 252     0     10485760 vda
 252     1     1048576 vda1
 252     2     9436160 vda2
...（以下省略）...

bash-4.2# grub2-install /dev/vda  ←在损坏了GRUB2的磁盘上重新安装GRUB2
Installing for i386-pc platform.
Installation finished. No error reported.
```

按照上面的步骤通过指定磁盘而不是分区来安装GRUB2。这将在BIOS环境中的扇区0和/ boot / grub2下或EFI环境中的EFI分区中安装GRUB2。

修复工作完成后，退出Shell并关闭电源。

启动并修复安装程序(Ubuntu)

准备Ubuntu的ISO映像(对于Ubuntu 18.04 Desktop，其镜像为ubuntu-18.04-desktop-amd64.iso)。

对于物理机，将包含ISO映像的DVD介质插入DVD驱动器并启动。对于虚拟机，请连接主机操作系统中准备的ISO映像并启动它。

图9-2-3 启动安装程序

安装程序启动时，将语言更改为中文，然后选择“试用Ubuntu”。之后，在Live-CD的Ubuntu上启动终端仿真器并开始工作。

在终端模拟器中root并创建chroot环境

```
$ sudo su -   ←获得root权限
# df | grep -v snap   ←检查Live-CD文件系统的安装状态
Filesystem     1K-blocks      Used   Available   Use%   Mounted on
udev             1478552         0     1478552     0%   /dev
tmpfs             299948      1452      298496     1%   /run
/dev/sr0         1876800   1876800           0   100%   /cdrom
/dev/loop0       1788544   1788544           0   100%   /rofs
/cow             1499736    350056     1149680    24%   /
tmpfs            1499736         0     1499736     0%   /dev/shm
tmpfs               5120         8        5112     1%   /run/lock
tmpfs            1499736         0     1499736     0%   /sys/fs/cgroup
tmpfs            1499736         0     1499736     0%   /tmp
tmpfs             299944        40      299904     1%   /run/user/999
tmpfs             299944         0      299944     0%   /run/user/0

# cat /proc/partitions   ←检查修复的磁盘分区
...（过程省略）...
 252    0   10485760 vda
 252    1   10483712 vda1
↑第一个磁盘的分区1
（如果默认情况下安装了Ubuntu，则将在此处放置根文件系统）
...（以下省略）...
```

```
# mkdir /mnt/sysimage  ←创建挂载点
# mount /dev/vda1 /mnt/sysimage  ←挂载修复的文件系统

# chroot /mnt/sysimage
# ls
bin     dev     initrd.img   lost+found   opt    run    srv    usr
boot    etc     lib          media        proc   sbin   sys    var
cdrom   home    lib64        mnt          root   snap   tmp    vmlinuz
```

○ 重置sudo用户的密码

以下是丢失密码时重置sudo用户（例如：user01）密码的示例。

重置sudo用户的密码（例如user01）

```
# grep user01 /etc/shadow  ←检查当前的加密密码
user01:$6$eI.PIQF4$KaFHOl2k6aznLX3dY478kxvpptsk.KZhws.q/yaYYJ.AiP
...（中间省略）... :17650:0:99999:7:::
# passwd user01  ←更改密码
输入新的UNIX密码: ****
重新输入新的UNIX密码: ****
passwd: 密码更新成功
# grep user01 /etc/shadow  ←更改后确认加密的密码
user01:$6$O12BDUt5$7tHPCeAd2OkaSDkJUsA7P5P/tKcnj3flTH6027UWpPBKIt:
...（中间省略）...17841:0:99999:7:::
```

○ 修复GRUB2

以下是重新安装GRUB2的示例。

重新安装GRUB2

```
# cat /proc/partitions  ←❶
...（中间省略）...
 252    0    10485760   vda
 252    1    10483712   vda1
...（以下省略）...
# mknod /dev/vda b 252 0  ←❷
# mknod /dev/vda1 b 252 1  ←❸
# grub-install /dev/vda  ←❹
Installing for i386-pc platform.
Installation finished. No error reported.
```

❶检查磁盘分区并进行修复
❷为要修复的磁盘创建设备文件/ dev / vda
❸为要修复的磁盘创建设备文件/ dev / vda1
❹在GRUB2已损坏的磁盘上重新安装GRUB2

对于Ubuntu，从安装程序启动开始，在chroot磁盘的根文件系统中并未创建用于访问磁盘和分区的设备文件。因此，在上述过程中，设备文件是通过mknod命令创建的。

修复工作完成后，退出Shell并关闭电源。

9-3

无法连接网络情况下的处理方法

网络检查步骤

在更改系统的网络设置或将Linux连接到其他网络环境时，用户可能无法访问所连接的LAN上的服务器或Internet上的服务器。另外，也可能会出现由于其他远程主机阻止而无法连接的情况。

在这种情况下，协议栈的上层取决于网络中的下层，因此最好按照从下层到上层的顺序进行检查。

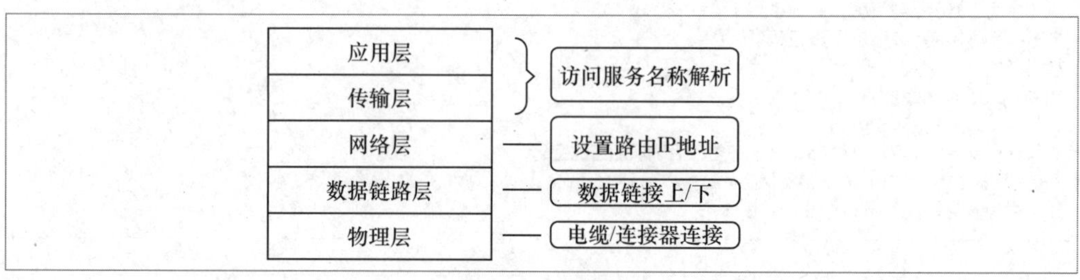

图9-3-1 网络层次

检查网络接口设置

当无法连接到网络时，请依次检查以下几点。

❶电缆/连接器是否已连接（物理层）

❷网络I / F数据链路是否已连接（数据链路层）

❸IP地址在网络I / F（网络层）中是否设置正确

❹是否正确设置了网络掩码值（网络层）

可以使用ip link show命令来检查❶和❷。网络I / F的连接状态显示如下。

表9-3-1 网络I / F的连接状态

显　示	说　明
UP	接口设置为UP
LOWER_UP	物理层已连接。检测到载体并且链接已建立
NO-CARRIER	物理层未连接。未检测到载体。链接已关闭
state UP	界面已启用（链接和设置已启用）
state DOWN	接口关闭（链接关闭或设置关闭）
BROADCAST	启用广播
MULTICAST	启用多播

检查网络I / F的连接状态

```
# ip link show eth0  ←❶
2: eth0: <BROADCAST,MULTICAST,UP,LOWER_UP> mtu 1500 ...（过程省略）...
state UP mode DEFAULT group default qlen 1000
  link/ether 52:54:00:eb:b5:3e brd ff:ff:ff:ff:ff:ff

# ip link show eth0  ←❷
2: eth0: <NO-CARRIER,BROADCAST,MULTICAST,UP> mtu 1500 ...（过程省略）...
state DOWN mode DEFAULT group default qlen 1000
  link/ether 52:54:00:eb:b5:3e brd ff:ff:ff:ff:ff:ff

# ip link show eth0  ←❸
2: eth0: <BROADCAST,MULTICAST> mtu 1500 ...（过程省略）...
state DOWN mode DEFAULT group default qlen 1000
  link/ether 52:54:00:eb:b5:3e brd ff:ff:ff:ff:ff:ff
```

❶显示“UP, LOWER_UP, state UP”表明I / F当前正在运行
❷显示“NO-CARRIER, UP, state DOWN”表明当前I / F停止（设置已启用，但链接已关闭）
❸不显示UP而显示“state DOWN”表明当前I / F停止（由于不显示UP，根据设置可知，I / F为停止状态）

如果显示“NO-CARRIER”，则表示未检测到载体，请检查电缆/连接器是否断开。

如果未显示“UP”，根据设置可知，I / F为停止状态，因此使用“ip link set eth0 up”检查其是否为UP。

可以使用ip addr show或ip show命令来检查❸和❹。

检查网络I / F的IP地址

```
# ip a show eth0  ←❶
2: eth0: <BROADCAST,MULTICAST,UP,LOWER_UP> mtu 1500 qdisc pfifo_fast state UP group
default qlen 1000
  link/ether 52:54:00:eb:b5:3e brd ff:ff:ff:ff:ff:ff
  inet 192.168.122.202/24 brd 192.168.122.255 scope global noprefixroute dynamic eth0
    valid_lft 3291sec preferred_lft 3291sec
  inet6 fe80::ae4c:f0c0:98d1:ca96/64 scope link noprefixroute
    valid_lft forever preferred_lft forever

# ip a show eth0  ←❷
2: eth0: <BROADCAST,MULTICAST,UP,LOWER_UP> mtu 1500 qdisc pfifo_fast state UP group
default qlen 1000
  link/ether 52:54:00:eb:b5:3e brd ff:ff:ff:ff:ff:ff
  inet6 fe80::ae4c:f0c0:98d1:ca96/64 scope link noprefixroute
    valid_lft forever preferred_lft forever
```

❶显示IP地址。IP地址为“192.168.122.202”，网络掩码是前缀“/24”表示的“255.255.255.0”
❷显示IP地址。“inet IP地址”未显示且未设置

如果未设置IP地址，请执行“ip addr add IP地址 dev I/F”以检查是否已设置。

例如，ip addr add 192.168.122.202/24 dev eth0

有关通过ip命令进行设置的信息，请参见第8章8-3节中的内容。

系统启动时，网络I / F的IP地址是通过参考设置文件、DHCP或静态设置的。使用NetworkManager时的配置文件如下。

· CentOS : /etc/sysconfig/networkscript/ifcfg-*
· Ubuntu : /etc/NetworkManager/system-connections/*

可以使用nmcli con show命令检查设置状态。

通过NetworkManager检查设置状态

```
# nmcli con show  ←❶
NAME  UUID                                  TYPE       DEVICE
eth0  da5f627b-c1e6-4797-9613-20691a030736  ethernet    eth0

# nmcli con show eth0  ←❷
connection.autoconnect:           是  ←❸
ipv4.method:                      auto  ←❹
IP4.ADDRESS[1]:                   192.168.122.202/24  ←❺
```

❶显示连接列表
❷检查连接eth0（NAME：eth0）的设置状态（节选）
❸ “是”：系统启动时I / F启动。“否”：不启动
❹ “auto”：通过DHCP设置。“manual”：静态配置
❺ IP地址/前缀

如果connection.autoconnect为“否”，除非通过ip命令将I / F更新为UP，否则将不会启动。除非另有说明，否则会使用nmcli命令将其设置为“是”（connection. autoconnect yes）。

如果ipv4.method为“manual”状态，请使用nmcli命令正确设置IP地址/前缀。

如果ipv4.method为“auto”状态，当IP地址/前缀设置不正确时，请检查DHCP服务器设置。

有关nmcli命令的设置，请参见第8章8-2节中的内容。

检查路由表中的设置

即使在网络I / F中正确设置了IP地址，没有正确设置路由表也无法访问目标主机。

另外，如果在网络I / F中未正确设置网络掩码值，则无法正确识别网络，并且将不会执行原始路由。对于网络掩码值，请检查ip addr show命令所显示的“IP地址/前缀”中的“前缀”。

有关“/前缀”的确认，请参阅本节中“ip addr show”的执行示例。

可以使用ip route show或route命令检查路由表中的设置。

检查路由表中的设置

```
# ip route show
default via 192.168.122.1 dev eth0 proto dhcp metric 100  ←❶
192.168.122.0/24 dev eth0 proto kernel scope link src 192.168.122.202
192.168.122.0/24 dev eth0 proto kernel scope link src 192.168.122.202 metric 100

# traceroute www.google.co.jp ←❷
traceroute to www.google.co.jp (172.217.25.227), 30 hops max, 60 byte packets
 1  gateway (192.168.122.1)  0.142 ms  0.099 ms  0.107 ms
 2  172.17.255.254 (172.17.255.254)  0.205 ms  0.187 ms  0.243 ms
...（过程省略）...
13  216.239.62.22 (216.239.62.22)  6.399 ms 108.170.233.21 (108.170.233.21)  6.396 ms
5.220 ms
14  nrt12s14-in-f3.1e100.net (172.217.25.227)  6.131 ms  6.075 ms  5.532 ms

# traceroute www.google.co.jp  ←❸
traceroute to www.google.co.jp (172.217.25.227), 30 hops max, 60 byte packets
 1 * * *
 2 * * *
 3 * * *
```

❶默认路由是192.168.122.1
❷如果正确设置了默认路由，则可以访问指定的主机
❸如果未正确设置默认路由器，则会显示“***”，并且无法访问

可以使用nmcli con show命令通过NetworkManager确认默认路由器的设置。

通过NetworkManager检查设置状态

```
# nmcli con show  ←显示连接列表
NAME  UUID                                  TYPE      DEVICE
eth0  da5f627b-c1e6-4797-9613-20691a030736  ethernet  eth0

# nmcli con show eth0  ←检查连接eth0（NAME: eth0）的设置状态（节选）
IP4.GATEWAY:                192.168.122.1  ←设置默认路由
```

如果未正确设置默认路由，请使用ip route命令重新配置。

重置默认路由

```
# ip route delete default  ←删除当前默认路由
# ip route add default via 192.168.122.1
↑添加正确的默认路由（192.168.122.1）
```

如果确认上述路由设置正确，请按照以下步骤重新配置。

· 如果使用DHCP设置网络I / F，并且DHCP服务器提供默认路由信息，请检查DHCP服务器设置。

· 如果是静态设置而不是DHCP设置，请使用nmcli命令重新配置正确的默认路由(例如192.168.122.1)
例如，nmcli con modify eth0 ipv4.method manual ipv4.gateway 192.168.122.1

检查名称解析

如果指定了IP地址，即使可以访问目标主机，也无法通过“主机名→IP地址”的方式来解析名称，由于无法在从本地主机发送的数据包中指定目标IP地址，所以即使指定主机名也无法访问目标主机。

通常，名称解析是使用/ etc / hosts文件和DNS执行的。在这种情况下，/etc/nsswitch.conf文件中的hosts条目必须包含引用/etc/hosts文件的关键字“files”以及引用DNS的关键字“dns”。

检查/etc/nsswicth.conf文件中的主机条目

```
# grep hosts /etc/nsswitch.conf
hosts: files dns myhostname  ←包含了“files”和“dns”
```

使用/ etc / hosts进行名称解析时，请检查该条目是否已注册。如果未注册，请注册。

添加centos7.localdomain条目

```
# vi  /etc/hosts
172.17.1.1  centos7.localdomain centos7

# ping -c1 centos7
PING centos7.localdomain (172.17.1.1) 56(84) bytes of data.
↑centos7已转换为172.17.1.1
64 bytes from centos7.localdomain (172.17.1.1): icmp_seq=1 ttl=64 time=0.323 ms
...（以下省略）...
```

使用DNS执行名称解析时，必须在/etc/resolv.conf文件中注册所用DNS服务器的IP地址。在以下示例中，注册了Google的公共DNS服务器“8.8.8.8”。

检查/etc/resolv.conf文件的内容

```
# cat /etc/resolv.conf
nameserver  8.8.8.8
```

如果使用DHCP，则DNS客户端安全程序将自动填写/etc/resolv.conf。如果未写入正确的IP地址，请检查DNS服务器设置。

如果不使用DHCP，请使用诸如vi编辑器之类的编辑工具编辑/etc/resolv.conf文件。

即使在/etc/resolv.conf中设置了正确的DNS服务器IP地址，如果未正确设置网络I / F和路由，也无法访问DNS服务器。使用ping等命令检查是否可以访问。

例如，ping 8.8.8.8

下面的示例将确认最终解析的主机是可访问的。

确认访问主机

```
# host www.google.co.jp 8.8.8.8  ←❶
Using domain server:
Name: 8.8.8.8
Address: 8.8.8.8#53
Aliases:

www.google.co.jp has address 216.58.197.227  ←❷
www.google.co.jp has IPv6 address 2404:6800:4004:80f::2003  ←❸

# ping -c1 www.google.co.jp  ←❹
PING www.google.co.jp (172.217.25.227) 56(84) bytes of data.
64 bytes from nrt12s14-in-f227.1e100.net (172.217.25.227): icmp_seq=1 ttl=52 time=5.33 ms
...（以下省略）...
```

❶确认DNS服务器8.8.8.8可以解析www.google.co.jp名称
❷www.google.co.jp的IPv4地址
❸www.google.co.jp的IPv6地址
❹确认可以进行名称解析并且可以访问目标主机

检查对服务（端口）的访问

即使可以访问目标主机，若目标主机目前没有提供服务（服务端口未打开）的话，也无法访问它。

可以通过在客户端执行nmap命令来确认是否在服务器端提供了服务（服务端口是否打开）。

以下是使用nmap命令检查服务器centos7是否正在提供ssh（端口号22）和http（端口号80）服务的示例。

检查ssh和http端口是否打开（节选）

```
# nmap -p 22,80 centos7
PORT     STATE    SERVICE
22/tcp   open     ssh    ←正在提供ssh服务（端口22）
80/tcp   open     http   ←正在提供http服务（端口80）
```

9-4

应用延迟应答情况下的处理方法

查看进程资源使用情况

系统处理应用程序的速度主要取决于CPU、内存和磁盘等资源状态。

查看资源使用情况的命令

要查看资源使用情况，可以使用以进程为单位查看的ps、top命令，查看内核统计信息（CPU、交换空间，内存、磁盘）的vmstat命令，查看内存使用情况的free，以及查看磁盘性能的hdparm等命令。

○资源使用情况

ps命令可用于检查每个进程的CPU使用率、内存使用率和使用量。可以为ps命令的“-o”选项指定以下参数。

表9-4-1 “ps -o”的主要参数

参数	说明
pid	进程ID
comm	命令名称
nice	nice值。 在-20（最高优先级）和19（最低优先级）之间设置。负数只能由root用户设置。默认值：0
pri	ps命令显示的操作系统优先级（priority）。范围是139（最高优先级）~0（最低优先级）
%cpu	CPU使用率（百分比）
%mem	内存使用率（百分比）
rss	物理内存中尚未交换出的区域大小（驻留集大小）
vsize	虚拟内存大小（virtual memory size）

vsize（虚拟内存大小）是执行所需的总大小，包括执行过程的程序代码、堆栈、数据和共享库。并非所有内容都被立即加载到物理内存中，而是将执行所需的页面从文件系统或交换区读入内存。

以下是Firefox Web浏览器的示例。

检查Firefox的状态

```
$ ps -eo pid,comm,nice,pri,%cpu,%mem,rss,vsize | grep firefox
 6265 firefox     0  19 16.5  5.7 946380 3863788
```

显示结果如下。

Firefox状态

```
pid    comm      nice   pri     %cpu     %mem    rss         vsize
6265   firefox   0      19      16.5%    5.7%    946,380     3,863,788
                                                 (约946MB)  (约3.8GB)
```

随着Firefox显示的网页越来越多，该过程的数据区域将会不断增长。

○ CPU使用情况

top命令可以按CPU使用率、内存使用率和使用量降序循环显示进程列表。

top命令顶部前五行显示的是整个系统利用率统计信息的摘要汇总，下面是一个进程信息区，该区域按CPU占用量的降序列出正在运行的进程。

默认情况下，CPU使用率以降序显示，但是也可以在执行过程中通过键盘来输入，以内存使用率和使用量等顺序显示。

◇ 更改显示顺序字段

"f"（field）→ 在界面中用方向键选择字段 →"s"（select）→"q"

◇ 突出显示所选字段

"b"（bold）→"x"（execute）→"b"黑白反转

◇ 更改显示的行数

"n"→"行数"

以下是通过上述按键输入将字段更改为RES（rss：驻留集大小）并将行数更改为10的示例。

物理内存使用量最大的是gnome-shell约为297MB，第二是thunderbird约为206MB，第三是firefox约为192MB。

更改并显示字段和行数

```
$ top

top - 19:11:29 up  3:28,  6 users,  load average: 0.11, 0.46, 0.44
Tasks: 205 total,  3 running, 202 sleeping,   0 stopped,  0 zombie
%Cpu(s):  2.7 us,  0.7 sy,  0.0 ni, 96.7 id,  0.0 wa,  0.0 hi,  0.0 si,  0.0 st
KiB Mem :  1494640 total,   100176 free,   900336 used,  494128 buff/cache
KiB Swap:  1048572 total,   578556 free,   470016 used.  362816 avail Mem

 PID    USER   PR   NI     VIRT     RES     SHR  S %CPU  %MEM  TIME+COMMAND
2312  user01   20    0  3166692  297992   30160  S  1.7  19.9  1:57.60   gnome-shell
6052  user01   20    0  2132196  206920   57800  S  0.0  13.8  0:14.34   thunderbird
6501  user01   20    0  2097632  192492   74196  S  0.7  12.9  0:03.04   firefox
1250    root   20    0   395260   93332   27192  S  0.7   6.2  1:00.47   X
6594  user01   20    0  1757840   76448   48716  S  0.0   5.1  0:00.53   Web Content
2610  user01   20    0   974920   25492    5416  S  0.0   1.7  0:01.28   gnome-software
3870  user01   20    0   852432   20048    9000  S  0.3   1.3  0:13.60   gnome-terminal-
2668  user01   20    0   596700   18760    3176  S  0.0   1.3  0:00.85   tracker-store
1095    root   10  -10    42528   13916    4112  S  0.0   0.9  0:00.02   iscsid
2672  user01   39   19   826532   12288    2792  S  0.0   0.8  0:22.36   tracker-extract
```

○ 内存和CPU的使用情况

vmstat命令可以显示进程状态（procs）、内存使用情况（memory）、交换状态

(swap)、块I/O状态(io)中断和上下文切换数(system)、CPU运行状态(cpu)等。可以在参数中指定执行间隔和执行次数。

内存和CPU的使用情况

vmstat [选项] [执行间隔(秒)] [执行次数]

以下是执行间隔为3秒的示例。

交换区域的使用量"swpd"为"0"时，表示使用的交换区域为零，si(swap in)和so（swap out)的值也是"0"，从交换区域到内存的读入(si)以及从内存到交换区域的写入(so)也都没有发生。

显示内存和CPU使用情况

```
$ vmstat 3
procs -----------memory------------------swap-- -----io------ -system---------cpu--------
r  b  swpd   free      buff     cache    si   so   bi  bo  in    cs  us   sy   id   wa  st
0  0     0   2595788   45328    8006504  0    0    15  27  41    26   3    0   97    0   0
1  0     0   2595756   45328    8006544  0    0     0   0 567  1402   1    0   98    0   0
0  0     0   2594416   45328    8006376  0    0     0   0 549  1567   1    0   98    0   0
0  0     0   2594752   45328    8006544  0    0     0   0 519  1467   1    0   98    0   0
1  0     0   2579412   45328    8021700  0    0     0  12 520  1337   1    0   98    0   0
^C  ←按<Ctrl + C>退出
```

按<Ctrl + C>退出。除非按<Ctrl + C>退出，否则上述显示将以3秒的间隔继续。

○ 内存和交换区域的使用情况

free命令用来显示系统内存的容量、已用容量、可用容量，以及交换区域的容量、已用容量、可用容量等。

当设置"-h"（human readable)选项时，会根据容量大小以MB和GB为单位进行显示。以下是使用"-h"选项执行的示例。

内存大小(total)为15GB，已使用量(used)为5.4GB，可用空间(available)为7.2GB；交换区域的大小(total)为1GB，已使用量(used)为零。

显示内存和交换区使用情况

```
$ free -h
        total   used   free    shared   buff/cache    available
Mem:      15G   5.4G   2.5G      2.6G         7.7G         7.2G
Swap:    1.0G     0B   1.0G
```

○ 磁盘性能

使用hdparm命令可以检查磁盘性能。

使用"-t"选项可以检查读取时磁盘的传输速率，使用"-T"选项可以检查读取时磁盘高速缓存的传输速率。需要root权限才能执行。

以下是读取固态硬盘(Solid State Drive，SSD)时检查磁盘传输速率的示例。传输速率约为316MB/秒。

显示磁盘性能

```
# hdparm -t /dev/sda

/dev/sda:
 Timing buffered disk reads: 950 MB in  3.00 seconds = 316.32 MB/sec
```

使用应用程序进行性能评估

在下文中，我们将使用bc和pdftk命令作为评估性能的应用程序。此外，还将使用nice命令更改进程的优先级以及使用stress命令作为消耗内存的工具。

○ 使用计算进行性能评估

bc命令支持四则运算，也可以执行数学函数。这里，通过计算耗时来进行性能测评。

以下是计算99999的100000次幂的示例。

幂运算的示例

```
$ bc -l
...（中间省略）...
99999^10^5
36787760176657227103852038581803104615392165671422331938644936491921\
84215514406725495380964816654889912632422048415276050475253547260218\
...（以下省略）...
```

要测量计算所需时间，可通过管道符将计算公式传递给bc命令，并使用time命令测量执行时间。为了消除I / O（显示结果）所需的时间，需要将显示结果重定向到/dev / null。

time命令显示的项目如下。

· **real**：从开始到结束的时间
· **user**：CPU在用户模式下执行的时间
· **sys**：CPU在内核模式下执行的时间

如果没有执行I / O的时间，并且在执行期间没有给其他进程分配CPU的话，则会有“real=user+sys”。

测量幂运算所需时间的示例

```
$ time echo "99999^10^5" | bc > /dev/null

real    0m7.670s  ←所用时间为7.67秒
user    0m7.665s
sys     0m0.005s
```

执行上述命令的过程中，在另一个终端里，可以通过如下方式检查进程的rss和vsize。

检查bc进程的rss和vsize的示例

```
$ ps -eo pid,comm,%mem,rss,vsize | grep bc
19483 bc                0.0  2840  14356
```

物理内存的大小若小于2.8MB，则执行计算的进程的性能主要取决于CPU分配时间，几乎不会受内存使用情况的影响（空闲状态）。

○ 通过计算圆周率进行性能评估

到目前为止，我们已经研究了幂运算，但是我们也可以通过计算圆周率来研究性能。

在计算圆周率π时我们可以使用数学函数“a( )”（反正切）。由“tan（π/4）=1”得到“arctan（1）=π/4”，从而计算出“arctan（1）”的4倍为“4*a（1）”的结果。

计算圆周率π的示例

```
$ bc -l
...（中间省略）...
scale=100  ←计算小数点后面100位
4*a(1)
3.141592653589793238462643383279502884197169399375105820974944592307\
8164062862089986280348253421170676

scale=1000  ←计算小数点后面1000位
4*a(1)
3.141592653589793238462643383279502884197169399375105820974944592307\
816406286208998628034825342117067982148086513282306647093844609550582\
...（以下省略）...

scale=10000  ←计算小数点后面10000位
4*a(1)
3.141592653589793238462643383279502884197169399375105820974944592307\
816406286208998628034825342117067982148086513282306647093844609550582\
...（以下省略。需要花费时间）...
```

要测量计算时间，如下所示将计算公式通过管道符传递到“bc -l”命令。使用“-l”选项的话，可以计算小数点后的数字也可以使用数学函数。

例如，echo "scale=1000; 4*a(1)" | bc -l > /dev/null

○ 使用文件组合进行性能评估

pdftk命令可用于合并或拆分pdf文件。CentOS标准存储库中未提供pdftk，可以在Nux存储库（http://li.nux.ro/download/）中下载。

安装pdftk（适用于CentOS）

```
# yum install http://li.nux.ro/download/nux/dextop/el7/x86_64/nux-dextop-
release-0-5.el7.nux.noarch.rpm
# yum install pdftk
```

在Ubuntu中，作为snap软件包提供。

安装pdftk（适用于Ubuntu）

```
$ sudo snap install pdftk
```

以下是利用pdftk命令通过连接“1.pdf”和“2.pdf”来创建“1+2.pdf”的示例。

连接“1.pdf”和“2.pdf”创建“1+2.pdf”

```
$ ls -lh 1.pdf 2.pdf
-rwxr-xr-x. 1 user01 user01 4.5M 11月 11 22:53 1.pdf
-rwxr-xr-x. 1 user01 user01 4.8M 11月 11 22:53 2.pdf
$ pdftk 1.pdf 2.pdf cat output 1+2.pdf
$ ls -lh 1+2.pdf
-rw-rw-r--. 1 user01 user01 9.3M 11月 11 22:54 1+2.pdf
```

pdftk命令可能会将pdf文件读入数据区域并进行处理。由于像下面这样的处理所需的内存相对较大（rss约为47MB、vsize约为200MB），如果系统的可用内存空间减少，则性能将会受到影响。

检查pdftk进程的rss和vsize的示例

```
$ ps -eo pid,comm,%mem,rss,vsize | grep pdftk
    6798    pdftk 3.1 47360 200364
```

降低基于计算的应用程序的处理速度

Linux是一个分时系统（Time-Sharing System，TSS），其中多个进程在极短的被称为时间片的CPU时间中执行处理，这个时间片往往被分配成数十毫秒至数百毫秒之间。

可以使用以下方法通过为CPU密集型应用程序分配更多的CPU时间来减少处理时间。

- 终止不必要的进程
- 提高进程的优先级
- 降低其他进程的优先级

到现在为止，以root权限执行nice命令，作为计算的主要处理对象的bc命令与具有默认优先级的情况相比，处理时间变短了。

> nice命令可以更改进程的优先级。有关详细用法，请参见第6章6-3节。

通过bc命令更改优先度执行幂运算

```
# (time echo "99999^10^5" | bc > /dev/null &);\  ←❶
> (time echo "99999^10^5" | nice bc > /dev/null &);\  ←❷
> (time echo "99999^10^5" | nice --19 bc > /dev/null &);\  ←❸
> ps -eo pid,comm,nice,pri | grep bc
```

```
 8719 bc        0    19    ←❹
 8723 bc        10    9    ←❺
 8728 bc       -19   38    ←❻

real    0m8.543s   ←❼
user    0m8.170s
sys     0m0.003s

real    0m17.626s  ←❽
user    0m8.148s
sys     0m0.002s

real    0m25.039s  ←❾
user    0m8.132s
sys     0m0.002s
```

❶以系统默认优先级运行
❷以nice的默认优先级运行
❸以nice的最高优先级运行
❹系统的默认优先级（nice值0）
❺nice的默认优先级（nice值10）...三者中最低的
❻nice的最高优先级（nice值-19）...三者中最高的
❼运行时间约8.5秒（nice值-19）
❽运行时间约17.6秒（nice值0）
❾运行时间约25.0秒（nice值10）

如上所述，拥有root权限的话，按照较高的优先级执行可以缩短处理时间。

降低内存密集型应用程序的处理速度

对于使用大量内存的应用程序，可用内存量会影响性能。

以下内容研究了占用大量内存的pdftk命令是如何根据可用内存空间来提高性能的。

首先，考虑有足够可用内存空间的情况。连接“1.pdf”和“2.pdf”创建“1+2.pdf”。

有足够可用内存空间时pdftk的执行示例

```
$ free -h
        total   used    free    shared   buff/cache   available
Mem:    1.4G    817M    62M     12M      579M         440M   ←❶
Swap:   1.0G    0B      1.0G  ←❷

$ time pdftk 1.pdf 2.pdf cat output 1+2.pdf

real    0m2.512s   ←❸
user    0m0.386s
sys     0m0.408s
```

❶可用空间为440MB
❷交换区域为0B，没有使用
❸执行时间约为2.5秒。user+sys≈0.78秒，再加上约1.7秒的磁盘I/O时间

在另一个终端仿真器中执行vmstat命令，并在执行上述命令时检查交换区域和磁盘访问的状态。

vmstat监视结果的示例

```
$ vmstat 3
procs ---------memory-------------swap---------io-----system--------------cpu--------
r  b swpd   free   buff   cache  si so     bi    bo   in   cs  us  sy  id  wa  st
1  0    0  66384   164  572248  0  0      0     0  116  173   4   1  96   0   0
0  0    0  66380   164  572228  0  0      0     0  238  418  10   2  88   0   0
0  1    0  70320   164  560524  0  0  13236     6  168  229   4   2  60  34   0
0  0    0 101668   164  537064  0  0   7237  3144  467  346  16  14  51  18   0
1  0    0 100524   164  540516  0  0   1171     0  321  308  16   1  74   9   0
1  0    0  94288   164  540608  0  0      0     4 1088  612  98   2   0   0   0
0  0    0  72048   164  541076  0  0    131     1  299  290  17   2  78   3   0
0  0    0  72048   164  541076  0  0      0     0  127  200   5   1  95   0   0
...（以下省略）...
```

阴影区域是通过执行pdftk命令从文件系统读取（1.pdf、2.pdf）和写入（1 + 2.pdf）。没有访问交换区域。

接下来，当内存容量不足时执行pdftk命令。使用stress命令可以导致内存不足，该命令是用于对系统进行压力测试的工具。

系统的压力测试

```
stress [选项]
```

表9-4-2 stress命令的选项

选 项	说 明
--vm	设置要生成的worker进程的个数
--vm-bytes	设置要分配给worker进程的内存大小（以字节为单位）。 单位可以设置为B、K、M、G
--vm-hang	设置释放worker进程之前要休眠（sleep）的秒数。如果将该值设置为“0”，则不会释放并继续休眠

这里，使用stress命令来增加内存使用量，从而导致可用空间变少。下面是一个消耗900MB内存的示例。

增加内存使用量的示例

```
$ stress --vm 1 --vm-bytes 900M --vm-hang 0
```

以下是可用内存不足时执行pdftk命令的示例。

可用内存较小时执行pdftk命令的示例

```
$ stress --vm 1 --vm-bytes 900M --vm-hang 0  ←❶
stress: info: [4183] dispatching hogs: 0 cpu, 0 io, 1 vm, 0 hdd

$ free -h
        total    used      free      shared     buff/cache   available
```

```
Mem:      1.4G    1.2G       79M        4.9M        132M           48M  ←❷
Swap:     1.0G    543M       480M  ←❸

$ time pdftk 1.pdf 2.pdf cat output 1+2.pdf

real     0m4.052s  ←❹
user     0m0.358s
sys      0m0.400s
```

❶stress命令消耗了900MB的内存空间
❷可用空间为48MB
❸1.0GB的交换区域中，有543MB在使用中
❹执行时间约4秒。user+sys≈0.75秒，再加上磁盘I/O和交换I/O的时间约3.2秒

当可用内存空间不足时，随着对交换区域的访问，将增加约1.5秒的交换I/O的时间。

以下是在另一个终端仿真器中执行vmstat命令，并在执行上述命令时检查交换区域和磁盘访问的状态。

vmstat监视结果的示例

```
$ vmstat 3
procs -----------memory--------------swap-------io----system-- ------------cpu-------
r b   swpd   free buff   cache    si    so     bi    bo   in    cs  us  sy  id  wa st
1 0 556032  79724    0  136752     0     0      0     0   84   132   4   1  95   0  0
0 0 556032  79576    0  136784    51     0     51     0  222   418   9   2  89   0  0
0 0 556032  79576    0  136784     0     0      0     0   87   136   5   0  95   0  0
0 2 555520  73212    0  139736   725     0   9093     0  174   252   6   1  71  22  0
2 2 576512  66356    0  149268  1056  7495  48857  7495  515   372  12  15   0  74  0
0 0 574208  77572    0  157860  2716   576  35939  3151  398   516   7   3  59  30  0
1 0 578048  64344    0  165176  1239  1983  17300  2557  752   587  50   2  28  19  0
0 0 583936  73588    0  135832   523  2396   8692  2792 1042  1074  72   2  21   5  0
0 0 585216  73580    0  136752     0   489   7780   489  125   198   4   1  94   0  0
0 0 585216  66200    0  144564     0     0   2575     0  150   290   7   1  92   0  0
0 0 585216  65868    0  144976     0     0    149     0  127   225   6   0  93   0  0
...（以下省略）...
```

当可用内存空间不足时，就出现了对交换区域的访问。阴影区域是对交换区域的访问。

如上所述，当内存中有足够的可用空间时，pdftk的执行时间约为2.5秒，而当可用空间较小时，执行时间延迟到了4秒和1.5秒。

通过确保足够的内存容量，使用大量内存的程序可以在更短的时间内完成处理。如果可以增加物理内存当然很好，但是通常很难实现。除此之外，以下方法同样可以增加可用内存量。

· 使用高优先级的应用程序时，应停止消耗大量内存的应用程序（例如，停止Firefox或减少同时打开的网页数量）

· 替换为功能少但轻量的程序（该程序使用少量内存并具有很少的处理步骤）（示例：将显示管理器从GDM更改为LightDM，桌面环境从GNOME更改为Xfce，浏览器从Firefox更改为Midori等）

· 将交换区域替换为高速的存储，HDD→SSD的替换等。

测定存储处理速度

磁盘I / O密集型程序的性能取决于磁盘处理速度。有了更快的存储，才能以更短的时间进行处理。

下面比较了使用hdparm命令连接到系统的三种类型的磁盘的性能。

使用hdparm命令比较磁盘性能

```
# parted --list | grep -e 型号 -e 磁盘  | grep -v 标志
型号 : ATA HFS256G39MND-230 (scsi)  ←内部 SSD
磁盘  /dev/sda: 256GB
型号: TOSHIBA External USB 3.0 (scsi)  ←固定式外部USB磁盘
磁盘  /dev/sdc: 2000GB
型号: I-O DATA HDPX-UTA (scsi)  ←便携式外部USB磁盘
磁盘  /dev/sdb: 2000GB
...（以下省略）...

（以下测定的是读取磁盘时的传输速率）
# hdparm -t  /dev/sda

/dev/sda:
 Timing buffered disk reads: 924 MB in  3.00 seconds = 307.59 MB/sec

# hdparm -t  /dev/sdb

/dev/sdb:
 Timing buffered disk reads: 356 MB in  3.00 seconds = 118.64 MB/sec

# hdparm -t  /dev/sdc

/dev/sdc:
 Timing buffered disk reads: 474 MB in  3.00 seconds = 157.83 MB/sec

（以下测定的是使用磁盘内置缓存读取时的传输速率）

# hdparm -T /dev/sda

/dev/sda:
 Timing cached reads:   27890 MB in  1.99 seconds = 14002.18 MB/sec

# hdparm -T /dev/sdb

/dev/sdb:
 Timing cached reads:   28708 MB in  1.99 seconds = 14412.74 MB/sec

# hdparm -T /dev/sdc

/dev/sdc:
 Timing cached reads:   29506 MB in  1.99 seconds = 14823.37 MB/sec
```

内部SSD的磁盘传输速率为307.59MB / s，固定式外部USB磁盘的磁盘传输速率为157.83MB / s，便携式外部USB磁盘的磁盘传输速率为118.64MB / s。

对于这三个单元，使用磁盘内置的缓存时的传输速度几乎相同。但是，对于大容量的读/写操作和小容量的高频读/写操作，无法实现高速缓存效果。

9-5

文件/文件系统无法获取情况下的处理方法

文件/文件系统中可能发生的错误

可能会遇到诸如无法读取、修改和创建文件的问题。

当文件系统的可用空间不足时，应用程序的响应速度可能会非常缓慢，或者可能会返回错误。如果文件系统受损的话，在执行应用程序时，可能会失败或者发生错误。本节将对此类问题的特征以及与之对应的处理方法进行介绍。

可用空间不足

当文件系统的可用空间不足或已满时，将显示以下错误消息，并且无法创建或扩展文件。

· 中文环境："设备没有可用空间"

· 英语环境："No space left on device"

可以按照以下步骤处理可用空间不足的问题。

❶使用tar 或dump / restore 命令将可用空间不足的文件系统的内容复制到具有足够容量的文件系统中

❷删除复制源下的文件夹

❸创建一个以原始文件夹作为文件名的符号链接，并链接到复制目标文件夹

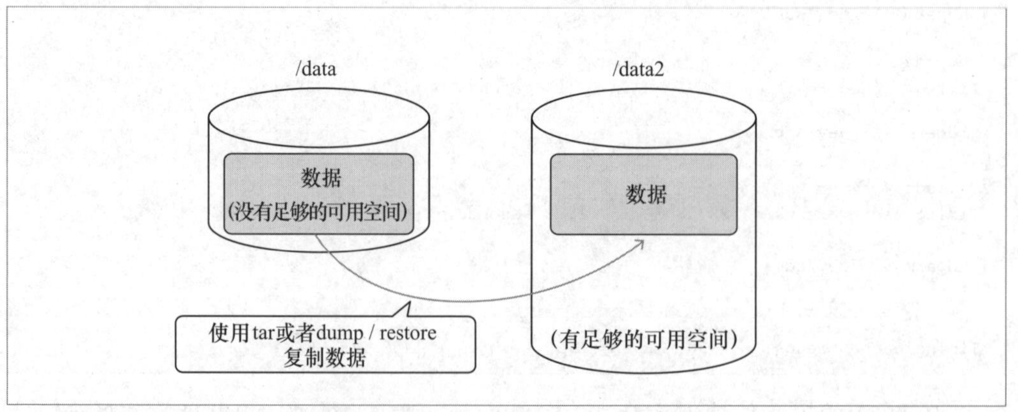

图9-5-1 将数据移动到另一个文件系统

在以下示例中，当使用cp 命令将文件"fileA"复制到"/data"文件夹时，由于可用空间不足而发生错误。

由于文件系统中没有可用空间而发生错误(ext4的示例)

```
$ cp fileA / data  ← 中文环境的情况
cp: `/data/fileA'写入错误: 设备没有可用空间
cp: 无法扩展`/data/fileA': 设备没有可用空间

$ LANG = cp fileA / data  ←英语环境的情况
cp: error writing '/data/hosts': No space left on device
cp: failed to extend '/data/hosts': No space left on device

$ ls -l / data / fileA
-rw-r--r-- 1 user01 user01 0 11月15 22:17 /data/ fileA
↑可以创建大小为“0”的文件

$ LANG = df -Th / data  ← 检查可用空间(为了对齐显示中的列，需要在英语环境中执行)
Filesystem      Type    Size      Used      Avail    Use%      Mounted    on
/dev/vdb1       ext4    282MB     268MB         0    100%      /data
↑ 文件系统已使用空间即将达到100%。※   实际上，约剩余5%的可用空间(预留空间)

$ bc -l    ←使用bc 命令计算并检查df的结果

282*0.05   ←计算282MB的5%(预留空间)
14.10
282-268    ←计算剩余的可用空间(282MB－268MB )
14

$ sudo dumpe2fs -h / dev / vdb1 | grep Reserved   ← 检查文件系统的预留空间
dumpe2fs 1.42.9 (28-Dec-2013)
Reserved block count:    15307  ←预留空间中的块数(以1024字节为单位)。约15MB
Reserved GDT blocks:     256
Reserved blocks uid:     0 (user root)  ←可以使用预留空间的用户的uid
Reserved blocks gid:     0 (group root)  ←可以使用预留空间的用户的gid
```

以下示例将“/data”文件夹下的数据复制到“/data2”文件夹。

将数据移动到另一个文件系统

```
# LANG= df -Th /data /data2  ←❶
Filesystem   Type   Size    Used    Avail    Use%    Mounted on
/dev/vdb1    ext4   282M    268M        0    100%    /data
/dev/vdc1    ext4   991M    2.6M     922M    1%      /data2

(以下是使用tar 命令进行复制的示例)

# tar cvf - . |(cd /data2; tar xvf -)  ←❷
# LANG= df -Th /data /data2
Filesystem   Type   Size    Used    Avail   Use%    Mounted on
/dev/vdb1    ext4   282M    268M        0   100%    /data
/dev/vdc1    ext4   991M    268M     656M   29%     /data2

(以下是使用dump / restore 命令进行复制的示例)

# yum install dump  ←❸
↑对于Ubuntu ，执行“apt install dump”
# dump 0ucf - /dev/vdb1 | ( cd /data2; restore rvf - )  ←❹
# LANG= df -Th /data /data2
Filesystem   Type   Size    Used    Avail   Use%    Mounted on
/dev/vdb1    ext4   282M    268M        0   100%    /data
/dev/vdc1    ext4   991M    268M     656M   30%     /data2
```

❶检查可用空间(在英语环境中执行)
❷使用tar 命令将/ data 下的内容复制到/ data2
❸安装包含dump命令和restore命令的dump包(适用于CentOS)
❹复制/data下面的数据至/ data2

将/ data 下的数据复制到/ data2之后，将原来的/ data下的数据删除，创建一个具有相同名称的符号链接并链接到/ data2，此时应用程序仍然可以像以前访问/ data一样链接到该数据。

删除数据并创建符号链接

```
# umount /data  ←❶
# mkfs -t ext4 /dev/vdb1  ←❷
# rmdir /data
# ln -s /data2 /data  ←❸
```

❶取消原始/ data 文件系统（在上例中为/ dev / vdb1）的挂载
❷初始化（删除）/ dev / vdb1中的数据
❸创建/ data 作为新数据区/ data2 的符号链接

在上面的示例中，整个文件系统都已移动，但是在某些情况下，可以使用tar将文件系统的一部分复制到另一个文件系统并在其中创建符号链接。

如果可用空间不足的文件系统是基于LVM 的逻辑卷构建的，则可以通过扩展逻辑卷的大小，然后根据其大小来扩展文件系统。有关详细资料，请参见第7章7-3节。

文件系统损坏

发生磁盘故障可能会导致文件系统不一致或者文件丢失的情况发生。

文件系统不一致

使用fsck 命令可以检查文件系统的完整性。fsck 命令将帮助我们检查文件系统并进行更正。

文件系统的检查和更正
fsck [选项] [设备]

有关fsck 命令的更多信息，请参见第7章7-3节。这里，即使已经设置了clean标志，也要使用“-f”（强制）选项执行检查。

下面的示例是检查并更正较小的不一致之处。

校正较小的不一致(ext4 示例)

```
# umount /dev/vdb1  ←❶
# fsck /dev/vdb1  ←❷
fsck from util-linux 2.23.2
e2fsck 1.42.9 (28-Dec-2013)
/dev/vdb1: clean, 21/76608 files, 264089/306156 blocks  ←❸
# fsck -f /dev/vdb1  ←❹
fsck from util-linux 2.23.2
e2fsck 1.42.9 (28-Dec-2013)
Pass 1: Checking inodes, blocks, and sizes
```

```
Pass 2: Checking directory structure
Pass 3: Checking directory connectivity
Pass 4: Checking reference counts
Inode 15 ref count is 2, should be 1.  Fix<y>? yes  ←❺
Pass 5: Checking group summary information
/dev/vdb1: ***** FILE SYSTEM WAS MODIFIED *****
/dev/vdb1: 21/76608 files (0.0% non-contiguous), 264089/306156 block
```

❶在运行fsck前卸载
❷使用fsck检查一致性
❸设置了clean 标志（通过日记功能进行事务检查的话，clean为OK，但是可能存在细微的不一致）
❹即使设置了clean标志，也可以使用“-f”（强制）选项进行检查。
❺15号节点的实际链接文件的数量数为1但这里是2。输入“yes”进行更正

文件丢失

如果文件夹已损坏，那么进入文件夹的注册过的索引节点号码也会丢失，不论从哪个文件夹都不能链接的名称也将丢失，此时只留下文件。因为丢失名称的文件不可访问，所以从用户来看就显示为文件丢失。

执行fsck 命令时，将找到像这样名称已丢失的文件，并且以“#{索引节点号码}”命名文件后直接放在文件系统的根目录下的lost + found（失物招领的意思）文件夹下。如果这些文件是二进制格式，则可以使用strings、od等命令检查内容，然后使用适当的文件名将其还原。

修复丢失的文件(ext4)

```
# LANG= df -Th /dev/vdb1  ←❶
Filesystem  Type  Size  Used  Avail  Use%  Mounted on
/dev/vdb1   ext4  282M  241M  23M    92%   /home/data

# ls /home/data
ls: /home/data/dir2  无法访问: 输入/ 输出错误  ←❷

# umount /home/data  ←❸

# fsck /dev/vdb1  ←❹
fsck from util-linux 2.23.2
e2fsck 1.42.9 (28-Dec-2013)
/dev/vdb1 contains a file system with errors, check forced.
Pass 1: Checking inodes, blocks, and sizes
Pass 2: Checking directory structure
Entry 'dir2' in / (2) has deleted/unused inode 2018.  Clear? yes  ←❺

Pass 3: Checking directory connectivity
Pass 4: Checking reference counts
Inode 2 ref count is 5, should be 4.  Fix? yes  ←❻

Unattached inode
Connect to /lost+found? yes  ←❼

Inode 18 ref count is 2, should be 1.  Fix? yes  ←❽

...（过程省略）...

/dev/vdb1: ***** FILE SYSTEM WAS MODIFIED *****  ←❾
```

```
/dev/vdb1: 20/76608 files (0.0% non-contiguous), 264089/306156 blocks

# mount /dev/vdb1 /home/data  ←⑩

# ls -F /home/data/lost+found/  ←⑪
#14  #17  #18  #19
```

❶检查文件系统（在英语环境中执行）
❷/home/data/dir2损坏
❸在运行fsck前卸载
❹使用fsck 修复文件系统
❺删除未使用的索引节点2018
❻更正索引节点2（路由）固定链路的计数
❼链接丢失的索引节点放置在/lost+found下
❽更正索引节点18的链接数
❾修复后，完整性恢复
❿文件系统挂载
⓫检查放置在/lost+found下的链接已丢失的文件

符号/硬链接错误

如果符号链接文件的链接目标不存在，则会发生错误。

符号链接目标不存在时发生的错误

```
$ ln -s fileA /data/dir1/testfile  ←❶
$ ls -F fileA
fileA@  ←❷
$ ls -l fileA
lrwxrwxrwx 1 user01 user01 19 11月 15 15:32 fileA -> /data/dir1/testfile
↑❸
$ cat fileA  ←❹
cat: fileA: 没有这样的文件或文件夹
```

❶即使链接地址不存在，也可以创建符号链接
❷正在创建符号链接（但是，链接地址的文件是否存在无法知道）
❸同时显示链接目标的文件名（但是，链接地址的文件是否存在无法知道）
❹链接地址中的/data/dir1/testfile不存在的情况

不能硬链接不同文件系统中的文件。

硬链接到不同文件系统时出现的错误

```
$ LANG= df .
Filesystem                1K-blocks   Used      Available  Use%   Mounted on
/dev/mapper/centos-root   8374272     4976992   3397280    60%    /
$ LANG= df /data/dir1
Filesystem    1K-blocks   Used      Available  Use%     Mounted on
/dev/vdb1     288279      246212    22664      92%      /data
$ ln /data/dir1/testfile fileB
ln: 无法创建从'fileB' 到'/data/dir1/testfile'的硬链接: 无效的跨设备链接
```

硬件故障

如果在访问文件/文件夹时收到以下消息，则说明文件系统已损坏或硬件已损坏。

- 中文环境："输入/输出错误"
- 英语环境："Input/output error"

如果文件系统已损坏，请参见本节介绍的"文件系统已损坏"。

当外部USB 磁盘的电缆/ 连接器拔出时，也会发生这种情况。如果与连接器接触不良，即使访问相同的位置，也会出现有时可以访问、有时无法访问的情况，尽管这种现象很少发生，由于不容易注意到，也需要小心。另外，由于USB 集线器的电源容量不足也可能会导致这种情况。

如果发生硬件故障，控制台上将显示类似于以下内容的错误消息。同样，在 / var / log / messages 文件中记录了相同的消息。

磁盘扇区可能损坏时显示的消息

```
kernel: end_request:I/O error dev sdb, sector , 3348706528
```

磁盘可能未对齐(磁头可能未被放置在正确的扇区位置)或某些扇区损坏。在上面的示例中，"dev sdb"是磁盘设备名称，"3348706528"是扇区号。

由于USB 磁盘和串行ATA 磁盘具有SCSI 兼容接口，因此如果控制器发生故障，将收到以下SCSI 错误。

磁盘控制器可能发生故障时显示的消息

```
kernel: sd 4:0:0:0: SCSI error: return code = 0x08000002
kernel: sdb: Current: sense key: Aborted Command
```

"sd 4:0:0:0:"的编号变化取决于系统磁盘配置。"return code = 0x08000002"(返回代码)表示控制器返回的错误状态。

如果发生上述类似的硬件故障，通常采取的措施是更换磁盘并通过备份进行恢复的操作。

挂载文件系统

使用root-only 时不能写入以只读方式挂载的文件系统。

read-only的挂载

```
# mount -o ro /dev/vdb1 /mnt/vdb1   ←使用只读选项"-o ro"进行挂载
# touch /mnt/vdb1/testfile
touch: 不能touch到 '/mnt/vdb1/testfile': 只读文件系统
```

如果在系统启动时在文件系统中检测到缺陷，则挂载为只读。

伪文件系统

存储内核信息的伪文件系统(Pseudo Filesystem)是无法写入的。但是，可以更改内核参数。

下面以/ proc 文件系统为例进行访问。

写入/ proc 文件系统

```
# LANG= df -Th /proc  ←❶
Filesystem  Type   Size  Used  Avail   Use%    Mounted on
proc        proc   0     0     0       -       /proc  ←❷

# cat > /proc/testfile  ←❸
-bash: /proc/testfile: 不存在这样的文件或文件夹

# cat /proc/sys/net/ipv4/ip_forward  ←❹
0
# echo 1 > /proc/sys/net/ipv4/ip_forward  ←❺
# cat /proc/sys/net/ipv4/ip_forward
1
```

❶检查文件系统。在英语环境中运行以对齐显示列
❷文件系统类型为proc
❸无法写入/ proc 文件系统
❹显示内核参数ip_forward的值
❺将值从0（禁止转发）更改为1（允许转发）

文件共享注意事项

此处需要注意，使用Samba 服务器或NFS 服务器通过网络共享文件时，根据服务器设置和客户端设置，可能会有客户端无法写入服务器文件系统的情况出现。

使用Samba 服务器时的情况

Samba 服务器是使用SMB / CIFS 提供服务的服务器，而SMB / CIFS 是Microsoft Windows 的文件共享协议。客户端使用mount.cifs 命令可以共享Samba服务器的文件。

mount.cifs 命令包含在cifs-utils 软件包中。如果要使用它，请按以下步骤安装。

- **适用于CentOS环境** ：yum install cifs-utils
- **适用于Ubuntu环境** ：apt install cifs-utils

默认情况下，安装在桌面版Ubuntu中。

○ 无法写入共享文件的情况

以下是共享用户user01 在“/cifs/user01”上挂载共享Samba 服务器“centos7”的“/home/samba”文件夹(共享名：public)的示例。

首先，检查共享源的Samba服务器的文件夹。

Samba 服务器centos7 设置（节选）以及在/home/samba文件夹下检查

```
$ sudo vi /etc/samba/smb.conf
[public]  ←共享名为public
        comment = Public Stuff
        path = /home/samba   ←共享文件夹为/home/samba
        public = yes
        writable = yes   ←可写入
        printable = no
$ testparm -vs |grep "unix extensions"   ←检查"unix extensions"的值
   unix extensions = Yes   ←默认设置为"unix extensions = Yes"

$ sudo systemctl start smb   ←启动smb服务

$ ls -l /home/samba
drwxr-xr-x 18 user01 user01 4096 8月 21 00:30 dir1  ←所有者和组用户user01
drwxr-xr-x 16 rotake user01 4096 9月 30 11:34 dir2
```

通过设置"unix extensions = Yes"（默认），客户端可以使用符号链接、硬链接，并且还可以获取文件的所有者信息和组信息。

用户user01在客户端将Samba服务器centos7 的/home/samba（共享名称：public）挂载在cifs/user01上。

挂载共享文件夹（仅指定用户名的-o参数）

```
$ sudo mount.cifs //centos7/public /cifs/user01 -o username=user01
Password for user01@//centos7/public: ****  ←输入在Samba服务器上注册的user01的Samba密码

$ ls -l /cifs/user01

drwxr-xr-x 2 root root 0  8月 21 00:30 dir1  ←所有者和组为root
drwxr-xr-x 2 root root 0  9月 30 11:34 dir2

$ cat > /cifs/user01/dir1/fileA
bash:/cifs/user01/dir1/fileA : 没有权限  ← 无法写入
```

如下所示通过指定uid 和gid，可以使用服务器的"unix extensions"功能进行挂载来写入。

挂载共享文件夹（指定uid 和gid）

```
$ sudo mount.cifs //centos7/public /cifs/user01 -o username=user01,uid=us er01,gid=user01
Password for user01@//centos7/public: ******  ←输入在Samba服务器上注册的 user01 的Samba 密码

$ ls -l /cifs/user01
drwxr-xr-x 2 user01 user01 0 8月 21 00:30 dir1  ←所有者和组为user01
drwxr-xr-x 2 user02 user02 0 9月 30 11:34 dir2

$ cat > /cifs/user01/dir1/fileA
This is a fileA.  ←可以写入
^D
```

即使Samba服务器和客户端的uid的值不一样，如果用户名一致的话，也允许被认为是相同的用户(这个情况和NFS相反，NFS的话不是用户名而是uid必须一致)。

使用NFS服务器时的情况

NFS 服务器是由Sun Microsystems公司(现在为Oracle公司)开发的、为UNIX / Linux提供标准文件共享服务的服务器。

○ 无法写入共享文件的情况

在此示例中，用户“user01 ”将NFS 服务器“centos7”的文件夹“/ home / nfs”挂载在“/ nfs / user01 ”上并共享。

首先，检查共享源NFS 服务器的文件夹。

检查NFS 服务器centos7 的设置(节选)和/ home / nfs 下的文件夹

```
$ sudo vi /etc/exports
/home/nfs *(rw)

$ sudo systemctl start nfs  ←启动NFS 服务

$ ls -l /home/nfs
合计 0
drwxr-xr-x 2 user01 user01 6 11月 15 03:41 dir1
drwxr-xr-x 2 user02 user02 6 11月 15 03:41 dir2
```

接下来，在客户端上挂载共享文件夹。

挂载共享文件夹

```
$ sudo mount centos7:/home/nfs /nfs/user01

$ ls -l /nfs/user01
合計 0
drwxr-xr-x 2 user01 user01 6 11月 15 04:05 dir1
drwxr-xr-x 2 user02 user02 6 11月 15 03:41 dir2

$ cat > /nfs/user01/dir1/fileA
This is a fileA.  ←可以写入
^D
$ sudo su -
密码: ****  ←输入sudo 用户user01 的密码

# cat > /nfs/user01/dir1/fileB  ←以root 权限执行。无法写入
-bash: /nfs/user01/dir1/fileB: 没有权限
```

如果NFS 服务器不允许客户端以root权限进行访问，则将无法进行上述写入。如果服务器管理员和客户端管理员是同一用户，则可以通过在服务器端添加“no_root_squash”选项来允许客户端以root 身份写入，如下所示。

在NFS 服务器设置中允许在客户机上具有root权限的访问

```
$ sudo vi /etc/exports
/home/nfs *(rw,no_root_squash)

$ sudo systemctl restart nfs  ←重新启动nfs 服务
```

第10章

安全措施

10-1 了解攻击和防御

10-2 了解数据加密和用户/主机身份验证

10-3 使用SSH进行安全通信

10-4 使用防火墙限制外部访问

10-5 应该了解的与安全性相关的软件

专 栏

SSH通信加密顺序

10-1

了解攻击和防御

安全性的概述

在计算机安全中，采取的主要措施包括防止信息泄露和窃听、入侵防御、入侵检测以及入侵后的对策。

作为防止信息泄露和窃听的措施，可以采用限制文件访问和加密的方式。作为入侵防御和入侵检测的方法有防火墙，以及被称为IPS、IDS的入侵防护和入侵检测系统。此外，还需要知道如果系统受到威胁或由于安全漏洞导致防御措施被突破而发生入侵情况下的处理方法。

本节概述了相关的各种安全措施。

防止信息泄露和窃听的措施

作为防止信息泄漏和窃听的措施，有针对网络的措施和本地系统的措施。

防止窃听网络数据包的措施

由于http、telnet和ftp是未经加密的纯文本通信，因此可能发生被窃听的情况。通过在Web服务器与客户端之间的通信中使用https而不是http，以及在主机之间的通信中使用ssh 而不是telnet或ftp,可以防止通过共享密钥加密通信进行数据包嗅探。

防止本地系统信息泄露的措施

系统管理员和用户必须通过适当设置文件许可权和访问控制列表(ACL)来防止信息泄露。

或者，可以基于不依赖用户管理的诸如SELinux之类的软件、使用独立且强大的安全策略来进行管理。SELinux 是作为Linux安全模块(LSM)提供的强制性访问控制方法模块。

入侵防御

入侵防御主要的对策是防止网络入侵。此外，作为遭到入侵后的对策，防止本地系统的未授权使用也很重要。

防御网络入侵

抵御网络入侵的防御措施包括以下示例。

◇ 下载的注意事项

注意不要随意下载并安装恶意软件导致入侵系统。

· 从标准或受信任的存储库下载软件包
· 请注意欺诈邮件(网络钓鱼邮件)，不要随意打开附件或单击网页链接

◇ 保持软件最新

为防止有人利用软件漏洞入侵到系统，需要将软件更新到对已发现的漏洞进行修复后的最新版本。

◇ 不要启动不必要的服务

为了防止有人利用提供服务的软件中的漏洞进行入侵,不要启动不必要的服务。

◇ 适当设置防火墙

必须通过使用Netfilter、TCP Wrapper等程序或者通过适当设置每个服务器的访问控制来拒绝未经授权的访问。

◇ 使用高度安全的身份验证方法

禁止密码认证，并使用公钥认证来避免暴力攻击破解密码。

◇ 禁止以root身份登录

在禁止以root用户身份登的情况下，为了使用root权限进行操作，需要在以普通用户身份登录以后，使用su 命令获得root权限。因此，有必要输入普通用户的用户名和密码(或密钥和密码)以及root密码，从而提高安全性。

此外，su 命令的执行记录保存在日志文件/ var / log / secure中，这使得限制具有root权限的入侵者的工作变得更加容易。但是，某些恶意软件(例如rootkit)会重写日志以隐藏入侵，可以通过工具来检测此类恶意软件。稍后将描述细节。

◇ 请勿将私钥放在互联网上的服务器上

如果被入侵后私钥被盗，那么使用该私钥向其他主机进行通信并进行入侵的情况也可能会发生，从而导致损害扩大。

因此，不要将私钥放在互联网上的服务器上。

◇ 使用IPS / IDS

通过使用Snort之类的入侵防御系统(IPS)或入侵检测系统(IDS)，可以拒绝或检测可能导致入侵系统的未授权访问。

应当指出，Linux中也有新恶意软件日益增加的趋势，因此有必要使作为数据包检测基础的数据库保持最新状态。

◇ 尽可能分散软件/服务

为了防止由于特定软件及其设置中的漏洞而遭受入侵，从而给其他服务造成影响，应当尽可能地进行分布式管理。

例如，Web应用程序易受攻击，当其遭到入侵时，如果Web服务器在独立的主机上运行，则其他邮件服务器和数据库服务器基本上不会受到影响，而如果它们在同一主机上运行，则需要检查这些服务和数据是否被入侵或非法使用。注意，在执行恢复工作时不要对其他服务造成影响。

防止未经授权使用本地系统的措施

以下是一些防止未经授权使用本地系统的方法。

· 设置引导加载程序的密码

· 禁止使用USB和CD-ROM / DVD等外部设备

入侵检测

即使用户采取了适当的防止入侵的措施，系统仍可能由于软件漏洞而被入侵。在这种情况下，必须尽早发现入侵，从而将损害降低到最低程度。

系统活动监控

平时或者每当发现可疑系统活动时就应该对进程、内存、磁盘和网络活动进行监控，以便及时发现问题。

与此相关的命令包括top、ps、vmstat、netstat、lsof和tcpdump等。

还有一个图形工具gnome-system-monitor，可用于实时监控资源（通过“应用程序”→“系统工具”→“系统监视器”启动）。

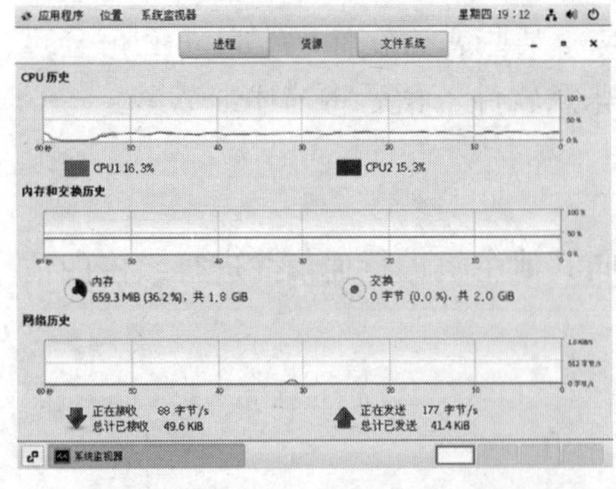

图10-1-1 gnome-system-monitor

此外，使用tail-f命令实时监控服务器日志（例如/ var / log / httpd / access_log）也是一个非常有效的方法。

实时监控Web服务器日志

```
# tail -f /var/log/httpd/access_log
crawl-66-249-79-30.googlebot.com - - [17/Nov/2018:18:09:16 +0900] "GET / HTTP/1.1" 503 918
172.16.1.200 - - [17/Nov/2018:18:26:56 +0900] "GET / HTTP/1.1" 200 49105
"http://my-centos.com/" "Mozilla/5.0 (X11; Linux x86_64; rv:52.0) Gecko/20100101
Firefox/52.0"
172.16.1.200 - - [17/Nov/2018:18:27:14 +0900] "GET /sites/images/2018.3.9-OPCEL-LinuC-
Linux/LinuXfg-image6-s.png HTTP/1.1" 304 -
"http://my-centos.com/" "Mozilla/5.0 (X11; Linux x86_64; rv:52.0) Gecko/20100101
Firefox/52.0"
172.16.1.200 - - [17/Nov/2018:18:27:14 +0900] "GET /sites/images/2017.3.22-SBC/syoei-s2.
png HTTP/1.1" 304 - "http://my-centos.com/"
"Mozilla/5.0 (X11; Linux x86_64; rv:52.0) Gecko/20100101 Firefox/52.0
```

此例中可以看到使用了Google机器人以及从IP地址172.16.1.200访问了服务器my-centos.com的网页。

系统日志监控

用户的登录记录保存在/ var / log / wtmp 文件中，其中包含日期和时间以及远程主机名(IP地址)，并且可以使用last命令查看。这样可以检查是否有未经授权的登录。

下面显示了使用last命令查看登录的记录，并检查是否存在不知道的任何内容的示例，例如用户名、登录的远程名称(或IP地址)和登录时间。

查看登录记录

```
# last
root      pts/0    my-centos.com   Sat   Nov   17 16:50     still    logged in
user01    pts/1    192.168.1.1     Wed   Nov   14 01:46 -   01:51    (00:04)
user01    pts/0    192.168.1.1     Wed   Nov   14 01:01 -   03:12    (02:11)
user02    pts/0    mylpic.com      Wed   Nov   7 19:04 -    19:04    (00:00)
root      pts/0    172.16.1.100    Sat   Oct   27 19:38 -   19:42    (00:04)
root      pts/0    172.16.1.100    Fri   Oct   26 23:25 -   23:28    (00:02)
...(以下省略)...
```

/ var / log / secure文件中记录了用户的登录访问权限和使用su命令对用户所做的更改，以及成功/失败结果。通过使用less命令监视此文件，也可以检测到暴力破解。

显示登录访问权限和成功/失败结果(节选)

```
# less /var/log/secure
...(中间省略)...
Nov 11 04:34:50 centos7 sshd[23302]: Invalid user usuario from 193.201.224.241  ←❶
Nov 11 04:34:50 centos7 sshd[23303]: input_userauth_request: invalid user
usuario  ←❷

...(中间省略)...
Nov 17 17:32:27 centos7 sshd[21222]: Accepted password for user01 from ::1 port 48408
ssh2  ←❸
Nov 17 17:32:27 centos7 sshd[21222]: pam_unix(sshd:session): session opened for user
user01 by (uid=0)
```

❶尝试非法登录
❷表明❶的结果是登录失败
❸常规用户登录

使用入侵/篡改检测工具

使用Aide和Tripwire可以检测到文件被篡改，使用chkrootkit 和rkhunter 等可以检测到通过获得root权限而入侵的rootkit。但是，在chkrootkit 和rkhunter 的情况下，无法检测到不支持的新rootkit。

使用Aide和Tripwire，可以创建要检测的正常模式的数据库，并且由于对该数据库进行了加密和保护，因此数据库本身无法被篡改。

定期将正常模式与当前状态进行比较，如果出现异常，则创建报告并进行通知。因为使用哈希值比较了正常模式和当前状态，所以即使在入侵者获得root权限后破坏数据库，也无法隐藏及篡改行为的痕迹。

受到感染后的处理

在系统受到入侵的情况下，需要根据root权限是否已被盗取或应用程序的有效用户是否已被盗取来采取不同的措施。

root权限被盗取的情况

如果root权限被盗取，由于入侵者可以执行任何操作，此时需要重新安装操作系统。

另外，由于认证信息可能已被盗，因此有必要重新创建所有用户的认证信息（创建新的密钥对，设置新的密码）。

应用程序的有效用户被盗的情况

由于存在应用程序可以访问文件系统以及应用程序可以使用数据库的后门（不是需要合法身份验证的“前门”，而是绕过身份验证并且未经授权的“后门”），原则上，除了更新版本以修复应用程序中的漏洞外，还必须重新安装应用程序并重建数据库。

因此，必须使用在被入侵前的文件和数据库的备份进行还原。为此，有必要在入侵发生之前定期进行整理和备份。

10-2

了解数据加密和用户/主机身份验证

Linux中的验证方法

本节介绍Linux中使用的主要的加密和身份验证方法。

密码验证

密码认证是一种使用用户名(用户ID)和密码的认证方法。

这种方法是通过从终端登录到本地系统或通过网络登录到邮件服务器、ssh服务器、ftp服务器等时引用用户数据库/ etc / passwd和/ etc / shadow 来完成的。该认证序列由可插拔认证模块(PAM)中的pam_unix.so模块执行(稍后说明)。

密码加密

用户的登录密码在/ etc / shadow的第二个字段中已加密并存储。

系统将根据用户输入的密码计算出的哈希值与/ etc / shadow中存储的哈希值进行比较，如果相同，则对用户进行身份验证并允许登录。哈希值由PAM 的pam_unix.so模块中运行的libcrypt 库的crypt( )函数计算。

在PAM配置文件中指定要使用的哈希算法。可以使用md5、bigcrypt、sha256、sha512或blowfish中的任何一个。默认情况下，CentOS和Ubuntu都使用**sha512**。

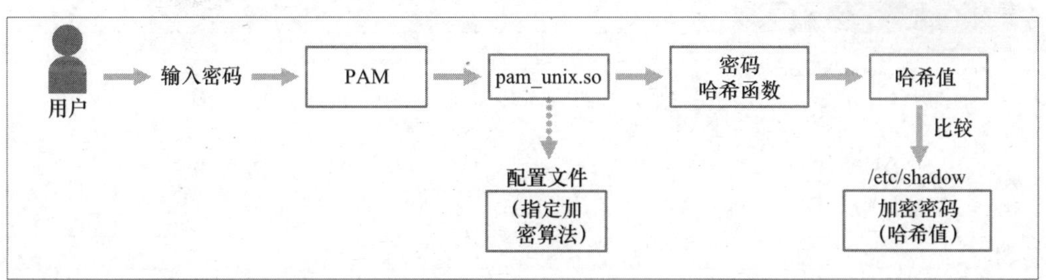

图10-2-1 登录时的密码认证

○ 哈希函数

是对输入数据执行特定处理并返回与输入数据相对应的值的函数。返回的值称为"**哈希值**"。

哈希函数可用于以下目的。

◇ **加密**

使用哈希函数对输入数据进行加密。这利用了难以从哈希值获得输入数据的特征。

◇ 记录搜索

使用输入键快速搜索所需的记录。

◇ 篡改检测

计算数据的哈希值，如果该值正确，则没有发生篡改；如果该值不同，则说明发生了篡改。

○ 密码哈希算法

用于加密密码的哈希算法如下。

表10-2-1 认证方式和模块

哈希算法	ID	说　明
md5	1	信息摘要算法（Message Digest Algorithm）5，可输出128位哈希值
bigcrypt	（未指定）	已使用了很长时间的DES-Crypt（使用分组密码DES的哈希函数）的改进版本。Big-Crypt对所有输入的字符进行哈希处理，而DES-Crypt仅对输入的密码的前8个字符进行哈希处理
sha256	5	安全哈希算法（Secure Hash Algorithm）256。由NIST（美国国家标准技术研究院）定义的标准哈希函数。输出256位哈希值
sha512	6	安全哈希算法512。由NIST（美国国家标准技术研究院）定义的标准哈希函数。输出512位哈希值
blowfish	2a	使用分组密码Blowfish的哈希函数

用于加密的哈希算法的类型标记存储在/etc/shadow的第二个字段中，通常是"$"中所包含的1或2个字符的ID。如果未描述ID，则将其判断为bigcrypt。

/etc/shadow输入示例

```
# grep user /etc/shadow
user01:$6$zIU.YjIQpcfca3fp$hj3mlkyS ...（中间省略）... :17650:0:99999:7:::  ←❶
user02:eiQ3X0o5ClmZca5LQmF4NVYM:17773:0:99999:7:::  ←❷
```

❶哈希算法为sha512
❷哈希算法为bigcrypt

作为用户数据库，除了/etc/passwd和/etc/shadow文件之外，还可以根据设置使用LDAP认证或winbind认证。

PAM

可插拔身份验证模块（PAM）是一种用于实现应用程序用户身份验证的机制。

PAM是独立于每个应用程序的身份验证机制，并且PAM中设置的身份验证方法可以用于每个应用程序。应用程序通过调用PAM的共享库libpam.so来使用PAM。

PAM具有用于每种身份验证方法（例如密码身份验证）的模块。可以通过描述PAM配置文件来选择身份验证方法。

表10-2-2 PAM认证方式和模块

认证方式	认证模块	说　明
密码验证	pam_unix.so	本地系统登录和网络登录的默认身份验证方法
LDAP验证	pam_ldap.so	LDAP 用作验证服务器时的验证方法
Winbind验证	pam_winbind.so	Windows 服务器用作身份验证服务器时的身份验证方法
Kerberos验证	pam_krb5.so	Kerberos用作身份验证服务器时的身份验证方法

在sshd的公钥身份验证中，引用了PAM的account和session的条目，但是未引用auth(用户身份验证)的条目，而是通过sshd 本身进行身份验证。因此，auth不使用PAM模块。

此外，将参数提供给身份验证模块，通过设置sha512或blowfish，bigcrypt 的密码加密方法等，可以更改模块的操作。

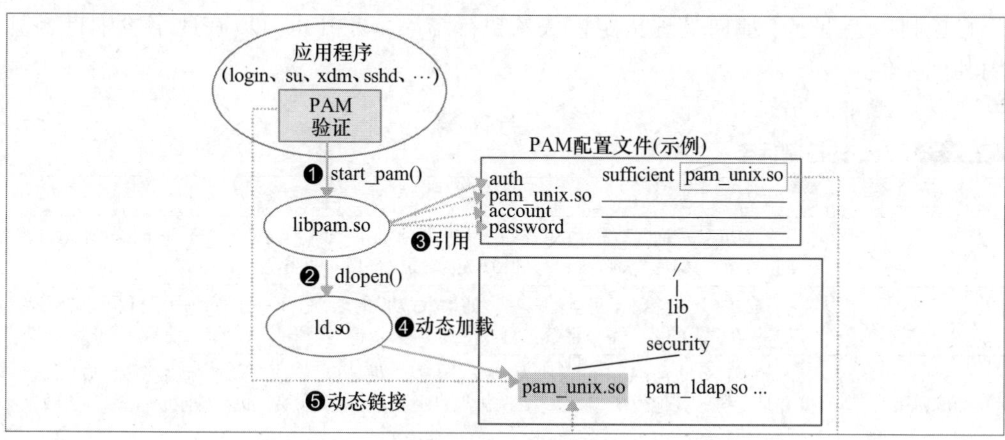

图10-2-2 PAM概述

PAM的配置文件引用了在/etc/pam.conf或/etc/pam.d文件夹下的文件。/etc/pam.d文件夹存在的话将忽略/etc/pam.conf文件夹。

在/etc/pam.d文件夹下保存了每个使用PAM的应用程序的配置文件。以下是CentOS的示例。

/etc/pam.d文件夹

```
$ ls -F /etc/pam.d
atd            gdm-smartcard       pluto          sshd
chfn           lightdm             polkit-1       su
chsh           lightdm-autologin   postlogin@     su-l
config-util    lightdm-greeter     postlogin-ac   sudo
crond          liveinst            ppp            sudo-i
cups           login               remote         system-auth@
fingerprint-auth@         mate-screensaver           runuser          system-auth-ac
fingerprint-auth-ac       mate-system-log            runuser-l        system-auth-ac.install
gdm-autologin             other                      setup            system-config-language
gdm-fingerprint           passwd                     smartcard-auth@  systemd-user
gdm-launch-environment    password-auth@             smartcard-auth-ac vlock
gdm-password              password-auth-ac           smtp@            vmtoolsd
gdm-pin                   password-auth-ac.install   smtp.postfix     xserver
```

通过安装每个应用程序包来放置配置文件。配置文件的格式如下。

PAM配置文件
类型 控制标志 模块 参数

PAM功能有下面四种类型。在配置文件的第一个字段中指定类型。

表10-2-3 PAM的类型

类　型	说　　明
auth	用户身份验证
account	检查账户
password	设置密码
session	认证后处理，包括会话日志记录

控制标志指定了如何处理指定模块的执行结果。此外也可以在此字段中指定引用其他文件。

表10-2-4 PAM的控制标志

控制标志	说　　明
required	“成功(success)”是一个必不可少的模块。如果“成功”的话，在下一个模块中运行相同的类型，即使“失败(fail)”的话，也继续执行相同的类型
requisite	“成功”是一个必不可少的模块。如果“成功”的话，在下一个模块中运行相同的类型，如果“失败”的话，不再继续执行相同的类型
sufficient	如果在此之前required模块为“成功”并且此模块也为“成功”，则此类型为“成功”，并且不执行其他模块。如果为“失败”，则执行下一个模块(如果先前的requisite失败，则不执行sufficient的行，如果存在先前的requisite，则成功。)
optional	如果没有其他相同类型的模块或所有相同类型的其他模块的结果都为“忽视(ignore)”，则确定此模块的结果是该类型中的“成功”还是“失败”，除此之外，此模块的结果与“成功”或“失败”类型无关
include	包括在第三个字段中指定的文件中

在模块中指定要动态链接和执行的文件。主要模块如下所示。

表10-2-5 PAM模块

模块	说　　明
pam_unix.so	对/etc/passwd和/etc/shadow进行UNIX验证
pam_ldap.so	LDAP 验证
pam_rootok.so	允许root 用户访问
pam_securetty.so	只允许从/etc/securetty文件中的已注册的设备进行访问
pam_nologin.so	如果/etc/nologin文件存在的话，则拒绝root以外的用户进行登录
pam_wheel.so	检查用户是否属于wheel组
pam_cracklib.so	检查密码的安全性
pam_permit.so	允许访问。总是设为“成功”
pam_deny.so	拒绝访问。总是设为“失败”

通过向模块添加参数，可以指定模块的处理和操作。

以下是大多数应用程序配置文件中包含的系统身份验证文件的示例。关于pam_unix.so模块的密码设置，其中"sha512"用于加密方法sha512，"shadow"用于/etc/shadow文件，"nullok"用于允许无密码账户的权限设置。

/etc/pam.d/system-auth文件的配置示例

```
# cat /etc/pam.d/system-auth
...（中间省略）...
password sufficient pam_unix.so sha512 shadow nullok try_first_pass use_authtok
...（以下省略）...
```

在/etc/pam.d文件夹下放置了用于用户切换的su命令的配置文件。

以下是配置su命令的示例。

/etc/pam.d/su文件的配置示例（节选）

```
# cat /etc/pam.d/su
...（中间省略）...
类型          控制标志          模块
----------------------------------------------
auth        sufficient       pam_rootok.so
auth        required         pam_unix.so
account     required         pam_unix.so
password    required         pam_unix.so
session     required         pam_unix.so
...（以下省略）...
```

基本身份验证和摘要身份验证

基本身份验证和摘要身份验证是HTTP服务器用于客户端身份验证的方法。

◇ 基本（Basic）身份验证

通过HTTP进行密码验证。当客户端访问Web服务器时，Web服务器通过引用存储用户名（用户ID）和密码的文件来对客户端进行身份验证。

◇ 摘要（Digest）身份验证

与基本身份验证一样，也属于HTTP密码身份验证。但是，当服务器和客户端交换密码时，密码将使用MD5加密并发送，因此不会存在密码被拦截的风险。

基本身份验证和摘要身份验证都是通过HTTP进行的密码身份验证，并且都存在稍后描述的暴力攻击的风险。

客户端先从服务器或证书颁发机构获取公用密钥证书，然后服务器对客户端进行身份验证，通过公用密钥证书来消除暴力攻击的风险。

防止暴力攻击的措施

对于Internet上的主机，密码身份验证存在来自网络的暴力攻击的风险。

暴力攻击（Brute Force Attack）是一种通过计算机程序对密码的所有模式进行尝试以达到破解的方法。

"词典式攻击"作为暴力攻击的升级版攻击方法，其特点在于借助词典，该词典记录了人脑易于思考的密码模式。

应付暴力攻击的对策包括限制密码尝试次数和尝试间隔，以及在尝试次数超过限制时阻止访问源的IP地址等。

· 限制密码尝试次数和两次尝试之间的间隔：PAM的pam_tally2.so模块
· 如果超过尝试限制，则阻止访问源的IP地址：fail2ban、SSHGuard

通过采用**公钥认证**而不是密码认证，可以消除暴力攻击的风险。

公钥认证使用私钥和公钥对。被认证方使用其自己的私钥创建认证数据，并将其发送给认证方，认证方使用被认证方的公钥来验证认证数据。

有关公钥认证，请参阅下面介绍的"加密概述"。

加密概述

当数据（字符串、字节字符串）被加密并存储在文件中或通过网络发送时，将使用加密密钥。此密钥类型有**通用密钥**和**公钥**，分别称为通用密钥加密和公钥加密。

◇ 通用密钥加密

加密和解密密钥都是相同的（公用）加密方式。使用的密钥称为通用密钥、私钥或对称密钥。

由于很难在保证密钥不被窃取（窃听）的情况下在发送者和接收者之间传递密钥，所以对于加密和存储文件之类的情况，主要由同一个人执行加密和解密或在同一个主机上进行加密。当通过网络使用通用密钥进行加密时，使用公钥加密的密钥交换方法来生成并共享该公共的密钥（稍后描述）。

通用密钥加密有两种算法：分组加密和风暴加密。

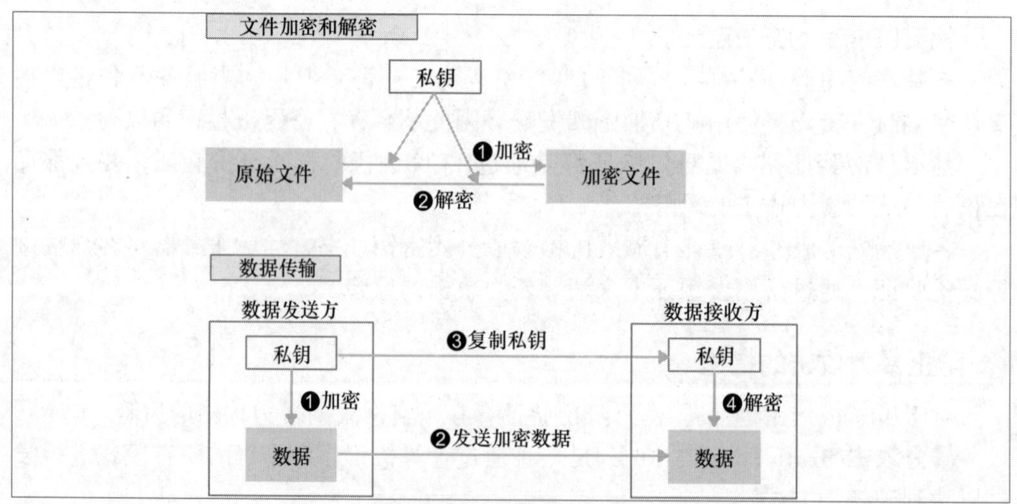

图10-2-3 通用密钥加密概述

◇ 公钥加密

在公钥加密中，用于加密的密钥与用于解密的密钥不同，公钥用于加密，而私钥用于解密。公钥加密技术是使用私钥和公钥的加密、数字签名/身份验证和密钥交换方法的总称。

私钥是由随机数生成的,而公钥则是由私钥通过两个大素数的乘积或离散对数、椭圆曲线上的离散对数计算得出的。公钥是从私钥中计算出来的，但是由于运算量巨大，因此实际上不可能进行反向操作，即从公钥中计算私钥，公钥加密技术正是利用了这一特性。

数据发送方使用先前从接收方获取的公钥对数据进行加密，然后将其发送到接收方，而接收方使用自己的私钥对数据进行解密。在数字签名/认证的情况下，被认证方用自己的私钥对认证数据进行签名，并将其发送到认证方，并且认证方利用被认证方的公钥验证认证数据。

在进行密钥交换的情况下，双方将自己的公钥传递给另一方，并且双方分别使用各自的私钥和另一方的公钥生成并共享相同的密钥。请参阅本章最后的专栏，其中介绍了“椭圆曲线Diffie-Hellman密钥交换”的机制。

◇ 公用密钥和通用密钥加密的结合

公钥加密的加密/解密过程比通用密钥加密更慢，而通用密钥加密技术的加密/解密过程非常快速。因此，在对通过网络的通信进行加密时，对于每个会话，通过通用密钥加密的密钥交换方法生成并共享该公共的密钥，并且使用该通用钥对数据进行加密。这样的通用钥称为“会话密钥”。会话密钥仅在会话期间存在于服务器进程和客户端进程的内存中，并在会话结束时消失

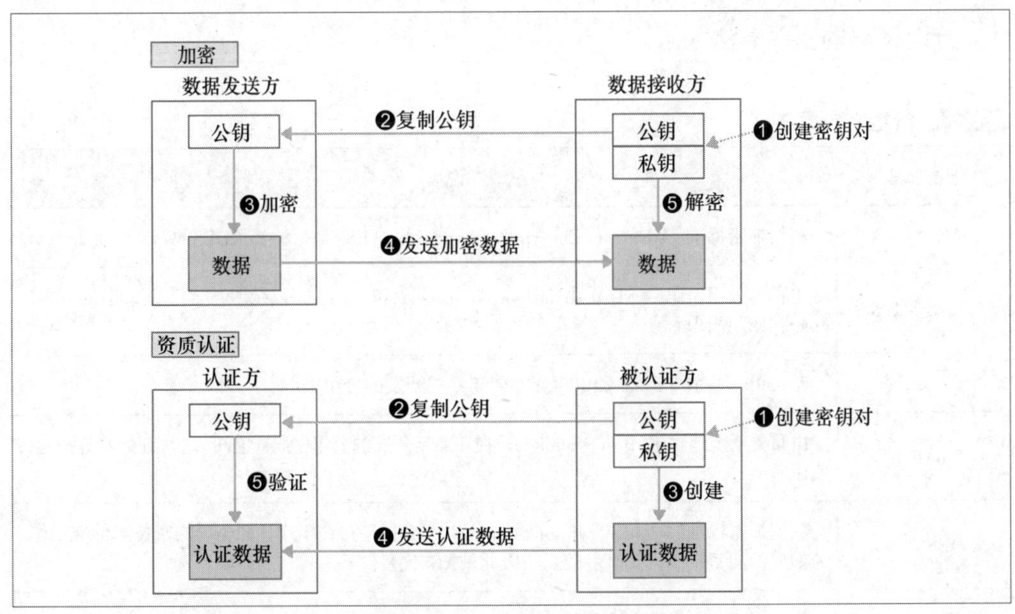

图10-2-4 公钥加密和公钥认证概述

通用密钥加密

众所周知的用于通用密钥加密的算法有DES和AES。

◇ DES

数据加密标准（Data Encryption Standard，DES）是美国于1976年建立的标准加密方法。由美国国家标准局（National Bureau of Standard，NBS，现为NIST）进行公开征集，最终采用了IBM提供的加密技术。与当前的加密技术相比，其安全强度较弱，取而代之的是AES。

◇ AES

高级加密标准（Advanced Encryption Standard，AES）是取代DES的新标准加密技术。美国国家标准技术研究所（National Institute of Standards and Technology，NIST）于2000年公开征集，并最终采用了由比利时密码学家Joan Daemen和Vincent Rijmen设计的Rijndael。

通用密钥密码算法大致可分为**分组密码**和**流密码**。上面介绍的DES和AES是分组密码。

○ 分组密码

这是一种将要加密的文本（纯文本）分为一定大小的块，并对每个块进行加密的方法。

加密是通过组合更改块中字符位置和顺序的“转字”操作以及将一个字符转换为另一个字符的“换字”操作进行的。

分组密码的主要算法如下。

表10-2-6 分组密码算法

加密算法	说明
AES	高级加密标准（Advanced Encryption Standard，AES）是一种替代DES的新加密标准
CAST-128	也称为分组密码CAST5，由Carlisle Adams和Stafford Tavares在1996年开发。是CentOS 7 gpg的 默认密码
Camellia	Camellia是由NTT和三菱电机在2000年共同开发的分组密码
Blowfish	由布鲁斯·施耐尔（Bruce Schneier）在1993年开发的分组密码。它可以与ssh 加密等一起使用
DES	数据加密标准（Data Encryption Standard，DES）是1976年建立的美国加密技术标准。作为如今的加密技术，安全性较弱，因此被AES代替
3DES	Triple DES。使用三重DES的加密技术

○ 流密码

这是一种将要加密的文本(纯文本)视为位字符串或字节字符串，并转换每个位或字节以进行加密的方法。它的特点是处理速度快于分组密码。

流密码的主要算法如下所示。

表10-2-7 流密码算法

加密算法	说　明
chacha20-poly1305@openssh.com	一种经过验证的密码，该密码使用chacha20加密消息，并使用poly1305进行完整性保护。是OpenSSH版本7中的默认公用密钥加密
RC4	Rivest Cipher 4。也称为ARCFOUR。由RSA公司的Rivest在1987年开发。在ssh和WiFi 安全协议的WEP和WPA中使用
Traditional PKWARE Encryption	由PKWARE 公司开发的加密算法。用于加密第5版zip命令之前的版本。作为如今的加密技术，强度很弱

公钥加密算法

可用作公钥加密(加密、数字签名/身份验证和密钥交换)的算法有RSA、DSA、ECDSA、Ed25519等，近年来，使用HTTPS / TLS和OpenSSH的通信中广泛使用了椭圆曲线算法。

表10-2-8 公钥加密算法

加密/签名算法	说　明
RSA	RSA(Rivest- Shamir- Adleman)是基于素数分解难题的公钥密码系统。进行加密和数字签名。由Rivest、Shamir和Adleman开发，于1977年公布
DSA	数字签名算法(DSA)是一种基于离散对数难题的数字签名方法，由美国国家标准技术研究院(NIST)于1993年标准化
ECDSA	椭圆曲线(DSA ECDSA)是一种基于椭圆曲线上离散对数难题的数字签名方案。使用椭圆曲线的数字签名算法
EdDSA	爱德华兹曲线数字签名算法(EdDSA)是一种基于爱德华兹曲线(椭圆曲线)的离散对数难题的数字签名方法。使用Edwards曲线的数字签名算法。与常规数字签名算法(DSA)相比，可以在不降低加密强度的情况下进行高速处理。由包括丹尼尔·伯恩斯坦在内的团队开发
Ed25519	Ed25519是一个在哈希算法中使用SHA-512、在椭圆曲线中使用Curve25519的EdDSA签名算法。Curve25519由于使用素数2^255 -19作为基础有限域的模数而得名

本章10-3节中的“使用SSH进行安全通信”介绍了使用上述密钥的通用密钥加密示例。接下来，本节将仅使用加密命令对通用密钥加密进行说明，而不涉及公钥加密。

加密命令

zip是用于压缩和存档创建的命令。还有一项功能是可以通过添加密码进行加密。此外，它也具有可以在许多操作系统(例如Microsoft Windows和macOS)上使用的特点。

但是，如果加密强度较弱且安全性很重要，则建议使用其他加密实用程序，例如PGP，其加密算法是流密码的Traditional PKWARE Encryption。

zip命令版本5或更高版本使用强大的加密算法（例如AES），但是存在诸如专利权之类的问题，Linux采用的是使用Traditional PKWARE Encryption的版本3.0。

本节将说明如何使用加密技术。有关使用zip备份文件的信息，请参阅第6章6-4节中的相关内容。

zip加密

zip [选项] 存档文件名 文件名

使用“-e”（encrypt）选项进行加密。在命令行上指定密码时，请使用“-P”选项来指定“-P 密码”。

使用unzip命令解密/解压缩。

unzip解密

unzip [选项]存档文件名 文件名

zip加密和unzip解密

```
$ vi sample.txt
这是密文。
拜托您了。
by Ryo

$ zip -e sample.txt.zip sample.txt
↑通过加密sample.txt创建存档文件sample.txt.zip
Enter password: ****  ←输入密码
Verify password:****  ←再次输入密码
adding: sample.txt (deflated 4%)

$ ls -l
合计 8
-rw-rw-r-- 1 user01 user01  84  9月 24 18:23 sample.txt
-rw-rw-r-- 1 user01 user01 279  9月 26 22:50 sample.txt.zip
↑加密档案文件

$ mv sample.txt sample.txt.orig  ←更改sample.txt的文件名

$ unzip sample.txt.zip  ←解密和解压缩归档文件sample.txt.zip
Archive:  sample.txt.zip
[sample.txt.zip] sample.txt password: ****  ←输入密码
inflating: sample.txt

$ ls -l
合计12
-rw-rw-r-- 1 user01 user01  84  9月 26 22:53 sample.txt  ←解密后的文件
-rw-rw-r-- 1 user01 user01  84  9月 26 22:52 sample.txt.orig
-rw-rw-r-- 1 user01 user01 279  9月 26 22:50 sample.txt.zip

$ cat sample.txt
这是密文。
拜托您了。
by Ryo
```

○ 7zip加密

7zip是用于创建压缩率较高的存档的实用程序。也可以通过添加密码进行加密。7zip的执行命令名称为7z（还有一个压缩率更高的命令称为7za）。

加密方式是分组密码中的256位AES加密。

7zip加密
7z {命令} [开关] 存档文件名 文件名

使用“a”命令添加文件/文件夹到压缩包，使用“e”命令从存档中提取文件。

使用“-p”开关指定密码，从而可以使用AES加密。

7zip加密

```
$ 7z a -p sample.txt.7z sample.txt
↑通过加密sample.txt创建存档文件sample.txt.7z

7-Zip [64] 16.02 : Copyright (c) 1999-2016 Igor Pavlov : 2016-05-21
p7zip Version 16.02 (locale=ja_JP.UTF-8,Utf16=on,HugeFiles=on,64 bits,1 CPU Intel Core
Processor (Skylake) (506E3),ASM,AES-NI)

Scanning the drive:
1 file, 84 bytes (1 KiB)

Creating archive: sample.txt.7z

Items to compress: 1

Enter password (will not be echoed): ****  ←输入密码
Verify password (will not be echoed) : ****  ←再次输入密码

Files read from disk: 1
Archive size: 242 bytes (1 KiB)
Everything is Ok

$ ls -l
合计 8
-rw-rw-r-- 1 user01 user01  84  9月 24 18:23 sample.txt
-rw-rw-r-- 1 user01 user01 242  9月 26 22:22 sample.txt.7z
                                           ↑加密后的档案文件

$ mv sample.txt sample.txt.orig  ←更改sample.txt文件名

$ 7z e sample.txt.7z  ←解密和解压缩归档文件sample.txt.7z

7-Zip [64] 16.02 : Copyright (c) 1999-2016 Igor Pavlov : 2016-05-21
p7zip Version 16.02 (locale=ja_JP.UTF-8,Utf16=on,HugeFiles=on,64 bits,1 CPU Intel Core
Processor (Skylake) (506E3),ASM,AES-NI)

Scanning the drive for archives:
1 file, 242 bytes (1 KiB)

Extracting archive: sample.txt.7z
--
Path = sample.txt.7z
Type = 7z
```

```
Physical Size = 242
Headers Size = 146
Method = LZMA2:12 7zAES
Solid = -
Blocks = 1

Enter password (will not be echoed): ****  ←输入密码
Everything is Ok

Size:       84
Compressed: 242

$ ls -l
合计  12
-rw-rw-r-- 1 user01 user01  84  9月 24 18:23 sample.txt   ←解密后的文件
-rw-rw-r-- 1 user01 user01 242  9月 26 22:22 sample.txt.7z
-rw-rw-r-- 1 user01 user01  84  9月 24 18:23 sample.txt.orig
```

○ 使用openssl 加密

openssl 是具有许多功能的命令，例如私钥/公钥生成、证书签名请求（CSR）发行、数字证书发行和通用密钥加密。本节介绍如何使用通用密钥加密来加密文件。

要使用通用密钥进行加密/解密，请使用“enc”（encrypt）命令。

使用openssl 加密示例①

```
openssl enc [选项]
```

不指定enc命令，也可以直接指定加密方法。

使用openssl 加密示例②

```
openssl 加密方式 [选项]
```

然而，此语法不适用于使用引擎（engine）的加密方法。

> 引擎（engine）是openssl 库提供的基于对象的加密模块。某些模块使用内置在Intel处理器中的AES加密/解密指令（AES-NI）。

表10-2-9 openssl命令的选项

选 项	说 明
-e	加密（默认）
-d	解密
-a、-base64	加密后，转换为BASE64格式
-in	输入文件规范。如果未指定，则为标准输入
-out	输出文件规范。如果未指定，则为标准输出
-aes-256-cbc	使用分组密码aes-256-cbc进行AES加密，密钥长度256位，密文分组链接（Cipher Blocker Chaining，CBC）
-camellia-256-cbc	使用分组密码camellia-256-cbc进行Camellia加密，密钥长度256位，密文分组链接（Cipher Blocker Chaining，CBC）
-rc4	使用流密码rc4（Rivest Cipher 4）进行加密

使用list-cipher-commands命令查看可用加密方式的列表。

显示加密方式列表

```
openssl list-cipher-commands
```

显示加密方法列表

```
$ openssl list-cipher-commands
aes-128-cbc
aes-128-ecb
aes-192-cbc
aes-192-ecb
aes-256-cbc
aes-256-ecb
...（中间省略）...
camellia-128-cbc
camellia-128-ecb
camellia-192-cbc
camellia-192-ecb
camellia-256-cbc
camellia-256-ecb
...（中间省略）...
rc4
rc4-40
...（以下省略）...
```

分组密码（例如AES和Camellia）的主要模式有电子密码本（Electronic Codebook, ECB）和密码分组链接（Cipher Blocker Chaining，CBC）。ECB是一种早期模式，其中每个分组均被独立加密。在CBC中，每个分组在加密之前都与先前的密文进行异或（XOR）。建议使用CBC而不是ECB。

以下是openssl加密的示例。括号中的命令是一个执行示例，其中省略了“enc”。

使用openssl加密

```
$ openssl enc -e -aes-256-cbc -in sample.txt -out sample.txt.encrypted
↑使用aes-256-cbc进行加密（-e可以省略）
enter aes-256-cbc encryption password: ****  ←输入密码
Verifying - enter aes-256-cbc encryption password: ****  ←再次输入密码

($ openssl aes-256-cbc -e -in sample.txt -out sample.txt.encrypted)
↑当在第一个参数中指定了加密方法时（-e可以省略）

$ openssl enc -d -aes-256-cbc -in sample.txt.encrypted -out sample.txt.decrypted  ←解密
enter aes-256-cbc decryption password: ****  ←输入密码

($ openssl aes-256-cbc -d -in sample.txt.encrypted -out sample.txt.decrypted□
↑在第一个参数中指定了加密方法的情况

$ openssl rc4 -e -in sample.txt -out sample.txt.encrypted-2
↑将加密方法rc4指定为第一个参数（-e可以省略）
enter rc4 encryption password: ****  ←输入密码
Verifying - enter rc4 encryption password: ****  ←再次输入密码

$ openssl rc4 -d -in sample.txt.encrypted-2 -out sample.txt.decrypted-2 ←解密
↑将加密方法rc4指定为第一个参数
enter rc4 decryption password: ****  ←输入密码
```

○ 使用gpg加密

GPG(GNU Privacy Guard)是OpenPGP 的GNU实现，并且是加密和签名的工具，其中，OpenPGP 是公钥密码PGP(Pretty Good Privacy)的标准规范。

在Linux上，GPG用于签名和验证软件包。也可以使用通用密钥进行加密。本节介绍如何使用通用密钥加密来加密文件。

加密/解密文件的语法如下所示。

使用gpg加密
gpg ［选项］ 文件

在CentOS上/ usr / bin / gpg 是指向/ usr / bin / gpg2文件的符号链接。因此，gpg命令和gpg2命令可以等效使用。

表10-2-10 gpg命令的选项

选项	说　明
-c、--symmetric	使用对称密码，进行对称密钥(通用密钥加密)加密。 在CentOS上默认为CAST5，在Ubuntu上默认为AES-128
--version	显示gpg 版本、许可证、支持的加密算法等 支持的加密算法有：IDEA、3DES、CAST55、BLOWFISH、AES、AES192、AES256、TWOFISH、CAMELLIA128、CAMELLIA192、CAMELLIA256
--cipher-algo	加密算法规范。示例：-cipher-algo AES256 CentOS上的默认密码算法为CAST5，Ubuntu上的默认加密算法为AES-128
-o、--output	输出文件规范 示例1：-o sample.encrypted.gpg　示例2：-o sample.decrypted
--pinentry-mode	设置PIN输入模式。有5种模式：default、ask、cancel、error、loopbac 如果指定了“--pinentry -mode loopback”，则在命令行中输入密码 注：CentOS 7的 gpg 版本2.0.22不支持该选项
-a、--armor	使用ASCII 格式进行加密

执行gpg命令会自动启动gpg-agent守护程序。gpg-agent是管理gpg私钥的守护程序。启动每个用户并执行gpg命令的用户为有效用户。

gpg-agent使用gpg命令进行加密时，gpg将生成的私钥保存在其自身的内存中。当使用gpg命令解密时，gpg-agent将存储的私钥交给gpg命令。

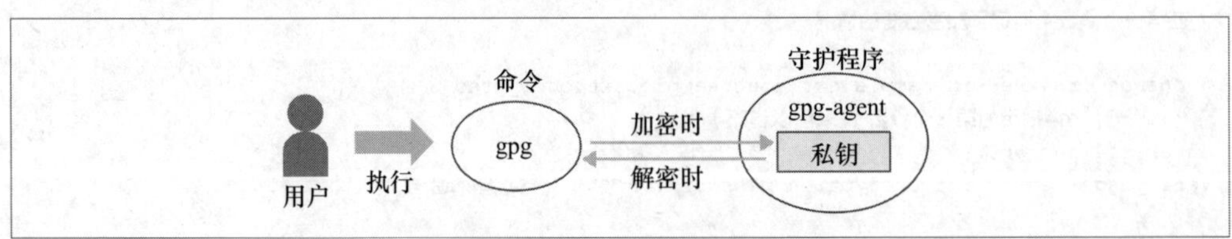

图10-2-5 gpg命令和gpg-agent 概述

检查gpg -agent守护程序的操作

```
$ ps -ef | grep gpg
user02  4767  4688  0  9月25 ?  00:00:00 /usr/bin/gpg-agent --supervised
↑user02的gpg-agent
user01  9544  1293  0  9月27 ?  00:00:00 /usr/bin/gpg-agent --supervised
↑user01的gpg-agent
```

执行gpg命令进行加密时，有以下三种方法可以将密码短语输入到个人识别码（Personal Identification Number，PIN）输入程序中。

◇X客户端

在使用带有X Window System的GUI或“Forward X11 yes”设置的环境中使用ssh登录时启动。

◇Curses库

在没有GUI的情况下，可以在使用Curses库的环境中启动。

◇直接输入到命令行

在设置“--pinentry-mode loopback”后才会有效。但是，CentOS 7的gpg版本2.0.22不支持此选项。

表10-2-11 密码的输入方式

输入方式（模式）	CentOS	Ubuntu
X客户端	pinentry-gtk-2 请输入密码 Passphrase Cancel OK	Passphrase: Enter passphrase Password: Save in password manager Cancel OK
使用Curses库	Enter passphrase Passphrase <OK> <Cancel>	Enter passphrase Passphrase: <OK> <Cancel>
直接在命令行输入	（无）	gpg：AES256已加密数据 输入密码：←（在此处输入） gpg：用一个密码加密

显示gpg版本、许可证和算法（CentOS示例）

```
$ gpg --version
gpg (GnuPG) 2.0.22
libgcrypt 1.5.3
Copyright (C) 2013 Free Software Foundation, Inc.
License GPLv3+: GNU GPL version 3 or later <http://gnu.org/licenses/gpl.html>
This is free software: you are free to change and redistribute it.
There is NO WARRANTY, to the extent permitted by law.
...（中间省略）...
加密方式: IDEA, 3DES, CAST5, BLOWFISH, AES, AES192, AES256,
   TWOFISH, CAMELLIA128, CAMELLIA192, CAMELLIA256
HASH: MD5, SHA1, RIPEMD160, SHA256, SHA384, SHA512, SHA224
压缩:无压缩, ZIP, ZLIB, BZIP2
```

使用gpg加密(CentOS示例：默认加密方式为CAST5)

```
$ gpg -c sample.txt  ←使用对称密钥加密（公钥加密）进行加密

...（根据执行环境，使用X客户端或curses库输入密码）...

$ ls -l
合计 8
-rw-rw-r--. 1 user01 user01 140  9月 27 16:37 sample.txt
-rw-rw-r--. 1 user01 user01 133  9月 27 17:49 sample.txt.gpg  ←已加密文件

$ ps -ef | grep gpg
user01   20251     1  0 17:45 ?        00:00:00 gpg-agent --daemon --use-standard-socket

$ gpg -o sample.txt.decrypted sample.txt.gpg
↑解密（正在运行gpg-agent时不询问密码）
gpg:完成 CAST5加密的数据  ←默认情况下使用CAST5进行加密
gpg: 用1个密码进行加密
gpg: *警告*: 消息完整性不受保护

$ ls -l
合计 12
-rw-rw-r--. 1 user01 user01 140  9月 27 16:37 sample.txt
-rw-rw-r--. 1 user01 user01 140  9月 27 17:50 sample.txt.decrypted
↑解密
-rw-rw-r--. 1 user01 user01 133  9月 27 17:49 sample.txt.gpg

$ gpg --cipher-algo AES256 -c sample.txt  ←使用AES256进行加密

$ ls -l
合计 8
-rw-rw-r--. 1 user01 user01 140  9月 27 16:37 sample.txt
-rw-rw-r--. 1 user01 user01 164  9月 27 18:04 sample.txt.gpg  ←已加密文件

$ gpg -o sample.txt.decrypted -d sample.txt.gpg  ←解密（-d可以省略）
gpg: 完成AES256加密的数据  ←使用AES256进行加密
gpg: 用1个密码进行加密

$ ls -l
合计 12
-rw-rw-r--. 1 user01 user01 140  9月 27 16:37 sample.txt
-rw-rw-r--. 1 user01 user01 140  9月 27 18:08 sample.txt.decrypted
↑已解密文件
-rw-rw-r--. 1 user01 user01 164  9月 27 18:04 sample.txt.gpg
```

使用gpg 加密(Ubuntu示例：设置--pinentry -mode，默认加密方式为AES256)

```
$ gpg --pinentry-mode loopback -c sample.txt
↑设置“--pinentry-mode loopback”进行加密
输入密码: ****  ←输入密码（在命令行上询问密码组合）

$ ls -l
合计 8
-rw-r--r-- 1 user01 user01  84  9月 25 16:07 sample.txt
-rw-rw-r-- 1 user01 user01 159  9月 27 18:33 sample.txt.gpg  ←已加密文件

$ ps -ef | grep gpg
user01    9475  1293  0 18:36 ?        00:00:00 /usr/bin/gpg-agent-supervised
↑启动gpg-agent
```

```
$ kill 9475  ←关闭gpg-agent模块（用于实验目的）

$ gpg --pinentry-mode loopback -o sample.txt.decrypted -d sample.txt.gpg
↑解密
gpg: 完成AES256加密的数据
输入密码：****
↑在gpg-agent模块未运行的情况下询问密码，运行的情况下则不询问密码
gpg: 用1个密码进行加密


$ ls -l
合计 12
-rw-r--r-- 1 user01 user01  84  9月 25 16:07 sample.txt
-rw-rw-r-- 1 user01 user01  84  9月 27 18:44 sample.txt.decrypted
↑已解密文件
-rw-rw-r-- 1 user01 user01 159  9月 27 18:40 sample.txt.gpg
```

10-3

使用SSH进行安全通信

什么是SSH

通过ssh命令可以登录到远程主机或在远程主机上执行命令。而scp命令则可以用来与远程主机之间传输文件。

ssh 和scp 替换了rlogin、rsh 和rcp，它们以明文形式进行通信，并对所有通信（包括密码）进行加密。ssh 和scp 是OpenSSH的客户端命令，OpenSSH是SSH（Secure Shell）的免费实现，服务器是sshd 。OpenSSH是基于OpenBSD项目开发的。

SSH的基本用法

使用ssh 命令登录到远程主机或在远程主机上执行命令，然后使用scp 命令在远程主机之间复制文件。

以下是执行ssh 和scp 的示例。在这里，我们登录到远程主机remotehost。

ssh和scp的执行示例

```
$ ssh remotehost  ←❶
$ ssh remotehost hostname  ←❷
$ scp /etc/hosts remotehost:/tmp  ←❸
```

❶使用ssh命令登录到远程主机
❷使用ssh命令在远程主机remotehost上，并执行hostname命令
❸使用scp命令将本地主机上的/ etc / hosts文件复制到remotehost的/tmp文件夹中

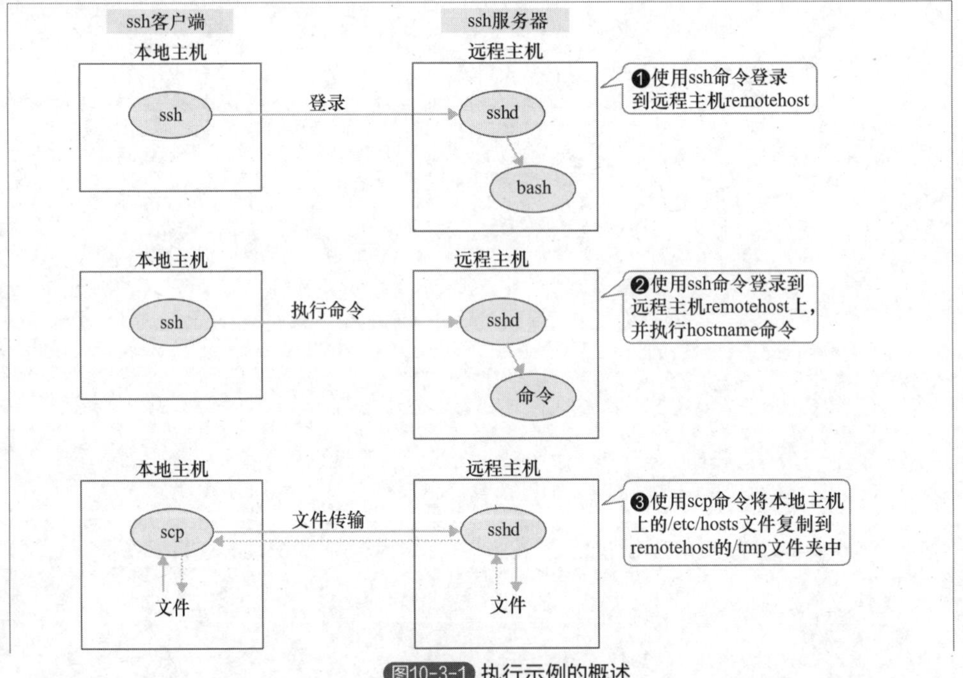

图10-3-1 执行示例的概述

用于验证和加密的密钥以及用户身份验证方法如下所示。

用于认证和加密的私钥和公钥

在安装Linux并完成第一次引导的过程中，通过执行ssh-keygen命令(在CentOS情况下)，或安装openssh-server软件包(在Ubuntu情况下)，可以生成主机用的私钥和公钥的密钥对。

由于ssh 的默认设置使用此密钥对，因此用户不需要进行任何特殊设置即可使用密码身份验证登录，进而使用ssh 。

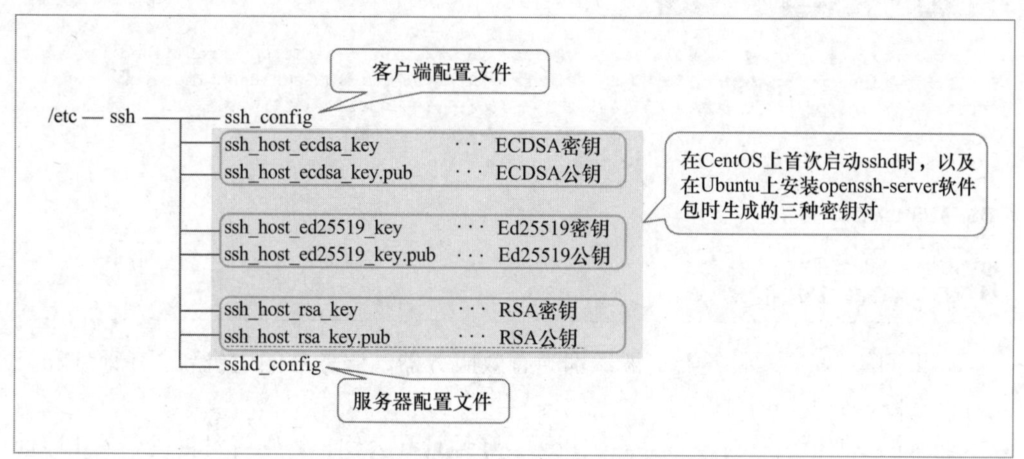

图10-3-2 OpenSSH的主机密钥

用户身份验证方法

OpenSSH的主要用户身份验证方法如下。

- 基于主机的身份验证
- 公钥身份认证
- 密码身份认证

根据客户端请求的优先级，将按顺序尝试服务器端所提供的身份验证方法，可以在其中任一种验证成功后登录。

客户端的默认优先级为“基于主机的身份验证→公钥身份验证→密码身份验证”。

基于主机的身份验证是使用了在/etc/ssh文件夹下生成的主机用的私钥和公钥对的公钥身份验证。对于基于主机的身份验证和公钥身份验证，都需要进行一些例如将客户端(被认证方)的公钥复制到服务器(认证方)的设置。由于一般情况下基于主机的身份验证并不常用，所以在本书中将不对其进行详细讨论。为每个用户生成密钥对的公钥验证的设置将在后面的“私钥/公钥的生成与公共密钥验证的设置”中进行介绍。

像这样基于主机的身份验证以及每个用户的公钥身份验证都需要进行配置，因此安装期间的默认配置仅允许密码身份验证。

~/.ssh/known_hosts文件

ssh客户端的~/.ssh/known_hosts文件中存储了ssh服务器的主机名、IP地址和公钥。

客户端对ssh服务器进行身份验证的过程如下所示，主要是由用户以视觉确认ssh服务器的公钥的方式来实现的。

第一次使用ssh命令连接到服务器时，将显示从服务器发送的公钥的**指纹**（fingerprint）值，并显示询问是否接受的消息，如下例所示。公钥指纹是公钥值的哈希值。由于数据长度小于公钥，因此在用户视觉确认的情况下使用它。

使用ssh登录时显示公钥的指纹

```
The authenticity of host '192.168.122.202 (192.168.122.202)' can't be established.
ECDSA key fingerprint is SHA256:FDjxjJYefUvtMn1P0y/vys3b0miG1bE8OWH76nkp5TM.  ←❶
ECDSA key fingerprint is MD5:e4:a7:6e:12:2b:5a:0c:59:68:63:f6:ea:41:b7:c2:e1.  ←❷
Are you sure you want to continue connecting (yes/no)? ←❸
user01@192.168.122.202's password:  ←❹
```

❶SHA256哈希值
❷MD5哈希值
❸输入“yes”以验证服务器
❹（对于密码验证的情况）输入登录密码

如果回答“yes”，服务器将被识别为有效服务器，服务器的主机名、IP地址和公钥存储在known_hosts文件中。

通过DNS解析名称时，将存储主机名、IP地址和公钥，否则将对主机名或IP地址中的任意一个以及公钥进行存储。

一旦将服务器信息写入known_hosts，存储的公钥将用于自动认证服务器，然后服务器将不显示上述确认消息而进行连接。

用户可以通过运行带有“-l”选项的ssh-keygen命令来计算公钥指纹。使用“-f”选项指定密钥文件，并使用“-E”选项指定哈希算法（默认为sha256）。

以下是存储在服务器的/etc/ssh/ssh_host_ecdsa_key.pub文件中的显示ECDSA公钥指纹的示例。

在服务器上查看ECDSA公钥及其指纹

```
$ cat /etc/ssh/ssh_host_ecdsa_key.pub  ←❶
ecdsa-sha2-nistp256 AAAAE2VjZHNhLXNoYTItbmlzdHAyNTYAAAAIbmlzdHAyNTYAAABBBG1YBWqbLuS+ciYSz
ph2zOsULyWzkkRuPagvOCjm/AQqCoqNg185lTGfzqLtJ5rmbLfXvQQCnPCJkqiSVfczN2o=

$ ssh-keygen -lf /etc/ssh/ssh_host_ecdsa_key.pub  ←❷
256 SHA256:FDjxjJYefUvtMn1P0y/vys3b0miG1bE8OWH76nkp5TM no comment (ECDSA)
$ ssh-keygen -E md5 -lf /etc/ssh/ssh_host_ecdsa_key.pub  ←❸
256 MD5:e4:a7:6e:12:2b:5a:0c:59:68:63:f6:ea:41:b7:c2:e1 no comment (ECDSA)
```

❶显示ECDSA公钥
❷显示SHA256公钥指纹
❸显示MD5公钥指纹

上面的“FDjxjJYefUvtMn1P0y/vys3b0miG1bE8OWH76nkp5TM”以及“e4:a7:6e:12:2b:5a:0c:59:68:63:f6:ea:41:b7:c2:e1”就是指纹值。

通信通道加密

CentOS和Ubuntu使用的OpenSSH版本7支持以下用于通信通道加密的通用密钥密码系统。

- chacha20-poly1305@openssh.com
- aes128-ctr
- arcfour(rc4)
- cast128-cbc(cast5)
- blowfish-cbc

可以在/etc/ssh/sshd_config文件中指定服务器sshd守护程序使用的公钥加密方法的优先级。

在客户端中使用ssh命令的加密方法的优先级可以在配置文件/etc/ssh/ssh_config或/.ssh/config文件中指定(在OpenSSH版本7的默认设置中，公钥加密使用chacha20-poly1305@openssh.com)。

加密通信路径的顺序如下所示。

❶客户端(ssh命令)连接到服务器(sshd守护程序)
❷服务器将其在/etc/ssh下的主机公钥发送给客户端
❸客户端通过将服务器的公钥与~/.ssh/known_hosts中存储的服务器的公钥进行比较来验证服务器的公钥
❹在服务器和客户端之间生成并共享一个临时公钥(会话密钥)
❺之后，通过服务器和客户端之间约定的通用密钥加密方法对通信路径进行加密
❻客户端通过基于主机的身份验证、公钥身份验证或密码身份验证登录服务器

有关在服务器和客户端之间共享公用密钥的机制以及公用密钥加密方法的选择，请参阅本章的专栏。

/etc/ssh文件夹

/etc/ssh文件夹是ssh服务器和ssh客户端共同使用的文件夹。

ssh客户端引用的此文件夹下的ssh_known_hosts文件存储着本地系统上所有用户使用的ssh服务器的公钥。因此，ssh服务器是本地系统所有用户的合法服务器。

由于/etc/ssh/ssh_known_hosts文件是所有用户执行的ssh命令引用的文件，因此它必须对所有用户具有读取权限。此外，由于它是系统文件，一定不能设置为普通用户可写的。

ssh服务器的配置文件

ssh服务器的配置文件是/etc/ssh/sshd_config。

使用指令可以指定重要的设置，例如公钥身份验证和密码身份验证，以及是否允许或拒绝root登录。

sshd_config文件中的主要指令如下所示。

表10-3-1 sshd_config文件中的指令

指 令	含 义
AuthorizedKeysFile	设置用于存储用户身份验证的公钥的文件名
PasswordAuthentication	密码认证
PermitRootLogin	root 登录
Port	侦听端口号
PubkeyAuthentication	公钥身份验证

CentOS和Ubuntu的sshd不支持较早的协议版本1，而仅支持版本2。

以下是安装过程中sshd_config文件中的主要默认设置。由于配置文件的描述按原样摘录，因此某些内容在行的开头用“#”注释掉，但是由于它是默认设置，因此通过删除“#”并启用该行就可以获得相同的结果。

表10-3-2 sshd_config的默认设置（节选）

指令和设置（CentOS）	指令和设置（Ubuntu）	备注
#Port 22	#Port 22	“22”是默认端口号
#PermitRootLogin yes	#PermitRootLogin prohibit-password	“yes”表示允许直接以root身份登录，是CentOS上的默认值。“prohibit-password”不允许通过输入密码进行root登录（允许公钥身份验证），是Ubuntu的默认值
#PubkeyAuthentication yes	#PubkeyAuthentication yes	“yes”将允许公钥身份验证
AuthorizedKeysFile .ssh/authorized_keys	#AuthorizedKeysFile .ssh/authorized_keys .ssh/authorized_keys2	在CentOS中默认值仅变更为“.ssh/authorized_keys”的值。 在Ubuntu中则为默认值
#PasswordAuthentication yes	#PasswordAuthentication yes	“yes”表示允许密码验证
#PermitEmptyPasswords no	#PermitEmptyPasswords no	“no”表示不允许没有密码的登录

注：CentOS的指令和Ubuntu的指令实际上都是1行。由于表格列宽不足，出现了换行。

如果将ssh服务器放在Internet上，为了增强安全性，建议按以下步骤更改设置。

· #PermitRootLogin yes → PermitRootLogin no

· #PasswordAuthentication yes → PasswordAuthentication no

ssh客户端的配置文件

执行ssh命令时在用户配置文件~/.ssh/config或系统配置文件/etc/ssh/ssh_config中，可以指定诸如用户名、端口号和协议之类的选项。

不仅可以设置与ssh命令的选项相对应的指令还可以设置用于登录的各种指令。

表10-3-3 config文件的指令

指 令	对应命令选项	含 义
IdentityFile	-i	身份文件
Port	-p(在scp命令中是-P)	端口号
Protocol	-1或者-2	协议版本
User	-l	用户名

下面是一个用户ryo通过ssh-keygen命令(将在后面描述)生成私钥“~/.ssh/my_id_rsa”和公钥“~/.ssh/my_id_rsa.pub”后进行设置，再由公钥验证服务器登录的示例。

~/.ssh/config文件

```
$ cat ~/.ssh/config
...(中间省略)...
IdentityFile ~/.ssh/my_id_rsa
Port 22
Protocol 2
User ryo
...(以下省略)...
```

如果进行了上述设置，则以下两个ssh命令表示相同的含义。

使用公钥验证登录

```
$ ssh remotehost
$ ssh -2 -i ~/.ssh/my_id_rsa -p 22 -l ryo remotehost
```

使用“-i”选项指定的身份文件(IdentityFile)是包含私钥/公钥对的存储私钥的文件。

私钥/公钥的生成和公钥验证的设置

私钥/公钥对是使用ssh-keygen命令生成的。

密钥对生成

```
ssh-keygen [-t 密钥类型]
```

可以指定五种类型的密钥。如果未指定“-t”选项，则默认值为rsa密钥。

表10-3-4 密钥类型

密钥类型	说 明
rsa1	协议版本1的rsa密钥
rsa	协议版本2的rsa密钥(默认)
dsa	协议版本2的dsa密钥
ecdsa	协议版本2的ecdsa密钥
ed25519	协议版本2的ed25519密钥

rsa密钥是RSA（Rivest-Shamir-Adleman）方法中使用的密钥。以Ron Rivest、Adi Shamir和Len Adleman这三位发明者的姓氏开头字母组成。它利用了分解大素数的难题，得到了广泛的应用。

dsa密钥是数字签名算法（Digital Signature Algorithm，DSA）中使用的密钥。也是美国国家标准与技术研究院（NIST）选择的下一代标准。它利用了解离散对数问题的困难性。

ecdsa密钥是椭圆曲线数字签名算法（Elliptic Curve DSA，ECDSA）中使用的密钥。它利用了解椭圆曲线上离散对数问题的困难性。

ed25519密钥是使用椭圆曲线Curve25519的爱德华兹曲线数字签名算法（Edwards-curve DSA，EdDSA）的密钥。它利用了解椭圆曲线上离散对数问题的困难性。

在以下示例中，用户yuko生成了ecdsa密钥。

ecdsa密钥的生成

```
$ ssh-keygen -t ecdsa
Generating public/private ecdsa key pair.
Enter file in which to save the key (/home/yuko/.ssh/id_ecdsa):  ←❶
Enter passphrase (empty for no passphrase): ****  ←❷
Enter same passphrase again: ****  ←❸
Your identification has been saved in /home/yuko/.ssh/id_ecdsa.  ←❹
Your public key has been saved in /home/yuko/.ssh/id_ecdsa.pub.  ←❺
The key fingerprint is:
SHA256:2toG5HUMGk0dWT7fyL9OzBUxx9ANqTP/8zrx+MSuN30 yuko@centos7.localdomain
The key's randomart image is:
+---[ECDSA 256]---+
|       o... + .oOo|
|       .o o. . B|
|       o o  o.. |
|      o . o ++ o.|
|     o.S.   ++ o|
|      oo     =o.|
|       ...     O=|
|       o.    +=E|
|       ...    +OO|
+----[SHA256]-----+
```

❶按下<Enter>键
❷输入密码来加密私钥（如果不输入密码，则私钥将不会被加密）
❸再次输入相同的密码
❹加密密钥存储在/home/yuko/.ssh/id_ecdsa中
❺公钥存储在/home/yuko/.ssh/id_ecdsa.pub中

检查生成的私钥和公钥。

显示私钥和公钥

```
$ ls -l .ssh
合计 8
-rw------- 1 yuko users 736  10月 14 16:10 id_ecdsa
-rw-r--r--  1 yuko users 611  10月 14 16:10 id_ecdsa.pub

$ cat .ssh/id_ecdsa  ←显示私钥
```

```
-----BEGIN EC PRIVATE KEY-----
Proc-Type: 4,ENCRYPTED
DEK-Info: AES-128-CBC,D1AEF801B7384E31DF74B7FBF97F71B6

6fh2zYq6JBOA0iEB4BvmbYVylK02uzKGOP+8CHdm2e4UgCCacck5mV5h02JWpqcb
7mRy5pWkBbQhXe3eaEFM7JYCm9CzxPhMkfJ9zt4b+IHFvbODrA4b8Oi5CKHWgU8V
l+10yaS0Ndx66w1qq+dERT0kvK1iXmm0PbZ6BDeAZu0=
-----END EC PRIVATE KEY-----
$ cat .ssh/id_ecdsa.pub  ←显示公钥
ecdsa-sha2-nistp256 AAAAE2VjZHNhLXNoYTItbmlzdHAyNTYAAAAIbmlzdHAyNTYAAABBB
CrQRixXaY25/5GOE/lfYWSgDVD7L1W1KVd54vf2XK6mxf6rJDtFFTd1nAvZkxOt8iZBoY2yFW
61iJCa8yHQ95Y= yuko@centos7.localdomain
```

为了使ssh服务器能够进行用户身份验证，用户(客户端)必须将私钥和公钥对的公钥复制到服务器端。

默认情况下，在服务器端存储公钥的是authorized_keys文件。可以使用服务器配置文件/etc/ssh/sshd_config的AuthorizedKeysFile指令来设置文件名。

下面的示例显示了CentOS的默认设置。

对于Ubuntu的情况，请参阅表10-3-2“sshd_config的默认设置(节选)”。

/etc/ssh/sshd_config文件的默认设置

```
# cat /etc/ssh/sshd_config
...(中间省略)...
AuthorizedKeysFile    .ssh/authorized_keys
...(以下省略)...
```

以下是用户yuko将在本地主机CentOS 7上创建的公钥注册在ssh服务器ssh-server中的示例。

服务器上注册公钥

```
$ scp .ssh/id_ecdsa.pub ssh-server:/home/yuko  ←❶
yuko@ssh-server's password:
id_ecdsa.pub                 100%  611     0.6KB/s   00:00
$ ssh ssh-server  ←❷
yuko@ssh-server's password:
Last login: Fri May 18 16:19:24 2018
$ ls id_ecdsa.pub
id_ecdsa.pub
$ mkdir .ssh  ←❸
$ chmod 700 .ssh  ←❹
$ cat id_ecdsa.pub >> .ssh/authorized_keys  ←❺
$ chmod 644 .ssh/authorized_keys  ←❻
```

❶将在本地主机Centos7上创建的公钥复制到ssh-server的/home/yuko下
❷使用ssh登录到ssh-server上
❸创建.ssh文件夹（如果不存在）
❹正确设置ssh 文件夹的权限
❺添加注册公钥
❻首次创建authorized_keys 时正确设置权限

如果ssh服务器ssh-server不允许密码认证，请直接从终端登录服务器以注册公钥，或要求服务器管理员进行注册工作。

在下面的执行示例中，将公钥注册到服务器ssh-server的automated_keys后，使用ssh命令登录到ssh-server。

通过公钥验证登录到ssh服务器(CentOS)

```
$ ssh ssh-server  ←❶
Enter passphrase for key '/home/yuko/.ssh/id_ecdsa': ****  ←❷
Last login: Sun Oct 14 19:05:22 2018 from 172.16.0.1
[yuko@centos'/]$  ←❸
```

❶运行ssh 子命令
❷输入加密私钥时使用的密码
❸登录成功，并显示命令提示符

将上述执行示例❶～❸在登录时的身份验证过程详细描述如下。

❶客户端上的用户执行ssh命令

❷-1用户通过输入口令将已加密的私钥(~/.ssh/id_ecdsa)进行解密(私钥被私钥密码加密的情况。如果没有使用密码生成私钥的话，则不会对其进行加密，因此不必输入密码。)

❷-2 ssh命令将使用私钥对包含用户名和公钥(~/.ssh/id_ecdsa.pub)的数据进行签名并发送给服务器

❷-3服务器检查发送的公钥是否已在服务器中注册(~/.ssh/authorized_keys)

❸如果它是已注册的公钥，则验证该签名与对应的公钥是否匹配；如果匹配，则允许以有效用户身份登录

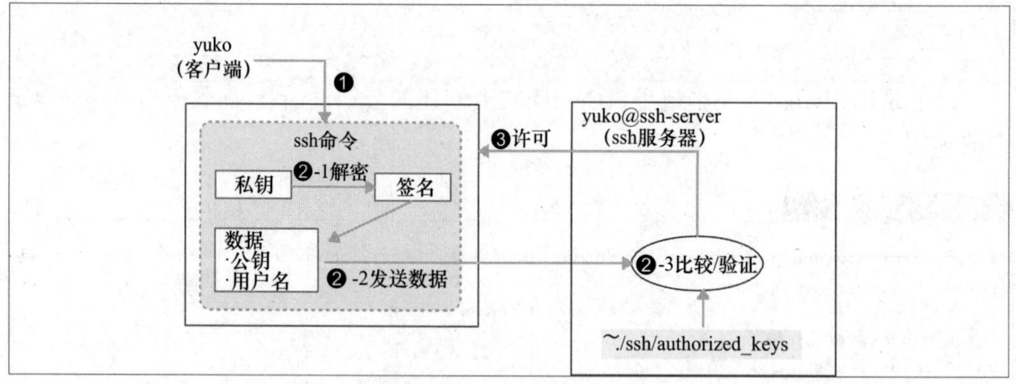

图10-3-3 登录时的验证步骤

10-4

使用防火墙限制外部访问

firewalld、ufw、iptables(Netfilter)

安装防火墙是为了限制从外部到内部的访问。通过仅允许访问特定服务，可以防止未经授权进入内部。

以下是仅允许从外部访问内部SSH服务和HTTP服务时防火墙的状态。

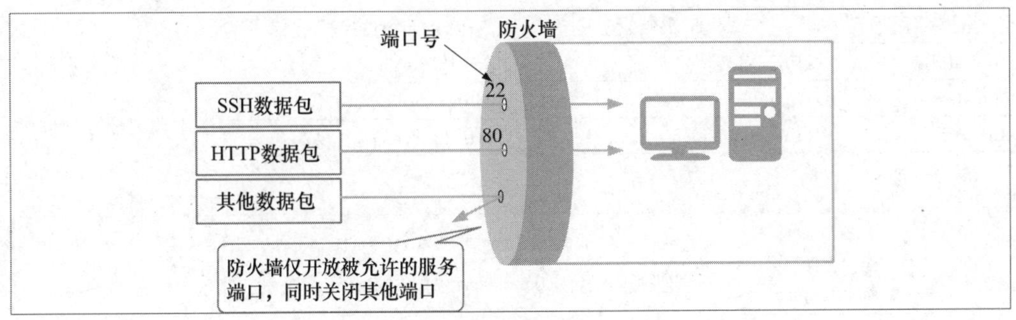

图10-4-1 防火墙示例

在CentOS以及Ubuntu等Linux上，提供了由多个Linux内核模块(例如ip_tables和iptable_filter)组成的Netfilter，这些模块可执行IP数据包过滤和网络地址转换(Network Address Translation，NAT)。

iptables命令是Netfilter配置工具，它允许进行详细的设置，但是需要大量选项，因此设置很复杂。所以，CentOS和Ubuntu提供了firewalld守护程序、命令行工具firewall-cmd和GUI工具firewall-config，准备了几种具有典型配置模式的模板，从中选择合适的模板进行配置，从而使设置更容易。

在CentOS中，firewalld包括在任何类型的安装中，包括最小安装(minimum)。在Ubuntu中，firewalld在安装时并不会包括在内，如果要使用它，需要通过运行“apt install firewalld”命令进行安装。

默认情况下，提供了ufw(简单防火墙，Uncomplicated FireWall)命令，它是iptables命令的前端。在任何情况下，都可以通过内部执行iptables命令来设置Netfilter。

CentOS配置实用程序

CentOS提供了firewalld、firewall- cmd 和iptables 作为配置Netfilter的实用程序。

> 在Ubuntu中，默认选项为ufw。firewalld 是一个可选项，其设置方法和命令用法与下面介绍的CentOS相同。

在使用firewalld时，用Systemctl命令可以将firewalld.service设置为有效。此设置是默认设置。

在使用iptables时，用systemctl命令启用iptables.service 。

在使用Netfilter 设置防火墙时，firewalld.service和iptables.service只能启用其中一个 。

此外，也为虚拟客户机（KVM / Xen）提供环境的libvirtd设置了Netfilter 。

表10-4-1 配置实用程序

配置实用程序	RPM软件包	systemd的服务名称
firewalld	firewalld	firewalld.service
iptables	iptables-services	iptables.service
libvirtd	libvirt-daemon	libvirtd.service

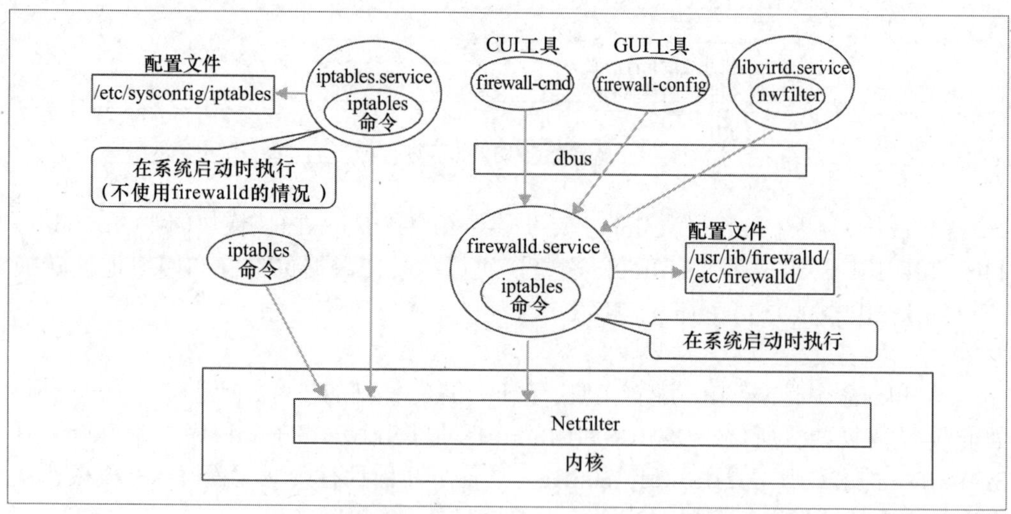

图10-4-2 CentOS配置实用程序的概述

firewalld

firewalld服务是由守护程序（/usr/sbin/firewalld）、配置文件（/usr/lib/firewalld/和/etc/firewalld/）、配置命令firewall-cmd（/usr/bin/firewall-cmd）、GUI配置实用程序（/usr/bin/firewall-config）构成的。

firewalld、firewall-cmd、firewall-config是用Python语言编写的脚本。配置文件以XML编写。通过从Python脚本执行iptables命令来设置Netfilter。

firewalld服务提供了多种安全强度不同的典型配置模板，这些模板称为**区域**（zone）。可以通过选择与要连接的网络的可靠性相匹配的区域来轻松完成设置。例如，如果在DMZ中为Web服务器选择DMZ区域，则将自动进行适当的设置。

另外，还可以通过在所选区域的设置中添加或删除服务来对其进行自定义。

表10-4-2 区域

区 域	说 明	允许的连接（默认）
drop	丢弃来自外部的所有数据包。不返回ICMP消息	仅允许从内部到外部的连接
block	阻止来自外部的所有连接。返回ICMP消息	从内部发起的出站连接则双向都允许
public	用于公共区域	ssh，dhcpv6-client
external	用于外部网络。启用伪装（masquerade）	ssh
dmz	用于DMZ	ssh
work	用于工作区	ssh、dhcpv6-client、ipp-client
home	用于家庭	ssh、dhcpv6-client、ipp-client、mdns、samba-client
internal	用于内部网络	ssh、dhcpv6-client、ipp-client、mdns、samba-client
trusted	允许全部网络连接	所有的网络连接

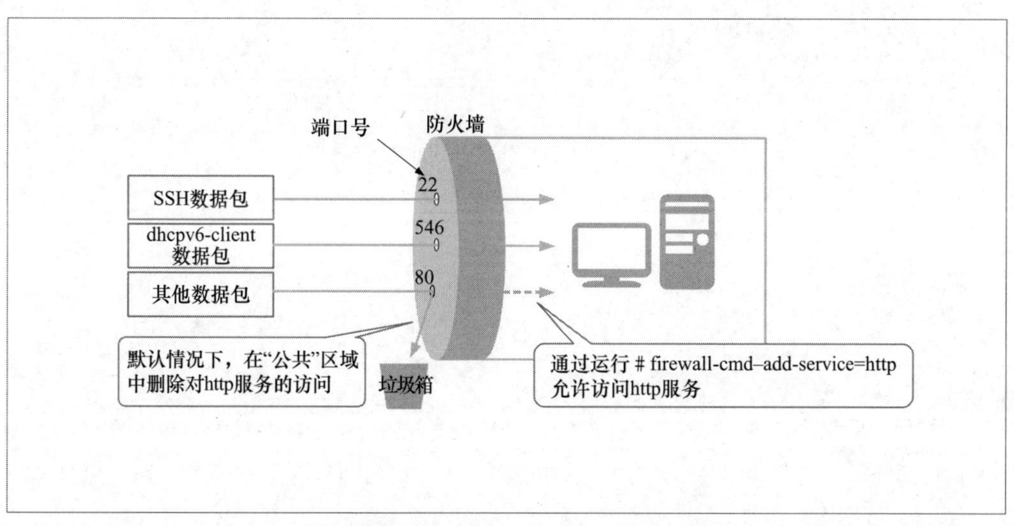

图10-4-3 设置为公共（public）区域时的情况

可以使用firewall- cmd 命令选择区域并添加/删除服务。有两种类型的设置：不写入配置文件仅运行的设置和写入配置文件的永久设置。

如果要永久设置，请使用"--permanent"选项执行firewall- cmd 命令。

区域的设定
firewall-cmd [选项]

表10-4-3 firewall-cmd命令的选项

选 项	说 明
--list-all-zones	列出所有区域及其配置信息
--get-default-zone	显示默认区域(安装时默认为公共)
--set-default-zone =区域名称	将默认区域更改为指定区域
--zone =区域名称	执行命令时指定区域
--list-services	显示区域中允许的服务
--add-service =服务名称	添加区域中允许的服务
--delete-service =服务名称	禁止在区域中允许的服务
--permanent	设置持久性
--reload	重新加载--permanent的规则配置，覆盖当前运行的配置

本节中的所有任务均以root权限执行。对于Ubuntu，在“# 命令”处通过使用“$ sudo su-”在root Shell中执行任务，然后在完成所有工作后，使用“# exit”退出root Shell或对每个命令使用“$ sudo 命令”。

firewalld的设置

```
# systemctl status firewalld  ←检查firewalld服务启动状态
● firewalld.service - firewalld - dynamic firewall daemon
   Loaded: loaded (/usr/lib/systemd/system/firewalld.service; enabled; vendor preset:
enabled)
   Active: active (running) since 日 2016-10-16 17:04:52 JST; 3min 0s ago
 Main PID: 766 (firewalld)
   CGroup: /system.slice/firewalld.service
           └─766 /usr/bin/python -Es /usr/sbin/firewalld --nofork --nopid
...(以下省略)...

# firewall-cmd --list-all-zones  ←显示所有的区域以及相应的配置信息
block
  target: %%REJECT%%
  icmp-block-inversion: no
  interfaces:
  sources:
  services:
  ports:
  protocols:
  masquerade: no
  forward-ports:
  source-ports:
  icmp-blocks:
  rich rules:

dmz
  target: default
  icmp-block-inversion: no
  interfaces:
  sources:
  services: ssh
...(以下省略)...

# firewall-cmd --list-all-zones | ¥grep -e "^[a-z]" -e services
↑显示所有的区域以及允许的服务
block
```

```
  services:
dmz
  services: ssh
drop
  services:
external
  services: ssh
home
  services: ssh mdns samba-client dhcpv6-client
internal
  services: ssh mdns samba-client dhcpv6-client
public (active)  ←此时，使用公共区域（有效）
  services: ssh dhcpv6-client
trusted
  services:
work
  services: ssh dhcpv6-client

# firewall-cmd --list-services --zone=public
↑显示在公共区域中允许的服务
dhcpv6-client ssh
# firewall-cmd --get-services  ←显示已完成定义的服务
...（中间省略）... http https imap imaps ...（以下省略）...
# firewall-cmd --add-service=http
↑在公共区域允许接入http服务
success
# firewall-cmd --list-services --zone=public  ←确认http服务已添加
dhcpv6-client http ssh
# firewall-cmd --add-service=http -permanent
↑在公共区域永久允许http服务
success
# firewall-cmd --list-services --zone=public -permanent
↑确认永久允许http服务已添加
dhcpv6-client http ssh
# cat /usr/lib/firewalld/zones/public.xml
↑安装时不能更改配置文件（没有添加http）
<?xml version="1.0" encoding="utf-8"?>
<zone>
  <short>Public</short>
  <description>For use in public areas. You do not trust the other computers on networks
to not harm your computer.
    Only selected incoming connections are accepted.</description>
  <service name="ssh"/>
  <service name="dhcpv6-client"/>
</zone>
# cat /etc/firewalld/zones/public.xml
↑向保存的配置文件中添加http
<?xml version="1.0" encoding="utf-8"?>
<zone>
  <short>Public</short>
  <description>For use in public areas. You do not trust the other computers on networks
to not harm your computer.
    Only selected incoming connections are accepted.</description>
  <service name="dhcpv6-client"/>
  <service name="http"/>
  <service name="ssh"/>
</zone>

# iptables -L -v
↑使用iptables命令确认。在用户定义的IN_public_allow链中配置ssh和http的允许规则（不显示内置服务
dhcpv6-client）
...（中间省略）...
Chain IN_public_allow (1 references)
 pkts bytes target     prot opt in     out     source
```

```
destination
  1     60 ACCEPT     tcp  --  any     any      anywhere
anywhere              tcp dpt:ssh ctstate NEW
  0      0 ACCEPT     tcp  --  any     any      anywhere
anywhere              tcp dpt:http ctstate NEW
...（以下省略）...
```

Ubuntu配置实用程序

在Ubuntu上，作为配置Netfilter的实用程序，默认情况下提供ufw（简单防火墙，Uncomplicated FireWall）和iptables。

> 在安装Ubuntu的过程中，由于不包括firewalld，如果要使用firewalld的话，需要执行“apt install firewalld”命令。

如果要使用不带ufw的firewalld，请执行以下命令以禁用ufw并启用firewalld。

```
ufw disable; systemctl reboot
systemctl enable firewalld; systemctl start firewalld
```

ufw是一个提供了易于使用的用户界面来轻松配置Netfilter的命令。它可以充当复杂的iptables命令的前端。

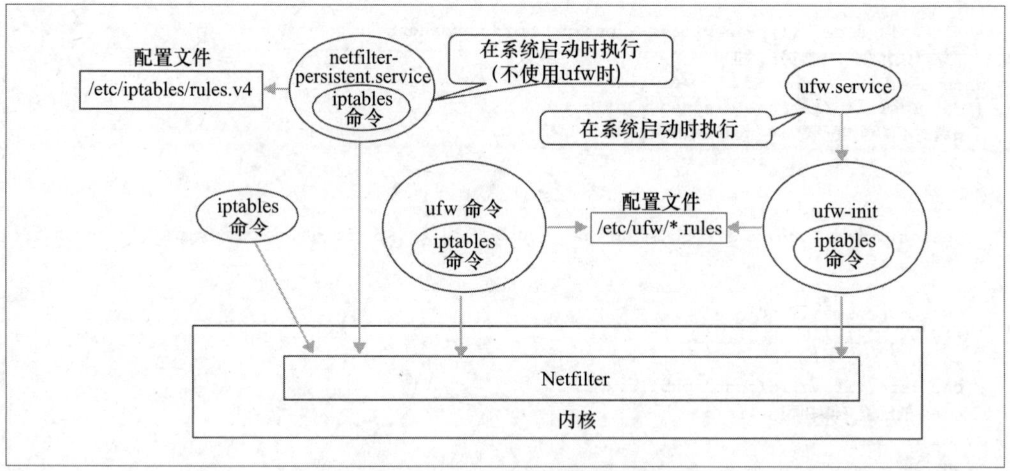

图10-4-4 Ubuntu配置实用程序概述

ufw命令
ufw 选项

带有主要选项的ufw命令的语法如下所示。

启用、禁用、重新加载
ufw enable | disable | reload

设置默认策略(用于处理与规则不匹配的数据包的设置)

ufw default allow | deny | reject [incoming | outgoing | routed]

重置为安装默认值

ufw reset

状态显示

ufw status [verbose | numbered]

删除指定编号的规则

ufw delete 规则编号

在指定的规则编号前插入规则

ufw insert 规则编号规则

以下是ufw的安装以及安装后的状态确认。

安装和初始设置

```
# apt install ufw  ←❶
# ufw status  ←❷
状态：无效

❶未安装ufw的情况（通常默认已安装，除非专门将其卸载）
❷安装后检查ufw状态
```

下面对ufw进行设置。

ufw的设置(指定端口号或服务名称)

```
# ufw allow 22  ←指定端口号为22
已更新规则
已更新规则(v6)
# ufw allow ssh  ←若不指定端口号为22，也可以指定服务名称为ssh

# cat /etc/ufw/user.rules  ←确认规则已被添加(节选)
...
### RULES ###

### tuple ### allow tcp 22 0.0.0.0/0 any 0.0.0.0/0 in
-A ufw-user-input -p tcp --dport 22 -j ACCEPT
↑添加了允许访问端口22 / tcp的规则
-A ufw-user-input -p udp --dport 22 -j ACCEPT
↑添加了允许访问端口22 / ucp的规则
### END RULES ###
...
# ufw enable  ←启用UFW (激活)
              ssh 可能会被拒绝并且连接也可能会被挂起
Command may disrupt existing ssh connections. Proceed with operation (y|n)? y  ←输入“y”
防火墙处于有效状态，并在系统引导时启用。
# ufw status verbose  ←显示设置状态
状态：有效
记录：on (low)
Default: deny (incoming), allow (outgoing), disabled (routed)
新个人资料：allow
```

```
To              Action      From
--              ------      ----
22              ALLOW IN    Anywhere
22 (v6)         ALLOW IN    Anywhere (v6)
```

ufw的设置(指定IP地址)

```
# ufw allow from 172.16.0.0/16  ←允许从网络访问172.16.0.0/16
新增规则
# ufw allow to any port 80 from 192.168.1.1
↑允许从192.168.1.1访问端口80
新增规则
# ufw status verbose  ←显示详细的设置信息
状态：有效
记录：on (low)
Default: deny (incoming), allow (outgoing), disabled (routed)
新个人资料：allow

To              Action          From
--              ------          ----
22              ALLOW IN        Anywhere
Anywhere        ALLOW IN        172.16.0.0/16  ←新增的规则
80              ALLOW IN        192.168.1.1  ←新增的规则
22 (v6)         ALLOW IN        Anywhere (v6)
```

ufw的设置(删除和插入规则)

```
# ufw status numbered  ←显示带编号的规则
状态：有效

     To            Action        From
     --            ------        ----
[ 1] 22            ALLOW IN      Anywhere
[ 2] Anywhere      ALLOW IN      172.16.0.0/16
[ 3] 80            ALLOW IN      192.168.1.1
[ 4] 22 (v6)       ALLOW IN      Anywhere (v6)

# ufw delete 2  ←删除编号为2的规则
删除：
allow from 172.16.0.0/16
是否继续操作 (y|n)? y
规则已删除

# ufw status numbered  ←确认该规则已被删除
状态：有效

     To            Action        From
     --            ------        ----
[ 1] 22            ALLOW IN      Anywhere
[ 2] 80            ALLOW IN      192.168.1.1
[ 3] 22 (v6)       ALLOW IN      Anywhere (v6)

# ufw insert 2 allow from 172.16.0.0/16  ←在第二个规则之前再次插入的规则
# ufw status numbered  ←确认该规则被插入
状态：有效

     To            Action        From
     --            ------        ----
[ 1] 22            ALLOW IN      Anywhere
[ 2] Anywhere      ALLOW IN      172.16.0.0/16  ←规则已被插入
[ 3] 80            ALLOW IN      192.168.1.1
[ 4] 22 (v6)       ALLOW IN      Anywhere (v6)
```

ufw的设置（在安装时重置默认规则）

```
# ufw rese  ←重置为默认设置。备份当前设置
重置安装默认规则，可能会中断现有的SSH连接。是否要继续操作（y | n）? y
正在进行从'user.rules'到'/etc/ufw/user.rules.20181023_005530'的备份
正在进行从'before.rules'到'/etc/ufw/before.rules.20181023_005530'的备份
正在进行从'after.rules'到'/etc/ufw/after.rules.20181023_005530'的备份
正在进行从'user6.rules'到'/etc/ufw/user6.rules.20181023_005530'的备份
正在进行从'before6.rules'到'/etc/ufw/before6.rules.20181023_005530'的备份
正在进行从'after6.rules'到'/etc/ufw/after6.rules.20181023_005530'的备份

# ufw status  ←执行"ufw reset"后设为无效
状态：无效
# ufw enable  ←启动（激活）

# cat /etc/ufw/user.rules  ← 确认添加的规则已被删除（节选）
…
### RULES ###
                                        ←添加的规则已被删除

### END RULES ###
…
```

使用个人资料

在ufw中，除了端口号和服务名称之外，还可以通过设置allow和deny来为每个应用程序指定一个配置文件。

个人资料格式

```
[<个人资料名称>]
title= <标题>
description = <个人资料描述>
ports = <端口号>
```

每个应用程序的配置文件创建在/etc/ufw/applications.d文件夹中。

检查默认配置文件

```
# ls /etc/ufw/applications.d/
cups  openssh-server
# cat /etc/ufw/applications.d/openssh-server  ←显示SSH服务器上的个人资料
[OpenSSH]
title=Secure shell server, an rshd replacement
description=OpenSSH is a free implementation of the Secure Shell protocol.
ports=22/tcp
```

指定个人资料名称的allow命令

```
# ufw allow OpenSSH
新增规则
新增规则（v6）
# ufw status verbose
状态：有效
记录：on (low)
Default: deny (incoming), allow (outgoing), disabled (routed)
新的个人资料：allow

To                    Action      From
--                    ------      ----
22/tcp (OpenSSH)     ALLOW IN    Anywhere
22/tcp (OpenSSH (v6))      ALLOW IN    Anywhere (v6)
```

Netfilter工程

Netfilte拥有四种类型的**表**，即filter、nat、mangle和raw，选择哪种类型的表，具体取决于数据包的处理方式。

表10-4-4 表的类型

表的类型	说　明	包含的链
filter	进行过滤	INPUT、FORWARD、OUTPUT
nat	地址转换	PREROUTING、OUTPUT、POSTROUTING
mangle	重写数据包头	PREROUTING、OUTPUT（在2.4.18之后添加以下三个：INPUT、FORWARD、POSTROUTING）
raw	不追踪原始连接	PREROUTING、OUTPUT

每个表都有几种类型"规则集"的**链**。根据数据包的接入点，共有五种类型的链，INPUT、OUTPUT、FORWARD、PREROUTING、POSTROUTING。

表10-4-5 链的类型

链的类型	说　明
INPUT	用于将数据包输入到本地主机的链
OUTPUT	用于从本地主机输出到数据包的链
FORWARD	用于转发经过本地主机的数据包的链
PREROUTING	用于路由决策之前的链
POSTROUTING	用于路由决策之后的链

下图是Netfilter的概述。由于mangle和raw需要特殊处理，因此将其省略。

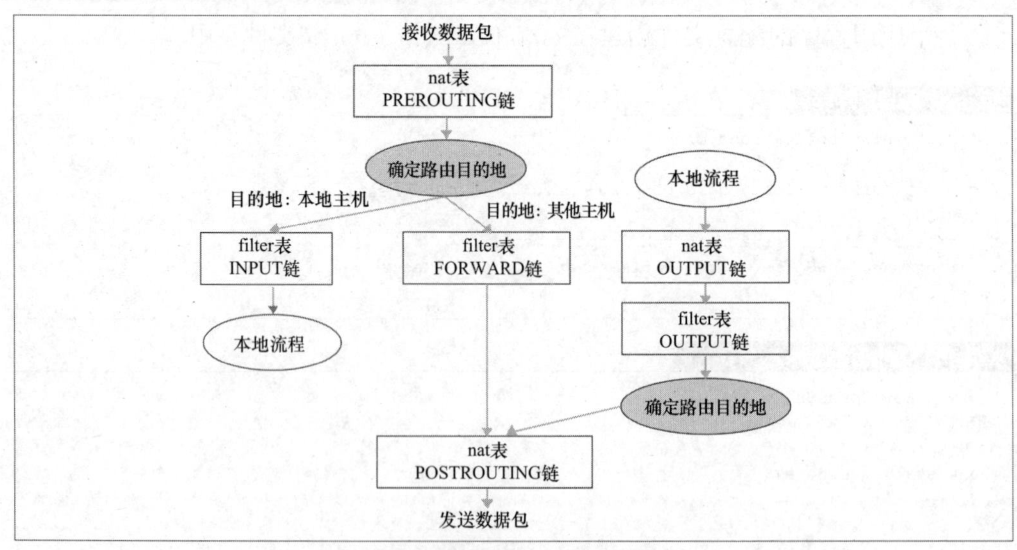

图10-4-5 Netfilter的概述

作为转发数据包（FORWARD）的先决条件，必须将内核参数net.ipv4.ip_forward的值设置为"1"。

可以在链的规则集中指定以下项目。还可以在规则中使用"拒绝"，例如"指定地址以外的地址"。

协议、源地址、目标地址、源端口、目标端口、TCP标志、接收接口、发送接口、状态(state：连接状态)

当数据包与链中的规则集匹配时，处理方法是根据目标(target)来指定。按照表和链可以设置不同的目标。

主要的目标如下所示。

表10-4-6 目标的类型

目标	可用表	可用链	说　明
ACCEPT	全部	全部	允许
REJECT	全部	INPUT、OUTPUT、FORWARD	拒绝。返回ICMP错误消息
DROP	全部	全部	删除。不返回ICMP错误消息
DNAT	nat	PREROUTING、OUTPUT	重写目标地址
SNAT	nat	POSTROUTING	重写源地址
MASQUERADE	nat	POSTROUTING	重写源地址。用于动态设置地址
LOG	全部	全部	记录日志。继续下一条规则而不结束
用户定义的链	全部	全部	–

iptables

iptables命令允许设置表、链并在链中设置一个或多个规则。

Netfilter通过依次应用链中设置的多个规则来过滤数据包。如果与规则匹配，则根据规则中设置的**目标**(ACCEPT、REJECT、DROP等)对其进行处理。

如果没有规则与之匹配，则转到下一个规则。链的默认策略(ACCEPT、DROP)则应用于与任何规则都不匹配的数据包。

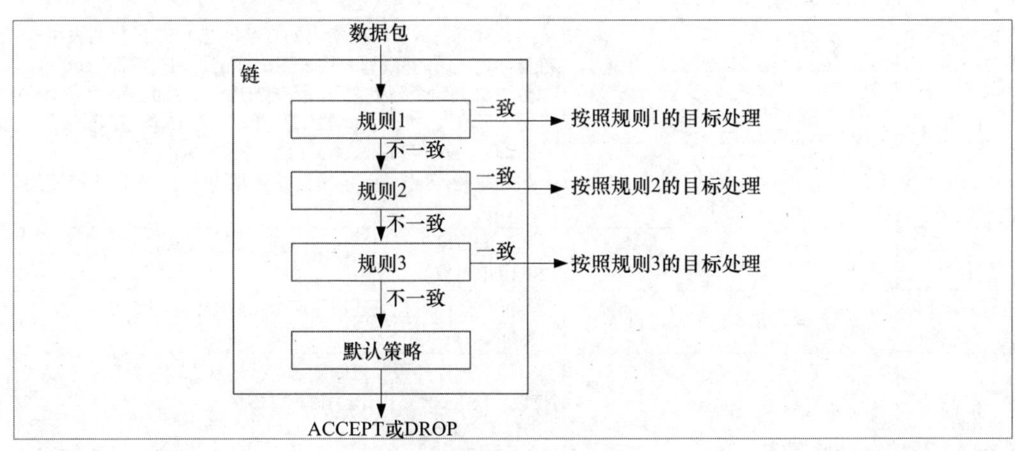

图10-4-6 链中的规则

设定规则
iptables [-t 表] {命令} 链 规则 -j 目标

使用“-t”选项设置表。默认为filter表。

使用“-j”选项设置目标。当省略目标时，数据包计数器将增加1，并且不处理数据包而应用默认策略。

主要命令如下所示。

表10-4-7 设置规则的命令

指定命令的选项	说明
--append -A 链	追加到现有规则的末尾
--insert -I链 [规则编号]	添加到现有规则的开头 如果设置了规则编号，则将它插入到指定编号的位置
--list -L [链 [规则号]]	显示规则。如果设置了链，则显示该链的规则；如果未设置链，则显示所有链的规则
--delete -D 链	删除设置链中的规则
--policy -P 目标	设置链的默认策略 在目标中设置为ACCEPT或DROP

表10-4-8 规则的匹配条件

指定项目	指定匹配条件的选项	说明
协议	[!] -p、--protocol 协议	指定tcp、udp、icmp、all中的任何一个
源地址	[!] -s、--source 地址[/掩码]	设置源地址。如果未设置
目标地址	[!] -d、--destination 地址[/掩码]	设置目标地址。如果未设置
源端口	[!] --sport 端口号 -m multiport [!] --source-ports、--sports端口号列表	设置源端口。如果未指定任何端口，则可以使用-m multiport选项，并用“,”将所有端口分隔 示例：-m multiport --sports 20,21,25,53
目标端口	[!] --dport 端口号 -m multiport [!] --destination-ports、 --dports 端口号列表	设置目标端口。如果未设置，则指定为所有端口
TCP标志	[!] --tcp-flags 第1参数 第2参数 [!] --syn	--tcp-flags用于匹配指定的TCP标记。第1参数列表用来检查标记，第2参数列表用来匹配标记。列表内部用逗号作为分隔符，两个列表之间用空格分开。下面的示例表示检查SYN、ACK、FIN、RST标记，但只有SYN标记匹配 示例：--tcp-flags SYN，FIN，RST SYN 如果只是匹配SYN（申请建立连接）的话，可以直接使用“--syn”
数据报文流入的接口	[!] -i、--in-interface 接口	匹配入口网卡，只适用于INPUT、FORWARD和PREROUTING
数据报文流出的接口	[!] -o、--out-interface接口	匹配出口网卡，只适用于FORWARD、OUTPUT和POSTROUTING
状态（state：连接状态）	[!] - state 状态	可以通过连接跟踪机制确定连接的状态。主要状态包括NEW、ESTABLISHED、RELATED NEW：打开新连接 ESTABLISHED：已建立连接 RELATED：打开新连接但与已建立的连接关联（FTP数据传输、现有的与连接有关的ICMP错误等）

以下是仅设置iptables命令而不使用firewalld（CentOS）或ufw（Ubuntu）的示例。

禁用firewalld并启用iptables的设置（CentOS）

```
# yum install iptables.service   ←安装iptables.service 软件包
# systemctl disable firewalld ←禁用firewalld.service
# systemctl enable iptables ←启用iptables.service
# systemctl reboot  ←重新启动系统
```

禁用ufw的设置（Ubuntu）

```
# apt install iptables-persistent
↑当系统启动时从/etc/iptables/rules.v4恢复restore的包
（根据依赖性，还安装了netfilter -persistent软件包）
# ufw disable ←禁用ufw
# systemctl reboot  ←重新启动系统
```

使用iptables设置规则

```
# iptables -L  ←显示设置状态。显示所有允许数据包的状态。
Chain INPUT (policy ACCEPT)
target     prot opt source         destination

Chain FORWARD (policy ACCEPT)
target     prot opt source         destination

Chain OUTPUT (policy ACCEPT)
target     prot opt source         destination

# iptables -A INPUT -p tcp --dport 22 -j ACCEPT  ←允许数据包到达目标端口号22
# iptables -A INPUT -p tcp --dport 80 -j ACCEPT  ←允许数据包到达目标端口80
# iptables -P INPUT DROP
↑将默认策略设置为DROP。拒绝22号和80号以外的数据包

# iptables -L -v  ←通过“-v”选项显示详细的设置状态

Chain   INPUT  (policy   DROP  0    packets,  0  bytes)
 pkts   bytes  target    prot  opt  in    out    source    destination
  106   7692   ACCEPT    tcp   --   any  any     anywhere  anywhere     tcp dpt:ssh
    0   0      ACCEPT    tcp   --   any  any     anywhere  anywhere     tcp dpt:http

Chain   FORWARD (policy  ACCEPT 0   packets,  0  bytes)
 pkts   bytes    target  prot       opt in       out    source   destination

Chain   OUTPUT  (policy  ACCEPT 7   packets,   872  bytes)
 pkts   bytes    target  prot opt   in  out    source            destination

# iptables-save > /etc/sysconfig/iptables
↑将当前设置保存到/ etc / sysconfig / iptables（CentOS）
```

对于Ubuntu的情况，设置将被保存在/iptables/rules.v4文件中。

iptables-save > /etc/iptables/rules.v4

在Ubuntu情况下，如果/etc/iptables/rules.v4文件存在的话，即使执行“ufw enable”，ufw也将处于无效状态。

10-5

应该了解的与安全性相关的软件

篡改、入侵检测和恶意软件防护

对于文件篡改和网络入侵检测以及恶意软件篡改或入侵检测等，有用于增强系统安全性的软件。

恶意软件(Malware)是导致计算机系统故障，窃取机密信息，获得闯入系统的权限，并显示恶意广告的各类软件的总称。

恶意软件根据其特征分类如下所示。通常，一个恶意软件具有多个这些特征。

表10-5-1 恶意软件的类型

恶意软件的类型	说　明
病毒(Virus)	不是独立的程序，自身无法运行，会重写其他程序并添加自身(感染)以执行非法功能
蠕虫(Worm)	与病毒不同，它是一个独立程序，不需要任何其他程序即可感染自己。能够通过网络传播到其他计算机
特洛伊木马(Trojan horse)	类似于希腊神话中的“特洛伊木马”，其伪装成一种无恶意的应用程序渗透到计算机，窃取密码等机密信息或下载恶意程序
系统权限获取器(Rootkit)	侵入系统并获得管理员权限(root权限)，对系统管理员隐藏入侵痕迹。这使得攻击者可以继续未经授权的操作而不会被检测到
后门(Backdoor)	通过绕过合法的身份验证过程进行登录的侵入口(后门)
勒索软件(Ransomware)	加密并锁定文件夹和文件使其无法被访问，并以解密为条件进行勒索
间谍软件(Spyware)	秘密收集用户和系统信息，并将这些信息发送到其他站点
广告软件(Adware)	以赚钱为目的，不管用户的意愿如何，弹出广告宣传自己

表10-5-2 流量监控、入侵检测、漏洞检测

工具名称	说　明
tcpdump	基于命令行的流量监控
Wireshark	基于GUI的流量监控
ntopng	基于Web的流量监控
Cacti	基于Web的网络监控工具
Snort	网络入侵防御(IPS)、入侵检测(IDS)
nmap	端口扫描器
OpenVAS	网络的漏洞检测

表10-5-3 反恶意软件工具

工具名称	说　明
chkrootkit	Check Rootkit，用于Rootkit的检测
rkhunter	Rootkit Hunter，用于Rootkit和恶意软件的检测
maldet	Linux Malware Detect，用于恶意软件的检测
Tripwire	文件完整性和入侵检测。由Tripwire开发，分商业版和开源版
aide	高级入侵检测环境（Advanced Intrusion Detection Environment）。文件完整性检测和入侵检测
OpenSCAP	安全内容自动化协议（Security Content Automation Protocol，SCAP）的开源实现。漏洞检测

在这些软件中，下面将对用于文件篡改检测的aide以及用于网络入侵检测的snort的使用方法进行介绍。

使用aide进行篡改检测

aide 是一种检测文件篡改的工具，它具有以下特征。

· 通过将初始化数据库中存储的文件属性与实际文件进行比较来检测篡改

· 将以下文件属性存储在数据库中：

UID、GID、权限、文件大小、inode、ACL、扩展属性、消息摘要

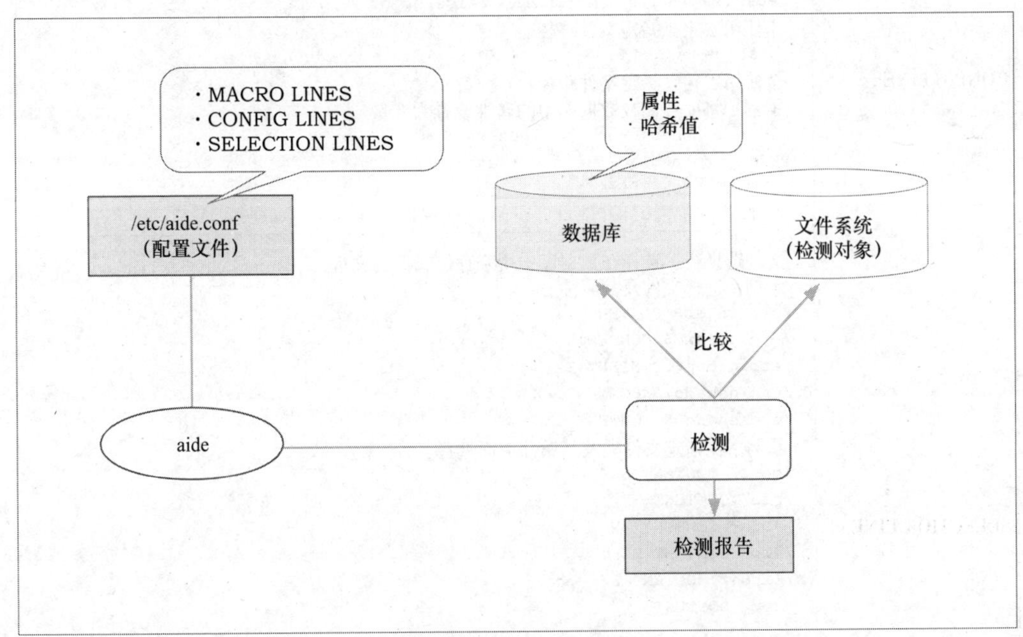

图10-5-1 aide概述

篡改检测
aide [选项] {命令}

表10-5-4 aide的命令

命令	说明
--init、-i	初始化数据库
--check、-C	通过参考数据库检测文件是否已被篡改。默认
--update、-u	检测并更新数据库
--compare	比较更新前后的数据库。使用配置文件/etc/aide.conf指定更新前的数据库(data - base=)与后更新数据库(data - base_new=)

aide的配置文件

/etc/aide.conf是参照aide(/usr/sbin/aide)命令的配置文件。

aide.conf 文件由“MACRO LINES”（宏定义行）、“CONFIG LINES”（参数设置行）和“SELECTION LINES”（文件选择行）这三种类型的设置行组成。

表10-5-5 设置行的类型

设置行	说明
MACRO LINES	宏定义行 示例： @@ define DBDIR / var / lib / aide @@ define LOGDIR / var / log / aide
CONFIG LINES	参数设置行。以“参数名称=值”的格式设置参数 示例：指定数据库文件 database = file: @@ {DBDIR} /aide.db.gz ↑使用宏定义指定文件路径 database_out = file : @@ {DBDIR} /aide.db.new.gz ↑使用宏定义指定文件路径 示例：将要存储在数据库中的属性设置为变量 DIR = p+i+n+u+g+acl+selinux+xattrs PERMS = p+u+g+acl+selinux+xattrs CONTENT = sha256+ftype CONTENT_EX = sha256+ftype+p+u+g+n+acl+selinux+xattrs
SELECTION LINES	文件选择行。选择在数据库中用来存储属性的文件 示例：选择文件及其属性 /etc/fstab$ CONTENT_EX /etc/passwd$ CONTENT_EX /etc/group$ CONTENT_EX /etc/gshadow$ CONTENT_EX /etc/shadow$ CONTENT_EX 示例：在指定文件夹及其属性下面选择 /boot/ CONTENT_EX /bin/ CONTENT_EX /sbin/ CONTENT_EX /lib/ CONTENT_EX /lib64/ CONTENT_EX /opt/ CONTENT 示例：选择指定文件夹及其属性(在开头指定“=”时，仅指该文件夹) =/home DIR 示例：指定从对象中排除的文件夹/文件(在开头指定“!”时，排除该文件夹/文件) !/usr/tmp/ !/etc/.*~

aide.conf 文件中以“#”开头的行是注释。

数据库中存储的主要属性如下所示。

表10-5-6 属性的种类

属　性	说　　明
p	权限
I	索引节点
n	链接数
u	用户
g	组
s	大小
b	分组数目
m	mtime
a	atime
c	ctime
acl	ACL
selinux	SELinux安全上下文
xattr	扩展属性
md5	md5校验和
sha256	sha256校验和
sha512	sha512校验和

安装aide并检查配置文件。

本节中的所有任务均以root权限执行。对于Ubuntu的情况，通过在“# 命令”处执行“$ sudo su-”以进入root Shell中进行操作，然后在所有工作完成后，使用“# exit”退出root Shell或每个命令使用“$ sudo 命令”运行。

安装aide(CentOS)

```
# yum install aide
```

安装aide(Ubuntu)

```
# apt install aide
```

检查配置文件

```
# vi /etc/aide.conf
# Example configuration file for AIDE.

@@define DBDIR /var/lib/aide
@@define LOGDIR /var/log/aide

# The location of the database to be read.
database=file:@@{DBDIR}/aide.db.gz   ←数据库文件路径

# The location of the database to be written.
#database_out=sql:host:port:database:login_name:passwd:table
#database_out=file:aide.db.new
database_out=file:@@{DBDIR}/aide.db.new.gz   ←更新后的数据库文件路径
...（以下省略）...
```

执行aide以检测篡改。在配置文件中，数据库文件路径被设置为/var/lib/aide/aide.db.gz，因此复制更新的数据库文件/var/lib/aide/aide.db.new.gz并更改名称。

检测到文件篡改

```
# aide --init  ←数据库初始化

AIDE, version 0.15.1

### AIDE database at /var/lib/aide/aide.db.new.gz initialized.

# ls -l /var/lib/aide/aide.db*
-rw------- 1 root root 6221827  9月  8 01:44 /var/lib/aide/aide.db.new.gz

# cp /var/lib/aide/aide.db.new.gz /var/lib/aide/aide.db.gz ←复制数据库

# aide --check  ←复制数据库

AIDE, version 0.15.1

### All files match AIDE database. Looks okay!  ←数据库初始化后，没有篡改

# aide --check  ←检测数据库（从初始化开始经过一段时间）
AIDE 0.15.1 found differences between database and filesystem!!
Start timestamp: 2017-09-09 09:16:45

Summary:
  Total number of files:   162695
  Added files:            20
  Removed files:           1
  Changed files:           4

---------------------------------------------------------------
Added files:
---------------------------------------------------------------

added: /root/.local/share/gvfs-metadata/home-dd182f77.log
...（中间省略）...

---------------------------------------------------------------
Removed files:
---------------------------------------------------------------

removed: /root/.local/share/gvfs-metadata/home-0c850559.log

---------------------------------------------------------------
Changed files:
---------------------------------------------------------------

changed: /etc/cups/subscriptions.conf
changed: /etc/cups/subscriptions.conf.O
...（中间省略）...

---------------------------------------------------------------
Detailed information about changes:
---------------------------------------------------------------

File: /etc/cups/subscriptions.conf
 SHA256    : 5oIQYqoW2Yh5+xjMWK01xy7WcWrHqljI , yJ8Hkg06pfqeTM6At2AZP82Pp97AaZEZ
File: /etc/cups/subscriptions.conf.O
 SHA256    : 9NfdaadtjzhdYXnDNvgPNaOwLFJv8gK3 , bVGgLPJK2f6GsNd7yjBcrVuDN6NlJd4N
...（以下省略）...
```

Snort入侵预防

Snort是由Martin Roesch于1998年开发的开源网络入侵防御系统(Intrusion Prevention System，IPS)/入侵检测系统(Intrusion Detection System，IDS)。目前，正在由Martin Roesch于2001年创立的Sourcefire公司进行开发。

源代码和RPM二进制软件包可从“https://www.snort.org”获得。

安装Snort

以下是安装Snort二进制软件包的示例。这里将会安装Snort软件包和Snort使用的Data Acquisition数据采集库中的daq 软件包。

安装Snort软件包(CentOS)

```
# yum install https://www.snort.org/downloads/snort/snort-2.9.12-1. centos7.x86_64.rpm
...(省略执行结果)...
```

安装Snort软件包(Ubuntu)

```
# apt instal snort
...(省略执行结果)...
```

在CentOS上安装时，请将Snort版本指定为运行时的最新版本。

另外，可以通过订阅(付费)或注册(注册登录名和电子邮件地址)下载Sourcefire公司Vulnerability Research Team(VRT)团队开发的官方规则(数据包检测规则)。

以下是注册登录名和电子邮件地址后，在“/etc/snort”文件夹中下载的“snortrules-snapshot-2983.tar.gz”的安装示例。

安装Snort规则

```
# cd /etc/snort
# ls
classification.config  gen-msg.map  reference.config  rules  snort.conf  snortrules-
snapshot-2983.tar.gz  threshold.conf  unicode.map
# ls rules  ←❶
# tar xvf snortrules-snapshot-2983.tar.gz
# ls
classification.config  gen-msg.map  reference.config  snort.conf      snortrules-
snapshot-2983.tar.gz  threshold.conf
etc        preproc_rules  rules      snort.conf.install  so_rules
unicode.map
# ls rules/web*  ←❷
rules/web-activex.rules  rules/web-client.rules        rules/web-iis.rules
rules/web-attacks.rules  rules/web-coldfusion.rules    rules/web-misc.rules
rules/web-cgi.rules      rules/web-frontpage.rules     rules/web-php.rules
```

❶安装时在rules文件夹下没有任何内容
❷Snort规则文件安装在rules文件夹中。本示例显示了与Web相关的规则文件

Snort的组成

Snort具有三种模式："嗅探器模式""数据包记录器模式"和"NIDS模式"，并且由"数据包捕获"，"数据包解码器""预处理器""检测引擎"和"输出插件"五个组件组成。

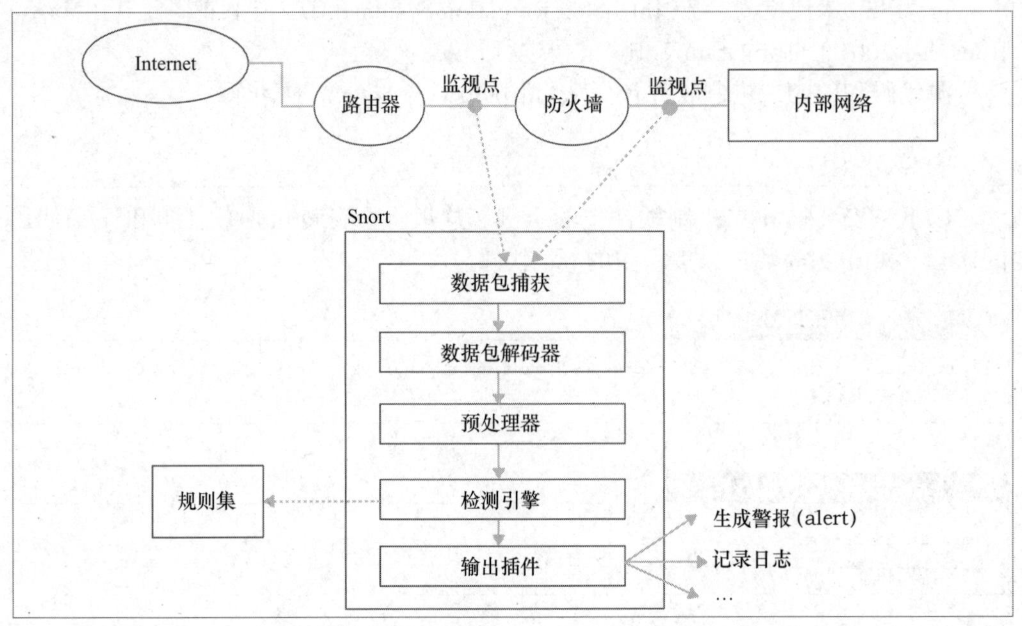

图10-5-2 Snort的组成

◇**数据包捕获**

从网络捕获原始(raw)数据包。使用libcap库进行捕获。

◇**数据包解码器**

读取原始数据包的数据链路层、网络层和传输层标头，并创建用于内部处理的数据包数据结构。

◇**预处理器**

Snort预处理器以插件形式实现，可根据实际需要来编写插件。这些插件主要用来处理分片(当数据包大小超过相应链路的MTU时需要执行分片)攻击、端口扫描以及单个数据包(签名)无法检测到的攻击。

◇**检测引擎**

检测并处理由规则集定义的数据包，该规则集是多个规则的集合。

◇**输出插件**

由多个插件组成，这些插件可以处理与检测到的数据包有关的信息。有警报日志输出插件、tcpdump 格式日志输出插件、CSV格式输出插件和输出到MySQL等数据库的插件。

检测引擎引用的规则集通常每个功能都有多个文件，并且文件夹和文件名在Snort的配置文件snort.conf中指定。

在规则集中，一行描述了一条规则，该规则由规则标头部分和规则选项部分组成。

规则标头部分包含操作、协议、源IP地址/目标IP地址和网络掩码、源/目标端口号和方向运算符。

规则选项部分则包含警报消息和用于检查的数据包的部分信息。

表10-5-7 规则格式和示例

格式	规则标头							选项标头 ※选项标头用()括起来
	操作	协议	IP地址/掩码	端口号	方向操作符	IP地址/掩码	端口号	
说明示例	alert	tcp	any	any	->	176.16.0.0/16	any	(flags:S; msg:""SYN Packet"";)

操作包括alert(生成警报)、log(记录数据包)、pass(忽略数据包)、activate(启用其他动态规则)和dynamic动态(等待激活)。

方向运算符包括“->”(指定从左到右)和“<>”(指定双向)。

规则选项包括“msg”(用于指定要输出的警报消息)和“flags”(用于指定要检查的TCP标志)。

Snort的设置

在CentOS中，安装本书所使用的Snort软件包(snort-2.9.12-1.centos7.x86_64.rpm)和Snort规则(snortrules-snapshot-2983.tar.gz)时，需要编辑配置文件/etc/snort/snort.conf，并按以下步骤修复软件包和规则之间的一些不一致之处(对于Ubuntu的情况，则不需要进行这些修改)。

/etc/snort/snort.conf文件的编辑

```
# cp /etc/snort/snort.conf /etc/snort/snort.conf.install
# vi /etc/snort/snort.conf
# var SO_RULE_PATH ../so_rules
var SO_RULE_PATH so_rules  ←更改路径
# var PREPROC_RULE_PATH ../preproc_rules
var PREPROC_RULE_PATH preproc_rules  ←更改路径
# var WHITE_LIST_PATH ../rules
var WHITE_LIST_PATH rules  ←更改路径
# var BLACK_LIST_PATH ../rules
var BLACK_LIST_PATH rules  ←更改路径
# dynamicdetection directory /usr/local/lib/snort_dynamicrules
# whitelist $WHITE_LIST_PATH/white_list.rules, \
# blacklist $BLACK_LIST_PATH/black_list.rules
blacklist $BLACK_LIST_PATH/blacklist.rules  ←更改文件名
```

检查/etc/snort/snort.conf文件中预处理器的配置

```
# vi /etc/snort/snort.conf
...(中间省略)...
# HTTP normalization and anomaly detection.  For more information, see README.http_
inspect
preprocessor http_inspect: global iis_unicode_map unicode.map 1252 compress_depth 65535
decompress_depth 65535
preprocessor http_inspect_server: server default \
 http_methods { GET POST PUT SEARCH MKCOL COPY MOVE LOCK UNLOCK NOTIFY
POLL BCOPY BDELETE BMOVE LINK UNLINK OPTIONS HEAD DELETE TRACE TRACK
CONNECT SOURCE SUBSCRIBE UNSUBSCRIBE PROPFIND PROPPATCH BPROPFIND
BPROPPATCH RPC_CONNECT PROXY_SUCCESS BITS_POST CCM_POST SMS_POST RPC_IN_
DATA RPC_OUT_DATA RPC_ECHO_DATA } \
 chunk_length 500000 \
 server_flow_depth 0 \
 client_flow_depth 0 \
 post_depth 65495 \
 oversize_dir_length 500 \
 max_header_length 750 \
 max_headers 100 \
 max_spaces 200 \
 small_chunk_length { 10 5 } \
 ports { 80 81 311 383 ...(以下省略)...
# FTP / Telnet normalization and anomaly detection.  For more information, see README.
ftptelnet
preprocessor ftp_telnet: global inspection_type stateful encrypted_traffic no check_
encrypted
preprocessor ftp_telnet_protocol: telnet \
 ayt_attack_thresh 20 \
 normalize ports { 23 } \
 detect_anomalies
preprocessor ftp_telnet_protocol: ftp server default \
 def_max_param_len 100 \
 ports { 21 2100 3535 } \
 telnet_cmds yes \
 ignore_telnet_erase_cmds yes \
 ftp_cmds { ABOR ACCT ADAT ALLO APPE AUTH CCC CDUP } \
...(中间省略)...
# SMTP normalization and anomaly detection.  For more information, see README.SMTP
preprocessor smtp: ports { 25 465 587 691 } \
 inspection_type stateful \
 b64_decode_depth 0 \
 qp_decode_depth 0 \
 bitenc_decode_depth 0 \
 uu_decode_depth 0 \
 log_mailfrom \
 log_rcptto \
 log_filename \
 log_email_hdrs \
 normalize cmds \
 normalize_cmds { ATRN AUTH BDAT CHUNKING DATA DEBUG EHLO EMAL ESAM ESND ESOM ETRN EVFY } \
 normalize_cmds { EXPN HELO HELP IDENT MAIL NOOP ONEX QUEU QUIT RCPT
RSET SAML SEND SOML } \
...(中间省略)...
# SSH anomaly detection.  For more information, see README.ssh
preprocessor ssh: server_ports { 22 } \
        autodetect \
        max_client_bytes 19600 \
        max_encrypted_packets 20 \
        max_server_version_len 100 \
        enable_respoverflow enable_ssh1crc32 \
        enable_srvoverflow enable_protomismatch
...(以下省略)...
```

启动和停止Snort

可以使用systemctl命令启动和停止Snort。

启动Snort

```
systemctl start snortd
```

停止Snort

```
systemctl stop snortd
```

启用Snort

```
systemctl enable snortd
```

禁用Snort

```
systemctl disable snortd
```

数据包监控

配置完成后，就可以启动Snort并监视数据包。

启动snort

```
# systemctl start snortd
# ps -ef | grep snort
snort 4033 1 0 03:42 ?  00:00:04 /usr/sbin/snort -A fast -b -d -D -i eth0 -u snort
-g snort -c /etc/snort/snort.conf -l /var/log/snort
```

如果Snort规则检测到匹配的数据包，则该数据包信息将被记录在/ var / log / snort / alert文件中。

以下是“/etc/snort/rules/server-apache.rules”中的Snort规则的示例，该规则可以检测出在“CVE-2014-0226”中注册的Apache HTTP服务器中存在漏洞的数据包。

server-apache.rules的Snort规则

```
# cat /etc/snort/rules/server-apache.rules
alert tcp $EXTERNAL_NET any -> $HOME_NET $HTTP_PORTS (msg:"SERVER-APACHE Apache HTTP
Server mod_status heap buffer overflow attempt"; flow:to_server,established; content:
"/server-status"; fast_pattern:only; http_uri; detection_filter:track by_dst, count 21,
seconds 2; metadata:impact_flag red, service http; reference:cve,2014-0226;
reference:url,httpd.apache.org/security/vulnerabilities_24.html;
reference:url,osvdb.org/
show/osvdb/109216; classtype:web-application-activity; sid:35406; rev:1;)
```

当检测到与上述规则“server-apache.rules”匹配的数据包(试图入侵的非法数据包)时，/var/log/snort/alert文件中将显示以下alert(警报)并被记录下来。

记录在/var/log/snort/alert文件中的警报

```
# cat /var/log/snort/alert
[**] [1:35406:1] SERVER-APACHE Apache HTTP Server mod_status heap buffer overflow attempt
[**]
[Classification: Access to a Potentially Vulnerable Web Application] [Priority: 2]
10/12-12:10:07.363281 172.16.210.175:60181 -> 172.16.210.220:80
TCP TTL:64 TOS:0x0 ID:22629 IpLen:20 DgmLen:384 DF
***AP*** Seq: 0x1493E823  Ack: 0xC12B250E  Win: 0x7B  TcpLen: 32
TCP Options (3) => NOP NOP TS: 1131595612 336782970
[Xref => http://osvdb.org/show/osvdb/109216]
[Xref => http://httpd.apache.org/security/vulnerabilities_24.html]
[Xref => http://cve.mitre.org/cgi-bin/cvename.cgi?name=2014-0226]
```

消息“SERVER-APACHE Apache HTTP Server mod_status heap buffer overflow attempt”表示检测到在“CVE-2014-0226”中注册的Apache HTTP服务器中存在漏洞的数据包。

snort-stat命令

snort-stat命令是Debian和Ubuntu提供的一个小的Perl脚本。Snort可以根据输出的日志生成检测到的数据包的统计信息。生成的统计信息将通过电子邮件发送给用户。

在Ubuntu上，该命令包含在snort-common软件包中。使用“apt install snort-common”命令完成安装。

数据包统计信息的生成

```
cat <snort 日志> | snort-stat [选项]
```

表10-5-8 snort-stat命令的选项

选 项	说 明
-d	调试(debug)
-r	IP地址名称解析、转换域名
-h	HTML形式(html)输出

专 栏

SSH通信加密顺序

正如在本章的"了解数据加密和用户/主机身份验证"和"使用SSH进行安全通信"中所介绍的那样，对于近年来基于HTTPS / TLS和OpenSSH的通信来说，高安全强度、使用椭圆曲线的算法已开始被广泛使用。

在本专栏中，将介绍根据私钥计算公钥的机制，以及ssh 加密的顺序，有助于大致了解椭圆曲线密码学。本章最后附上与椭圆曲线有关的数学术语列表。

用户使用ssh命令登录到服务器

用户执行ssh命令并登录到服务器为止的顺序如下所示。

❶客户端(ssh命令)连接到服务器(sshd守护程序)
❷服务器将主机公钥发送给客户端
❸客户端通过比较服务器的公钥与存储在"~/.ssh/known_hosts"中的服务器的公钥来进行验证
❹通过服务器和客户端之间约定的密钥交换方法共享公用密钥，并确定公用密钥的加密方法。
❺使用通用密钥加密通信路径
❻用户使用基于主机的身份验证、公钥身份验证或密码身份验证中的任一种验证方式登录服务器

在以下情况下使用主机密钥：

· 客户端对服务器的主机验证
· 服务器对用户的基于主机的身份验证

在CentOS 7.6和Ubuntu 18.04所采用的最新版本的OpenSSH中，默认的是7个私钥/公钥对，它们利用了椭圆曲线上离散对数难题的/etc/ssh/ssh_host_ecdsa_key和/etc/ssh/ssh_host_ecdsa_key.pub。

之后，通过密钥交换在服务器和客户端之间共享的公钥将用于加密通信路径。在CentOS 7.6和Ubuntu 18.04所使用的最新版本的OpenSSH中，默认的是7个密钥交换算法，它们利用了椭圆曲线上离散对数难题的curve25519-sha256。

以下是服务器和客户端均为OpenSSH v7时在配置文件中使用的指令和默认值。由于每种算法都是由服务器和客户端之间协商决定的，因此，如果服务器和客户端之一或两者的配置文件中的OpenSSH版本或指令设置不同，则使用与下表不同的另一种算法。

操作模式设置及显示

指　令	指令说明	默认使用值	使用值说明
HostKey	指定启动sshd时要加载的主机密钥文件名（仅在sshd_config中指定）。实际使用的主机密钥由HostKeyAlgorithms的选择结果确定	/etc/ssh/ssh_host_rsa_key、/etc/ssh/ssh_host_ecdsa_key、/etc/ssh/ssh_host_ed25519_key	加载/etc/ssh下的3种文件类型。在默认情况下，HostKeyAlgorithms中可以选择ecdsa-sha2-nistp25，因此使用ecdsa密钥
HostKeyAlgorithms	指定主机密钥算法。根据这一选择结果决定要使用的主机密钥文件	ecdsa-sha2-nistp256	ecdsa-sha2-nistp256使用NIST推荐的高效密码学标准 2(Standards for Efficient Cryptography 2，SEC2）定义的椭圆曲线和参数。使用素数“2^256-2^224+2^192+2^96-1”作为模数，并使用sha 2 作为哈希算法
KexAlgorithms	指定密钥交换算法	curve25519-sha256	使用椭圆曲线Curve25519和哈希sha256的密钥交换算法。由丹尼尔·伯恩斯坦（Daniel Bernstein）开发并于2005年发布
Ciphers	指定通用密钥上使用的算法	chacha20-poly1305@openssh.com	同时加密消息并保护其完整性的验证加密。加密为风暴密码chacha20，完整性保护（防止篡改）由poly1305消息身份验证代码（Message Authentication Code，MAC）执行。由丹尼尔·伯恩斯坦（Daniel Bernstein）开发，并于2013年发布。Google于2014年2月将其用于Chrome浏览器的https，同年12月被OpenSSH所采用

关于用于OpenSSH的身份验证和密钥交换的椭圆曲线密码

椭圆曲线密码使用了私钥和在椭圆曲线上的公钥，是加密、数字签名、密钥交换（密钥协议）等方面的通用术语。

在本专栏中，将会介绍在SSH通道加密中起重要作用的密钥交换算法——椭圆曲线密码，并研究所用曲线的方程式和参数以及生成公钥的机制。

后面出现的数学术语，请参阅专栏最后的“数学术语列表”。

○ 什么是椭圆曲线（elliptic curve）？

椭圆曲线密码中广泛使用的Weierstrass型椭圆曲线方程式为如下所示的“（y的二次方）=（x的三阶多项式）”形式。

$$y^2 = x^3 + ax + b$$

椭圆曲线包括实数域中的椭圆曲线、复数域中的椭圆曲线、有理数域中的椭圆曲线和有限域中的椭圆曲线。它不同于下式所表示的椭圆。

$$x^2 / a^2 + y^2 / b^2 = 1$$

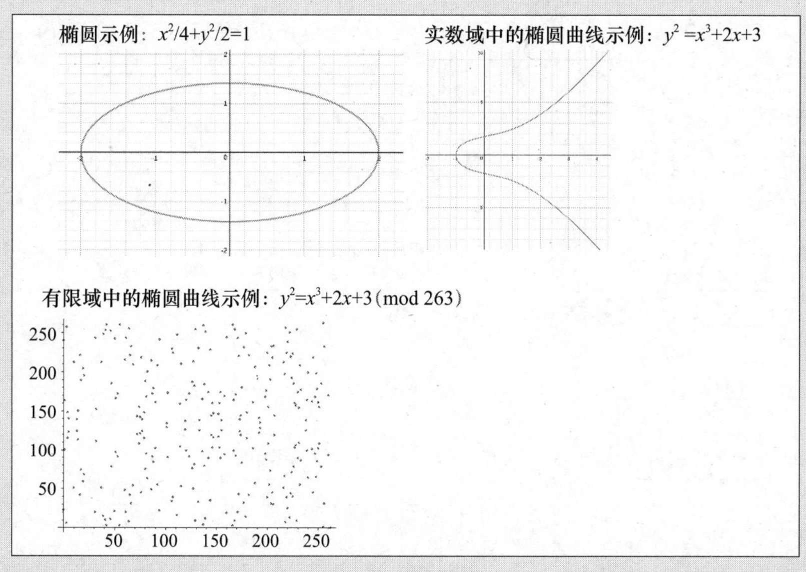

椭圆和椭圆曲线

加密中使用的是基于有限域（一个包含有限数量元素的集合）的椭圆曲线。通过椭圆曲线上的取模运算得到的点集为(x,y)，其中x和y均为0或正整数。这与实际区域中关于x轴上下对称的平滑椭圆曲线不同。

在密钥交换算法中，由随机数生成的私钥（整数），将作为适当选择的有限域中的椭圆曲线的基点的坐标(x_1, y_1)点乘私钥值后，计算出椭圆曲线上的坐标(x_2, y_2)，并将其用作公钥。

由于难以从该公钥通过离散对数的逆计算出私钥，所以安全性可以得到保障。

○ 加密中使用的椭圆曲线公式和参数

加密中使用的椭圆曲线有Weierstrass型、Montgomery型、Edwards型和twisted Edwards型等多种类型，可以设定各种系数和模（modulo）等参数。计算效率和安全强度取决于选择的类型和设置的参数。

由丹尼尔·伯恩斯坦（Daniel Bernstein）设计的用于OpenSSH的Montgomery型椭圆曲线Curve25519的方程式如下所示。

$$By^2 = x^3 + Ax^2 + x \pmod p$$

取$A = 486662$，$B = 1$，$p = 2^{255}-19$（因为p是素数$2^{255}-19$，因此命名为Curve25519）。

其他的情况下，在RFC7748中还规定了基点[base point。子群的生成元（generator point）]、子群的阶（order of subgroup）和余因子（cofactor）等值。

另外，NIST（美国国家标准技术研究院）和高效密码技术标准小组（The Standards for Efficient Cryptography Group，SECG）也发布了其推荐的椭圆曲线参数。

○ 椭圆曲线Diffie-Hellman密钥交换机制

此处，我们将通过椭圆曲线Diffie-Hellman密钥交换（Elliptic curve Diffie-Hellman key exchange，ECDH）来研究公钥生成、公钥交换以及从私钥生成通用密钥的机制。

请注意，Curve25519（OpenSSH中使用的ECDH的实现）在由私钥计算出公钥方面的方法有所不同（有关详细信息，请参阅“Curve25519:new Diffie-Hellman speed records”和“RFC7748:Elliptic Curves for Security”）。

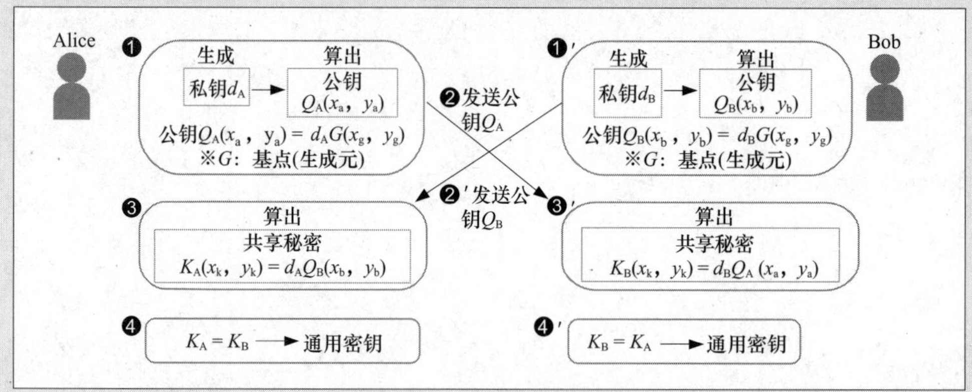

生成通用密钥的机制

❶Alice使用随机数生成私钥d_A

通过将基点$G(x_g, y_g)$与生成的私钥d_A（整数）相乘，可以计算出椭圆曲线上的一个点即公钥Q_A。

❶'Bob使用随机数生成私钥d_B

通过将基点$G(x_g, y_g)$与生成的私钥d_B（整数）相乘，可以计算出椭圆曲线上的一个点即公钥Q_B。

❷Alice将她的公钥Q_A发送给Bob

❷'Bob将他的公钥Q_B发送给Alice

❸Alice将通过从Bob发送的公钥Q_B乘以她自己的私钥d_A得到点$K_A(x_k, y_k)$的x坐标x_k（整数）作为“共享秘密（shared secret）”。

❸'Bob将通过从Alice发送的公钥Q_A乘以他自己的私钥d_B得到点$K_B(x_k, y_k)$的x坐标x_k（整数）作为“共享秘密（shared secret）”。

❹Bob使用“共享秘密”作为通用密钥

❹'Alice使用“共享秘密”作为通用密钥

由❸、❸'、❹、❹'计算的“共享秘密”是$d_A Q_B = d_A d_B G = d_B d_A G = d_B Q_A$，它们具有相同的值。

○ 根据私钥计算椭圆曲线上的公钥

为了从椭圆曲线上的私钥生成公钥，将作为适当选择的有限域中的椭圆曲线基点的坐标(x_1, y_1)点乘私钥的值，计算出坐标(x_2, y_2)，并将其用作公钥。

例如，Curve25519使用以下Montgomery型椭圆曲线。

$$y^2 = x^3 + 486662\,x^2 + x \pmod{2^{255} - 19}$$

为了清楚起见，接下来是利用Weierstrass型椭圆曲线上的私钥通过以下小的参数值计算公钥的过程，这里使用了免费数学软件Sage（稍后将解释如何安装Sage）。

· 椭圆曲线：$y^2=x^3+2x+3 \pmod{263}$ →群（G）的阶数（order of group）：270

· 参数

基点：（126，76）→生成的子群（H）的阶数：6

余因子(cofactor):(群G的阶数)/(子群H的阶数)= 270/6 = 45

单位元:(0,1)

·取由模运算(mod 263)定义的有限域(F)中的元:0,1,2,…,262

·定义的曲线群(C)中的元:(0,1),(0,23),…,(126,76),…,(126,187),…,(144,35),…,(144,228),…,(262,0)

·从基点(126,76)生成的子群(H)中的元:(0,1),(126,76),(144,35),(262,0),(144,228),(126,187)

启动Sage,定义和检查椭圆曲线

```
$ ./sage ←在当前文件夹下启动sage
...
sage: F = FiniteField(263)
↑ 生成由取模运算(mod 263)定义的有限域F(FiniteField )
sage: C = EllipticCurve(F, [ 2, 3 ])
↑在有限域F上定义椭圆曲线C: y^2=x^2+ 2x + 3
sage: C ←显示椭圆曲线C的定义。与“print(C)”的作用相同
Elliptic Curve defined by y^2 = x^3 + 2*x + 3 over Finite Field of size 263
sage: F ←显示有限域F的定义。与“print(F)”的作用相同
Finite Field of size 263
sage: F.order() ←显示有限域F的阶数
263
sage: F.cardinality() ← 显示有限域F的基数(与阶数相同)
263
sage: C.order() ←显示椭圆曲线C(群C)的阶数
270
sage: C.cardinality() ← 显示椭圆曲线C(群C)的基数(与阶数相同)
270
sage: C.points() ←显示群C的全部270个元。与“print(C.points())”的作用相同
在sage中显示为三维(X: Y: Z)坐标。其中,Z的值是1或0,1表示椭圆曲线上的点,0表示无穷大的点(单位元)

[(0 : 1 : 0),(0:23:1),(0:240:1),(1:100:1),(1:163:1),
(3:6:1),(3:257:1),(4:115:1),(4:148:1),(5:123:1),
...(中间省略)...
(119:126:1),(119:137:1),(120:99:1),(120:164:1),
(123:91:1),(123:172:1),(126:76:1),(126:187 : 1),
...(中间省略)...
(142:89:1),(142:174:1),(144:35:1),(144:228:1),
(145:119:1),(145:144:1),(146:103:1),(146:160:1),
...(中间省略)...
(253:185:1),(255:1:1),(255:262:1),(256:31:1),
(256:232:1),(260:93:1),(260:170:1),(262 : 0 : 1)]
sage:
```

有关基数的信息,请参阅专栏最后的“数学术语列表”关于无穷大的点(曲线上未指向的点),请参阅后面将要介绍的“椭圆曲线上的加法”。

“C.points()”所显示的群C的270个元的图像是前面提到的图片“椭圆和椭圆曲线”中的“有限域中椭圆曲线的示例”。其中6个用阴影表示的元是下面定义的子群H的元。

为简单起见,以下将小的阶数6的元(126,76)作为基点来计算椭圆曲线上的坐标。

确定基点并通过点乘计算椭圆曲线上的坐标

```
sage: H = C.point((126, 76))  ←定义以(126, 76)为基点的子群H。后面也将使用这个定义
sage: H.order()
6
sage: [H*0,  H*1,  H*2,  H*3,  H*4,  H*5]
[(0 : 1 : 0),  ←单位元为P0
 (126 : 76 : 1),  ←基点为P1。这个点作为子群H的生成元(generator)
 (144 : 35 : 1),  ←基点*2得P2。由基点P1加倍算出
 (262 : 0 : 1),  ←基点*3得P3。由“P2 + 基点P1”加法算出
 (144 : 228 : 1),  ←基点*4得P4。由“P3 + 基点P1”加法算出
 (126 : 187 : 1)]  ←基点*5得P5。由“P4 + 基点P1”加法算出
                   “P5 + 基点P1”返回到P0(单位元)
                   子群H是由基点P1作为生成元的循环群
sage: pts = [H*0, H*1, H*2, H*3, H*4, H*5]
sage: print(pts)
[(0:1:0),(126:76:1),(144:35:1),(262:0:1),(144:228:1),(126:187:1)]

sage: sum([ plot(p) for p in pts ])
↑在图像查看器中显示存储在数组pts中的所有6个元
Launched png viewer for Graphics object consisting of 6 graphics primitives
0:1:00:1:0126:76:1)126:76:1)144:35:1144:35:1144:228:1)144:228:1)262:0:1)262:0:1)126:187:1)126:187:1)
```

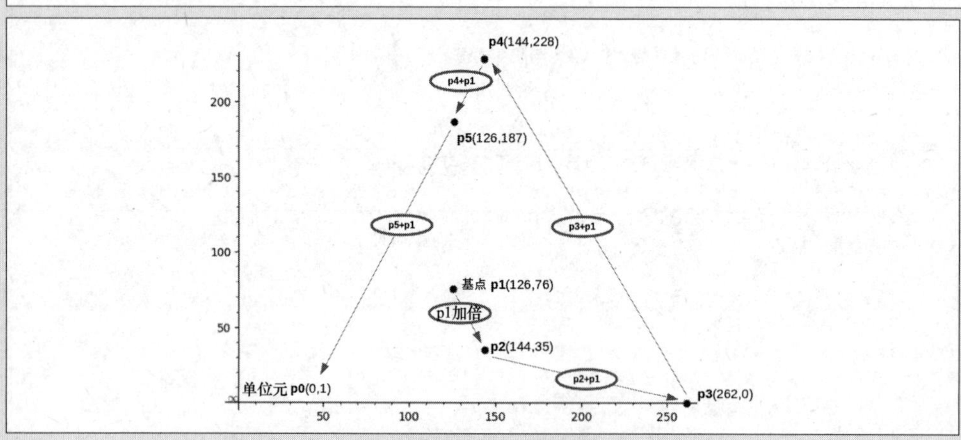

在图像查看器中绘制子群H中的所有6个元

> 有关在坐标上的点的加倍和加法的公式，请参阅后面将要介绍的“在椭圆曲线上加法”。

给定私钥d(整数值)和椭圆曲线上的点P(基点)，公钥变为“$P * d$”，即点P乘以d。

在Montgomery型椭圆曲线Curve25519中，私钥是由一个随机数生成的，该随机数是一个32字节(256位)的整数，其方程式和基点如下所示。计算出的公钥也是32字节(256位)的整数。

- 方程式：$y^2 = x^3 + 486662\,x^2 + x\ (\mathrm{mod}\ 2^{255} - 19)$
- 基点：$X(P)$ 9

  $Y(P)$ 1478161944758954479102059356840998688726460613461647528896488183775558623740 1

此处，将使用在上面的Sage示例中定义的Weierstrass型椭圆曲线和基点，以及从基点生成的子群H。

· 方程式：$y^2 = x^3 + 2x + 3 \pmod{263}$
· 基点：$X(P)$ 126
　　　$Y(P)$ 76

例如，如果Alice的私钥d_A的值为4，并且基点P为(126，76)，则Alice的公钥Q_A为

$$Q_A = P * d_A = P * 4 = (144, 228) = P4$$

例如，如果Bob的私钥d_B的值为5，并且基点P为(126，76)，则Bob的公钥Q_B为

$$Q_B = P * d_B = P * 5 = (126, 187) = P5$$

Alice用Bob的公钥和她自己的私钥计算通用密钥“$d_A * Q_B$”，即为

$$d_A * Q_B = 4 * (P * 5) = (144, 35) = P2$$

Bob用Alice的公钥和他自己的私钥计算通用密钥“$d_B * Q_A$”，即为

$$d_B * Q_A = 5 * (P * 4) = (144, 35) = P2$$

计算Alice和Bob的通用密钥

```
sage:F = FiniteField(263)
↑生成由取模运算（mod 263）定义的有限域F（FiniteField）
sage:C = EllipticCurve(F,[2,3])
↑在有限域F上定义椭圆曲线C: y^2 = x^3+2x+3
sage:H = C.point((126, 76))  ←基点: P1
sage:P0 = H*0  ←(0: 1: 0)单位元
sage:P1 = H*1  ←(126: 76: 1)基点（生成元）
sage:P2 = H*2  ←(144: 35: 1)
sage:P3 = H*3  ←(262: 0: 1)
sage:P4 = H*4  ←(144: 228: 1)
sage:P5 = H*5  ←(126: 187: 1)
sage:pts=[P0, P1, P2, P3, P4, P5]
sage:print(pts)
[(0:1:0),(126:76:1),(144:35:1),(262:0:1),(144:228:1),(126:187:1)]

sage:dA=4  ←Alice 的私钥: 4
sage:QA=P1*dA  ←Alice 的公钥: P4
(144:228:1)
sage:dB=5  ←Bob的私钥: 5
sage:QB=P1*dB  ←Bob的公钥: P5
(126:187:1)
sage:KA=dA*QB  ←计算Alice的通用密钥
sage:KA  ←P2（与Bob的通用密钥相同）
(144:35:1)
sage:KB=dB*QA  ←计算Bob的通用密钥
sage:KB  ←P2（与Alice的通用密钥相同）
(144:35:1)
```

目前为止，在Sage执行示例中未介绍内部计算，下面将介绍椭圆曲线的加法。

○ 椭圆曲线上的加法

椭圆曲线($y^2=x^3+ ax + b$)上的两个点$P(x_p, y_p)$和$Q(x_q, y_q)$的和“$P + Q$”是根据经过P和Q的直线与椭圆曲线相交的点$R'(x_{r'}, y_{r'})$计算出点出来，令“$x_r = x_{r'}$”“$y_r = -y_{r'}$”，得到R'关于x轴的对称点

$R(x_r, y_r)$。当将P加倍($P+P$)时，P的切线与椭圆曲线相交于点R' 。

如下所示计算得到$R(x_r, y_r)$。

❶计算通过点P和点Q的直线的斜率λ。将同一个点P加倍($P+P$)时，计算点P的切线斜率λ

· 通过点P和点Q的直线的斜率λ的计算：(式1)$\lambda=(y_p-y_q)/(x_p-x_q)$

· 点P的切线的斜率λ的计算：(式2)$\lambda=(3x_p^2+a)/(2y_p)$

❷使用在❶计算出来的λ，计算P加倍($P+P$)后的点R或者加上P和Q的点R的x坐标x_r 和y坐标 y_r

· x坐标的计算：(式3)$x_r=\lambda^2-x_p-x_q$

(式3'：在“$P+P$”的情况下)$x_r=\lambda^2-x_p-x_p$

· y坐标的计算：(式4)$y_r=\lambda(x_p-x_r)-y_p$

定义点$P(x, y)$关于x轴对称的点$-P(x, -y)$为P的“逆元”。

点P和点$-P$的加法是通过求这两个点所在的直线与椭圆曲线的交点而得到的，但是与y轴平行的垂直线在其他地方不与椭圆曲线相交。这里定义与无穷远处相交的点为无穷远处的点O。定义这个无穷远点O(0，1)为“单位元”。

> 可以使用bc命令确认Sage中使用的子群(H)的运算。此外还有一个高性能的数学软件Genius，建议使用它来检查计算。
>
> https://www.jirka.org/genius.html

Sage的安装方法

Sage是用Python编写的数学软件。可以从以下URL下载。

Sage(SageMath)的镜像站点
http://ftp.riken.jp/sagemath/linux/64bit/index.html

SageMath文件夹下的READ.md文件中描述了安装方法，该文件夹是通过提取下载的文件而创建的。Sage文档可在以下URL中找到。

Sage操作手册
https://www.johannes-bauer.com/compsci/ecc/
https://www.johannes-bauer.com/compsci/ecc/#anchor37

数学术语列表

椭圆曲线密码的文档包括抽象代数、集合论和数论等领域的数学术语(中文和英文名称)。

为了供读者参考，在下表中还添加了对这些内容的简短描述。

▼数学术语列表

术 语	英文名称	说 明
域	field	满足以下条件的集合称为域： ①加法满足交换定律$a \cdot b = b \cdot a$的群 ②乘法满足交换定律$a \cdot b = b \cdot a$的群 ③加法和乘法满足分配律$(a \cdot b)c = ac \cdot bc$，$a(b \cdot c) = ab \cdot ac$ ※在群上仅提供一种运算（该运算可以是加法运算或乘法运算）。在域上包含加法和乘法两种运算 ※加法的逆运算是减法，乘法的逆运算是除法，所以域可以使用四则运算。所有实数的集合是域（实数域），所有有理数的集合是域（有理数域）。由于整数没有乘法的逆元（1/2不是整数），故不是域。
群	group	群是满足以下条件的集合： ①在集合（G）的元素之间建立一个操作，并且该操作在这个集合上是封闭的 ②运算满足结合律$a \cdot (b \cdot c) = (a \cdot b) \cdot c$ ③运算中存在单位元 ④运算中存在逆元
子群	subgroup	当集合G是关于二元运算的群，而G的子集H是关于运算的群时，H被称为G的子群
循环群	cyclic group	由一个元素生成的群称为循环群。当循环群G由a生成时，称a为G的生成元 当群仅由一个元素a生成时，则该群的每个元素都是a的整数次幂，或者表示为a的整数倍
封闭（封闭的）	closed	集合G中的元素a和b的运算结果还是属于原来的集合G的性质。所有自然数的集合不是封闭的，虽然关于加法是封闭的，但关于减法不是封闭的。所有整数的集合关于乘法运算是封闭的，但关于除法运算不是封闭的，因为除法运算的结果可能会有小数
二元运算	binary operation	二元运算是像四则运算（加、减、乘和除）这样的"由两个数字确定新数字的规则"概念的推广
单位元	identity element	对于集合G及其上的二元运算，当元素e对于G中的所有元素a都满足"$a \cdot e = e \cdot a = a$"时，则称$e$为G的单位元。
逆元	inverse element	对于集合G及其上的二元运算，当e为单位元时，满足"$x \cdot y = y \cdot x = e$"时，称$y$为$x$的逆元或者$x$是$y$的逆元
生成元	generator	由一个元素生成的群称为循环群。当循环群G由a生成时，a被称为G的生成元（generator）
有限域	finite field	由有限数量的元素组成的域，即定义了封闭的四则运算的有限集合。
阶数	order	集合、群、环、域的阶数：集合、群、环、域的元的数量称为阶数，也称为基数（cardinality）或大小（size） 元素的阶数：当e是单位元时，在有限群的情况下，每个元素a始终具有特定的k，并且$(a)^{\wedge}k = e$，这些k中的最小值称为元素a的阶数
集合的基数	cardinality	基数是一个用来度量无限集大小的概念。所有实数的集合的大小（基数）大于所有有理数集合的大小（基数）。全体整数的基数与全体自然数的基数相同
素数	prime number	因数是1和它本身，且大于1的自然数 示例：2，3，5，7，11，13，17，19，23，29，31，37，41，43，…
取模运算	modulo operation	两个正整数中通过将一个数除以另一个数（称为模数）并获得余数的运算
模	modulo	取模运算中的除数
余因子	cofactor	在椭圆曲线加密的情况下，当椭圆曲线群的阶数为n且子群的阶数为r时，"余因子"cofactor为$h = n / r$。当余因子为1时，子群与这个群相等
标量乘法	scalar multiplication	计算椭圆曲线上点P的k倍，即kp

参考文献

参考文献如下所示。

"椭圆曲线密码学入门(2013年)",伊豆哲也
https://researchmap.jp/mulzrkzae-42427

"椭圆曲线Diffie-Hellman密钥协议"维基百科(Wikipedia)
https://zh.wikipedia.org/wiki/椭圆曲线Diffie-Hellman密钥协议

"Curve 25519"维基百科(Wikipedia)
https://en.wikipedia.org/wiki/Curve25519

"Curve25519：新的Diffie-Hellman速度记录",丹尼尔·伯恩斯坦
https://cr.yp.to/ecdh/curve25519-20060209.pdf

"RFC7748：安全椭圆曲线"
https://www.ietf.org/rfc/rfc7748.txt

"RFC5656：安全Shell传输层中的椭圆曲线算法集成"
https://tools.ietf.org/html/rfc5656